Ottmar Schneck

Betriebswirtschaft konkret

Prof. Dr. Ottmar Schneck ist Professor für Banking, Finance & Rating an der ESB European School of Business an der Hochschule Reutlingen. Er gibt außerdem zahlreiche Managementkurse unter anderem an der Universität St. Gallen, der Steinbeis Hochschule Berlin und Corporate Universities im In- und Ausland. In Deutschland ist er als Ratingexperte in zahlreichen Gremien aktiv. Professor Dr. Schneck ist Autor des Bestsellers *Lexikon der Betriebswirtschaft*.

Ottmar Schneck

Betriebswirtschaft konkret

Alles, was Sie wissen müssen

WILEY-VCH
WILEY-VCH Verlag GmbH & Co. KGaA

1. Auflage 2006

Bibliografische Information Der Deutschen Bibliothek
Die Deutsche Bibliothek verzeichnet diese Publikation in der Deutschen Nationalbibliografie; detaillierte bibliografische Daten sind im Internet über <http://dnb.ddb.de> abrufbar.

Gedruckt auf säurefreiem Papier

Printed in the Federal Republic of Germany

Satz Mitterweger & Partner, Kommunikationsgesellschaft mbH, Plankstadt
Druck und Bindung Ebner & Spiegel GmbH, Ulm
Umschlaggestaltung init GmbH, Bielefeld

ISBN-13: 978-3-527-50193-9
ISBN-10: 3-527-50193-2

Inhaltsverzeichnis

Betriebswirtschaft konkret. Ottmar Schneck

ISBN 3-527-50193-2

Vorwort

Betriebswirtschaft gehört heute wie selbstverständlich zum Ausbildungsspektrum einer Hochschule, ist häufig Teil von Fortbildungen für Ingenieure wie Sozialwissenschaftler und Basis vieler Entscheidungen im Leben einer natürlichen oder juristischen Person. Dennoch bleibt häufig nebulös, was eine betriebswirtschaftlich fundierte Entscheidung ausmacht, welche Elemente hier zu beachten sind und was eigentlich Wirtschaftlichkeit zu bedeuten hat.

Mit diesem Buch *BWL konkret*, soll das Fach Betriebswirtschaft praxisorientiert dargestellt werden. Systematischer Bestandteil dieses Buches ist daher je Kapitel einführende Lernziele, darstellende Übersichten und Fälle sowie verständliche Texte mit Zusammenfassungen und Übungen.

Im ersten Kapitel erfahren Sie, dass sich Betriebe in zahlreichen Abhängigkeiten befinden. So ist einmal das Wirtschaftssystem eines Landes, ob eher Markt- oder eher Planwirtschaft, bereits für die Möglichkeiten zu betriebswirtschaftlich fundierten Entscheidungen des Einzelnen wesentlich. Aber auch die vielen Interessengruppen, die wir auch als Stakeholder bezeichnen und hier in Diskussionen häufig verengend nur den Anteilseigner, das heißt den Shareholder herausgreifen, sind Rahmenbedingungen für betriebswirtschaftliche Betrachtungen. Weiterhin ist das Rechts- und Steuersystem zu nennen und nicht zuletzt die vielfach diskutierte Globalisierung und Internationalisierung.

Im zweiten Kapitel werden nach den Rahmendaten die Ziele für die Entscheidungen vorgestellt. Woraus überhaupt Ziele bestehen, warum diese notwendig sind und wie diese gebildet werden, ist Teil dieses Kapitels. Konkret wird es nach diesen theoretischen Einführungen, wenn das Prinzip der Wirtschaftlichkeit als Obermaxime ökonomischen Handels in seinen einzelnen Bestandteilen vorgestellt wird. So kann Wirtschaftlichkeit abgeleitet aus Produktivität und fortgeführt als Rentabilität und Liquidität betrachtet werden. Besonderer Wert wird dabei auf die Zusammenhänge zwischen diesen Zielen gelegt.

Betriebswirtschaft konkret. Ottmar Schneck

ISBN 3-527-50193-2

Im dritten Kapitel werden unternehmerische Entscheidungen in Abhängigkeit von der Lebensphase des Unternehmens vorgestellt. So sind bei Gründung oder Wachstum sicher andere Entscheidungen zu treffen als bei einer Sanierung oder gar Insolvenz des Unternehmens.

Im vierten und fünften Kapitel werden die Wurzeln und Ansätze der modernen BWL dargestellt. Ohne Kenntnis der »Geschichte«, so ein zutreffendes Zitat eines ehemaligen Kanzlers der Bundesrepublik Deutschland, können Entscheidungen nicht fundiert getroffen werden. Wenn diese Geschichte der BWL geschrieben werden soll, so muss in einem einführenden BWL-Werk allerdings der Schwerpunkt auf die Hauptdenkrichtungen gelegt werden. Es kann dabei nicht verwundern, dass gerade dem entscheidungsorientierten Ansatz hier ein besonderes Augenmerk gebührt, sprechen wir bisher ja stets von der Fundierung von Entscheidungen durch richtige Rahmendaten, richtige Ziele und richtige Ansätze. In Kapital 6 wird dieser Entscheidungsorientierung bis hin zur so genannten Spieltheorie mit zahlreichen Fällen ein breiter Raum eingeräumt.

Anwendung findet die Entscheidungsorientierung nun in den Folgekapiteln bei der Wahl des Standortes (Kapitel 7), der Wahl einer optimalen Rechtsform (Kapitel 8), der Wahl eines möglichen Zusammenschlusses mit anderen unternehmerischen Einheiten (Kapitel 9) und den operativen Entscheidungen im Unternehmen von der Beschaffung bis zur Personalauswahl (Kapitel 10 bis 12).

Die so genannten konstitutiven Entscheidungen eines Unternehmens sind hier ausführlich dargestellt, da in einer globalen Welt gerade die Standortentscheidung, Rechtsformentscheidung und Entscheidung für oder gegen Kooperationen eine besondere Rolle spielen. Die Rechtsformen sind hier außerdem jeweils in einer übersichtlichen Tabelle zusammengestellt, sodass für konkrete Fälle und Fragestellungen ein schneller Überblick je Rechtsform möglich ist.

Bei den letzten beiden Kapiteln wird für alle realwirtschaftlichen und finanzwirtschaftlichen Themen eines Betriebes jeweils ein Kurzabriss der Fragestellungen vorgestellt, die hier relevant sind. Wer eine Vertiefung zum Beispiel in die Rechnungslegung oder die Personalwirtschaft wünscht, muss dann zu einem der empfohlenen Vertiefungsbücher greifen.

BWL konkret bedeutet also, konkrete Vorstellungen zu erhalten, worum es bei den vielfältigen Themen in der Betriebswirtschaft geht und wie Ökonomen denken. Dies mag auch für den Alltag dienlich sein, da eine betriebswirtschaftliche Fundierung jeglicher Entscheidungen oft hilfreich ist.

Damit auch den wissenschaftlich interessierten Lesern eine Vertiefung in die Denkweisen der betriebswirtschaftlichen Forschung ermöglicht wird, soll am Ende des Buches, quasi nach den konkreten und anwendungsorientierten Teilen, als Anhang oder Appendix, die BWL als Wissenschaft dargestellt werden. Dass die BWL eine Wissenschaft ist, wurde dabei lange bestritten und bis heute diskutiert. Um den Nachweis zu führen, wird in diesem letzten Kapitel die BWL als Teil der Wissenschaft legitimiert und deren Forschungsmethoden vorgestellt. Auch Wissenschaft kann konkret sein.

Für Anregungen und Kritik stehen wir jederzeit zur Verfügung. Richten Sie Ihre E-Mail direkt an mich als Autor:
ottmar.schneck@fh-reutlingen.de, vgl. www.ottmar-schneck.de.

September 2005 *Ottmar Schneck*

1. Betriebe als Teil der Wirtschaft

In diesem ersten Kapitel erfahren Sie, was einen Betrieb ausmacht und in welchen Interessenkonflikten der Betrieb steckt. Die zahlreichen Abhängigkeiten des Erfolges des Wirtschaftens, einmal vom Wirtschaftssystem und weiterhin von den zahlreichen Interessengruppen wie Anteilseignern, Gläubigern oder Mitarbeitern, soll Ihnen deutlich machen, dass Betriebswirtschaftslehre nicht der bloßen Erfüllung vermeintlicher betriebswirtschaftlicher Gesetze unterliegt, sondern eben von zahlreichen exogenen Faktoren abhängt. Dies macht nicht nur die Prognose eines Erfolges schwierig, sondern zeigt zugleich zu Beginn die Kompliziertheit und Dynamik des täglichen Wirtschaftens.

Die Abhängigkeit der Betriebe von Umfeldbedingungen

Betriebe in Abhängigkeit vom Wirtschaftssystem

Betriebswirtschaftliche Themen rücken in unserer Gesellschaft immer mehr in den Mittelpunkt der Diskussion. Inzwischen wird vielen klar, dass Wohlstand und eine vermeintlich gerechte Verteilung von Gütern nur dann möglich ist, wenn diese Güter zuvor in Betrieben mit wirtschaftlichem Einsatz erstellt wurden. Da es sich bei den wenigsten Wirtschaftssubjekten in unserer Gesellschaft um Altruisten handelt, ist die Gütererstellung jedoch nur möglich, wenn die Beteiligten davon einen Nutzen zum Beispiel in Form von Löhnen, Gewinnen oder Motivation durch die Arbeit haben. In der Wirtschaft fallen also die Entscheidungen über Einkommen und Vermögen sowie über Arbeitsplätze und Produkte für unseren Lebensstandard.

Die Art und Weise der Gütererstellung und damit der Betriebstyp ist abhängig vom jeweiligen Wirtschaftssystem. Abgeleitet von den beiden großen ideologischen Richtungen, dem Liberalismus einerseits und dem Sozialismus andererseits, unterscheiden wir heute zwei Grundtypen von Wirtschaftssystemen. Dies sind die Marktwirtschaft und die Zentralverwal-

Betriebswirtschaft konkret. Ottmar Schneck

ISBN 3-527-50193-2

tungs- beziehungsweise Planwirtschaft. Da diese Unterscheidung also auch betriebswirtschaftlich im Sinne eines wesentlichen exogenen Faktors relevant ist, sollen die beiden Modelle zu Beginn kurz gegenüber gestellt werden.

Während Betriebe in einer *Marktwirtschaft* individuell im Rahmen geltender Gesetze planen können, welche Produkte mittels welcher Verfahren hergestellt werden, hat ein Betrieb in einer zentral gelenkten Wirtschaft Pläne einer zentralen Instanz, zum Beispiel eines Zentralkomitees, zu erfüllen. Lediglich in der Art und Weise der Planerfüllung können eventuell noch teilautonome Entscheidungen getroffen werden. Dies mag auch der Grund dafür sein, dass sich die für die heutige Betriebswirtschaftslehre so wichtige Entscheidungs- und Spieltheorie nur in marktwirtschaftlich geprägten Ländern entwickeln konnte. Betriebe in Planwirtschaften sind eher gewohnt zu improvisieren als langfristig zu organisieren und strategisch zu entscheiden.

Während in Planwirtschaften Betriebe nur insofern wirtschaftlich handeln können, als ihnen ein Plan dies vorgibt, besteht in Marktwirtschaften die Chance, selbstständig Entscheidungen zu treffen. Dem steht ein vermeintlicher Nachteil gegenüber. Betriebe in Marktwirtschaften mit autonomen Entscheidungsfreiheiten haben die Risiken, die sich aus ihrem Tun oder Unterlassen ergeben, selbst zu tragen, während Fehler von Betrieben in einer Planwirtschaft zu Lasten des Kollektivs gehen. Eine mangelnde Planerfüllung kann zwar Sanktionen nach sich ziehen, wird aber, wie in Betrieben der ehemaligen DDR vielfach vorgeführt wurde, nicht zur Auflösung des gesamten Betriebes im Sinne eines Konkurses führen. Ein Marktrisiko existiert hier nicht, da die Konsumenten mit den geplanten und verteilten Gütern zufrieden sein müssen.

Der Vorteil der Marktwirtschaft ist also, dass Kundenbedürfnisse schneller, besser und effizienter befriedigt werden können als in einer Planwirtschaft. Betriebe lassen sich in diesem Zusammenhang als wirtschaftende Einheiten bezeichnen, die Güter erstellen, um damit Bedürfnisse zu decken, wobei sie selbstständig Entscheidungen treffen, jedoch auch die Risiken selbst tragen.

Betriebe in ihrem Umfeld und zwischen Interessengruppen

Betriebe werden von Menschen begründet, geführt und wieder aufgelöst. Einige Vertreter der Betriebswirtschaftslehre sprechen daher von einem evolutionären Prozess. Vorab ist allerdings festzuhalten, dass es sich bei der

Märkte	– Selektierung und Differenzierung – Globalisierung und Internationalisierung
Technologie	– Automatisierung – Rationalisierung – Miniaturisierung
Soziales Umfeld	– Individualisierung – Multikultivierung
Politik	– Polarisierung – Internationalisierung

Abb. 1: Beispiele für kulturelle und situative Einflussfaktoren auf Betriebe

Gründung, Führung und Auflösung von Betrieben um menschliche Eingriffe handelt. In der Wirtschaftswissenschaft sind also keine natürlichen oder naturgesetzlichen Evolutionsprozesse zu erforschen, sondern Kulturzusammenhänge. Wenn Kultur als Gesamtheit der von Menschen geschaffenen, erdachten oder behandelten Sachverhalte definiert wird, so stellen Betriebe einen wesentlichen Teil der Kultur dar. Die Kultur des Menschen lässt sich in verschiedene Bereiche (Wirtschaft, Technologie / Ökologie, Wertewandel, Politik / Recht und Soziales Umfeld) einteilen, die in der Literatur auch als Situationen bezeichnet werden. Abbildung 1 gibt einen Überblick über diese kulturellen beziehungsweise situativen Einflussfaktoren auf Betriebe. Nicht jede Determinante ist dabei für jeden Betrieb relevant. Dennoch muss für eine ganzheitliche Betrachtung, insbesondere bei strategischen Entscheidungen, dem Betrieb die Vielfalt der Einflussfaktoren sowie deren Relevanz bewusst sein. Die Einflussfaktoren werden auch als situative Kontextfaktoren bezeichnet.

Diese Einflussfaktoren variieren natürlich entsprechend dem kulturellen Umfeld des Unternehmens und damit dessen Situation. So können aus dem Schaubild einige Entwicklungen entnommen werden, die als situative Veränderungen für einen Betrieb maßgeblich sein können.

Neben diesen Faktoren sind insbesondere die Interessen der in der betrieblichen Situation (intern) und dem betrieblichen Umfeld (extern) relevanten Beteiligten eine wesentliche Einflussgröße auf den wirtschaftlichen Erfolg eines Unternehmens.

Manager versuchen, möglichst viele Umwelteinflüsse zu antizipieren, geraten dabei aber häufig in Interessenkonflikte mit ihren persönlichen Zielen wie Macht, Prestige oder Einkommen. Unangenehme Entscheidungen werden so verzögert oder verhindert. Auch die Mitarbeiter können

Koalitionspartner/ Stakeholder	Interessen
Management, sofern keine Eigentümerunternehmer	Einfluss, Macht, Prestige, hohes Einkommen, Verwirklichung schöpferischer Ideen
Leitung und Spezialisten	Einfluss auf die oberste Leitung, Macht, Anwendung und Erweiterung professioneller Kenntnisse und Fähigkeiten, Prestige, hohes Einkommen, Anerkennung
Mitarbeiter	hohes Einkommen, soziale Sicherheit, Selbstentfaltung am Arbeitsplatz, zufriedenstellende Arbeitsbedingungen, zwischenmenschliche Beziehungen
Anteilseigner und Eigenkapitalgeber	hohe Gewinnausschüttung, Teilnahme an Wertsteigerung durch Kursentwicklung und günstige Angebote bei Kapitalerweiterung, Einfluss auf strategische Entscheidungen
Fremdkapitalgeber (Gläubiger)	hohe Verzinsung (ROI), pünktliche Rückzahlung (Liquidität) und Sicherheit des zur Verfügung gestellten Kapitals (Liquidierbarkeit)
Lieferanten	günstige Lieferkonditionen, Zahlungsfähigkeit, anhaltende Liefermöglichkeit (Absatz)
Kunden	qualitativ hochstehende Leistung zu günstigen Preisen, Service, Beratung, gesicherte Warenversorgung
Behörden/ Staat	Bereitstellung von Arbeitsplätzen, Beiträge an die Infrastruktur und an Kultur- und Bildungsinstitutionen, Einhaltung gesetzlicher Vorschriften, Export, Steuereinnahmen
Gewerkschaften, Arbeitnehmerverbände	Mitbestimmung, sichere Arbeitsplätze, Humanität im Arbeitsprozess
Unternehmerverbände, Kammern	Ausrichtung unternehmerischer Entscheidungen an den Interessen der Gruppe, Leistung von finanziellen Beiträgen für Lobbyarbeiten
Konkurrenten	Informationen über Marktanteile, Strategien
Öffentlichkeit	Informationen, Einblick in die Wirtschaftslage

Abb. 2: Interessen der Koalitionspartner eines Betriebes

durch ihr Streben nach Einkommen und Arbeitsplatzsicherheit notwendige Strukturanpassungen aufgrund situativer Veränderungen verhindern. Den Anteilseignern ist häufig an kurzfristigen Ausschüttungen statt an langfristiger Ertragskraft und Wettbewerbsfähigkeit gelegen, und den Gläubigern kann nicht verübelt werden, dass sie eher an einer pünktlichen Rückzahlung ihrer Kredite als an unter Umständen teuren Anpassungsmaßnahmen interessiert sind. Staat, Behörden und Verbände verfolgen wieder andere Interessen. Insbesondere der Einfluss von Verbänden auf unternehmerische Entscheidungen ist nicht zu unterschätzen. Die vielseitigen Interessen der einzelnen Koalitionspartner beziehungsweise der Stakeholder sind der Abbildung 2 zu entnehmen.

Beispiel: Dominanz einer Interessengruppe

In der Regel unterstellen wir, dass es in der Praxis zu einem Ausgleich der Interessengruppen kommt, beispielsweise bei Tarifverhandlungen; bekanntlich sind deutsche Arbeitnehmer nicht sehr streikfreudig. Dies muss aber nicht für alle Bereiche der Wirtschaft zutreffen. Managern großer Aktiengesellschaften wird häufig vorgeworfen, sie seien »Marionetten« der Banken. Nun sind Banken zunächst als Gläubiger, das heißt Kreditgebende, natürlich eine der genannten Interessengruppen, haben aber formal als Kreditgebende in keinem Organ einer Aktiengesellschaft die Möglichkeit, einen Manager zu wählen. Dies tun in einer Hauptversammlung die Aktionäre, und dies sind bei einem Unternehmen, wie zum Beispiel DaimlerChrysler, rund 280000 Personen und Institutionen. Nun können Banken zwar auch Anteile an Unternehmen besitzen, und dies ist beispielsweise mit der Deutschen Bank als Anteilseigner von DaimlerChrysler auch der Fall. Aber den großen Einfluss erhalten die Banken hier nur dadurch, dass Kleinaktionäre ihren Depot führenden Banken die Vertretungsgewalt auf den Hauptversammlungen einräumen (Depotstimmrecht). So übernehmen Gläubiger, die eigentlich lediglich ein Rückzahlungsrecht und Anspruch auf Zinsen haben die Interessen von Anteilseignern, die eigentlich kein Rückzahlungsrecht aber vielmehr ein Dividendenrecht für ihre Kapitaleinlage haben. Wie hier zu sehen ist, kann auch die Vermischung von Interessen zu verzerrten Einflüssen auf die Entscheidung in Betrieben führen.

Betriebe als Teil der internationalen Wirtschaft

Bereits im vorigen Abschnitt wurde auf die Internationalisierung als wichtigen Umfeldfaktor eines Betriebes hingewiesen. Betriebe schließen sich mit Partnern anderer Länder zusammen, Produkte werden weltweit vermarktet, und Führungspositionen sind heute nur noch mit entsprechenden Auslandserfahrungen zu erreichen. Produkte wie zum Beispiel der Airbus in der Flugzeugindustrie oder ein neuer Computerchip in der Mikroelektronik, aber auch Pkw oder Nutzfahrzeuge werden in internationalen Verbundprojekten erstellt. Diese Entwicklung ist Ausdruck einer starken internationalen Arbeitsteilung. Talente, spezifische Fähigkeiten von Menschen und Spezialisierungen der einzelnen Länder und Regionen werden genutzt, um in internationalen Allianzen effizienter zu wirtschaften.

Die internationale Arbeitsteilung führt zwangsläufig zu international geprägten Unternehmen. Die 100 größten Unternehmen weltweit sind internationale Konzerne. Vergleicht man diese Unternehmen anhand von Kennziffern aus dem Rechnungswesen, wie beispielsweise dem Umsatz und dem Gewinn, sowie hinsichtlich der Mitarbeiterzahl und ermittelt hiermit Rangfolgen, so ist im internationalen Vergleich kein deutsches Unternehmen auf den ersten zehn Plätzen zu finden. Vergleicht man dieselben Kennziffern auf europäischer Ebene, so sieht die Bilanz etwas besser aus.

Die Tendenz zu weltweiten Organisationen kann nicht nur als Wachstumsfetischismus der Manager abgetan werden. Einige rationale Gründe für ein internationales Unternehmenswachstum sind in Abbildung 3 dargestellt.

Gründe für Internationalisierung	Ziele
Sättigung des inländischen Marktes	Erschließung neuer Märkte
Risikostreuung durch Einbezug zusätzlicher Märkte	Diversifikation
Auslastung vorhandener Fertigungskapazitäten durch internationale Distribution	Kapazitätsauslastung
Streben nach Markt- und Kundennähe	Service
Verbesserung des Ansehens als einheimischer Produzent und Arbeitsplatzanbieter	Image
Verbesserung der Kostensituation	günstigere Löhne, Materialien, Grundstücke
Ausweichmöglichkeiten bei Währungsverschiebungen	Abrechnung in Landeswährung
Nutzung von fremdem Know-how	Synergiepotenziale
Umgehung von protektionistischen Handelsbeschränkungen	weniger Zölle
Überwindung von Markteintrittsbarrieren	Erschließung neuer Märkte

Abb. 3: Mögliche Gründe einer Internationalisierung

Einer der Hauptgründe aus dem oben genannten Katalog ist sicher die Auslagerung von Teilbereichen eines Unternehmens an kostengünstigere ausländische Produktionsstätten. Während dieses Outsourcing Anfang der neunziger Jahre auf die Produktion und Lagerhaltung materieller Güter beschränkt blieb, ist derzeit auch die Auslagerung administrativer Tätigkeiten und Dienste, wie zum Beispiel die Personalverwaltung oder Finanzbuchhaltung, zu beobachten. Durch die weltweiten Datennetze ist eine schnelle Übertragung von Daten möglich, sodass Unternehmen, wie beispielsweise die Citibank oder die DATEV, sämtlichen Zahlungsverkehr und das Abrechnungswesen ins Ausland (zum Beispiel Indien) verlagert haben.

Ein internationales Wachstum wirft aber auch Probleme auf. Den potenziellen Kosteneinsparungen durch niedrigere Löhne stehen Transaktionskosten, zum Beispiel Sondierungs-, Anbahnungs-, Vertrags- oder Koordinationskosten, gegenüber. Durch die Internationalisierung wird weiterhin die organisatorische Globalisierung sämtlicher Bereiche eines Unternehmens notwendig. Ungewiss ist dann, ob die Mitarbeiter in der Lage sind, weltweit beziehungsweise global zu denken und zu handeln. So ist zu fragen, ob sich ein deutscher Marketingfachmann in einen japanischen Konsumenten hineindenken kann, ob fast grenzenlose berufliche Mobilität von den Menschen verlangt werden kann, und ob der intensive Informationsaustausch rund um die Uhr, über alle Sprachgrenzen hinweg möglich ist.

Diese kritischen Fragen müssen zunächst beantwortet werden, wenn die unbestreitbaren Kosten-, Innovations- und Kapazitätsausnutzungsvorteile bei einer Internationalisierung betrachtet werden. Gerade weil die Globalisierung der industriellen Produktion beinahe abgeschlossen scheint und die Internationalisierung der Dienstleistungen ansteht, müssen bei diesen Unternehmen die Vor- und Nachteile abgewogen werden. Die Politik kann hier nur Rahmendaten schaffen. Die vollkommene Vernachlässigung lokaler und regionaler Besonderheiten in den Bedürfnissen von Konsumenten und Mitarbeitern würde bei internationalen Betrieben unter Umständen Wettbewerbsnachteile nach sich ziehen. Dies ist zu beachten, wenn ein Unternehmen von sich behauptet, ein »Global Player« zu sein.

Bei dem Versuch der Integration, also weltweite Vorteile mit nationalen Besonderheiten zu verbinden, spricht man auch von einer multifokalen Strategie. Im Gegensatz dazu steht die bisher vorherrschende ethnozentrische beziehungsweise transnationale Strategie, bei der die nationalen Traditionen einfach auf die Auslandsmärkte übertragen werden. Organisatorisch werden bei der Verfolgung der multinationalen Strategie häufig lockere

Verbindungen zu internationalen Partnern im Sinne einer strategischen Allianz geknüpft, ohne eigentumsrechtlichen Zusammenschluss in einem Konzern oder einer Holding. Auch vermeintliche Konkurrenten, wie beispielsweise DaimlerChrysler, Mitsubishi, General Motors oder Toyota, können so in begrenzten Bereichen kooperieren.

Betriebe im Rechts- und Steuersystem

Ein Betrieb ist an seinem Standort oder in seiner Region niemals isoliert zu betrachten. Die vielfältigen Einbindungen in rechtliche und formale Regularien machen das Wirtschaften teils einfacher, teils schwieriger. In jedem Fall sind diese nationalen wie internationalen Rahmendaten zu beachten.

Insbesondere in einer exportorientierten Wirtschaft mit zunehmend international agierenden Unternehmensgruppen sind grenzüberschreitende Vereinbarungen und Regelungen, wie zum Beispiel Ausfuhrbestimmungen für bestimmte Waren oder die Vorschriften einer internationalen Produkthaftung, zu beachten. Auf europäischer Ebene sind bereits große Harmonisierungsfortschritte bei der Berufszulassung, den Rechtsformen von Kaufleuten sowie den Mitbestimmungsregelungen erreicht worden.

Diese Grundsätze dienen der Rechtssicherheit und -klarheit. Sie sind ein Vertrauensschutz (zum Beispiel für Gläubiger) und wahren auch die Interessen der Verbraucher, die sich beispielsweise als gutgläubige Erwerber einer Sache auf gesetzliche Pflichten (zum Beispiel Garantie, Gewährleistung, Recht auf Mängelrüge) verlassen.

Die wichtigsten Rechtsnormen des Wirtschaftsprivatrechts finden sich in Deutschland im Bürgerlichen Recht, im Handels- und Gesellschaftsrecht, im Arbeitsrecht und in den Einzelgesetzen des Wettbewerbsrechts.

Das auch als Zivilrecht bezeichnete, im BGB niedergeschriebene Rechtsgebiet des Bürgerlichen Rechts regelt den Persönlichkeitsschutz, die Geschäftsfähigkeit, das Vermögensrecht, das Eigentum und die Grundlagen des Sachen- und Vertragsrechts. Es stellt die Grundlage für sämtliche Handlungen zwischen Privatpersonen dar.

Beim Handels- und Gesellschaftsrecht handelt es sich um ein Sonderprivatrecht für Kaufleute. Was ein Kaufmann ist, wird in den §§ 1 ff. HGB geregelt. Die Rechtsformen, unter denen ein Kaufmann Geschäfte betreiben kann, sind im HGB und in Spezialgesetzen zu einzelnen Rechtsformen enthalten. Sofern mindestens ein Partner eines Rechtsgeschäftes Kaufmann im Sinne des HGB ist, gilt das Handelsrecht.

Das Arbeitsrecht fasst alle Vorschriften zusammen, die abhängige, das heißt unselbstständige Arbeitsverhältnisse betreffen. Dazu zählen Regeln des individuellen Arbeitsvertrages (zum Beispiel Arbeitszeitordnung, Kündigungsschutzgesetz, Jugendarbeitsschutzgesetz) und des kollektiven Tarif- und Mitbestimmungsrechts. Das Arbeitsrecht wird vor speziellen Arbeitsgerichten verhandelt und ist daher zu einem großen Teil Richterrecht.

Neben dem Handels-, Gesellschafts- und Arbeitsrecht stellt das Steuerrecht einen weiteren wesentlichen Rahmenfaktor für Betriebe dar. Gesetzlich verankert sind die Bestimmungen über Steuerklassifikationen, -systeme und -erhebungsformen in der Abgabenordnung (AO). Darin ist auch der Steuerbegriff definiert. Demnach sind Steuern einmalige oder laufende Geldleistungen, die nicht eine Gegenleistung für eine besondere Leistung darstellen und von einem öffentlich-rechtlichen Gemeinwesen allen auferlegt werden, bei denen der Tatbestand zutrifft, an den das Gesetz die Leistungspflicht knüpft. Die Erzielung von Einnahmen kann Nebenzweck sein. Zölle sind Steuern im Sinne dieses Gesetzes. Nicht darunter fallen Gebühren für eine besondere Inanspruchnahme der Verwaltung und Beiträge (§ 3 Abs. 1, AO). Aus dieser Legaldefinition geht bereits die Differenzierung der Abgaben in Steuern, Gebühren und Beiträge hervor.

Steuern sind Abgaben, für die keine bestimmte Gegenleistung verlangt werden kann, zum Beispiel kann die Einkommensteuer sowohl für den Straßenbau als auch für den Bau eines Krankenhauses verwandt werden. Gebühren sind Abgaben, die für besondere Einzelleistungen der öffentlichen Verwaltung erhoben werden, wie beispielsweise Pass-, Zollabfertigungs- oder Parkgebühren. Beiträge hingegen sind Abgaben für eine besondere Gegenleistung, unabhängig davon, ob sie in Anspruch genommen wird oder nicht (zum Beispiel Straßen-, Anlieger-, Krankenkassen- oder IHK-Beiträge).

Folgende Einteilung des Steuersystems dient einem ersten Überblick: Die Unterscheidung zwischen Personal- und Objektsteuern betrifft die Tatsache, dass bei manchen Steuern (zum Beispiel Einkommensteuer) personelle Gegebenheiten (zum Beispiel Anzahl der Kinder oder Familienstand) berücksichtigt werden, während bei Objektsteuern (zum Beispiel Grundsteuer) an bestimmte Güter unabhängig von den persönlichen Merkmalen des Besteuerten angeknüpft wird. Eine weitere Unterscheidung ist die in Besitz-, Verkehr- und Verbrauchsteuern. Typisches Beispiel für eine Besitzsteuer ist die Vermögensteuer. Verkehrsteuern knüpfen an eine Transaktion (zum Beispiel Warenverkehr, Grundstücksübertragung) an. Beispiele sind Umsatz- oder Grunderwerbsteuer. Verbrauchsteuern knüpfen am

Direkte Steuern	Indirekte Steuern
1) Personensteuern a) Einkommensteuer b) Körperschaftsteuer c) Erbschaftsteuer d) Kirchensteuer	1) Verkehrsteuern a) Umsatzsteuer b) Grunderwerbsteuer c) Versicherungsteuer d) Kraftfahrzeugsteuer e) Rennwett- und Lotteriesteuer
2) Sach- und Realsteuern a) Gewerbesteuern b) Grundsteuer	2) Verbrauchsteuern a) Mineralölsteuer b) Tabaksteuer c) Steuern auf Lebensmittel und Getränke d) Sonstige Verbrauch- und Aufwandsteuern
	3) Zölle

Abb. 4: Direkte und indirekte Steuern

Betriebstypen und -klassifikationen

Betriebe lassen sich nach vielerlei Kriterien einteilen und ordnen. Eine Typologie kann dabei Hilfsmittel sein, um in Forschungsarbeiten, Statistiken oder wissenschaftlichen Betrachtungen den Erfahrungsgegenstand Betrieb präziser zu kennzeichnen und abzugrenzen.

Nach der Art der Bedarfsdeckung wird in der Literatur zwischen Unternehmen und Haushalten unterschieden. Unternehmen decken überwiegend fremden Bedarf, während private oder öffentliche Haushalte überwiegend eigenen Bedarf decken. Der Haushalt war über Jahrhunderte hinweg ohne die Existenz von Tauschwirtschaft und internationale Arbeitsteilung die dominierende »Betriebsform«. Heute gibt es kaum noch Haushalte im engeren Sinne, die nur eigenen Bedarf decken. Auch Gemeinden oder Städte kooperieren heute mit anderen Gemeinwesen und tauschen gegenseitig Leistungen aus. Umgekehrt ist zu beachten, dass viele Unternehmen auch eigenen Bedarf (zum Beispiel Maschinen aus der eigenen Produktion) decken. Autarkie ist in einer verflochtenen Wirtschaft nicht mehr möglich, die Reinform des Unternehmens einerseits und des Haushalts andererseits existiert nicht mehr.

Nach der Art der erzeugten Leistung können Sachleistungs- von Dienstleistungsbetrieben unterschieden werden. Die Ersteren werden meist unter dem Begriff »Industrie« subsumiert. Abbildung 5 gibt die Einteilung nach Sach- und Dienstleistungsunternehmen wieder.

Sachleistungsunternehmen nach der Wertschöpfungskette	Dienstleistungsunternehmen nach der Branche
Urproduktion und Förderung (Bergwerk, Kraftwerk, Fischerei, Forstwirtschaft) Aufbereitung und Verarbeitung (Stahl, Raffinerie, Mühle, Motorenherstellung, Werkzeugbau, Farben) Weiterverarbeitung (Maschinenbau, Auto, Möbel, Druck, Nahrung, Textil, Bau) Wiedergewinnung, Recycling (Müll, Verwertung)	persönliche Dienste (Gaststätte, Reise, Gesundheit, Bildung, Muße) finanzielle Dienste (Bank, Versicherung) Beförderungsdienste (Transport, Handel, Nachrichten) Beratung, Erhaltung, Sanierung (Forschungs- und Entwicklung, Unternehmensberatung, Aufklärung)

Abb. 5: Typen von Sach- und Dienstleistungsunternehmen

Die Sachen, beziehungsweise Dienste, können in verschiedenen Abläufen, das heißt nach bestimmten Fertigungsprinzipien erstellt werden. Die Fertigungsprinzipien werden auch als Produktionsverfahren oder -programme bezeichnet und sind in Abbildung 6 dargestellt.

Betriebstyp	Fertigungs- /Produktionsprinzip
Nach dem Mengenanfall	Massenfertigung Einzelfertigung Sortenfertigung Serienfertigung Chargenfertigung Partiefertigung
Nach dem Organisationstyp	Werkstattfertigung Fließbandfertigung Gruppenfertigung Baustellenfertigung
Nach der Anzahl der Produktionsstufen	Einstufige Produktion Mehrstufige Produktion
Nach der zeitlichen Anordnung der Produktion	Wechselproduktion Parallelproduktion
Nach dem Grad der Verknüpfung der Produktionsschritte	Straßenproduktion Linienproduktion Reihenproduktion Fließbandproduktion

Abb. 6: Betriebstypen nach Produktionsprogrammen

Eng mit der Einteilung nach Rechtsformen hängt die Einteilung nach der Art der Anteilseigner zusammen. Wem das Unternehmen in einer Marktwirtschaft gehört, ist nicht zuletzt aus der Rechtsform abzuleiten. Nicht immer aber verrät die Rechtsform den Anteilseigner. Insbesondere in der heutigen Zeit, in der staatliche sowie kirchliche Institutionen und Mitgliedsunternehmen, beziehungsweise deren Tochtergesellschaften, in privaten Rechtsformen operieren, ist eine nähere Betrachtung der Anteilseigner wichtig.

Die Leitungsbefugnis ist ebenfalls von der Rechtsform und den Eigentumsverhältnissen abhängig. Da die Mehrzahl der Betriebe in Deutschland in der Rechtsform der Einzelunternehmung oder als Personengesellschaften besteht, bei denen die Eigentümer zur Geschäftsleitung verpflichtet sind, kann nach wie vor von einer Dominanz der Eigentümerunternehmen gegenüber den Managerunternehmen gesprochen werden. Sicherlich unterscheiden sich beide Typen bezüglich der Verantwortung für Arbeitsplätze, der Risikoeinstellung und der Entscheidungsabläufe. Ein angestellter Manager, der nach Macht, Prestige, Einkommen und Erhalt des eigenen Arbeitsplatzes strebt, wird sich bei Entscheidungen zum Erhalt des Unternehmens anders verhalten als der Eigentümer oder Kapitalgeber selbst.

In einem Betrieb können bei der Gütererstellung vorwiegend Menschen oder vorwiegend Maschinen eingesetzt sein. Nach dem maßgeblich eingesetzten Produktionsfaktor werden daher personalintensive von anlagenbeziehungsweise kapitalintensiven Betrieben unterschieden. Die Ausweitung des tertiären Bereichs, das heißt der Dienstleistungsunternehmen in unserer Wirtschaft, führt zwangsläufig zu personalintensiveren Betrieben. Bei einem Bank- oder Versicherungsunternehmen machen die Personalkosten oft mehr als zwei Drittel der Gesamtkosten aus. Eine Maschinenfabrik oder die chemische Industrie weisen dagegen einen stärkeren Anteil bei Kosten für Fertigungsmaterial und Maschinen aus. In jüngster Zeit wird über dem tertiären Wirtschaftsbereich noch ein quartärer Bereich angesiedelt. Dazu gehören Wissensunternehmen (zum Beispiel Beratung, Informationsdienste), die zum Teil mit extrem wenig Personal und fast ganz ohne Kapital eine beachtliche Wertschöpfung erzielen.

Nach der Betriebsgröße lassen sich Betriebe in Groß-, Mittel- und Kleinbetriebe unterteilen. Eine über alle Wirtschaftszweige und Branchen hinweg geltende verbindliche Größeneinteilung existiert nicht. Dies wäre auch unzweckmäßig. Ein Dienstleistungsbetrieb kann mit einer kleineren Anzahl von Beschäftigten einen gleich großen Umsatz erzielen wie ein hochmechanisierter Industriebetrieb mit wenigen Beschäftigten und einem großen Anlagen- und Kapitaleinsatz. Würde man als Bezugsgröße also allein die Anzahl der Beschäftigten, die Umsätze oder die Gewinne verwenden, so würde sich ein jeweils anderes Bild der Wirtschaft ergeben. Neben der Anzahl der Beschäftigten, dem Umsatz je Zeiteinheit und dem Gewinn sind Bilanzsumme, investiertes Kapital, Arbeitsplatzzahlen, Anlagenintensitätsgrade, Lohn- und Gehaltssummen, Ausbringungsmengen, Rohstoffeinsätze et cetera als Beurteilungsmerkmale denkbar und möglich.

Das HGB teilt in § 267 Kapitalgesellschaften (zum Beispiel die GmbH und die AG) in drei Größenklassen ein. An diese Größenklassen sind Publizität und Rechnungslegungspflichten geknüpft, wobei die Vorschriften regelmäßig an die aktuelle wirtschaftliche Umwelt angepasst werden.

Zusammenfassung

Betriebe sind keine eindeutig isolierten Institutionen, deren Wirtschaften klar und eindeutig beobacht-, mess- und gestaltbar sind. Bevor man einen Betrieb näher untersucht und dessen Erfolg oder Misserfolg bewertet, sollte völlig klar sein, dass zunächst die so genannten Einflussfaktoren oder exogenen Faktoren – wie das Wirtschaftssystem, in dem sich der Betrieb bewegt –, das Rechts- und Steuersystem, das zu beachten ist, die allgemeine interne und externe Situation diesen Erfolg beeinflussen. Je näher man sich mit diesen Faktoren auseinandersetzt, umso einfacher werden die späteren Beurteilungen und Bewertungen ausfallen, da wohl kaum eine betriebswirtschaftliche Aussage nicht situativ ist. BWL ist keine Naturwissenschaft mit zum Teil unvergänglichen Regelungen wie die Physik, bei der unter normalen Umständen immer ein Gegenstand sich zum Beispiel nach dem Gesetz der Schwerkraft verhält. Ein Betrieb kann insolvent gehen, auch wenn alle betriebswirtschaftlich angesagten Erfolgsfaktoren eingehalten und erfüllt wurden. Die Antwort liegt ganz schlicht wie auch ganz komplex in der Situation.

Selbstkontrollaufgaben zu Kapitel 1

1. Führen Sie einige situative Faktoren auf, die den betrieblichen Erfolg eines Unternehmens beeinflussen können, ohne dass sie vom Betrieb selbst beeinflussbar wären.

2. Nehmen Sie an, Sie seien Geschäftsführer einer Hotelkette namens »Best Eastern« und überlegen, Ihre bisher nur national aufgestellte Hotelkette zu internationalisieren. Welche Gründe könnten für einen solchen strategischen Schritt sprechen?

3. Bei der Gesellschafterversammlung Ihrer Hotelkette, bei der Sie als Eigentümer zu 49 Prozent beteiligt sind, wollen die übrigen Stakeholder (Anteilseigner) eine Ausschüttung des letztjährigen Gewinnes erreichen. Sie und die Bank haben andere Interessen, nämlich die Substanz durch Bildung von Rücklagen zu stärken. Welche Interessengegensätze kommen hier zum Tragen, und gibt es weitere Stakeholder, die für den einen wie den anderen Standpunkt votieren könnten, auch wenn Sie nicht an der Gesellschafterversammlung teilnehmen können.

4. Ordnen Sie Ihren Hotelbetrieb in die Betriebsklassifikationen der BWL ein.

2. Wirtschaften in Betrieben

Das Erstellen von Wirtschaftsgütern unterliegt nicht nur den in Kapitel 1 beschriebenen situativen beziehungsweise exogenen Faktoren, sondern auch dem Geschick des Unternehmers oder Managers, der es versteht, solche Wirtschaftsgüter zu erstellen, die auf einen Bedarf und letztlich eventuell eine Nachfrage stoßen. Welche Bedürfnisse Menschen bewegen und zu Nachfrage führen, und welche Güter zu deren Befriedigung herzustellen sind, ist daher betriebswirtschaftlich relevant.

Erstellung von Wirtschaftsgütern

Wirtschaften in Betrieben ist wesentlicher Bestandteil unserer Kultur und zentrale Voraussetzung unserer heutigen Lebensbedingungen. Die produktive Nutzung menschlicher und natürlicher Ressourcen zur Gütererstellung kann als Zweck von Betrieben definiert werden. Betriebe können aber Güter in der Regel nicht zum Selbstzweck herstellen oder etwa, um Menschen glücklicher zu machen. Derartige Unternehmen, bei denen private Interessen des Firmeninhabers und keine Gewinnabsichten im Vordergrund stehen, existieren sicherlich auch. So kann eine Pferdezucht sowohl als Liebhaberei betrieben als auch als Betrieb mit Gewinnabsicht geführt werden. Erst das Streben nach Gewinn und Einkommen über die Erstellung von Gütern zur Befriedigung potenziell unendlicher Bedürfnisse der Menschen konstituiert Betriebe im Sinne der Betriebswirtschaftslehre. In Abbildung 7 werden verschiedene Arten von Gütern als Objekte wirtschaftlichen Handelns vorgestellt.

Betriebswirtschaft konkret. Ottmar Schneck

ISBN 3-527-50193-2

Gütermerkmal	Güterbezeichnung
Verfügbarkeit (Fungibilität, Vertretbarkeit)	freie Güter (zum Beispiel Wasser, Luft) knappe Güter (alle Waren mit Preisen)
Mobilität (Beweglichkeit)	Mobilien (zum Beispiel Büromaterial) Immobilien (Grundstücke, Gebäude)
Nutzungsdauer	Gebrauchsgüter mit mehrmaliger Nutzung (zum Beispiel Schmiermittel) Verbrauchsgüter mit einmaliger Nutzung (zum Beispiel Lebensmittel)
Einsatzzweck	Konsumgüter zum Verbrauch Investitionsgüter zur Produktion neuer Güter
Lebensnotwendigkeit	Grundgüter (zum Beispiel Lebensmittel) Kulturgüter (zum Beispiel Gebetsteppich) Luxusgüter (zum Beispiel Yacht)
Rechtssystem	originäre Güter (zum Beispiel Haus) derivate Güter, die aus originären abgeleitet sind (zum Beispiel Hypothek)
Erfassbarkeit	Realgüter (zum Beispiel Stuhl) Nominalgüter (Geld und Ansprüche auf Geld, zum Beispiel Wechsel)
Austauschbarkeit	Substitutionsgüter (zum Beispiel Margarine statt Butter) Komplementärgüter (zum Beispiel Pfeife und Tabak)
Körperlichkeit	materielle Güter (bewertbar, sichtbar, fassbar) immaterielle Güter (zum Beispiel Image, Firmenwert, Kundendatei)
Reproduzierbarkeit	Potenzialfaktoren (nicht wiederherstellbare, einmalige Güter) Repetiergüter (laufend neu herstellbar, zum Beispiel Schraube)
Individualität	Individualgüter (zum Beispiel Auto) Kollektivgüter (zum Beispiel Straße)

Abb. 7: Güterarten als Objekte des wirtschaftlichen Handelns

Das Zielsystem des Betriebes

Zielbestandteile und Zielbeziehungen

Bedürfnisse sind der Ausgangspunkt jeglichen Wirtschaftens. Güter zur Bedürfnisbefriedigung wurden in Abbildung 7 klassifiziert. Die Entstehung und Fortentwicklung von Bedürfnissen hat in den vierziger Jahren der Psychologe Abraham Maslow beschrieben. Sein unter dem Begriff »Bedürfnispyramide« bekannt gewordenes Modell dient zur Erklärung der Bedürfnisstruktur von Menschen.

Bereits 1943 erstellte Abraham Maslow eine hierarchische Ordnung der menschlichen Bedürfnisse. Grundüberlegung seiner Motivationstheorie ist, dass hierarchisch höher rangige Bedürfnisse erst dann befriedigt werden, wenn die jeweils untergeordneten Bedürfnisse befriedigt worden sind (Dringlichkeitsordnung). Insbesondere die Wachstumsmotive sind so lange nur latente Bedürfnisse, bis die Grundbedürfnisse weitgehend befriedigt sind. In Abbildung 8 sind die Bedürfnishierarchie sowie Möglichkeiten der jeweiligen Bedürfnisbefriedigung im Unternehmen dargestellt. Eine Führungskraft kann mit Hilfe einer derartigen Liste ihren Führungsstil den jeweiligen Bedürfnissen der Mitarbeiter anpassen. Nachfolgeuntersuchungen zu den Thesen von Maslow kamen zu dem Ergebnis, dass sich die Befriedigung der Bedürfnisse der einzelnen Klassen durchaus überschneiden kann, sodass eine eindeutige Einordnung von Mitarbeitern in bestimmte Bedürfnisklassen schwerlich möglich ist.

Bedürfnisse (Motive) von Menschen	**Möglichkeiten der Bedürfnisbefriedigung im Unternehmen**
1. Grundbedürfnisse (physiologische Bedürfnisse) zum Beispiel Essen, Trinken, Wohnen	durch Lohn und Gehalt, Urlaubsregelung, Kantine, ärztliche Betreuung, verbilligte Einkaufs- und Wohnmöglichkeiten und so weiter
2. Sicherheitsbedürfnisse zum Beispiel Schutz vor Willkür, Drohung, Entbehrung	durch Sicherheit des Arbeitsplatzes, Sicherheit des Einkommens, Altersversorgung, Versorgung bei Krankheit und Unfall und so weiter
3. Bedürfnisse nach mitmenschlicher Zuwendung (soziale Bedürfnisse) zum Beispiel Bedürfnisse nach Freundschaft, Geselligkeit, Zugehörigkeit zu einer Gruppe	durch Kommunikation am Arbeitsplatz, Information auch über nicht arbeitsgebundene Informationen, Problemlösungsgespräche, Mitgliedschaft in einer Gruppe und so weiter
4. Bedürfnisse nach Anerkennung zum Beispiel psychische Bedürfnisse nach Anerkennung, Respekt, Würde, Status	durch Übertragung von Kompetenzen, verbale und materielle Anerkennung, Erlangung eines bestimmten Status oder eines Ehrentitels, Bereitstellung eines Dienstfahrzeugs und so weiter
5. Bedürfnisse nach Selbstverwirklichung zum Beispiel Bedürfnisse nach Selbstständigkeit, Selbstentfaltung, Selbstverantwortung und Selbsterfüllung	durch Mitbestimmung bei der Arbeit, Erfüllung auf Grund der Aufgabenstellung, Selbstverantwortung bei der Arbeitszeitregelung und Pausengestaltung, Weiterbildung, Aufstiegsmöglichkeiten und so weiter

Abb. 8: Bedürfnisklassen und ihre Befriedigung nach Maslow

Doch selbst wenn bei einem Menschen Bedürfnisse in allen genannten Bedürfnisklassen gleichzeitig auftreten, so zeigen Maslows »Motivationsschubladen«, dass auf jeder Ebene bestimmte Güter zur Befriedigung der jeweiligen Bedürfnisse herzustellen sind. In diesem Rahmen ist es Aufgabe der Betriebe, die aktuellen und latenten Bedürfnisse von Kunden mit Hilfe der Konsumentenforschung zu ermitteln sowie entsprechende Güter herzustellen und anzubieten.

Die permanente Bedürfnisentwicklung der Menschen einerseits und die Knappheit der Rohstoffe zur Gütererstellung andererseits zwingen Betriebe zu effizientem und effektivem Handeln. Effizienz ist dabei der Grad der Zielerreichung (zum Beispiel Erreichung eines angestrebten Kundennutzens), während Effektivität die Vorteilhaftigkeit des Weges beziehungsweise Prozesses zur Zielerreichung ausdrückt. Die Zusammenfassung von effektivem und effizientem Handeln wird auch als optimales Handeln bezeichnet. Da der Begriff »optimal« nach allen Seiten hin interpretiert werden kann, wird er hier jedoch nicht verwandt.

Ziele sind Aussagen über erwünschte Zustände in der Zukunft. Hat ein Betrieb vor, im nächsten Jahr seinen Umsatz zu steigern, so ist dies noch kein Ziel, sondern eine Absicht oder ein Wunsch. Ziele hingegen bestehen aus dem Zielinhalt (Umsatz), dem konkreten Zielausmaß (Umsatz soll um 10 Prozent gesteigert werden) und einem zeitlichen und sachlichen Geltungsbereich (Umsatz des Produktes A soll im Ort B in einem Jahr um 10 Prozent gesteigert werden). Erst wenn diese vier Zielbestandteile in einer zukunftsorientierten Aussage enthalten sind, kann von einem Ziel gesprochen werden. Es ist außerdem zu beachten, dass Ziele so formuliert werden, dass die Ergebnisse aufgrund ergriffener Maßnahmen mit Hilfe der Zielvorgaben kontrollierbar sind. Ziele müssen demnach operational, das heißt verständlich sowie messbar, klar formuliert und realisierbar sein. Auch darf die soziale Akzeptanz von Zielen nicht vernachlässigt werden.

Da ein Betrieb in der Regel mehrere Ziele verfolgt, müssen die Beziehungen zwischen den Zielen identifiziert werden. Ziele können einander harmonisch fördern (zum Beispiel Umsatz steigern und Gewinn erhöhen), sich gegenseitig behindern (zum Beispiel Kosteneinsparung durch Personalentlassung und Motivation der Mitarbeiter) oder neutral sein (zum Beispiel Kosteneinsparung bei Rohstoffen und Produktionsausweitung). Harmonische Zielbeziehungen werden als komplementär bezeichnet, bei sich behindernden Zielen handelt es sich um Zielkonflikte bis hin zur Zielantinomie (sich gegenseitig ausschließende Ziele). Präferiert ein Unternehmen bestimmte Ziele und wird deren Realisierung zeitlich vorgezogen, so spricht man von Haupt- und Nebenzielen. Eine zeitpunktbezogene persönliche Präferenz teilt Ziele in Ober- und Unterziele ein. Zusammenfassend folgt eine Aufstellung der verschiedenen Zielbegriffe nach sachlichen, zeitlichen und persönlichen Präferenzen:

- Sachliche Zielbeziehungen:
  - Komplementarität: sich gegenseitig fördernde Ziele
  - Konflikt: sich gegenseitig behindernde Ziele
  - Antinomie: sich gegenseitig ausschließende Ziele
  - Indifferenz / Neutralität: unabhängige Ziele
- Zeitliche Zielbeziehungen:
  - Haupt- und Nebenziele
- Persönliche Zielbeziehungen:
  - Ober- und Unterziele

Die sachlichen Zielbeziehungen lassen sich auch grafisch veranschaulichen, indem eine funktionale Beziehung zwischen zwei Zielen dargestellt wird.

Problematisch sind bei den Zielbeziehungen die in einem Konflikt zueinander stehenden Ziele. Häufig auftretende Konflikte ergeben sich zum Beispiel zwischen personellen, ökologischen und gewinnorientierten Zielen. Eine Lösung solcher Zielkonflikte kann nicht ohne eine bewusste Prioritätensetzung erfolgen. Durch Gewichtungen können Zielrangfolgen bestimmt werden. Prioritäten messen einzelnen Zielen mehr Gewicht zu, sodass Zielkonflikte entschärft werden.

Der Zielbildungsprozess

Sofern ein Unternehmen noch keine Zielvorstellungen hat, ist die Zielbildung die erste Phase eines Planungsprozesses. Dieser erfolgt in der Praxis häufig unter Einbeziehung von Kreativitätstechniken. Unter Kreativität wird die Fähigkeit verstanden, Ideen, Gedanken oder physische Gegenstände mit einem bestimmten Neuigkeitsgehalt zu entwickeln, die als originell, gut, stimmig oder treffend bezeichnet werden können. Häufig wird Kreativität gleichgesetzt mit divergentem, das heißt intuitiv-phantasievollem Denken. Kreativität ist besonders gefragt, wenn neue Vorstellungen für die Zukunft eines Unternehmens zu entwickeln sind. Die Grenze zwischen realistischen Zukunftsvorstellungen und Visionen oder gar Utopien ist dabei fließend und kann häufig nur von einem Experten, der an dem kreativen Prozess nicht beteiligt war, gezogen werden. Fraglich ist zudem, ob

Kreativität in einem Planungsprozess gezielt aktiviert werden kann, und ob sich alle an einer Zielbildung Beteiligten in diesen Prozess einbinden lassen. Häufig werden psychologische, organisatorische, ergonomische oder auch genetische Voraussetzungen für die Entwicklung von Kreativität angeführt. Raumfarben oder eine bestimmte Musik mögen dabei durchaus hilfreich sein.

Bei den Techniken zur Förderung von Kreativität werden intuitive und analytische Methoden unterschieden. Das Brainfloating sowie die Synektik sind intuitive Methoden, während die Morphologie kreatives Potenzial durch systematisch-analytische Arbeitsschritte anregen will. Mittlerweile gibt es bereits über hundert Varianten dieser Methoden.

Wenn mit Hilfe von Kreativitätstechniken denkbare Ziele gefunden worden sind, führt man durch Präzisierung, Strukturierung und Realisierbarkeitsprüfung die Zielauswahl durch: Die in einem kreativen Prozess eventuell nur vage formulierten Ziele werden präzisiert, ihr sachlicher und zeitlicher Geltungsbereich wird definiert, und auch die durchführenden Mitarbeiter können schon jetzt benannt werden.

Um festgelegte Ziele erreichen zu können, müssen diese gewichtet oder in eine hierarchische Ordnung gebracht werden. Dies beinhaltet auch die Prüfung der Beziehungen der Ziele untereinander. Dabei geht es etwa um die Frage, ob bestimmte Ziele zur Erreichung anderer Ziele tauglich sind.

Nachdem man Ziele präzisiert, strukturiert sowie auf ihre gegenseitige Verträglichkeit hin geprüft hat, sollte gefragt werden, ob diese Ziele auch realisierbar sind. Realistische Ziele bewegen sich in einem zulässigen Bereich, der durch die gesetzlichen, finanziellen und personellen Restriktionen abgesteckt wird.

Da Ziele oftmals intuitiv anstatt rational gebildet werden, beschreibt Werner Kirsch den Zielbildungsprozess als Willensbildung im Unternehmen, bei dem Individuen versuchen, ihre Individualziele zu kollektiven Unternehmenszielen zu transformieren. Dieser Transformationsprozess erfolgt durch vielfältige Koalitionsvereinbarungen, Lernprozesse und Kompromisse. Durch jedes neue Mitglied einer Organisation kann somit der Prozess neu ausgelöst beziehungsweise das geltende Zielsystem infrage gestellt werden. Häufig ist auch zu beobachten, dass individuelle Zielvorstellungen von gefundenen Kompromissen abweichen. Unternehmensleitbilder und die Konzeption einer Corporate Identity können in solchen Fällen hilfreich sein.

Arten von Zielen

Eine traditionelle Einteilung von Zielen ist die auf Erich Kosiol zurückgehende Differenzierung in Sach- und Formalziele. Diese Unterscheidung bezieht sich auf die Art und Weise der Bedarfsdeckung beziehungsweise Leistungserstellung. Das Sachziel stellt die konkreten Handlungs- oder Leistungsprogramme dar, die angeben, welche Produkte oder Produktgruppen im Rahmen eines Sortiments erstellt werden sollen. Das Formalziel hingegen betrifft die Art und Weise, wie dieses Sachziel erreicht werden soll, das heißt, es wird die Frage nach der Wirtschaftlichkeit, Rentabilität und Liquidität gestellt. Je nach Unternehmen kann hier von einer Sachziel- oder Formalzieldominanz gesprochen werden. In der Regel wird eine Formalzieldominanz vorliegen, das heißt, dass ein Unternehmen Produkte erstellt, um Gewinne zu erzielen, und nicht umgekehrt. Einzig in öffentlichen Unternehmen oder ethisch bestimmten Betrieben kann von einer Sachzieldominanz gesprochen werden. Hier sind die Art des Produktes und die Art der Leistungserstellung wichtiger als die finanzwirtschaftlichen Ziele. Die Einteilung von Kosiol in Sach- und Formalziele wird heute um eine dritte Zieldimension, die Sozialziele, erweitert. Soziale Ziele, wie Mitarbeiterzufriedenheit, humane Arbeitsplatzgestaltung oder Altersvorsorge, sind heutzutage als selbstverständlich zu betrachten. Eine weitere Einteilung von Zielen erfolgt nach den Funktionsbereichen eines Unternehmens. Abbildung 9 stellt exemplarisch die wichtigsten Ziele in den einzelnen Teilbereichen des Unternehmens dar.

Strategische Ziele

Notwendigkeit und Arten von Strategien

Neben den vorausgehend genannten operativen Zielen, die jedes Unternehmen mit unterschiedlicher Gewichtung verfolgt, werden in der heutigen Wettbewerbssituation langfristige, richtungweisende und grundsätzliche Vorgaben – auch Strategien genannt – immer wichtiger.

Der Begriff »Strategie« wurde aus dem militärischen Sprachgebrauch entlehnt (griech. strategia = Heerführung, Feldherrenkunst). In der Betriebswirtschaftslehre bezeichnet er den Plan des eigenen Vorgehens, mit dem ein bestimmtes Ziel erreicht werden soll. Ähnlich wie beim Schachspiel kommt es dabei darauf an, die möglichen Reaktionen des Gegners schon vorab in das eigene Vorgehen einzukalkulieren. Demgegenüber

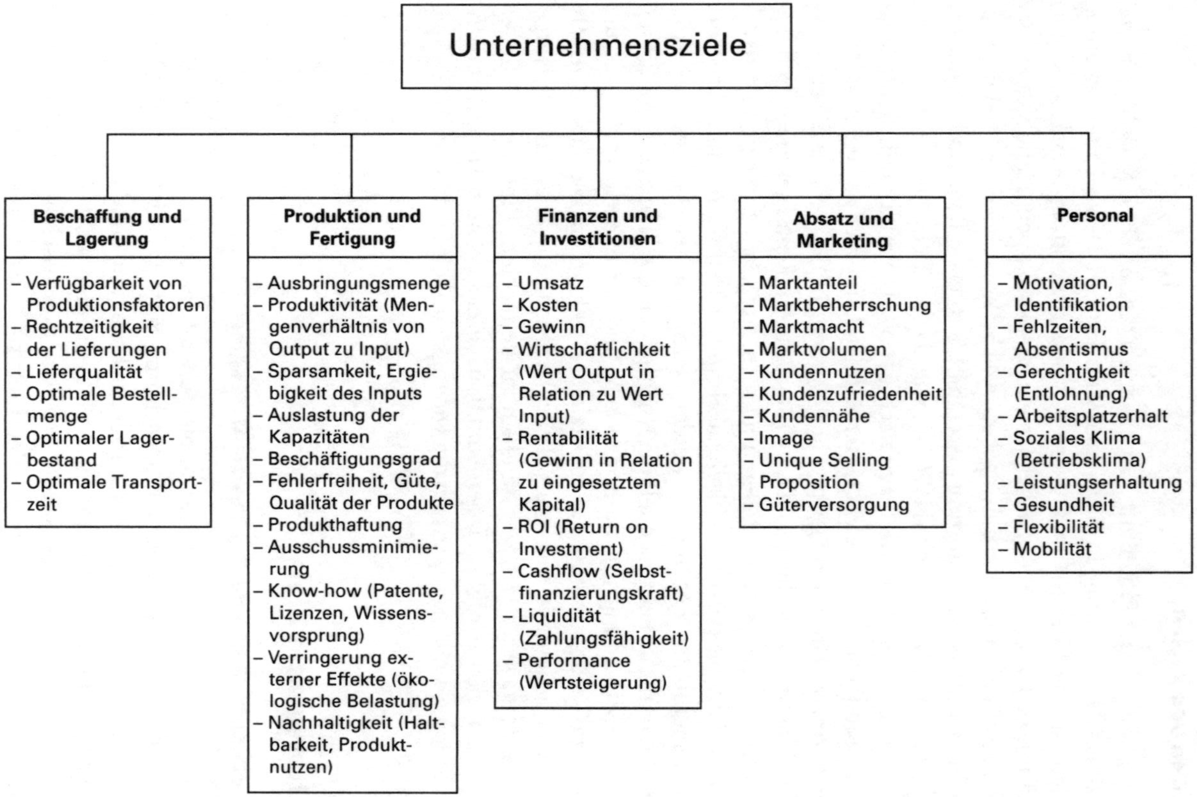

Abb. 9: Unternehmensziele nach Funktionsbereichen

versteht man unter Taktik das situationsgerechte Verhalten in der konkreten Wettbewerbssituation (griech. taktikè = die Kunst der Anordnung und Aufstellung). Die Übertragung des Strategiebegriffes aus dem militärischen Bereich in die Betriebswirtschaftslehre erfolgte in den siebziger Jahren.

Unternehmensstrategien sind grundsätzliche Vorstellungen darüber, wie ein Unternehmen seine vorhandenen oder potenziellen Stärken einsetzen beziehungsweise seine Schwächen abbauen will. Dies muss unter Berücksichtigung von potenziellen Veränderungen der Unternehmensumwelt geschehen, um deren Chancen zu nutzen beziehungsweise ihren Risiken zu begegnen. Für die Entwicklung von Strategien bedarf es daher sowohl einer Umweltanalyse zur Erkundung der externen Chancen und Risiken als auch einer Unternehmensanalyse zur Ermittlung der inneren Stärken und Schwächen. Im Unterschied zu operativen und taktischen Zielen umfasst die strategische Zielsetzung stets die gesamte Unternehmung.

Strategien sollen Richtungen weisen und Standards festlegen. Durch Strategien kann sich ein Unternehmen von der Konkurrenz abheben und Wettbewerbsvorteile schaffen. Ein häufig genannter Vorteil ist auch die Schaffung so genannter Synergieeffekte, die sich darin ausdrücken, dass die Zusammenarbeit im Ganzen mehr sein kann als die Summe der Erfolgsbeiträge der Einzelteile. Strategien können soziale Verantwortung mit berücksichtigen, ökologische Visionen operationalisieren oder auch nur interne Ressourcen zuteilen. Die strategische Planung soll außerdem das Risiko von Fehlentscheidungen minimieren, Handlungsspielräume zur Vermeidung von Sach- und Zeitzwängen schaffen sowie die Komplexität der Umwelt reduzieren, das heißt überschaubar machen und einzelne Ideen in einen Gesamtplan integrieren.

Wenn einerseits die Umwelt immer dynamischer wird, und andererseits im Unternehmen zunehmende Reaktionszeiten und längere Entscheidungsabläufe feststellbar sind, so ist eine langfristige strategische Ausrichtung des Unternehmens ganz offensichtlich dringend notwendig. In der angloamerikanischen Literatur wird beim Fehlen eines solchen Konzeptes vom Muddling through, dem »Durchwursteln« oder permanenten Improvisieren, gesprochen.

Strategien lassen sich hinsichtlich verschiedener Gegenstände unterscheiden, die in Abbildung 10 zusammengefasst werden. Aus der Tabelle werden verschiedene Einteilungen strategischer Ziele deutlich. Während Hofer und Schendel in Abhängigkeit von der Bedeutung für das Gesamtunternehmen oder lediglich einzelner Bereiche Strategien neutral einteilen, macht die Portfoliotheorie bereits begrifflich Aussagen über die Strategiein-

Unterscheidungskriterium/ Gegenstand	Bezeichnung
Organisatorischer Geltungsbereich (Hofer / Schendel)	Unternehmensstrategien (Corporate Strategies) Geschäftsbereichsstrategien (Business Strategies) Funktionsbereichsstrategien (Functional Area Strategies)
Funktionsbereich des Unternehmens	Absatzstrategien Produktionsstrategien Forschungs- und Entwicklungsstrategien Investitionsstrategien Finanzierungsstrategien Personalstrategien
Entwicklungsrichtung/ Mitteleinsatz (Portfolio)	Wachstumsstrategien (Investieren) Stabilisierungsstrategien (Halten) Schrumpfstrategien (Desinvestieren)
Marktverhalten	Angriffstrategien (zum Beispiel Promotionsstrategien) Verteidigungsstrategien (zum Beispiel Imitationsstrategien)
Produkte/ Märkte (Ansoff)	Marktdurchdringungsstrategie Marktentwicklungsstrategie
Wettbewerbsvorteile/ Marktabdeckung (Porter)	Strategie der Kostenführerschaft Differenzierungsstrategie Konzentrationsstrategie (auf Kostenführerschaft oder Produktdifferenzierung)
Regionaler Geltungsbereich	lokale Strategie multinationale Strategie globale Strategie

Abb. 10: Strategiearten

halte. Die Begriffe Wachstums- und Schrumpfungsstrategie deuten eindeutig auf die Strategieinhalte hin. Die Portfolioeinteilung soll im Abschnitt »Portfoliotechniken zur Strategieentwicklung« weiter vertieft werden.

Die verhaltensorientierte Einteilung in Angriff oder Verteidigung ist ebenfalls folgerichtig. Nach Ansoff werden Strategien entsprechend dem Ziel des Unternehmens, alte oder neue Produkte auf alten oder neuen Märkten zu vertreiben, eingeteilt. Wer mit alten Produkten auf alten Märkten agiert, will gegebenenfalls eine Marktdurchdringung, bei alten Produkten auf neuen Märkten eine Marktentwicklung erzielen. Wenn neue Produkte auf alten Märkten vertrieben werden sollen, kann von Produktentwicklung, bei neuen Märkten von Differenzierung gesprochen werden. Eine weitere Einteilung nach Porter geht von empirisch beobachteten, grundlegend verschiedenen Verhaltensweisen von Unternehmen aus. Während manche Unternehmen als Kostenführer (zum Beispiel Aldi) agieren und sich als »Billiganbieter« strategisch abgrenzen, versuchen andere Unternehmen, mit einer Nischenstrategie (zum Beispiel ein Spezialprodukt für Zahnärzte) oder einer Differenzierungsstrategie (zum Beispiel Feinkost Käfer) erfolgreich zu sein. Die Einteilung der Strategien nach Regionen ist ebenfalls wieder folgerichtig.

Werte und Grundeinstellungen des Topmanagements, die auch in der Unternehmenskultur verwurzelt sind, sowie die Summe der Umweltbedingungen sind Ausgangspunkte für langfristige Unternehmensabsichten. Werte stellen daher einen Filter für die Auswahl und Entwicklung der Strategie dar.

Wenn Werte die Grundlage für eine strategische Analyse der eigenen Unternehmung und der Umwelt sind, so müssen diese systematisch erkannt und analysiert werden. Gleiches gilt für die Analyse der Unternehmung selbst und ihrer Umwelt. Dies wird immer häufiger durch rationale Management-Techniken (zum Beispiel Konkurrentenanalyse, Marktanalyse oder Portfolioanalyse) unterstützt. Auch die auf solchen Analysen basierenden Formulierungen von Strategien sowie deren Implementierung kann durch bestimmte Techniken erleichtert und verbessert werden. Interessanterweise ist zu beobachten, dass mit der steigenden Zahl einsetzbarer Management-Techniken auch die Zahl der Unternehmen, die tatsächlich eine bewusste strategische Planung betreiben, zunimmt.

Portfoliotechniken zur Strategieentwicklung

Eine Managementtechnik zur Unterstützung des Strategiebildungsprozesses ist die Portfolioanalyse. Die Grundidee der Portfoliotechnik stammt aus dem finanzwirtschaftlichen Bereich, in dem seit langem Wertpapierportfolios erstellt werden. Dabei können zum Beispiel Renditeerwartung einerseits und Sicherheitsaspekte andererseits in einer Matrix berücksichtigt werden. Bei der Portfoliotechnik im Rahmen der Strategieentwicklung werden in einer Matrix eine Umwelt- und eine Unternehmensvariable aufgetragen.

Ausgangspunkt dieser Portfolioanalysen sind Strategische Geschäftseinheiten (SGE). SGE sind organisatorische Einheiten, die für eine strategisch relevante Geschäftsfeld-Ressourcen-Kombination innerhalb eines Unternehmens verantwortlich sind. Eine SGE trifft ihre Entscheidung weitgehend selbstständig und ist am Wettbewerb ausgerichtet. Häufig wird eine SGE auch als homogene, einzeln abrechenbare und mittelfristig existente

Produkt-Marktkombination oder autonome Produktlinie verstanden, die beim Konkurrenten in vergleichbarer Form vorliegt. Die Bildung, Auswahl und Anzahl von SGE ist sorgfältig zu planen. Jede SGE muss eine eigenständige, identifizierbare und überschneidungsfreie Marktaufgabe haben und stellt damit gleichsam ein Mikro-Unternehmen dar.

Das Portfolio stellt nun einen zweidimensionalen Betrachtungsraum in Form einer Matrix her, wobei stets eine der beiden Achsen die Umwelt- und die andere Achse die Unternehmensdimension darstellt. Die einzelnen strategischen Geschäftseinheiten werden dann in der konzipierten Matrix positioniert, um ein so genanntes Ist-Portfolio zu ermitteln. Dabei soll deutlich werden, ob sich Schwerpunkte bilden oder das Portfolio ausgeglichen ist.

Das von der Boston Consulting Group (BCG) entwickelte Marktanteils-Marktwachstums-Portfolio basiert auf den Parametern »relativer Marktanteil« (MA) und »Marktwachstum« (MW). Der Marktanteil stellt die Unternehmensvariable und das Marktwachstum die Umweltvariable dar. Der relative Marktanteil wird dabei durch das Verhältnis des eigenen Marktanteiles zum Wettbewerber bestimmt, das Marktwachstum dagegen als erwartete jährliche Wachstumsrate der Nachfrage. Die beiden Größen gehen auf Erkenntnisse des so genannten PIMS-Modells (PIMS = Profit Impact of Market Strategies) des Strategic Planning Institute, Cambridge/ Massachusetts, und einer empirischen Untersuchung der BCG zurück, die als Erfahrungskurve in die Literatur einging.

Durch die Einteilung der beiden Faktoren MA und MW in die Ausprägungsformen »hoch« und »niedrig« entsteht eine Vierfelder-Matrix. Zentrale Zielgröße beziehungsweise die abhängige Variable des Portfolios ist der Cashflow. Als Cashflow wird der Saldo zwischen Kassenzufluss und Kassenabfluss eines Unternehmens in einer bestimmten Periode bezeichnet. Untersucht wird nun die Wirkung der beiden Variablen Marktwachstum beziehungsweise Marktanteil auf das Cashflow-Gleichgewicht im Unternehmen. Das Cashflow-Gleichgewicht soll dadurch erreicht werden, dass sich nach Positionierung der strategischen Geschäftseinheiten in der Matrix ein Ausgleich unter den SGE über das Portfolio hinweg ergibt.

Die vier Felder der Matrix werden sinnbildlich als Stars, Question Marks, Cash Cows und Poor Dogs bezeichnet. Stars sind Geschäftseinheiten mit hohem Marktanteil in einem schnell wachsenden Markt. Produkte beziehungsweise SGE in diesem Feld können den Cashflow zur Sicherung ihrer Position größtenteils selbst decken. Cash Cows sind SGE mit einem hohen relativen Marktanteil, welche sich jedoch in einem Markt mit einer niedrigen Wachstumsrate befinden. Hier ist davon auszugehen, dass infolge der

Marktführerschaft (hoher MA) und der geringen Kosten bei niedrigen Erhaltungsinvestitionen ein hoher Cashflow-Überschuss erwirtschaftet wird. Question Marks sind Geschäftseinheiten mit geringem relativem Marktanteil, welche sich jedoch in stark wachsenden Märkten befinden. Der hier erwirtschaftete Cashflow reicht in der Regel nicht aus, um den Finanzmittelbedarf für Erweiterungsinvestitionen zu decken. Poor Dogs sind Geschäftseinheiten mit niedrigem Marktanteil und gleichzeitig auch niedrigem Marktwachstum, bei denen der Netto-Cashflow oft negativ ist beziehungsweise zum Erhalt der Marktposition nicht ausreicht.

Aus der Lage der SGE lassen sich nun im Hinblick auf das Ziel der Ausgeglichenheit des Portfolios so genannte Normstrategien ableiten. In Abhängigkeit von den zur Verfügung stehenden finanziellen Mitteln sehen diese Normstrategien für die Question Marks einen erheblichen Ausbau des Marktanteils vor (Offensivstrategie). Bei den Stars ist bereits ein hoher Marktanteil erreicht. Hier ist durch eine Wachstumsstrategie der Marktanteil zu halten, auch wenn der hohe Investitionsaufwand den zum Teil relativ geringen Deckungsbeiträgen zunächst nicht entspricht; die Preise sollten der Marktstellung entsprechend erhöht werden. Die Cash Cows oder Milchkühe des Unternehmens tragen zu den gegenwärtigen Einnahme-

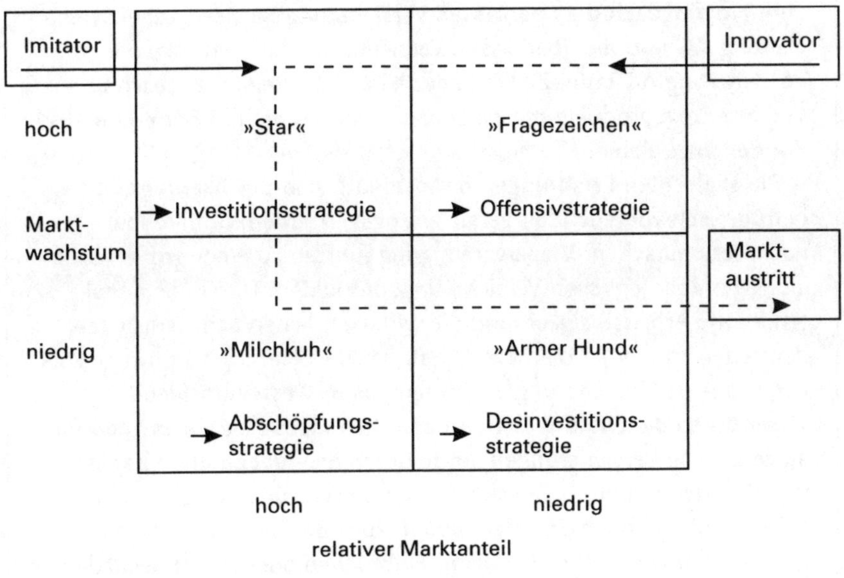

Abb. 11: Marktanteils-Marktwachstums-Portfolio der BCG mit der Dimension Marktanteil auf der X-Achse und Marktwachstum auf der Y-Achse

überschüssen bei. Da sie sich in der Reifephase des Produktlebenszyklus mit nur noch geringem Marktwachstumspotenzial befinden, wird eine Defensivstrategie empfohlen. Bei den Poor Dogs oder Auslaufprodukten soll dagegen eine Desinvestitionsstrategie verfolgt werden, da sich bei mäßigen Wachstumsaussichten und geringen Marktanteilen Investitionen nicht mehr lohnen. Die Preise sind so hoch wie möglich anzusetzen.

Insgesamt soll also mit Hilfe dieser Portfolioart ein Risikoausgleich bei gezielter Wachstumssicherung für das Unternehmen gewährleistet werden. Häufig wird die gezielte Förderung der »Fragezeichen« mit Hilfe der bei den »Milchkühen« freigesetzten finanziellen Mittel empfohlen.

Fallbeispiel zur Strategiebildung bei der Sparkassen-Versicherung Sachsen AG

Die Sparkassen-Versicherung Sachsen AG nahm am 1.10.1992 ihren Geschäftsbetrieb mit Hauptsitz in Dresden auf. Die Eintragung ins Handelsregister beim Amtsgericht Dresden erfolgte am 13.6.1993. Gegründet von den sächsischen Sparkassen und den drei westdeutschen öffentlichen Versicherern Bayern-Versicherung München, ÖVA Mannheim und Sparkassen-Versicherung Stuttgart sind heute unter dem Holdingdach die Sparkassen-Versicherung Sachsen Lebensversicherung AG und die Sparkassen-Versicherung Sachsen Allgemeine Versicherung AG tätig. Ziel ist, speziell auf die Region zugeschnittene Versicherungsprodukte mit persönlicher Beratung und Betreuung der Kunden anzubieten.

Die schlechten Erfahrungen der ostdeutschen Bevölkerung mit betrügerisch vorgehenden Versicherungsvermittlern unmittelbar nach der deutschen Wiedervereinigung führten zu einer großen Skepsis gegenüber jeglichen Versicherungsprodukten. Durch die anhaltend hohe Arbeitslosigkeit und die wirtschaftlichen Schwierigkeiten der neuen Länder ist die Bereitschaft der Bevölkerung zu privater Vorsorge mittels Versicherungen geringer als in Westdeutschland.

Der durch die Öffnung der europäischen Handelsgrenzen 1996 für ausländische Versicherungen sowie durch die zunehmende Zahl von Direktversicherern verschärfte Wettbewerb und der gesamtdeutsche Trend zu hohen Schadenquoten, zum Beispiel durch die zunehmende Zahl von Autodiebstählen, Einbrüchen oder Hausratschäden, führte bei allen Versicherungen in den neunziger Jahren zu der

Erkenntnis, dass eine grundlegend neue Strategische Planung notwendig sei.

Die Sparkassen-Versicherung Sachsen AG organisierte daher im Herbst 1995 eine Tagung zur Strategischen Planung, bei der zunächst die Notwendigkeit einer neuen Strategie und die Vorgehensweise im Strategiebildungsprozess erörtert wurden. Die in Teil A. II. 3 dargestellten Prozessschritte und Elemente einer Strategischen Planung wurden angewandt. Entscheidend war die Diskussion der strategischen Stoßrichtungen nach den Theorien von Igor Ansoff und Michael Porter, an die sich die Positionierung der Strategischen Geschäftseinheiten (SGE) der Sparkassen-Versicherung Sachsen AG in einem speziellen Portfolio anschloss.

Anhand der vier Strategiearten von Ansoff (Marktdurchdringung, Marktentwicklung, Produktentwicklung oder Diversifikation) konnte klar erkannt werden, dass die bisherigen Produkte nur bedingt geeignet waren, um neue Märkte zu erschließen. So können Kfz-Versicherungen nicht an andere Zielgruppen als an Autofahrer, also an Kunden ab einem gewissen Alter und mit Führerschein, vermittelt werden. Analoges gilt für Hausrat- oder Glasversicherungen. Die Märkte sind hier jeweils definiert, und die Schaffung neuer Märkte ist mit Ausnahme einer regionalen Erweiterung nicht denkbar. Eine regionale Marktausweitung, zum Beispiel in die angrenzenden osteuropäischen Länder, wurde hier erwogen. Die bisherigen Produkte konnten somit nur in das Feld der Marktausweitung platziert werden, was bedeutet, dass mit Werbeanstrengungen hier größere Marktanteile anzustreben sind. Produktinnovationen im Sinne der Differenzierung nach Ansoff sind aktuell in der gesamten Versicherungsbranche nicht erkennbar. Völlig neue Problemlösungen für die alten Märkte scheinen nicht vorhanden zu sein. Die Glasversicherungspolice mit beigelegtem Hammer und einem Buch mit Fußballregeln stellt keine neue Problemlösung für vorhandene Märkte dar. So blieb lediglich die Möglichkeit der Diversifikation. Eine vertikale Vorwärtsintegration, zum Beispiel von Papier- und EDV-Lieferanten, wurde im Zeitalter des Outsourcing als sinnlos angesehen; Synergieeffekte waren nicht erkennbar. Dasselbe galt für eine laterale Integration von Hammerherstellern oder Ballproduzenten. Die horizontale Diversifikation fand auf Finanzdienstleistungsebene mit dem Zusammenschluss der Sparkassen

Sachsens, der Landesbank Sachsen Girozentrale sowie der Landesbausparkasse Ost bereits statt, sodass auch hier kein weiterer Bedarf erkannt wurde.

Um diese strategische Stoßrichtung zu präzisieren, wurde die Portfolio-Methode nach dem Konzept der Boston Consulting Group angewandt. Zunächst wurden Strategische Geschäftseinheiten gebildet, welche dann in der Marktanteils-Marktwachstums-Matrix positioniert wurden. Das Portfolio umfasste die verschiedenen Versicherungsprodukte für die verschiedenen Kundengruppen (SGE = Strategische Geschäftseinheit = Produkt/Marktkombination). Auf Basis des erstellten Ist-Portfolios wurden die so genannten Stars gefördert, Poor Dogs aus dem Produktsortiment genommen und neue Questionmarks im Sinne vielversprechender neuer Produkte in das Sortiment aufgenommen. Die Sparkassenversicherung Sachsen zählt heute zu einer der erfolgreichsten Versicherungsunternehmen.

Unternehmensleitbild und -kultur

Häufig werden strategische, teilweise auch operative Zielsetzungen in so genannten Unternehmensleitbildern dokumentiert. Dabei handelt es sich um schriftlich formulierte, für jedermann zugängliche Unternehmensgrundsätze, die die Ziele und Strategien eines Unternehmens und deren Konsequenzen für die Partner (Mitarbeiter, Kunden, Lieferanten, Wettbewerber, Kapitalgeber und Öffentlichkeit) darstellen. Das Leitbild enthält eine kurze und prägnante Charakterisierung der Unternehmung und ihres zukünftigen Verhaltens. Es soll sowohl intern als Orientierung für das Handeln des Managements und der Mitarbeiter dienen, als auch für externe Koalitionspartner einen Ausdruck verlässlicher Werte darstellen. Wichtig ist dabei, dass die Gesamtunternehmensperspektive adressatenspezifische Inhalte enthält. Leitbilder für Mitarbeiter müssen nicht identisch sein mit denen für die Öffentlichkeit. Konkurrenten werden eher an Kooperationsoptionen, Lieferanten an Kriterien für deren Auswahl, Kunden an der Qualität der Produkte und Mitarbeiter an den Entfaltungs- und Mitwirkungsmöglichkeiten interessiert sein.

Alle genannten Aspekte in einem Leitbild zu vereinen, stellt somit nicht nur ein Formulierungs-, sondern auch ein Aktualisierungsproblem dar. Leitbilder sollten laufend überprüft werden, was bei Teilgrundsätzen einfacher möglich ist. Die Gesamtheit von Leitbildern und schriftlichen Grundsätzen, inklusive Führungsleitlinien oder Anforderungen an Mitarbeiter (Stellenbeschreibung), wird in der heutigen Betriebswirtschaftslehre als Corporate Identity (CI) bezeichnet.

Das Unternehmensleitbild soll eine Corporate Identity (CI) nach außen vertreten, um eine klare und eindeutige Profilierung des Unternehmens gegenüber seinen Konkurrenten zu unterstützen und dadurch eine rasche Wiedererkennbarkeit für seine Koalitionspartner zu fördern. Voraussetzung hierfür ist, dass das tatsächliche Unternehmensverhalten, beziehungsweise die Charaktere der individuellen Unternehmenspersönlichkeiten, mit den Leitbildern übereinstimmen, um langfristig glaubwürdig zu bleiben. Eine Unternehmenskommunikation kann mit noch so viel Werbung, Firmenzeichen, Produktverpackungen, Innen- und Außenarchitektur ein Leitbild an Kunden und Lieferanten transportieren – wenn sich Führungskräfte und Mitarbeiter nicht daran orientieren, werden dieses Leitbild und damit auch die Werbemaßnahmen wirkungslos bleiben. Aus diesem Grund wird Leitbildern häufig vorgeworfen, sie seien philosophische »Wortklauberei«, utopische Leerformeln, einseitige Absichtserklärungen oder Forderungskataloge der Unternehmen ohne Gewähr. In Abbildung 12

Leitbildziele	Leitbildinhalte	Leitbildanforderungen
Ausdruck der Unternehmensethik und der Existenzgrundlage des Unternehmens Orientierungs- und Stabilisierungsfunktion Beitrag zur Imagebildung Unterstützungsfunktion im Wandlungsprozess einer Unternehmung Motivationsfunktion für Mitarbeiter Vertrauensstiftendes Instrument gegenüber Kunden, Geschäftspartnern, der Öffentlichkeit sowie Mitbewerbern	Leistungsphilosophie (Produktionsprogramm, Sortiment) Kernbedürfnisse des Marktes (Kundenwünsche, Beziehungen zu Konkurrenten) Mission des Unternehmens (grundlegende Wettbewerbsstrategie) Platz in der Gesellschaft (Wertschöpfung) Umgang mit den eigenen Ressourcen (Mitarbeiterbild, Unternehmenskultur)	Allgemeingültigkeit (Bezug des Inhaltes auf das ganze Unternehmen) Wesentlichkeit (wichtige, hauptsächliche Unternehmenshandlungen) Langfristigkeit (Dauerhaftigkeit) Vollständigkeit (alle Leitbildinhalte) Wahrheit (Absichten der obersten Führungskräfte) Realisierbarkeit (angepasst an die Umweltbedingungen) Konsistenz (ohne Widersprüche) Klarheit (kompromisslos, verständlich und konkret)

Abb. 12: Ziele, Inhalte und Anforderungen an Leitbilder

sind die wesentlichen Ziele, Inhalte und Anforderungen an Leitbilder zusammengefasst.

Leitbilder sind Ausdruck einer Unternehmenskultur. Der Begriff »Unternehmenskultur« wurde in den achtziger Jahren zu einem der meistverwendeten Termini in der betriebswirtschaftlichen Managementliteratur. Auslöser war der weltweite Erfolg japanischer Unternehmen und infolgedessen die Suche nach deren Erfolgsfaktoren. Bei der in Europa gleichzeitig stattfindenden Diskussion über einen angeblichen Wertewandel und über eine Sinn- und Orientierungskrise wurde die Lösung aller Probleme in einer Kulturorientierung von Unternehmen gesehen. Neben den harten Erfolgsfaktoren wie Strategie, Struktur und System wurde in der Literatur die Unternehmenskultur als wesentlicher Faktor für den betrieblichen Erfolg benannt. Während einige Wissenschaftler, so auch Peter Ulrich, darin bereits einen Paradigmenwechsel sahen, wurde diese Diskussion von eher nüchternen Wissenschaftlern lediglich als zyklische Orientierung an soziologischen Inhalten abgetan. Kulturelle Phänomene habe es in der Geschichte der Betriebswirtschaftslehre immer wieder gegeben, wie nicht zuletzt der Forschungsansatz von Heinrich Nicklisch beweise. Eine methodische Umorientierung sei daher nicht geboten und ein kulturorientiertes Management nicht neu zu entwickeln.

Andere inzwischen weit verbreitete Lehrmeinungen, zum Beispiel von W. Ouchi oder von C. Pümpin, betrachten ein Unternehmen als Clan oder Miniaturgesellschaft, sie legen starken Wert auf die unverwechselbare eigene Kultur der jeweiligen Unternehmung, die als Sozialsystem selbst Träger individueller Kulturentwicklungen sein kann. So wird die Unternehmenskultur als System gemeinsam getragener und gelebter Wertvorstellungen, Überzeugungen, Normen, Annahmen und Phantasien bezeichnet. Unternehmenskultur übernimmt hier eine Orientierungsfunktion, indem sie gemeinsam geteilte Werte (Shared Values) als Verhaltensstandards dokumentiert. Die schriftlich fixierten Werte führen zu einer standardisierten Erwartung bezüglich des Verhaltens des Einzelnen und somit zu einer sozialen Forderung.

Unternehmenskultur wird vermittelt durch Symbole (Corporate Design), gelebte Vorbilder oder kulturelle Artefakte (zum Beispiel Architektur des Firmengebäudes, Sprache, Rituale im Geschäftsjahr). Eine gemeinsame Firmensprache mit Abkürzungen und Fachtermini, mit erzählten Geschichten, Anekdoten und Mythen über Manager und Firmengründer kann eine Kultur bilden. Insbesondere idealisierte Darstellungen, wie beispielsweise eines Robert Bosch oder eines Gottlieb Daimler, führen zu Mythen, die eine Reihe wichtiger Funktionen der Unternehmenskulturent-

Stabil	Reaktiv	Explorativ	Kreativ
vergangenheitsorientiert introvertiert Risikoabneigung zum Beispiel in Produktion und Rechnungswesen	introvertiert gegenwartsorientiert Neigung zu geringem Risiko zum Beispiel in der Produktion und im Bereich des Finanzcontrolling	extrovertiert Suche nach Veränderungsmöglichkeiten Risikoabneigung Abwägung von Risiko und Gewinn zum Beispiel bei der Produkt- und Marktentwicklung	extrovertiert Streben nach Veränderungen Bevorzugung des unvertrauten Risikos zum Beispiel Forschung

Abb. 13: Unternehmenskulturtypen nach Ansoff

wicklung übernehmen. Riten, Rituale und Zeremonien, wie Betriebsfeierlichkeiten, Jahrestage und Jubiläumsgaben, unterstützen diese Entwicklung eines Unternehmens. Zu beachten ist, dass in einer Gesellschaft nicht nur eine Kultur, sondern auch eine Vielzahl von Subkulturen existieren, die gemeinsam die eigentliche Gesamtkultur ausmachen. Analog lassen sich auch in Betrieben Subkulturen feststellen. Die inzwischen weit verbreitete Einteilung von Kulturtypen von Igor Ansoff ist in Abbildung 13 zusammengefasst.

Wirtschaftlichkeit als Rationalitätsprinzip

Produktivität, Wirtschaftlichkeit und Rendite

In Abschnitt 1 dieses Kapitels wurde darauf hingewiesen, dass Betriebe Güter erstellen, dies aber nicht zum Selbstzweck, sondern zur Erreichung von Formalzielen tun. In Abschnitt 2 wurde dargestellt, was Ziele sind, und welche Zielbeziehungen in einem Zielbildungsprozess zu beachten sind. Abschnitt 3 stellte eine erweiterte Sicht von Zielen im Sinne von Strategien dar. Nun ist zu prüfen, welche konkreten operationalen beziehungsweise operativen Ziele Unternehmen verfolgen.

Sämtliche operativen Ziele, die wirtschaftliches Handeln determinieren, lassen sich vom Prinzip der Rationalität ableiten. Würden Ökonomen irrational argumentieren, ließen sich Menschen nicht effizient beziehungsweise optimal mit Gütern versorgen. Wirtschaften wäre zufällig und für sämtliche Koalitionspartner nicht kalkulierbar.

Wer rational, das heißt vernünftig handelt, sollte die ihm zur Verfügung stehenden Mittel (zum Beispiel Finanzen, Talente, Rohstoffe) so einsetzen,

Rationalprinzip

Produktivität (mengenmäßige Rationalität)	Wirtschaftlichkeit (wertmäßige Rationalität)	Rentabilität (relative Rationalität)	Liquidität (Sicherheitsrationalität)

Abb. 14: Aspekte des ökonomischen Prinzips

dass er seine strategischen und taktischen Ziele bestmöglich erreicht. Hat er genügend Einsatzfaktoren zur Verfügung, so muss er versuchen, seine Ziele mit kleinstmöglichem Mitteleinsatz zu erreichen. Hierbei unterscheidet man zwei Prinzipien. Das erste Prinzip lässt sich als Maximalprinzip, das zweite als Minimalprinzip definieren. In der betriebswirtschaftlichen Literatur werden beide Prinzipien als ökonomisches Prinzip zusammengefasst, wobei zu beachten ist, dass eine Kombination beider Prinzipien (mit minimalem Input maximalen Output erzielen) logisch unmöglich ist. In Abbildung 14 ist dieses ökonomische Prinzip in verschiedene weitere Aspekte untergliedert. Demnach ist zu beachten, dass das ökonomische Prinzip aus einer mengenmäßigen, einer wertmäßigen und einer relativen Komponente besteht.

Produktivität, oder nach Konrad Mellerowicz auch Technizität, ist die in Mengen- und/oder Zeiteinheiten ausgedrückte ökonomische Rationalität. Es handelt sich also um das Mengenverhältnis zwischen Einsatzgütern und Ausbringungsgütern in Stück beziehungsweise in physikalischen Maßeinheiten oder um eine Mengen-Zeit-Relation (zum Beispiel drei Autos je Stunde). Insbesondere in Sachleistungsunternehmen wird immer wieder über eine ungenügende Produktivität diskutiert. Eine Konsequenz hieraus kann eine noch stärkere Rationalisierung, das heißt Verringerung des Inputs zur Erzielung eines gegebenen Outputs sein. Da es unmöglich ist, die Produktivität bezogen auf die gesamten Einsatzmengen der Produktionsfaktoren zu berechnen, werden Produktivitätskennzahlen für einzelne Produktionsfaktoren ermittelt (partielle Produktivität).

$$\text{Produktivität} = \frac{\text{Menge Output (zum Beispiel ein Auto)}}{\text{Menge Input (zum Beispiel zehn Produktionsstunden)}}$$

Bei der Wirtschaftlichkeit handelt es sich um den wertmäßigen Ausdruck des ökonomischen Prinzips. Im Gegensatz zur Produktivität, die Mengen- oder Zeiteinheiten betrachtet, werden hier die Relationen aus wertmäßigen Einsatz- und Ausbringungsgrößen betrachtet. Produktionskennziffern (zum Beispiel ein Auto in zehn Stunden) können durch die Bewertung der Mengen mit Preisen beziehungsweise Kosten in Wirtschaftlichkeitskennziffern (Verkaufspreis des Autos / Arbeitsstunden × Lohnkosten) transferiert werden.

$$\text{Wirtschaftlichkeit} = \frac{\text{Wert Output (zum Beispiel Umsatz)}}{\text{Wert Input (zum Beispiel Kosten)}}$$

Im Gegensatz zur Produktivität, bei der die Zielformulierung von den betrachteten Maßeinheiten (zum Beispiel Arbeitsstunden, Stückzahl, Liter, Tonnen) abhängt, kann bei der Wirtschaftlichkeit als eindeutige Maxime ein Wert größer 1 gefordert werden. Ist der Wert des Outputs geringer als der Wert des Inputs, so wurde unwirtschaftlich gearbeitet.

Rentabilität bezeichnet die Kennzahl zur Messung des durch unternehmerisches Handeln entstehenden Gewinns im Verhältnis zum eingesetzten Kapital. Indem der Gewinn zu verschiedenen Kapitalbeständen (Eigen-, Fremd- oder Gesamtkapital) in Beziehung gesetzt wird, ergeben sich unterschiedliche Rentabilitätsgrößen (Eigenkapital-, Fremdkapital- beziehungsweise Gesamtkapitalrentabilität). Wichtig ist, dass wir hier unter Gewinn den Jahresüberschuss nach Steuern und Zinsen, also den Gewinn, der für die Eigentümer zur Ausschüttung oder Thesaurierung zur Verfügung steht, verstehen wollen. Diese Feststellung ist deshalb nötig, da viele Bücher auch den Gewinn vor Steuern oder auch vor Zinsen (Earning before Interest and Tax (EBIT)) nutzen. Die Gewinngröße kann zum Beispiel in Relation zum betriebsnotwendigen Kapital gesetzt werden.

Gerade bei der Rentabilitätsberechnung ist wichtig zu wissen, welchen Gewinn man in Relation zu welchem Kapital setzt. So macht es nur Sinn, den Gewinn nach Steuern und Zinsen in Relation zum Eigenkapital und den Gewinn vor Zinsen in Relation zum Gesamtkapital zu setzen. Es soll eben der »Return« zu dem »Investment« in Relation gesetzt werden, wofür das Investment auch verantwortlich gemacht werden kann. Die vielen Return-on-Investment-Definitionen (ROI) in der Literatur sind dementsprechend zu überprüfen.

$$\text{Rentabilität} = \frac{\text{Gewinn}}{\text{Kapitaleinsatz}} \times 100$$

$$\text{Eigenkapitalrendite} = \frac{\text{Gewinn nach Steuer}}{\text{Eigenkapital}} \times 100$$

$$\text{Gesamtkapitalrendite} = \frac{\text{Gewinn vor Steuer + Fremdkapitalzinsen}}{\text{Eigenkapital + Fremdkapital}} \times 100$$

$$\text{Umsatzrendite} = \frac{\text{Gewinn nach Steuer}}{\text{Umsatz}} \times 100$$

Bei der Rentabilitätsberechnung lässt sich die Gesamtkapitalrendite als Return on Investment (ROI) auch in zwei verschiedene Kennzahlen zerlegen. Dies erfolgt durch die Multiplikation der Umsatzrendite (Gewinn/Umsatz) mit dem Kapitalumschlag (Umsatz/Gesamtkapital). Diese beiden Kennzahlen sprechen unterschiedliche Rechenkreise an. Die Umsatzrendite ist aus dem Bereich des Marketings, der Kapitalumschlag aus der Lagerhaltung und dem Beschaffungswesen zu entnehmen.

Bei der Eigenkapitalrendite können wir auch von Return on Equity (ROE), bei der Gesamtrendite wie gezeigt von ROI und bei der Umsatzrendite von ROS (Return on Sales) sprechen. Es sei nochmals auf die Gewinndefinition hingewiesen, die alles entscheidend für die Aussagekraft der Renditekennzahl ist.

Nun können sich diese operativen Ziele sehr verschieden zueinander verhalten. Ein Unternehmen ist nicht stets produktiv, wirtschaftlich und rentabel oder alternativ unproduktiv, unwirtschaftlich und unrentabel. Ein einfaches Beispiel veranschaulicht diese Zusammenhänge:

In Automobilwerken wird die Produktivität häufig in benötigten Arbeitsstunden (Menge Input) je produziertem Auto (Menge Output) gemessen. Die Relation sei in unserem Beispiel ein Auto / 30 Stunden Arbeitszeit, eine bis Anfang der neunziger Jahre für deutsche Verhältnisse realistische Durchschnittsrelation. Verglichen mit anderen Automobilwerken, zum Beispiel in Japan, sei diese Produktivität äußerst schlecht. Dort würde die Relation 1/15 betragen. Wie kommt es nun, dass das deutsche Automobilwerk dennoch wirtschaftlicher ist als sein japanischer Konkurrent? Die Erklärung liegt in der Preisrelation. Während der deutsche Autohersteller seine Produkte teuer verkaufen kann (60 000 Euro), muss der japanische Hersteller trotz einer günstigeren Relation zwischen Absatz- und Einsatzgütern mit einem niedrigeren Absatzpreis zufrieden sein (24 000 Euro). Problematisch wäre es für den deutschen Hersteller, wenn er seine Produktivität nicht verbessert und angesichts zunehmender Konkurrenz mit geringeren Absatzpreisen rechnen muss (24 000 Euro bei 1/30). Damit würde er auch in der Wirtschaftlichkeit hinter dem japanischen Konkurrenten liegen.

In vielen Branchen wurde bis Anfang der neunziger Jahre unproduktiv gearbeitet, und dies wurde nicht problematisiert, da die Wirtschaftlichkeit angesichts sehr hoher Inlandspreise für die Absatzgüter und sehr niedriger Weltmarktpreise für die Einsatzgüter gesichert schien. Mit einem dramatischen Einbruch der Absatzpreise und einem Ansteigen der Einfuhrpreise aufgrund von international steigenden Lohnkosten, Ressourcenknappheiten und internationalen Abkommen ab Anfang der neunziger Jahre wurden aber schlagartig aus wenig produktiven Betrieben unwirtschaftliche Betriebe. Zu lösen ist dieses Problem sicher nicht durch ein Zurückdrehen der betrieblichen Terms of Trade (Preisrelation zwischen Input und Output). Weder werden die Konsumenten ein Zurück zu höheren Absatzpreisen akzeptieren, noch können die Importeure von Rohstoffen auf wieder sinkende Einfuhrpreise hoffen. Der Schlüssel zur Lösung des Problems liegt in vielen Branchen daher ausschließlich in einer Verbesserung der Produktivitätskennziffern. Dies gilt nicht nur für den Arbeitseinsatz, sondern auch für die Ausbeute beziehungsweise die Ergiebigkeit des Materialeinsatzes.

Liquidität und Sicherheit

Neben Produktivität, Wirtschaftlichkeit und Rentabilität ist eine weitere Voraussetzung für die Existenz von Unternehmen deren Liquidität, das heißt deren Zahlungsfähigkeit. Zahlungsfähigkeit von Personen und Unternehmen bedeutet die Fähigkeit, alle Zahlungsverpflichtungen termingenau begleichen zu können. Umgekehrt spricht man von Zahlungsunfähigkeit, wenn es einem Unternehmen nicht gelingt, seinen Zahlungsverpflichtungen nachzukommen beziehungsweise die Gläubiger zu einem zeitlichen Zahlungsaufschub oder sogar zu einem (teilweisen) Forderungsverzicht zu bewegen. Dies kann dann der Auslöser für eine Insolvenz sein. Eine nur vorübergehende Illiquidität wird als Zahlungsstockung bezeichnet. Gemessen werden kann die Liquidität mit so genannten Liquiditätszahlen, die das Verhältnis von liquiden Mitteln und/oder kurzfristig in liquide Mittel umwandelbaren Vermögensgegenständen zu kurzfristig fälligen Verbindlichkeiten angeben. Ursache einer Illiquidität kann auch eine Insolvenz (Überschuldung) sein, die dazu führt, dass kein Gläubiger mehr bereit ist, dem Unternehmen liquide Mittel zur Verfügung zu stellen.

$$\text{Liquidität} = \frac{\text{liquide Mittel}}{\text{kurzfristige Schulden}}$$

$$\text{Liquidität 1. Grades} = \frac{\text{Zahlungsmittel}}{\text{kurzfristige Verbindlichkeiten}}$$

$$\text{Liquidität 2. Grades} = \frac{\text{Zahlungsmittel + kurzfristige Wertpapiere}}{\text{kurzfristige Verbindlichkeiten}}$$

$$\text{Liquidität 3. Grades} = \frac{\text{Zahlungsmittel+Forderungen +kzfr. Wertpapiere+Vorräte}}{\text{kurzfristige Verbindlichkeiten}}$$

Liquidität wurde bisher als Zahlungsfähigkeit bezeichnet und ist nicht zu verwechseln mit Zahlungswilligkeit beziehungsweise einer subjektiven Zahlungsbereitschaft. Insbesondere seit Anfang der neunziger Jahre ist eine Abnahme der Zahlungsmoral zu verzeichnen.

Das Ziel der Liquidität ist in enger Verbindung mit dem Streben nach Sicherheit zu sehen. Das Streben nach Sicherheit (die Vermeidung von Risiken und Ungewissheiten) steht im Zusammenhang mit einer wachsenden Verschuldung von Unternehmen, immer stärkeren Turbulenzen in der Unternehmensumwelt und Marktrisiken. Insbesondere bei kleinen und mittelständischen Unternehmen spielt die Erhaltung der Unabhängigkeit, zum Beispiel gegenüber Gläubigern, nach wie vor eine große Rolle. Die Autonomie bei Entscheidungen und damit eine uneingeschränkte Freiheit bei der Disposition über die eingesetzten Produktionsfaktoren sowie eine möglichst große Flexibilität für schnelle Reaktionen ist als Unternehmensziel relevant und sollte möglichst erhalten bleiben. Inwieweit die beiden Ziele der Sicherheit und Unabhängigkeit lediglich als Nebenbedingungen von Wirtschaftlichkeit, Rentabilität und Liquidität zu sehen sind, oder aber als übergeordnete Ziele gelten sollen, muss von den Unternehmern beziehungsweise Managern entschieden werden.

Neben den bisher dargestellten Zielen bezüglich der Finanzkraft eines Unternehmens existieren in der neueren Literatur weitere Kennziffern, wie zum Beispiel der Cashflow oder das Working Capital. Diese Kennziffern lassen Aussagen zur Finanzierungskraft des Unternehmens zu.

Der Cashflow ist eine Maßgröße zur Beurteilung der Selbstfinanzierungskraft einer Unternehmung. Durch ihn wird deutlich, in welcher Höhe finanzielle Mittel für Investitionsausgaben und zur Schuldentilgung sowie zur Ausschüttung an Anteilseigner zur Verfügung stehen. Er gibt weiterhin Auskunft über die Herkunft und Verwendung der Mittel und damit über die Finanzierung eines Unternehmens. Grundsätzlich wird er berechnet, indem zum Anfangsbestand an Bar- und Buchgeld, also den gesetzlichen Zahlungsmitteln, die Einzahlungen der Periode addiert und die Auszahlungen subtrahiert werden. In der Praxis hat sich allerdings eine andere Methode durchgesetzt, die vom Jahresüberschuss beziehungsweise -fehlbetrag, also einer Gewinngröße, ausgeht. Zu dieser werden alle nicht auszahlungswirksamen Aufwendungen – wie beispielsweise Abschreibungen (Gebäude wird abgeschrieben, obgleich es schon bezahlt ist) oder Rückstellungen (Rückstellungen für Pensionen werden gebildet, obgleich sie noch nicht zu Auszahlungen führen) –, welche ja den Gewinn rein rechnerisch schmälern, addiert, während alle nicht einzahlungswirksamen Erträge abgezogen werden. In der Regel ergeben sich somit lediglich Näherungswerte des tatsächlichen Stroms an liquiden Mitteln.

Cashflow (vereinfachte Berechnung) = Gewinn + Abschreibung + Erhöhung beziehungsweise – Verminderung der Rückstellungen

Cashflow (allgemeine Berechnung) = Gewinn + nicht auszahlungswirksame Aufwendungen – nicht einzahlungswirksame Erträge

Cashflow-Kalkulation

Gewinn (Jahresüberschuss) nach Steuern und Zinsen
+ Abschreibungen
+ Erhöhung der Rückstellungen – Verminderung der Rückstellungen
= **Brutto-Cashflow**

+ Abnahme der Vorräte – Zunahme der Vorräte
+ Abnahme der Forderungen – Zunahme der Forderungen
+ Zunahme Verbindlichkeiten aus Lieferungen und Leistungen – Abnahme VLL
= **Operativer Cashflow** (Mittelzufluss aus Geschäftstätigkeit)
+ Erlöse aus Anlageabgängen (Desinvestition) – Investitionen (Mittelzufluss aus Investitionstätigkeit)
+ Zunahme Fremdkapital – Abnahme FK
+ Erlöse aus der Ausgabe von Anteilen – Ausschüttungen (Dividenden)
= **Netto-Cashflow** (Veränderung der Zahlungsmittel)

= Free-Cashflow, sofern keine Abflüsse hier mehr zu erwarten sind

Das Working Capital beziehungsweise Net Working Capital ist die Bezeichnung für das Umlaufvermögen abzüglich der kurzfristigen Schulden. Wenn bei dieser Berechnung ein positiver Wert zustande kommt, zeigt dies, dass ein Teil des Umlaufvermögens langfristig finanziert ist, und gibt so einen Hinweis auf die Sicherheit des Unternehmens.

Working Capital = Umlaufvermögen – kurzfristiges Fremdkapital

Kennziffern zur Beurteilung der Vermögens- und Kapitalstruktur

Um die Wirtschaftlichkeit eines Unternehmens im weiteren Sinne zu beurteilen, ist neben den genannten Größen von der Produktivität bis zum Working Capital auch die Art und Weise, wie ein Unternehmen sein Kapital einsetzt, zu beurteilen. Nicht nur das Resultat des Kapitaleinsatzes im Sinne eines Gewinns und damit die Berechnung der Rendite ist ausschlaggebend für den jetzigen und vor allem künftigen Erfolg eines Unternehmens, sondern auch die Art der Bilanzstruktur. Gerade in letzter Zeit wurde deutlich, dass selbst hoch rentable und liquide Unternehmen insolvenzgefährdet sind, wenn sie ihr Kapital zu langfristig gebunden oder zu riskant angelegt haben.

Die Anlagenintensität zeigt den Anteil des Anlagevermögens in Relation zum Gesamtvermögen und kann so ein Hinweis auf die Langfristigkeit der Kapitalbindung sein. Diese Kapitalbindung kann branchenabhängig unterschiedlich hoch sein. So wird sich die Anlagenintensität eines Maschinenbaubetriebes von derjenigen eines Dienstleistungsunternehmens bereits aufgrund des unterschiedlichen Maschinenbedarfs unterscheiden.

$$\text{Analagenintensität} = \frac{\text{Anlagevermögen}}{\text{Gesamtvermögen}}$$

Die Eigenkapitalquote gibt an, wie viel am Unternehmen dem Unternehmer selbst, beziehungsweise dessen Anteilseignern gehört. Eine durchschnittliche Eigenkapitalquote der verarbeitenden Wirtschaft von 18 Prozent bedeutet, dass die Unternehmen zu über 80 Prozent von Gläubigern, wie zum Beispiel Banken oder privaten Investoren, abhängig sind. Hier muss ein Branchenvergleich angestellt werden, da zum Beispiel Bank- und Versicherungsunternehmen mit Eigenkapitalquoten von teilweise unter 5 Prozent andere Relationen gegenüber Industrieunternehmen aufweisen.

$$\text{Eigenkapitalquote} = \frac{\text{Eigenkapital}}{\text{Gesamtkapital}}$$

Der Verschuldungsgrad gibt die Relation von eigenem zu fremdem Kapital an.

$$\text{Verschuldungsgrad} = \frac{\text{Eigenkapital}}{\text{Fremdkapital}}$$

Bei der Beurteilung der langfristigen Wirtschaftlichkeit von Unternehmen ist zu bedenken, dass branchenbezogene Kennziffern – wie Investitionsquote, Lieferbereitschaft im Handel, Liefergeschwindigkeit der Zulieferindustrie oder Reklamationszahlen – im Dienstleistungsbereich entscheidender sein können als die genannten allgemeinen Zielsetzungen.

Exkurs Fallbeispiel zur Wirtschaftlichkeitsberechnung bei der Tiefkühl GmbH

Der Unternehmer Fett, welcher nach einer durchzechten Nacht aus dem Eisschrank zur Kühlung seines Kopfes eine Tüte tiefgekühlter Pommes frites nahm, dachte sich, dass die darin enthaltenen Kartoffeln einfach zu kurz seien. Er erfand daraufhin analog dem Verfahren bei Fischstäbchen oder Formfleisch eine Methode, um aus Kartoffelpüree lange Pommes frites zu formen. Da die erdachten Maschinen äußerst teuer in der Herstellung waren, sollte eine große Zahl Maschinen eine große Menge Formpommes produzieren. Für eine Marktstudie reichten allerdings die Eigenmittel nicht, sodass ein befreundeter Fabrikant Hai mit Fremdkapital aushalf. Als Unternehmer Fett nach Aufnahme der Produktion und ersten Umsätzen weiterhin Kapital zur Finanzierung der Transportkosten und diverser Werbemaßnahmen benötigte, wandte er sich an seine Hausbank und bat um einen Kredit. Der Bankangestellte prüfte daraufhin die Eröffnungsbilanz des Unternehmers und fragte ihn nach seinen Zukunftsprognosen.

Mit den Eigenmitteln von 100 Millionen Euro und den Fremdmitteln des Freundes in Höhe von 20 Millionen Euro hatte Unternehmer Fett im ersten Geschäftsjahr 3 Millionen Euro Gewinn vor Abführung der Zinsen an Freund Hai erzielt. Sein Freund hatte bei der Überlassung des Geldes lediglich 1 Million Euro, also nur 5 Prozent Verzinsung für das erste Jahr gefordert. Dies erschien Unternehmer Fett äußerst fair. Er würde dann immer noch 2 Millionen Euro Gewinn für sich haben.

Die Bank schlug nun vor, mit 10 Millionen Euro zusätzlichem Kredit bei einem gerade marktüblichen Zins von 10 Prozent auszuhelfen. Angesichts des prognostizierten Umsatzwachstums mit den dann anlaufenden Werbemaßnahmen wurde eine Steigerung der Gesamtrendite von 2,5 Prozent auf 3,1 Prozent vorhergesagt. Dies wurde als gewaltiges, fast fünfundzwanzigprozentiges Wachstum dargestellt.

Bei genauem Nachrechnen stellte allerdings die Frau des Unternehmers Fett fest, dass die zusätzlichen Anstrengungen sich wohl nur für die beteiligten Gläubiger lohnen würden. Sie rechnete wie folgt:

Erstes Jahr:

- Produktion von 3000 t Pommes frites mit einem Einsatz von 3500 t Kartoffelpüree. Dies entspricht einer Produktivität von 0,85 (3000 t / 3500 t).
- Verkauf zum Preis von 4.333 Euro je t = 13 Millionen Euro Umsatz.
- Gewinn: 13 Millionen Euro Umsatz abzüglich 10 Millionen Euro Produktionskosten = 3 Millionen Euro Gewinn vor Zinszahlung an Freund Hai. Dies entspricht einer Wirtschaftlichkeit von 1,3 (13 Millionen Euro Umsatz / 10 Millionen Euro Kosten).
- Der Kredit in Höhe von 20 Millionen Euro kostete 5 Prozent, das heißt 1 Million Euro Zinsen.
- Es bleiben also 2 Millionen Euro Gewinn für Unternehmer Fett, was einer Eigenkapitalrendite von 2 Prozent entspricht (2 Millionen Euro Gewinn / 100 Millionen Euro Eigenkapital).
- Das gesamte Projekt wirft eine Gesamtkapitalrendite von 2,5 Prozent ab (2 Millionen Euro Gewinn + 1 Million Euro Zinsen × 100 / 120 Millionen Euro Gesamtkapital).

Zweites Jahr:

- Produktion von 3500 t Pommes frites mit einem Einsatz von 3600 t Kartoffelpüree, was einer Produktivität von 0,97 (3500 t / 3600 t) entspricht. Die Steigerung gegenüber dem ersten Jahr sei aufgrund von Lerneffekten und damit verringertem Ausschuss entstanden.
- Verkauf zum Preis von 4500 Euro je t = 15,75 Millionen Euro Umsatz.
- Gewinn: 15,75 Millionen Euro Umsatz abzüglich 11,75 Millionen Euro Produktionskosten = 4 Millionen Euro Gewinn vor Zinszahlung an Freund Hai und die Bank. Dies entspricht einer Wirtschaftlichkeit von 1,34 (15,75 Millionen Euro Umsatz / 11,75 Millionen Euro Kosten).
- Der zusätzliche Kredit in Höhe von 10 Millionen Euro kostete 10 Prozent, das heißt 1 Million Euro Zinsen, Freund Hai wollte nach wie vor 5 Prozent aus 20 Millionen Euro also auch 1 Million Euro Zinsen.
- Für Unternehmer Fett blieben 2 Millionen Euro Gewinn übrig, was einer Eigenkapitalrendite von weiterhin 2 Prozent entspricht (2 Millionen Euro Gewinn × 100 / 100 Millionen Euro Eigenkapital).

– Die Gesamtkapitalrendite hat sich allerdings gesteigert auf 3,08 Prozent (2 Millionen Euro Gewinn + 2 Millionen Euro Zinsen × 100 / 130 Millionen Euro Gesamtkapital).

Es wird hier deutlich, dass ein Vorhaben zwar produktiver und wirtschaftlicher sowie gar bezüglich des Gesamtkapitaleinsatzes rentabler erscheint, für den Unternehmer selbst aber völlig belanglos sein kann. Die Wirtschaftlichkeitskennziffern laufen also nicht alle in dieselbe Richtung. Eine genaue Prüfung der Kennziffern sollte vor einer Investition erfolgen.

Zu beachten ist ferner, dass bei dieser Kalkulation von den für Unternehmer Fett verbliebenen 2 Millionen Euro Gewinn des ersten Jahres noch kein einziger Euro Steuern bezahlt und noch keine Abschreibungen beziehungsweise Kredittilgungen angesetzt wurden.

Zusammenfassung

Betrieblicher Erfolg hängt nicht nur entscheidend von der jeweiligen Situation beziehungsweise dem Umfeld, exogenen Faktoren oder, noch anders ausgedrückt, dem Umsystem ab, sondern ist natürlich auch abhängig vom wirtschaftlichen Geschick des Unternehmers beziehungsweise Managers. Dieses Wirtschaften ist letztlich nichts anderes, als die Erstellung der richtigen Güter (vergleiche Güterarten) für die richtigen Bedürfnisse (vergleiche Bedürfnisarten). Dieses Fit herzustellen klingt einfach, ist aber sicher auch hinsichtlich der Erkennung der richtigen Bedürfnisse, die auch zur Nachfrage werden können, nicht einfach. Dazu bedarf es der richtigen Strategie, der Bildung von Zielen, um nicht zufällig zu handeln, und eines geeigneten Messinstrumentes, das den Erfolg anzeigen kann. Kennziffern zur Messung des Erfolges gibt es mannigfaltig. Abgeleitet von dem Rationalprinzip können die Produktivität, Wirtschaftlichkeit, Rentabilität, Liquidität, Unabhängigkeit und viele andere Kenngrößen berechnet werden, die einen Erfolg anzeigen können.

Selbstkontrollaufgaben zu Kapitel 2

1. Sie als Hotelbesitzer überlegen, welche Güterarten Sie eigentlich anbieten. Ordnen Sie Ihr Angebot Übernachtung in die Kategorien der Abbildung 8 ein.

2. Ordnen Sie weiterhin die Bedürfnisse Ihrer anspruchsvollen Businesskunden in die Maslow-Pyramide der Bedürfnisse ein und überlegen Sie, wie Sie diese mit welchen Gütern befriedigen können.

3. Sie sollen ein Portfolio für Ihre Hotelkette erstellen, in dem es nicht nur die Hotels in bester Lage mit ausgezeichneten Auslastungen und steigender Nachfrage gibt, sondern auch die Billighotels an den Raststätten der Autobahnen, bei denen Sie aktuell Auslastungsprobleme haben. Bauen Sie diesen fiktiven Fall aus für Ihre Portfoliodarstellung und Strategieentwicklung auf Basis Ihres Portfolios (2 Geschäftsfelder sind zu positionieren).

4. Nachdem Sie vor einem Jahr Ihr Portfolio entwickelt, eine Strategie gebildet und sich Ziele für die letzten Monate gesucht haben, wollen Sie nun unbedingt den Erfolg Ihres Wirtschaftens messen. Beschreiben Sie, wie Sie die Produktivität in Ihrer Hotelkette, die Wirtschaftlichkeit, Rentabilität und Liquidität messen wollen. Zur Veranschaulichung können Sie jederzeit auch fiktive oder reale Zahlenbeispiele aus der Praxis einbinden.

3. Phasen unternehmerischer Tätigkeit

Betriebe (Kapitel 1), die wirtschaften (Kapitel 2,) entwickeln sich in ihrer Situation beziehungsweise ihrem Umfeld abhängig von den Strategien und Zielen, den erstellten Gütern und der Nachfrage danach. Die Entwicklung verläuft teilweise kontinuierlich, teilweise in Phasen. In diesem Kapitel soll die Entwicklung von der Gründung bis zur Insolvenz, also von der Wiege bis zur Bahre aufgezeigt werden, ohne dass dies als natürlicher Evolutionsprozess zu verstehen ist.

Unternehmensgründung

Der Zeitpunkt, ab dem ein Unternehmen zu existieren beginnt, ist häufig nicht eindeutig zu bestimmen. Meistens hat ein Unternehmer seine Geschäftstätigkeit schon vor einer Eintragung ins Handelsregister aufgenommen; die für die Gründung eines Unternehmens maßgeblichen Motive sind vielfältig.

Das Streben nach Unabhängigkeit, Selbstständigkeit und nach höherem Einkommen ist häufig maßgeblich für eine Existenzgründung, aber auch der Eintritt eines Erbfalles oder die Nutzung öffentlicher Förderung können Auslöser sein. Unabhängig von den Motiven der Gründung sollte eine bewusste Planung der Gründungsphase die Voraussetzungen, rechtlichen Formen und Handelsregistervorschriften sowie die potenzielle Entwicklung einbeziehen. Bereits bei der Unternehmensgründung sollten verschiedene Risiken beachtet werden. Dazu zählen unter anderem der noch ungewisse Wettbewerb, das unsichere Einkommen, beziehungsweise der nicht vorher bestimmbare Umsatz, die schwer kalkulierbare Kooperationsbereitschaft von staatlichen Stellen und die Risiken durch Fremdkapitaleinsatz.

Als persönliche Voraussetzungen, über die ein Unternehmensgründer verfügen sollte, werden vom Bundesverband deutscher Unternehmensberater die uneingeschränkte Geschäftsfähigkeit (in der Regel ab 18 Jahren), fachliche Kenntnis sowie Erfahrungen in der Branche, eine unternehmerische Grundeinstellung (Risikobereitschaft), Urteilskraft und Menschen-

Betriebswirtschaft konkret. Ottmar Schneck

ISBN 3-527-50193-2

kenntnis genannt. Sachliche Voraussetzungen für eine Unternehmensgründung sind die Eintragung im Handelsregister, die Gewerbeanmeldung sowie die Klärung der Finanzierungsfragen und Standortkriterien. Auch ist zunächst zu prüfen, ob ein Gewerbe im Gegensatz zu einem freien Beruf vorliegt. Unter einem Gewerbe ist die auf Gewinn gerichtete selbstständige Tätigkeit zu verstehen. Wer den selbstständigen Betrieb eines stehenden Gewerbes aufnimmt, muss dies gemäß § 14 Abs. 1 Gewerbeordnung der für den betreffenden Ort zuständigen Behörde anzeigen. Die Behörde stellt dann einen Gewerbeschein gemäß § 15 Gewerbeordnung aus. Für zahlreiche Gewerbezweige benötigt der Gründer allerdings einen Nachweis einer Qualifikation, wie zum Beispiel einen Meisterbrief. Freie Berufe, wie zum Beispiel Ärzte, Architekten oder Steuerberater, werden nicht als Gewerbe behandelt. Sie unterliegen damit auch nicht einer Genehmigungspflicht durch das Gewerbeamt, wohl aber der Aufsicht ihrer Standesorganisationen (beispielsweise Ärztekammer).

Neben der Betrachtung dieser rechtlichen Voraussetzungen sind Überlegungen zu folgenden betriebswirtschaftlichen Fragestellungen anzustellen:

- Steuerpflicht,
- Kapitalbeschaffungsmöglichkeiten,
- Materialeinsatz und -verfügbarkeit,
- Personalbeschaffung,
- interne Leitungs- und Mitbestimmungsbefugnisse und
- Vertriebswege.

Liegt eine Gesellschaft vor, welche in das Handelsregister einzutragen ist, so ist eine Firma, das heißt gemäß § 17 HGB ein Name für das Geschäft zu wählen. Der Kaufmann kann unter seiner Firma klagen und verklagt werden. Die Firma muss laut § 18 HGB zur Kennzeichnung des Kaufmanns geeignet sein und Unterscheidungskraft besitzen. Die Firma darf zudem keine Angaben enthalten, die geeignet sind, über geschäftliche Verhältnisse, die für die angesprochenen Verkehrskreise wesentlich sind, irrezuführen.

Es lassen sich Personen- und Sachfirmen unterscheiden. Personenfirmen enthalten einen oder mehrere Personennamen (zum Beispiel Müller KG) und repräsentieren in der Regel Personengesellschaften. Demgegenüber gibt es auch Sachfirmen (zum Beispiel Volkswagen AG, Deutsche Bank AG), von deren Namen sich der Gegenstand des Unternehmens ableiten lässt. Gemischte Firmen sind ebenfalls denkbar (zum Beispiel Müller Milch AG).

Im nächsten Schritt wird die Firma im Handelsregister eingetragen. Das Handelsregister ist ein amtliches Verzeichnis aller Vollkaufleute, das vom zuständigen Amtsgericht geführt wird und dessen Hauptzweck die Erhöhung der Rechtssicherheit im Geschäftsverkehr aufgrund seiner Öffentlichkeit ist: Jeder darf die Eintragungen im Handelsregister einsehen. In Abteilung A werden die Einzelunternehmen und die Personengesellschaften eingetragen. Inhalte der Eintragung sind die Firma, also ihr Name selbst, der Sitz der Gesellschaft, der Gegenstand des Unternehmens, die Namen der Geschäftsinhaber und der persönlich haftenden Gesellschafter sowie der Prokuristen und, soweit die einzelne Rechtsform es erfordert, bestimmte interne Rechtsverhältnisse (Innenverhältnis). In Abteilung B werden die Kapitalgesellschaften eingetragen. Zu den bereits genannten Daten, die bei den Einzelunternehmen und Personengesellschaften eingetragen werden, ist hier zusätzlich die Höhe des Grund- beziehungsweise Stammkapitals erfasst. Mit der Eintragung erwirbt der Unternehmer die Kaufmannseigenschaft. Davor wird die Gesellschaft als Vorgesellschaft bezeichnet, die zum Teil ebenfalls schon Rechtsgeschäfte vornehmen kann. Ab Eintragung unterliegt die Gesellschaft den strengen Vorschriften des HGB. Die Eintragungen werden im Bundesanzeiger und in einer örtlichen Zeitung veröffentlicht, die Löschung oder Änderung von Daten ebenfalls.

Die Vielfalt der bei einer Unternehmensgründung anfallenden administrativen Tätigkeiten wird unter anderem durch die Anzahl der Institutionen, bei denen sich eine Firma nach Eintragung in das Handelsregister anmelden muss, sichtbar. Diese sind unter anderem:

- Krankenkasse (Mitarbeiter),
- Berufsgenossenschaft (Unfallversicherung),
- Ortsbehörde (Geschäftsbetrieb / Gewerbesteuer),
- Gewerbeaufsichtsamt (Arbeitsschutzüberwachung),
- Finanzamt (Steuernummer / Mitarbeiter),
- Industrie- und Handelskammer (Pflichtmitgliedschaft / Interessenvertretung),
- Arbeitsamt (Betriebsnummer / Sozialversicherung),
- Post (Anschrift, Postfach, Telefon und so weiter).

Entwicklung und Wachstum

Jedes Unternehmen bewegt sich in seiner spezifischen Unternehmensumwelt. Wenn die Umwelt in einem permanenten Veränderungsprozess ist, so muss auch das Unternehmen sich dieser Herausforderung stellen und kontinuierlich zu Veränderungen bereit sein. Das starre Festhalten an tradierten Werten und Abläufen kann langfristig nicht zum Erfolg führen. Dies ist in Branchen wie dem Bergbau oder der Kohle ersichtlich. Wenn Unternehmen langfristig erfolgreich sein wollen, müssen sie Umweltveränderungen rechtzeitig erkennen und akute und latente Krisen antizipieren.

Einer der ersten, der sich mit der Erforschung typischer Unternehmensphasen beziehungsweise Krisenstadien und dem Phänomen eines sich verändernden Unternehmens beschäftigt hat, ist A. Greiner. Sein Modell eines wachsenden Unternehmens und der im Wachstum typischerweise auftretenden Unternehmenskrisen ist in Abbildung 15 dargestellt.

Wenn man das Modell von Greiner wachstumstheoretisch interpretiert, so lautet eine grundlegende These, dass jeder Wachstumsschritt eines Unternehmens durch ein Personalproblem ausgelöst wird. Gleichzeitig stellt damit jedes Personalproblem bei richtiger organisatorischer Lösung die Schwelle für einen neuen Wachstumsschub des Unternehmens dar.

In der ersten Wachstumsphase wird ein Unternehmen häufig teamorientiert geführt. Mitarbeiter sind Familienangehörige mit entsprechend großen Mitsprachemöglichkeiten und -kompetenzen. Der Gründer kümmert sich wenig um Managementprobleme, bis sich die Frage stellt, wer eigentlich die letztliche Entscheidungsgewalt bei strittigen Fragen hat (Führungskrise). Die Suche nach dem »Führer« kann im Streit zur Beendigung der Geschäftstätigkeit, dem weiteren Muddling through oder zu einer Festlegung auf eine oder wenige Instanzen führen (Zentralisation). Nach Greiner wächst ein Unternehmen nur durch Zentralisation von Führungsaufgaben und Entscheidungen bei gleichzeitigem »Gehorsam« der »untergebenen« Einheiten. Die Zentralisation muss, personalpolitisch betrachtet, akzeptiert und darf nicht untergraben werden. Organisatorisch bedeutet dies einen Ausbau der Hierarchie und den Aufbau einer strukturellen Spitze.

Wächst das Unternehmen weiter, zum Beispiel durch höhere Umsätze, Kundenzahlen, Marktanteile und Personalaufstockung, so führt die bisherige Zentralisation von Führungskräften zum so genannten Kamineffekt. Alle Entscheidungen müssen über einen Schreibtisch laufen und nehmen mehr und mehr Zeit in Anspruch. Das Unternehmen wird unflexibel, und

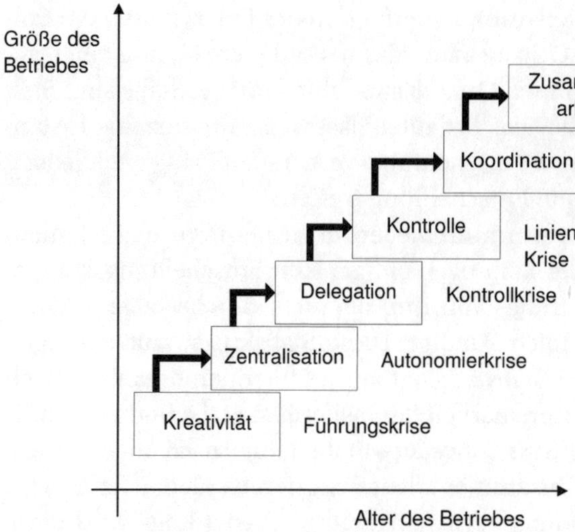

Abb. 15: Das Wachstumsmodell nach Greiner

die Mitarbeiter fordern mehr Autonomie für Teilentscheidungen (Autonomiekrise). Sofern die Zentraleinheit in der Lage ist, Kompetenzen abzugeben, also zu delegieren, kann auch diese Wachstumsschwelle überwunden werden: Organisatorisch wird die Spitze durch Stäbe oder kompetentere Untereinheiten entlastet, die Abläufe zunehmend eigenständig steuern können. Eine nicht bewältigte Autonomiekrise dagegen, beispielsweise durch einen Vorstand, der nicht bereit ist, Aufgaben zu delegieren, kann zu einer verstärkten Fluktuation oder zur Demotivation der Mitarbeiter führen.

Beim weiteren Wachsen des Unternehmens kann im Gegenzug die zunehmende Delegation von Verantwortung und Kompetenzen dazu führen, dass die Autonomie der Mitarbeiter zu groß wird und diese sich eigene Aufgabenstellungen suchen, übergeordnete Zielsetzungen vernachlässigen und von Vorgesetzten nicht mehr »kontrollierbar« sind (Kontrollkrise). Die Gefahr der Verselbstständigung von Aufgaben und isoliertem Spartendenken von Einzelpersonen wächst. Dies zu verhindern, ist durch die Koordination der einzelnen Organisationseinheiten möglich. Koordination kann dabei personenbezogen (zum Beispiel durch persönliche Anweisungen, Dienstvorschriften oder ein Unternehmensleitbild), strukturell (zum Beispiel durch Einführung eines Koordinationsstabs, von Informationsgremien oder Ausschüssen) oder technokratisch (zum Beispiel mit Kennziffern, Budgets, Regelmechanismen) erfolgen. Bei der organisatorischen

Umsetzung der Koordinationsfunktion erfolgt in der Praxis häufig die Einführung einer Stab-Linien-Organisation, das heißt die Ergänzung einer traditionellen Ein- oder Mehrlinien-Organisation durch Stäbe. Stäbe sind Stellen ohne Weisungsbefugnis. Dies bedeutet, dass Stäbe für einzelne Instanzen oder Stellen beratend und entscheidungsvorbereitend tätig sind, jedoch niemals selbst eine bindende Entscheidung treffen.

Diese Stab-Problematik kann nun wiederum insofern zu einer Linien-Stab-Krise führen, wenn der Stab nach einiger Zeit Entscheidungskompetenzen fordert, oder, sofern dies von ihm als nicht durchsetzbar erkannt wird, innerlich oder tatsächlich kündigt. Diese Stabskrisen tauchen regelmäßig nach einigen Jahren Stabstätigkeit auf und können organisatorisch durch eine verstärkte Zusammenarbeit der bisherigen Stäbe und Instanzen gelöst werden. So kann der Stab entweder »in die Linie« nach oben zurückberufen und in eine neue Zusammenarbeit integriert werden, oder es wird dem Stab ein Mitentscheidungsrecht eingeräumt. Neuerdings wird diese Organisationsphase mit dem Begriff »Selbstorganisation« belegt, da zunehmend teil- oder vollautonome Gruppen- und Teamarbeit die traditionelle Organisation ablöst.

Somit wird deutlich, dass die Auslöser von Wachstumsprozessen in dem Modell von Greiner stets Personalprobleme sind. Es ist auch logisch nachvollziehbar, dass ein Unternehmen, das die Entwicklung seiner Organisation nicht institutionalisiert und verselbstständigt hat (zum Beispiel Organisationsabteilung oder Organisationsentwicklungsberatung), nur auf Veranlassung drängender Probleme handelt. Dies dürfte für viele der heutigen Unternehmen zutreffen.

In einer dynamischen und komplexen Umwelt mit zunehmend selbstbewussten Mitarbeitern ist eine solche reaktive Vorgehensweise, wie sie in dem vorgestellten Modell zum Ausdruck kommt, allerdings nicht länger vertretbar. Ein aktives und zielorientiertes Vorgehen muss an die Stelle des »Trial-and-Error-Prinzips« treten.

Neben dem Modell von Greiner, das zur Lösung von Wachstumskrisen organisatorische Maßnahmen fordert, wurden in den letzten Jahren zahlreiche Untersuchungen über vermeintliche Erfolgsfaktoren zur Überwindung von Unternehmenskrisen veröffentlicht. Eine der bekanntesten Publikationen ist die Studie von Thomas Peters und Roy Waterman *In Search of Excellence*, in der zehn Erfolgsfaktoren genannt werden. Zu beachten ist hierbei, dass von den in den achtziger Jahren untersuchten Unternehmen heute nur noch 30 Prozent existieren. Daraus ist unschwer zu erkennen, dass es die Erfolgsfaktoren eines Betriebes nicht geben kann. Die optimale

Mischung zwischen der richtigen Strategie, der Struktur, den Teilsystemen und dem Führungsstil muss je nach Unternehmensgröße und Branche gewählt werden. Dass besonders in der heutigen Zeit die Personalentscheidungen und damit die Ausgestaltung des so genannten Humanvermögens für den nachhaltigen Erfolg eines Unternehmens maßgeblich sind, wird vielfach vernachlässigt. Eine noch so klug gewählte Strategie, eine noch so effiziente Ablauf- und Aufbauorganisation kann mit unmotivierten Mitarbeitern, falsch positionierten Führungskräften und unklugen Personalentscheidungen nicht zu einer positiven Unternehmensentwicklung führen.

Krise und Sanierung

Für eine Unternehmenskrise können inner- und außerbetriebliche Gründe maßgeblich sein. Häufige Gründe sind innerbetrieblich die mangelhafte Mitarbeiterqualifikation und der Mangel an Kapital sowie außerbetrieblich die unvorhergesehene Änderung des Konsumentenverhaltens und einschneidende wirtschaftspolitische und gesetzliche Maßnahmen.

Die wissenschaftliche Beschäftigung mit Unternehmenskrisen war in den ersten Jahrzehnten der jungen Disziplin der Betriebswirtschaftslehre nicht üblich. Es schien kontraproduktiv, sich mit gescheiterten Existenzen zu beschäftigen. Diese hatten offenbar ihre Ziele weder effektiv verfolgt noch effizient erreicht. Erst aufgrund einer drastischen Zunahme der Insolvenzzahlen in den letzten Jahren beschäftigt sich ein junger Zweig der Betriebswissenschaft neuerdings mit dem Phänomen von Krise und Sanierung. Besonders belastend ist eine Insolvenz dann, wenn sie in einer ohnehin strukturschwachen Region ein dort dominierendes Unternehmen trifft. Automatisch verschlechtert sich dann auch die Situation der Zulieferer. Ein Beispiel hierfür sind die Werften in Norddeutschland.

Zur Überwindung einer Unternehmenskrise werden in der Literatur eine Vielzahl von Maßnahmen im Rahmen eines Krisenmanagements angeboten. Zu unterscheiden sind hier Sanierungsmaßnahmen einerseits und das Konkursverfahren (inklusive des Vergleiches oder des Zwangsvergleichs) andererseits.

Ziel einer Sanierung ist die Erhaltung und Fortführung sowie die Wiederherstellung der Leistungsfähigkeit eines Unternehmens. Erster Schritt eines Sanierers ist stets eine Ursachenanalyse, auf deren Grundlage spezifische Sanierungsmaßnahmen eingeleitet werden. Sanierungsmaßnahmen können personelle, organisatorische oder finanzielle Maßnahmen sein. In der Regel wird von Staats wegen oder durch die betrieblichen Aufsichtsorgane zunächst die Absetzung des Geschäftsführers, der Manager oder Prokuristen betrieben und ein erfahrener Konkursverwalter oder Sanierer eingesetzt. Weitere organisatorische Maßnahmen können die Verschlankung oder Veränderung des Unternehmensaufbaus sowie die Rationalisierung von Abläufen zur Kosteneinsparung sein. Finanzielle Maßnahmen sind gegebenenfalls der Wechsel der Rechtsform oder der Gläubiger, um das Unternehmen auf eine veränderte Kapitalbasis zu stellen. Weitere Maßnahmen in den einzelnen Funktionsbereichen der Beschaffung, Logistik, Produktion oder des Marketing sind vorstellbar. Häufig ist eine Sanierung mit der Herabsetzung des gezeichneten Kapitals und mit einer Zuführung neuen Eigenkapitals verbunden.

Als relativ neues Instrument wird in der betrieblichen Praxis zur Vorbeugung einer Sanierung beziehungsweise Verhinderung der nachfolgend beschriebenen Insolvenz die Installierung eines Risk-Managements diskutiert. Da mit dem Begriff »Risiko« eine mit gewissen Wahrscheinlichkeiten belegte unsichere Umweltsituation bezeichnet wird, soll durch rechtzeitiges und situationsangepasstes Reagieren auf so genannte schwache Signale (Ansoff) die Krise beziehungsweise Sanierungsnotwendigkeit vermieden werden. Häufig ist eine klare Trennung in Risiko- und Krisenmanagement nicht möglich. Meist handelt es sich um turbulente, komplexe Situationen mit objektivem Informationsmangel über die Chancen und Risiken der Unternehmensumwelt. In jedem Fall ist aber eine vierstufige Handlungsabfolge sachlich geboten:

1. Risikoerkennung,
2. Risikoanalyse,
3. Risikobewertung,
4. Risikobeeinflussung.

In der ersten Phase sollen dringliche und vor allem relevante Risikosituationen aus der komplexen und dynamischen Informationslage ausgefiltert werden. Die Risikoanalyse sucht nach Auslösern beziehungsweise Ursachen für die Risikosituation und kann eventuell schon hier Lösungsmöglichkeiten aufzeigen. Sind vielfältige Risiken zu beachten und relevant, ist eine Gewichtung beziehungsweise Bewertung angezeigt. Sowohl die Lagebeurteilung als auch eine Lageprognose, was passiert, wenn keine Maßnahmen ergriffen würden, ist hier wichtig. Die Risikobeeinflussung beziehungsweise Maßnahmenergreifung kann von der Schadenverhütung im Sinne einer Risikovermeidung (Unterlassung) bis hin zu Risikoverminderungen (Schaden begrenzende Maßnahmen) reichen. Ist die Schadenverhütung nicht denkbar oder möglich, so sind Schaden überwindende Maßnahmen wie zum Beispiel Risikoabwälzung (Versicherung), Risikoteilung (Streuung), Risikoausgleich (Teilung des Schadens) oder kompensatorische Maßnahmen vorstellbar. Diese Risikomanagement-Stufen in Unternehmen sind auch im Zusammenhang mit den so genannten Basel-II-Beschlüssen zu sehen, die Banken verpflichten, jegliche Kreditnehmer zu raten. Das Rating ist letztlich nichts anderes als die Abschätzung des Ausfallrisikos des Ratingobjektes.

Sind all die genannten Maßnahmen fruchtlos, so ist letztlich die Insolvenz beziehungsweise ehemals der Konkurs die Folge. Aufgrund der großen Zahl von Insolvenzen, die mangels Masse eingestellt wurden, wollte der Gesetzgeber ein Instrument installieren, um auch mangels Masse oder angeblich zu geringer Masse ein Konkursverfahren zu eröffnen und im Interesse der Gläubiger und Arbeitnehmer durchzuführen.

Innerhalb des so genannten einheitlichen Verfahrens, das heißt der einheitlichen Behandlung aller Fälle und Rechtsformen mit dem gleichen Instrumentarium, können drei Insolvenzwege beschritten werden. Dies sind zum einen die Liquidation des Schuldnervermögens durch Zwangsvollstreckung, zweitens die Sanierung des gemeinschuldnerischen Unternehmens (auch investive Verwertung genannt) und drittens die neue Möglichkeit der übertragenden Sanierung, bei der das im Wege der Übertragung zu sanierende Unternehmen vom zu liquidierenden Unternehmensträger getrennt werden kann. Alle drei Wege können zwangsweise oder privatautonom auf der Grundlage eines Insolvenzplanes beschritten werden. Die Insolvenzordnung kennt keinen gesetzlichen Vorrang einer dieser Verwertungsmöglichkeiten, sondern überlässt die Auswahl den Gläubigern. Die Entscheidung wird nach § 29 InsO mit einfacher Mehrheit der Gläubiger hergestellt und ist an bestimmte Fristen gebunden.

Die zahlreichen Maßnahmen zur Verhinderung der so genannten Massenarmut, das heißt des Tatbestandes, dass ein Verfahren bisher mangels Masse gleich gar nicht eröffnet wurde, sowie die vielen neuen Vorschriften zur Stärkung der Gläubiger im Verfahren beziehungsweise zur Erhöhung der Verteilungsgerechtigkeit sind der neuen InsO zu entnehmen. Abschließend zu erwähnen sind auch neue Vorschriften zur Behandlung von Kleinverfahren, zum Beispiel von Kleingewerbetreibenden, die unter bestimmten Umständen nun mit einer Restschuldbefreiung (§ 287 InsO) rechnen können.

Zusammenfassung

Betriebe entwickeln sich unterschiedlich. Dies wurde in der so genannten Evolutionstheorie nicht nur für Wirtschaftssubjekte untersucht. Die Entwicklung zu beschreiben ist inzwischen eine eigene Disziplin in der Betriebswirtschaftslehre. Dabei macht es Sinn, von der Unternehmensgründung ausgehend über die Wachstumsphase bis hin zur Krise und Sanierung die einzelnen Phasen zu beschreiben, um gegebenenfalls für die Unternehmenspraxis Lehren aus der Fortentwicklung im Betrieb zu ziehen. Sicherlich wird kein Wirtschaftswissenschaftler behaupten wollen, dass analog der Evolutionstheorie fast schon darwinistisch die Phasen ablaufen, ohne dass man sie verhindern oder aufhalten kann. Dennoch ist nicht nur der zitierte A. Greiner der Meinung, dass die Lösung von Krisen weitere Entwicklungsschritte auslöst und ein optimaler Zustand wohl nie erreicht werden kann.

Selbstkontrollaufgaben zu Kapitel 3

1. Sie raten als »gestandener« Hotelmanager Ihrem Sohn die Gründung eines eigenen Hotelunternehmens. Welche Voraussetzungen sind hierzu Ihrer Meinung nach notwendig?

2. Nachdem das neue Unternehmen »Best Northern« gegründet wurde, kommt es nach anfänglichen Erfolgen zu einer Krise zwischen Ihrem Sohn und dessen Angestellten hinsichtlich der Delegation von Verantwortung beziehungsweise dem mangelnden Vertrauen Ihres Sohnes in die Mitarbeiter. Welche Phase beziehungsweise Krise nach Greiner ist hier gemeint, und wie kann diese gelöst werden?

3. Schlagen Sie im Internet oder anderen Quellen nach den aktuellen Insolvenzzahlen nach und versuchen Sie, die aktuellen Gründe für diese Zahlen zu finden. Verwenden Sie hierzu die Ziele von Abbildung 9.

4. Wurzeln und Wegbereiter der Betriebswirtschaftslehre

Die Geschichte der BWL ist wie jede andere Wissenschaft nur vorstellbar durch den Einfluss von verschiedenen Ideen, die von namhaften Vertretern des Faches eingebracht wurden. Im Folgenden wird eine Auswahl wichtiger Ideen und Köpfe vorgestellt. Sie sollen in die Lage versetzt werden, bei herausragenden Namen, wie Smith, Schmalenbach oder Gutenberg, die wichtigsten zentralen Denkanstöße für die BWL nennen zu können.

Vorläufer und Frühgeschichte der BWL

Innerhalb der Wirtschaftswissenschaft wird, wie im vorigen Abschnitt gezeigt, zwischen der Volks- und Betriebswirtschaftslehre unterschieden. Dabei wird diese Wissenschaft meist geschichtlich in eine altehrwürdige Volkswirtschaftslehre und eine junge Betriebswirtschaft eingeteilt. Diese Begrifflichkeit führt allerdings in die Irre, wenn der Begriff »jung« zugleich mit unreif oder wissenschaftlich noch zuwenig gesichert beziehungsweise verifiziert gleichgesetzt wird. Heutige wissenschaftliche Einsichten der Betriebswirtschaft vergessen zum Teil, dass bereits in den Werken der griechischen Philosophen Sokrates (469–399 v. Chr.) und Aristoteles (384–321 v. Chr.) von der Ökonomik und Politik zu lesen ist.

Das Wort oikonomia scheint erstmals durch Perikles (500–429 v. Chr.) aufgekommen zu sein. Es sollte alle vernünftigen Handlungen in einem Haus (oikos) eines freien Bürgers bezeichnen. Aristoteles unterscheidet zwischen Ökonomik als die natürliche Erwerbskunst eines Hausherrn, das heißt Einkommen, und der Chrematistik, der Bereicherung eines Händlers, das heißt den Handelsgewinnen. Nach seiner Auffassung, die sich lange Jahrhunderte weiter verbreitete, war der Handelsgewinn unehrenhaft, also unethisch. Auch die antike Diskussion um den gerechten Zins und die Statthaftigkeit, überhaupt Zinsen für Darlehen zu verlangen, zog sich bis in das beginnende Christentum hin. Nach dem Niedergang des Römischen Reiches und der Wirren der Völkerwanderung sowie ihrer Kon-

Betriebswirtschaft konkret. Ottmar Schneck

ISBN 3-527-50193-2

sequenzen gibt es in der europäischen Entwicklung ökonomischen Denkens lange Jahrhunderte nichts zu berichten beziehungsweise keine Überlieferungen. Im ausgehenden Mittelalter entwickelte sich dann, ausgehend von dem Textilhandel in Oberitalien, eine schriftlich niedergelegte Handlungswissenschaft für Kaufleute. Auch arabische Schriften über kaufmännische Handlungsweisen sind überliefert. In Frankreich wurde 1675 erstmals dieses Handelswissen in Regeln, die später zum ersten eigenständigen Handelsgesetzbuch *(Ordonnance de Commerce)* führten, niedergelegt. Dieses Lehr- und Nachschlagewerk von Savary (1622–690) wurde jahrhundertelang nachgedruckt und galt auch für die im 19. Jahrhundert entstehenden Handelsakademien als Basiswerk.

1682 schrieb Gottfried Wilhelm von Leibnitz (1646–1716) eine Abhandlung über die betriebliche Kapitalwertrechnung, welche als Ausgangspunkt der heutigen Finanzmathematik und Investitionstheorie gelten kann. Überliefert ist auch eine Abhandlung des Jesuitenpaters Jacquemin, der 1711–1725 eine Mission in China unterhielt und über die Kredit- und Finanzplanung schrieb. Hierin wird detailliert über Zinsrechnungen, Vorteilhaftigkeits- und Rentabilitätsberechnungen bei der Kreditvergabe und über deren Unsicherheiten gesprochen.

1727 wurden unter dem preußischen König Friedrich Wilhelm I. in Halle und Frankfurt/Oder die ersten betriebswirtschaftlichen Lehrstühle eingerichtet. Dies kann als Beginn einer sich verselbstständigenden Hochschulwissenschaft bezeichnet werden, die zunächst unter dem Begriff »Kameralisitik« daherkam. Die eigenständige Kameralwissenschaft kann als Folge der Aufklärungsphilosophie bezeichnet werden, da »einfache« Erfahrungswissenschaften von der »edlen« Metaphysik und Ethik getrennt wurden. Mit cameralia wurde zunächst die Finanzwissenschaft für den Staat untersucht, wobei der erste kameralwissenschaftliche Lehrstuhlinhaber in Halle, mit S. Gasser (1676–1745), bereits ausführlich die betriebliche Vorkalkulation und mittelfristige Finanzvorschaurechnung beschreibt. In der historischen Forschung zur BWL wird E. Baumstark (1807–1889) die erstmalige Verwendung des Begriffes Betriebswirtschaftslehre zugestanden. In seinem Buch von 1835 wird jedenfalls der Begriff im Sinne der Erhaltung, Verwendung und Berechnung von Vermögen und Einkommen verwandt. Bereits Anfang des 19. Jahrhunderts entstehen Spezialbetriebswirtschaftslehren, wie die von J.H. Thünen (1783–1850), die sich mit Landwirtschaftsbetrieben beschäftigen, oder die von Lardner (1793–1859), die als Beginn der Industrie- und Verkehrsbetriebslehre gilt. Die Standortlehre von Thünen oder dessen Aussagen zum landwirtschaftlichen Ertrag, die in der Produktionslehre als *Ertragsgesetz* bekannt sind, haben bis heute Gültigkeit (»Die Produktion ist solange auszudehnen, bis das Erzeugnis des letzten Arbeiters durch den Lohn, den er erhält, aufgezehrt wird = Grenzproduktivität.«). D. Lardners Ausführungen zu variablen und fixen Kosten, der Preispolitik von Unternehmen sowie dem Prinzip der Gewinnmaximierung und den Formen der Finanzierung gelten bis heute als Grundlage der Finanzierungs- und Bilanzierungslehre. K. Emminghaus (1831–1916) formuliert gar eine Gewerklehre, in der er gewerkschaftliche Aspekte der Arbeiterschaft beschreibt und so eventuell seiner Zeit Jahrzehnte voraus ist.

Über all die Jahrhunderte wurde ökonomisches Handeln von den Philosophen begleitet. Xenophon (450–354 v. Chr.) schreibt über den »oeconomicus«, eine Lehre von der sittlichen und technisch-wirtschaftlich vernünftigen Unternehmensführung. Er drückt die elementare Forderung, dass die Einnahmen größer als die Ausgaben sein sollen, aus und formuliert das ökonomische Prinzip (mit minimalem Einsatz ein gegebenes Ziel zu erreichen oder mit gegebenem Einsatz ein maximales Ergebnis zu erreichen). Der seit dieser Zeit verwandte Begriff des »homo oeconomicus« als des Menschen, der als Unternehmer diesem ökonomischen Prinzip strikt folgt, wird heute noch verwandt.

Die Nationalökonomie und die Betriebswirtschaftslehre

Die seit Anfang des 20. Jahrhunderts dokumentierten systematischen und methodisch gewonnenen Aussagen zu wirtschaftlichen Problemen werden als Nationalökonomie bezeichnet. Die wichtigsten Ansätze und Denker dieser Nationalökonomie sind in der Abbildung 16 mit ihren Leitideen zusammengefasst.

Die Nationalökonomie kann als der Nährboden bezeichnet werden, aus der die vielfältigen Ansätze und Theorien der Betriebswirtschaftslehre entstanden. Im Jahre 1903 wurde der erste auch so benannte Lehrstuhl für Betriebswirtschaftslehre an der Handelshochschule Leipzig errichtet, später folgten gleichnamige Lehrstühle in St. Gallen, Aachen und Wien.

In Abbildung 17 werden die wichtigsten Fachvertreter aus der Frühzeit der wissenschaftlichen Betriebswirtschaftslehre mit ihren jeweiligen Hauptwerken aufgeführt. Die einflussreichsten Betriebswirtschaftler in der Zeit nach dem Zweiten Weltkrieg waren Heinrich Nicklisch, Eugen Schmalenbach und Wilhelm Rieger.

David Ricardo (1772–1823):	Internationale Arbeitsteilung fördert wechselseitig den Wohlstand (Theorie des komparativen Kostenvorteils). Konzentration auf nationale Stärken und internationalen Tausch ohne Protektionismus sind Voraussetzungen für wirtschaftliche und gesellschaftliche Stabilität (Gleichgewicht der Leistungsbilanz).
Karl Marx (1818–1883):	Der Kapitalismus als System der Ausbeutung wird durch den Sozialismus abgelöst werden. Die Konzentration des Reichtums bei den Kapitalisten führt zur Weltrevolution (Klassenkampf mit dem Ziel einer klassenlosen Gesellschaft). Kritik am Einbehalt eines Mehrwertes durch Unternehmer.
Leon Walras (1834–1910):	Freies Spiel der Preise ohne Staatseingriffe führt zur optimalen Güterproduktion entsprechend den Bedürfnissen der Menschen. Der Wert einer Ware hängt nicht vom Arbeitsaufwand, sondern von dessen Nutzen ab (Theorie des Grenznutzens). Der Mensch strebt nach Nutzenzuwachs.
Vilfredo Pareto (1848–1923):	Wohlstand wird auch dadurch gesteigert, dass es wenigen besser geht und keinem schlechter. Vollkommen freie Marktwirtschaft ohne Staatseingriffe.
Joseph Schumpeter (1883–1950):	Voraussetzung für eine funktionierende Marktwirtschaft sind dynamische Pionierunternehmer. Nicht allein fleißige Arbeiter, sondern vielmehr auch innovative Unternehmer sind nötig. Schöpferische Zerstörung tradierten Wissens durch Prozess- und Produktinnovationen.
Walter Eucken (1891–1950):	In einer Marktwirtschaft ist der Staat für soziale Ziele (zum Beispiel gemeinnützigen Wohnbau, staatlich begünstigte Vermögensbildung für Arbeitnehmer, Renten- und Arbeitslosenversicherung, progressive Besteuerung) zuständig. Geistiger Vater von Ludwig Erhards Modell der sozialen Marktwirtschaft.
John Maynard Keynes (1893–1946)	Es gibt keine »unsichtbare Hand« im Sinne von Adam Smith, die über den Wettbewerb eine Marktwirtschaft wieder ins Gleichgewicht bringt. Staatliche Eingriffe um Arbeitslosigkeit zu bekämpfen. Einkommen als Voraussetzung von Konsum. Anreiz zum Sparen als Voraussetzung für Investitionen. Geldmenge wesentlich für Geldwertstabilität. Ein starker Staat ist demnach nötig.

Abb. 16: Wegbereiter der heutigen Wirtschaftswissenschaft

Johann Friedrich Schär (1846–1924)	Allgemeine Handelsbetriebslehre (1911)
Eugen Schmalenbach (1873 – 1955)	Grundlagen dynamischer Bilanzlehre (1920)
Fritz Schmidt (1892–1950)	Die organische Bilanz im Rahmen der Wirtschaft (1921)
Heinrich Nicklisch (1876–1946)	Allgemeine kaufmännische Betriebslehre (1923)
Wilhelm Rieger (1878–1971)	Einführung in die Privatwirtschaftslehre (1928)

Abb. 17: Die wichtigsten Fachvertreter der frühen BWL

Schmalenbach, Rieger, Nicklisch und Gutenberg als Wegbereiter der modernen Betriebswirtschaftslehre

Eugen Schmalenbach (1873–1955) sah die Betriebswirtschaftslehre zunächst als Kunstlehre, nicht als Wissenschaft. 1912 veröffentliche er einen Aufsatz *Die Privatwirtschaftslehre als Kunstlehre.* Sie sollte praktisch verwertbares Wissen in Form von Kaufmannsregeln, Handelsusancen oder Entscheidungsregeln zur Verfügung stellen. Hauptgedanke war hier vor allem das Prinzip einer möglichst sparsamen Mittelverwendung. Diese heute als normal und plausibel geltenden Aussagen sollten vor dem Hintergrund der damaligen Auseinandersetzung mit den noch immer dominanten Nationalökonomen gesehen werden. Ein Betrieb galt damals immer noch als technische Einheit, die Güter erstellte und versuchte, die technologischen Produktionsmittel optimal einzusetzen. Eine finanzielle Betrachtung oder gar dominante kaufmännische Betrachtung fehlte weitgehend. So wurde mit Schmalenbachs Worten der Betrieb plötzlich eine »Geldfabrik«, deren technische Planung den finanziellen Vorteilhaftigkeitsberechnungen unterzuordnen war. Die Ideen der Kapitalverwendung und -verwertung flossen erstmals in Wirtschaftlichkeits- und Rentabilitätskalküle ein, die heute selbstverständlich sind. Dementsprechend ist auch die heutige Rechnungslegung und das betriebliche Rechnungswesen ohne die Vorarbeiten von Schmalenbach kaum vorstellbar.

Ob Schmalenbach dem Fach Betriebswirtschaftslehre seinen Namen gegeben hat oder der bereits oben genannte Baumstark, ist strittig. Jedenfalls ist auf Schmalenbach die traditionsreiche *Zeitschrift für betriebswirtschaftliche Forschung* (ZfbF) zurückzuführen, die bis heute erscheint. Unbeschadet aller Verdienste hat Schmalenbach nach Meinung vieler Historiker kein systematisches Werk hinterlassen. Sein Denken und Schreiben betraf die Bilanzierung, Finanzierung und Kostenrechnung von Betrieben und in Teilen die Wirtschaftsordnung der Volkswirtschaften.

Bei Wilhelm Rieger (1878–1971) stellte die Betriebswirtschaftslehre eine höhere Wissenschaft dar, die sich wertfrei mit Theorien privater Unternehmen und der Gewinnerzielungsabsicht auseinandersetzen soll. Öffentliche Unternehmen sollen nicht betrachtet werden, und Unternehmen mit ethischen, sozialen oder anderen Zielen, die nicht primär eine Gewinnmaximierung anstreben, werden ebenfalls nicht berücksichtigt. Die Kontroverse zwischen Schmalenbach und Rieger wird heute als erster Methodenstreit der Betriebswirtschaftslehre bezeichnet. In diesem Streit zweifelte Rieger das von Schmalenbach formulierte Wirtschaftlichkeitsprinzip gänzlich an. Seine Thesen in seinem Hauptwerk *Einführung in die Privatwirtschaftslehre,* das 1928 erstmals erschien, trugen allerdings bestenfalls durch ein umfassend definiertes Aussagesystem zur Fortentwicklung der BWL bei. Bereits zu seinen Lebzeiten wurde er von den übrigen Fachvertretern heftig kritisiert. Seine gänzliche Ablehnung jeglicher Pragmatik führte so weit, dass er von den übrigen Kollegen aus dem Verband der Hochschullehrer für Betriebswirtschaft ausgeschlossen wurde. Diese Verweigerung einer weiteren Mitgliedschaft führte dazu, dass sich seine Lehren letztlich noch schneller verbreiteten, da jegliche Auseinandersetzung im Fach mit einer Kritik an Rieger begann. Bedauerlicherweise fand so nie eine inhaltliche Auseinandersetzung mit seinen Werken statt, da der Methodenstreit immer im Vordergrund stand. Ohne diese emotionale Auseinandersetzung mit Schmalenbach wäre Riegers Postulat und Primat für die Rentabilität statt der Schmalenbachschen Sparsamkeit beziehungsweise Wirtschaftlichkeit sicher mehr beachtet worden. Gerade der Rentabilitätsgedanke, das heißt, dass es nicht so sehr auf die Erlös- / Kostenrelation ankomme, als vielmehr auf das Gewinn- / Kapitaleinsatzverhältnis, wurde insbesondere unter dem Stichwort Shareholder Value neu formuliert. Eventuell hätte Rieger hier schon sehr frühzeitig eine zentrale Rolle in dieser wertorientierten Betrachtungsweise spielen können, hätte er die normative, das heißt empfehlende und gestaltende BWL nicht abgelehnt.

Der dritte herausragende Wegbereiter der modernen Betriebswirtschaftslehre ist Heinrich Nicklisch (1876–1946), der mit seiner bekennend-normativen Betriebswirtschaftslehre versucht, Normen im Sinne von Verhaltensvorschriften für ein ethisches Verhalten in Betrieben abzuleiten. Nicklisch ließ sich hier von dem großen deutschen Soziologen Max Weber (1864–1920) inspirieren, der Empfehlungen von den Wissenschaftlern fordert, aber »... niemanden zu lehren vermag, was er soll, sondern nur, was er kann und was er will ...«. Die heutigen Überlegungen zu einer Ethik des Wirtschaftens, die Anfang dieses Jahrtausends von dem zeitgenössischen Philosophen Sloterdijk neu angeregt wurden, gehen weitgehend auf

Nicklisch zurück. Seinen Niederschlag fanden diese sozialen Überlegungen für Betriebe vor allem in Nicklischs Werk *Der Weg aufwärts! Organisation* aus dem Jahr 1920. Betriebe haben hier dem Mitarbeiter und dessen Bedürfnissen nach Erhaltung, Gestaltung und Freiheit zu dienen. So schreibt Nicklisch: »Zuerst muss der Mensch (im Betrieb) sein geistiges Wesen erhalten, ... und durch Ausübung von Gerechtigkeit (durch den Unternehmer) ... gestalten. Erhält und gestaltet der Mensch sein geistiges Wesen, so verfolgt er das Gesetz der Freiheit ... .«

Bei derartigen Gedanken von freien Mitarbeitern, die ihre Bedürfnisse im Betrieb befriedigt wissen, kann auch auf die im Teil A formulierten Thesen von Maslows Bedürfnispyramide hingewiesen werden. Die Idee von der Betriebsgemeinschaft, von einem Betrieb als »Sozialgebilde«, war zentrales Element von Nicklischs Betriebswirtschaftslehre. Kritisch vermerkt werden muss heute auch, dass Nicklischs Ideen eine gewisse Verwandtschaft mit dem Nationalsozialismus hatten. So ist sein Aufruf 1933 an die Fachvertreter »... dem Führer des neuen Deutschland all ihre Kräfte zur Verfügung zu stellen« deutlich und zeugt von der speziellen Art des ethischen Menschenbildes und der speziellen Sichtweise von Betriebsgemeinschaft. Kritisch zu vermerken ist weiterhin die mangelnde Tiefe der Auseinandersetzung von Nicklisch mit seinen ethischen Vorstellungen von Mitarbeiterführung. Weder die Konfliktlösung bei Betriebsgemeinschaften noch die finanzielle Seite von ethischen Betriebslösungen wurden von ihm thematisiert.

Mit dem Erscheinen von Erich Gutenbergs (1897–1984) erstem Band des späteren Dreiteilers der *Grundlagen der Betriebswirtschaft* vollzog sich 1951 eine deutliche Wende in der Betriebswirtschaftslehre. Die sich darauf aufbauenden und teils daraus entwickelten Ansätze der modernen BWL werden im folgenden Abschnitt besprochen.

Zusammenfassung

Jede Wissenschaft hat ihre Geschichte. Jegliches Wissen baut damit auf historischem Wissen auf, und es wäre geradezu töricht, Betriebswirtschaftslehre in der jeweiligen Zeit neu definieren zu wollen. Viele Wegbereiter der BWL haben bereits zentrale Thesen und Gedanken formuliert, die heute immer noch ihre Gültigkeit haben. Menschen, die diese Geschichte ignorieren, müssen daher ihre eigenen Erfahrungen machen und häufig aus eigenen Fehlern lernen. Es ist daher wünschenswert, dass auch Manager und Unternehmer sich vermehrt dieser BWL-Geschichte zuwenden. Das vorige Kapitel war hierzu ein winziger Einstieg.

Selbstlernaufgaben zu Kapitel 4

1. Nehmen Sie sich zwei Gelehrte aus der Geschichte der BWL heraus und beschreiben deren zentrale Thesen.

2. Worin ist der zentrale Unterschied zwischen dem Wegbereiter Rieger und Nicklischs Vorstellung eines Betriebes zu sehen?

5. Ansätze der modernen BWL

In diesem Kapitel werden verschiedene Ansätze und Leitbilder der modernen BWL vorgestellt. Sie sollen nach der Lektüre in der Lage sein, die Leitideen einzelner Ansätze und deren Hauptvertreter nennen zu können. Sie sollten weiterhin selbstkritisch Stellung zu den Denkansätzen nehmen. Es muss klar werden, dass es **die** *BWL nicht gibt, sondern wie bei allen Wissenschaften viele unterschiedliche Blickrichtungen existieren. Der Philosoph Karl Popper hat diese mit dem Bild eines Scheinwerfers in der Nacht auf einen Gegenstand beschrieben. Bei jeder Beleuchtung wirkt der Gegenstand, also das Untersuchungsobjekt Betrieb, im Rahmen der BWL unterschiedlich.*

Übersicht über die Ansätze und Leitbilder der modernen BWL

Wie im vorigen Kapitel gezeigt, wurde die Anfangsphase der Betriebswirtschaftslehre maßgeblich durch einzelne Persönlichkeiten geprägt. Inzwischen haben sich zahlreiche Ansätze und Denkschulen herausgebildet, die eine Pluralität in Forschung und Lehre erkennen lassen. Gerade diese Pluralität ist es, die wissenschaftlichen Fortschritt fördert, um mit den jeweiligen Modellen Lösungsvorschläge für aktuelle und potenzielle betriebliche Probleme zu entwickeln. Im Gegensatz zu manch anderer Wissenschaft, in der teilweise unangetastete Dogmen die Forschung und das Nachdenken über Sachverhalte verhindern, ist die Betriebswirtschaftslehre weiterhin gut beraten, eherne Gesetze oder gar allgemeingültige Theorien (Axiome) zu meiden. Dies würde nicht nur den Ausschluss von querdenkenden, kreativen Köpfen bedeuten, sondern auch das Festhalten an tradierten Vorstellungen. So ist beispielsweise das Gesetz der Massenproduktion, das besagt, dass mit zunehmender Ausbringungsmenge die Stückkosten sinken, heute stark in Frage zu stellen, da mit zunehmendem Verbrauch von Ressourcen für eine Gütererstellung häufig auch deren Kosten

Betriebswirtschaft konkret. Ottmar Schneck

ISBN 3-527-50193-2

(zum Beispiel Platin beim Katalysatorbau) steigen. Statt Ideologien sollten also neue Ansätze und Leitideen verwendet werden.

Ansätze im Sinne von Karl Popper sind Sichtweisen, die mit dem Lichtkegel eines Scheinwerfers vergleichbar sind, der den Erfahrungsgegenstand Betrieb aus einer ganz bestimmten Richtung beleuchtet. Kommt diese Betrachtung zu Erkenntnissen, die als wissenschaftliche Leistungen bestätigt werden und eine Gruppe von Anhängern finden, so entsteht nach Thomas Kuhn ein neues Paradigma in der Wissenschaft. Er bezeichnet ein Paradigma als beispiellose Leitidee, die eine beständige Gruppe von Anhängern anzieht, aber noch offen genug ist, um der neubestimmten Gruppe von Fachleuten alle möglichen Probleme zur Lösung zu überlassen. Paradigmen sind also Vorstufen eines Ansatzes. Aktuell entwickelt sich in der Betriebswirtschaftslehre zum Beispiel die Leitidee der Prozessoptimierung im Gegensatz zur bisherigen Strukturoptimierung zu einem neuen Paradigma.

Eine Übersicht der seit Erich Gutenberg maßgeblichen Programme und deren jeweiliger Leitidee ist in Abbildung 18 zusammengefasst.

Dieser Überblick maßgeblicher Ansätze der Betriebswirtschaftslehre soll nicht verdecken, dass es noch eine Vielzahl weiterer Leitideen und Paradig-

Leitidee	**Bezeichnung des Ansatzes**	**Hauptvertreter**
Optimale Kombination der Produktionsfaktoren	Faktortheoretischer Ansatz	Gutenberg
Optimale Vorbereitung von konstitutiven und laufenden Entscheidungen	Entscheidungstheoretischer Ansatz	Heinen
Denken in kybernetischen Systemzusammenhängen	Systemansatz	Ulrich
Sozialwissenschaftliche Öffnung der Betriebswirtschaft	Verhaltensansatz	Schanz
Orientierung an Arbeitnehmerinteressen	Arbeitsorientierte Einzelwirtschaftslehre	Gewerkschaften
Kontextfaktoren als Determinanten des Erfolges	Situativer Ansatz	Kieser/ Kubicek
Steuerung des Unternehmens vom Markt her	Marketingansatz	Meffert/ Nieschlag
Ökonomisches Wirtschaften	Ökologieansatz	Pfriem
Prozessorientierung	Evolutionsansatz	Kirsch

Abb. 18: Maßgebliche Ansätze und Leitbilder der modernen BWL

men in der betriebswirtschaftlichen Literatur gibt. Allein der Systemansatz hat mindestens fünf Unterarten und Varianten hervorgebracht, wie zum Beispiel den Ansatz der energokybernetischen Systemtheorie. Auf alle Varianten kann und soll hier nicht eingegangen werden. Häufig handelt es sich nur um Minderheitsmeinungen, wie beispielsweise das Paradigma von Dieter Schneider, der alle Betriebe als einkommensmaximierende Institutionen in einem mikroökonomischen Ungleichgewicht versteht. Im Folgenden wird auf die anerkannten und akzeptierten Ansätze der Betriebswirtschaftslehre näher eingegangen.

Klassische Ansätze der sechziger Jahre von Gutenberg und Heinen

Erich Gutenberg veröffentlichte 1951 den ersten Band seiner auf drei Bände angelegten *Grundlagen der Betriebswirtschaftslehre* mit dem Titel *Die Produktion* und begründete damit die produktionsorientierte Betriebswirtschaft. 1955 folgte der Band *Der Absatz* und erst 1968 der Band *Die Finanzen*. Diese Reihenfolge zeigt bereits seinen Forschungsschwerpunkt und seine zentrale Leitidee für eine Betriebswirtschaftslehre. Für ihn ist ein Betrieb eine produzierende Einheit, und in der Betriebswirtschaftslehre stand die Frage nach optimalen Produktionsfunktionen, das heißt die mathematische Verknüpfung von Einsatzfaktoren und der Ausbringungsmenge im Vordergrund.

Ein erster wesentlicher Beitrag von Gutenberg ist seine systematische Definition des Betriebsbegriffes. Seine »systemindifferenten Tatbestände« eines Betriebes, das heißt die Kombination von Produktionsfaktoren, das Wirtschaftlichkeitsprinzip und das finanzielle Gleichgewicht (Erhalt der Liquidität), sind bis heute wesentliche Begriffselemente, wenn ein Unternehmen abgegrenzt werden soll. Daneben definierte er systembezogene Tatbestände, die je nach Wirtschaftsordnung (Zentralverwaltung versus Marktwirtschaft) einen Betrieb ausmachen. Dies sind das Autonomieprinzip, das erwerbswirtschaftliche Gewinnmaximierungsprinzip und das Privateigentum an Produktionsfaktoren.

Ein weiterer wesentlicher Beitrag von Gutenberg für die betriebswirtschaftliche Terminologie ist seine Einteilung der Produktionsfaktoren in Elementar- und dispositive Faktoren, im Gegensatz zur damals noch vorherrschenden Dreiteilung in Arbeit, Kapital und Boden.

Bei den Elementarfaktoren handelt es sich um Werkstoffe, also Roh-, Hilfs- und Betriebsstoffe, die als Grundmaterialien zur Herstellung der

Erzeugnisse notwendig sind. Rohstoffe sind dabei Hauptbestandteile des künftigen Produkts. Hilfsstoffe sind ebenfalls Bestandteil des Produktes, gehen aber als unwesentlicher Faktor darin auf, während Betriebsstoffe nicht Bestandteil des Gutes werden, aber zur Aufrechterhaltung der Produktion nötig sind, wie zum Beispiel das Schmieröl von Maschinen. Die Betriebsmittel sind nach Gutenberg Einrichtungen und Anlagen, die zur Leistungserstellung notwendig sind, das heißt Maschinen. Die objektbezogene Arbeitsleistung bezieht sich auf die tatsächliche, beispielsweise am Fließband oder in einer Werkstätte ausgeführte Arbeit am Werkstück. Neben den Elementarfaktoren ist der dispositive Faktor, das heißt die Geschäfts- und Betriebsleitung, notwendig, um die Elementarfaktoren optimal zu kombinieren. Hierzu ist Planung und Organisation, also dispositive, gedankliche Arbeit nötig.

Gutenberg untersuchte empirisch die Produktionsabläufe zahlreicher Betriebe und kam zu der Erkenntnis, dass in der Realität weniger substitutionale Faktorkombinationen, das heißt gegeneinander austauschbare Einsatzgüter, vorherrschen, sondern eher limitationale, das heißt sich bedingende beziehungsweise ergänzende Kombinationen. Daraus folgerte er, dass Produktionsfunktionen durch bestimmte fixe Mischungsverhältnisse der Produktionsfaktoren gekennzeichnet sind.

Gutenberg hat aus den vielfältigen denkbaren Produktionsfunktionen erstmals entsprechende Kostenfunktionen abgeleitet, die in der heutigen Produktionstheorie als der wesentliche Aspekt seines Ansatzes angesehen werden. Es ist allerdings fraglich, ob in Dienstleistungsunternehmen überhaupt eine Produktionsfunktion darstellbar ist, und ob diese dann maßgeblich zur Erklärung der Kostenfunktion dienen kann. Dienste werden in der Regel in einem nicht standardisierten Prozess erstellt, und Elementarfaktoren wie Rohstoffe spielen dabei so gut wie keine Rolle. Gutenbergs Produktionsansatz findet daher lediglich noch in der Großindustrie beziehungsweise im produzierenden Gewerbe Anwendung. Abschließend muss auch bemerkt werden, dass die Abgeschlossenheit des Ansatzes von Gutenberg für eine moderne und offene Betriebswirtschaft hinderlich ist. Wer einen Betrieb nur aus dem produktionstheoretischen Standpunkt heraus sehr mathematisch und formal betrachtet, wird der heutigen komplexen betrieblichen Umwelt nicht gerecht. Nur eine vielschichtige Betrachtungsweise kann auch einem vielschichtigen Problem gerecht werden.

Im Gegensatz dazu ist der entscheidungsorientierte Ansatz für die Betriebswirtschaftslehre von nachhaltiger Bedeutung. Sofern man diesen Ansatz mit einer empirisch-realistischen Entscheidungslehre gleichsetzt, gehen die Grundimpulse hierzu von Edmund Heinen aus. Er war es, der Anfang der sechziger Jahre erstmals reale Entscheidungssituationen in ihren vielfältigen Dimensionen darstellte und eine logische Abfolge im Entscheidungsprozess von der Zielbildung bis zur Bewertung und Entscheidung untersucht hat. Erwähnenswert sind auch die vielfältigen Varianten des Entscheidungsansatzes, die verstärkt den Menschen ins Blickfeld rücken und damit einen verhaltenswissenschaftlichen Aspekt in die Diskussion brachten. Rollenbedürfnisse und Gründe für das Zustandekommen von Entscheidungen werden dadurch miteinbezogen. Im Mittelpunkt des Ansatzes von Heinen stehen sachlogische Erwägungen, nach denen der Entscheidungsprozess in Einzelschritte zu zerlegen ist. So schreibt Heinen:

> »Die Gestaltung eines Entscheidungsfeldes setzt eine deskriptive Analyse der in diesem Entscheidungsfeld enthaltenen Tatbestände und Zusammenhänge voraus. Eine solche Erklärung des Entscheidungsfeldes steht im Mittelpunkt der Erklärungsfunktion der praktisch-normativen Betriebswirtschaftslehre.«

Nach Heinen sind die Ziele in einem Betrieb als gegeben anzusehen und lediglich die Wege beziehungsweise Alternativen zu ihrer Erfüllung zu suchen. Es geht also um die Art und Weise, wie Entscheidungen zustande kommen. So schreibt Heinen:

> »... wenn Wirtschaften Wählen heißt, und wenn Wählen in enger Beziehung zu Entscheiden gesehen werden kann, dann hat sich die Betriebswirtschaftslehre schon immer mit Entscheidungen von Menschen in Unternehmungen befasst.«

Weiterhin schreibt er:

> »Neu und für die Zukunft richtungsweisend ist nicht so sehr die Tatsache, dass sich die Betriebswirtschaftslehre mit Entscheidungen befasst, sondern die Art und Weise, wie sie Entscheidungen untersucht.«

Diese Untersuchung des Entscheidungsverhaltens in Betrieben führte auch zu einer Abkehr von dem früheren Grundpostulat, jeder Unternehmer strebe nach Gewinn. Diese Abkehr vom einheitlichen »homo oeconomicus« zu einem individuell Ziele und Maßnahmen festlegenden und damit entscheidenden Unternehmer kann als Paradigmenwechsel bezeichnet werden. Plötzlich wurden in diese Untersuchungen, wie Entscheidungen in Betrieben zustande kommen, psychologische, pädagogische, soziologische und politische Thesen eingebaut. Da sich auch andere Sozial- und Verhaltenswissenschaftler mit den Beweggründen für individuelles Verhalten beschäftigten, wird die Notwendigkeit der Interdisziplinarität dieses Ansatzes deutlich. Insbesondere die Frage nach dem Zustandekommen von Zielen für Entscheidungen beschäftigt die Betriebswirtschaftslehre bis heute. Werner Kirsch, ein Schüler von Heinen, hat hier ausführliche Abhandlungen über die Beweggründe von Managern und deren Tendenz aufgezeigt, individuelle Wünsche in kollektive Unternehmensziele zu verwandeln:

> »Ziele für die Organisation und Individualziele stimmen zwar bisweilen überein. Meist versucht jedoch das Individuum, seine Individualziele zu verschweigen, wenn es Ziele für die Organisation formuliert. Das Individualziel mag beispielsweise in dem Streben nach persönlichem Prestige bestehen. Das diesem Individualziel entspringende öffentlich formulierte Ziel für die Organisation kann dagegen eine Ausweitung des Marktanteiles für einen bestimmten Absatzsektor zum Inhalt haben.«

Ansätze von Ulrich, Schanz und den Gewerkschaften aus den siebziger Jahren

Der Systemansatz wurde fast zeitgleich mit dem entscheidungsorientierten Ansatz von Heinen entwickelt und ist maßgeblich der St. Gallener Schule um Hans Ulrich zuzuschreiben. Ulrich versuchte erstmals, betriebswirtschaftliche Phänomene und Probleme mit Hilfe der allgemeinen Erkenntnisse der systemtheoretischen Kybernetik zu beleuchten. Ein Unternehmen als produktives und soziales System zu kennzeichnen bedeutet, angelehnt an den Systembegriff, einen Betrieb als Summe aus Elementen und Beziehungen zu definieren. Unter einem System versteht Ulrich:

> »... eine geordnete Gesamtheit von Elementen, zwischen denen irgendwelche Beziehungen bestehen oder hergestellt werden können.«

Wichtig ist, dass hier eine Vielzahl von Dimensionen (auch soziale und ökologische) in die Betrachtung einbezogen werden können, da Ulrich von einem offenen und dynamischen System ausgeht. Fraglich ist, ob Betriebe im Sinne von kybernetischen Systemen mittels Steuerungs- und Regelungsvorgängen Störungen und Probleme so kompensieren können, dass eine selbstständige Rückkehr des Systems in einen gewünschten oder zulässigen Bereich möglich ist. Die Analogien zu technischen Regelkreisen, wie beispielsweise einem Temperaturkreislauf, lassen es fraglich erscheinen, ob die Realität von Betrieben mit Hilfe dieses Ansatzes erfassbar ist. Dem Management wird von Ulrich eine Steuerungs- und Korrekturfunktion zugewiesen, entsprechend einem Thermostat in einem Temperaturkreislauf. Als problematisch ist allerdings die These von Ulrich zu sehen, das eigentliche Geschehen als »Black Box« zu betrachten und nur ergebnisorientiert zu steuern. So schreibt Ulrich:

> »Wir versuchen erst gar nicht, die Vorgänge im Inneren des Systems im Einzelnen zu erfassen und entsprechende Ursachen-Wirkungs-Beziehungen festzustellen, sondern begnügen uns mit dem, was wir von außen beobachten können: Inputs und Outputs. Das System selbst betrachten wir als etwas Unzugängliches, eben als schwarzen Kasten. Wir beobachten nun aber nicht nur die Ein- und Ausgänge, sondern wir manipulieren den Input und registrieren, was dabei als Output herauskommt.«

Dass aber eine rationale Inputsteuerung beziehungsweise Regelung durch das Management nur in Kenntnis von Ursache-Wirkungs-Ketten möglich ist, wird schnell deutlich, wenn in dem heutigen dynamischen Betriebsumfeld nicht solange gewartet werden kann, bis eine Feinsteuerung des Inputs zu dem gewünschten Ergebnis führt.

Kritisiert wird in diesem Zusammenhang weiterhin der Versuch, die Betriebswirtschaftslehre in die Nähe der Ingenieurwissenschaften zu rücken, die sämtliche Probleme als regel- und steuerbar ansehen. Übersehen wird hier, dass die Ergebnisse durch die Steuerung des Managements von Reaktionen der Mitkonkurrenten und vielen anderen und nicht bloß vom eigenen systematischen Steuern abhängt.

Trotz der angesprochenen Skepsis muss dem Systemansatz zugute gehalten werden, dass er erstmals eine disziplinübergreifende Sprache in die

Betriebswirtschaftslehre eingeführt hat, welche bis heute insbesondere in der Führungslehre Geltung hat. Zur Entwicklung neuer Modelle ist daher der Systemansatz als Denkmodell sehr gut geeignet, auch wenn der Anspruch einer kybernetischen Regelbarkeit von Betrieben nicht aufrechterhalten werden kann.

Am Bekenntnis zur Einbeziehung des Menschen in das System Betrieb ist die enge Verwandtschaft dieses Ansatzes mit dem verhaltenstheoretischen Ansatz zu erkennen. Diese ebenfalls in den siebziger Jahren von Günther Schanz geprägte Denkrichtung stellt die Betriebswirtschaftslehre erstmals sehr deutlich als Sozialwissenschaft mit dem Schwerpunkt menschlicher Verhaltensforschung dar. Ausgehend von Verhaltensstudien aus der Führungslehre, wie von Maslow, steht das individuelle Streben nach menschlicher Bedürfnisbefriedigung in Betrieben im Vordergrund. Die Berücksichtigung der Bedürfnisse von Menschen nach Einkommen, Arbeit, Selbstbestimmung, Kommunikation und Partizipation bei Entscheidungen schlug sich in Thesen um Führungsstil, zu Macht-, Motivations- und Kommunikationsfragen nieder, ebenso das große Thema »Humanisierung der Arbeitswelt«.

Obwohl das Streben nach einer integrativen Verhaltenstheorie mit psychologischen, rechtlichen, soziologischen und ethischen Inhalten als gescheitert angesehen werden kann, waren die damaligen Erkenntnisse und die zahlreichen empirischen Studien für die Führungs- und Managementlehre von großer Bedeutung. Die Nachbardisziplinen konnten so erstmals die Bedeutung ihrer Theorien für den Erfahrungsbereich »Mensch im Betrieb« erkennen. Dementsprechend werden Betriebe hier nicht in der Tradition von Gutenberg als Produktionseinheiten definiert, sondern als soziale Gebilde mit der metaphysischen Überzeugung, dass soziales Geschehen bestimmten gesetzmäßigen und damit systematisier- und untersuchbaren Abläufen entspricht.

Der Individualismus als Leitidee führt zur Formulierung von praktischen Empfehlungen, wie die Bedürfnisse Einzelner in einem Betrieb möglichst optimal erfüllt werden können. Aus diesen Grundüberlegungen leiten sich heute die Neue Institutionenlehre und die so genannten Principal-Agent-Theorien ab. Diese untersuchen, wie Institution, Organisation – also auch Betriebe – individuell genutzt werden, um als Mittel der eigenen Bedürfnisbefriedigung zu dienen. Menschen leisten im Sinne der Institutionenökonomie nur dann Beiträge, wenn sie auch Anreize in mindestens demselben Ausmaß erhalten. Diese Anreiz-Beitrags-Gleichgewichte zu untersuchen ist aktueller Forschungsgegenstand der modernen Betriebswirtschaft und wird in Form von handelbaren Verfügungsrechten derzeit auch in der Volkswirtschaftslehre, zum Beispiel in der Überlegung der Handelbarkeit von Verschmutzungsrechten bei der Klimapolitik, diskutiert.

Ende der siebziger Jahre wurde diese Verhaltenstheorie in einen Ansatz umgedeutet, der sich arbeitsorientierte Einzelwirtschaftslehre (AOEWL) nannte. Die AOEWL wurde von einer Projektgruppe des deutschen Gewerkschaftsbundes entwickelt und sollte ein Gegenkonzept darstellen zur damals herrschenden, als kapitalistisch bezeichneten Betriebswirtschaftslehre, in der Arbeitnehmerinteressen nicht, oder nur unzureichend, berücksichtigt würden. Um diese Arbeitnehmerinteressen in den Vordergrund der Betrachtung zu stellen, machte die Projektgruppe kritische Vorschläge zur Verbesserung des Wirtschaftssystems und der betrieblichen Einzelprozesse.

Interessanterweise tauchen in dieser Konzeption nirgends Begriffe wie Gewinn oder Ertrag als Ziele eines Betriebes auf. Vielmehr wurde ein Konzept der Lebensqualität und Selbstverwirklichung entwickelt; selbst Konsumenteninteressen wurden den Arbeitnehmerinteressen untergeordnet. So sollten zum Beispiel gesellschaftlich schädliche Güter gesetzlich verboten werden, die Entlohnung sollte gleichmäßig und gerecht erfolgen (ohne dass dies näher konkretisiert wurde), und auch die Arbeitsplätze sollten gesichert und möglichst auf Lebenszeit garantiert werden. Humane Arbeitsbedingungen sollten zum Beispiel durch ergonomische Arbeitsplätze geschaffen werden. Die bereits damals weitreichende Mitbestimmungsgesetzgebung sollte erweitert werden.

An die Stelle der kapitalistisch bestimmten Wirtschaftlichkeit sollte eine emanzipatorische Rationalität treten. Arbeitnehmer sollten emanzipiert ihre Ziele in den Vordergrund des Betriebes rücken, sodass mündige und aufgeklärte Menschen sich im Betrieb verwirklichen können. Im Gegensatz zu dem damals als herrschende Lehre geltenden Ansatz von Gutenberg, welcher Arbeit lediglich als Produktionsfaktor neben Maschinen und Werkstoffen eingeführt hatte, war dieser Ansatz sicherlich revolutionär. Inzwischen kann er als abgeschlossene Episode in der Betriebswirtschaftslehre bezeichnet werden. Zahlreiche Vorschläge zur Humanisierung der Arbeitswelt (wie zum Beispiel Jobrotation oder Jobsplitting) wurden inzwischen realisiert, da Arbeitnehmer nicht mehr nur als Produktionsfaktor, sondern vielmehr als wesentliches Humanvermögen eines Betriebes gesehen werden. Im Übrigen muss gefragt werden, ob ein Betrieb ohne Gewinnerzielungsabsicht langfristig Arbeitsplätze sichern kann.

Situative, absatzorientierte, ökologische und evolutionäre Ansätze

Seit Mitte der achtziger Jahre ist eine Hinwendung der Denkschulen zu den Umfeldbereichen von Betrieben festzustellen. Interne Abläufe, wie die Produktion oder Logistik, interne Entscheidungen sowie interne Kommunikationsprobleme, scheinen in den bereits dargestellten Ansätzen ausreichend berücksichtigt zu sein. Das betriebliche Umfeld an sich, der Kunde im Besonderen, sowie die ökologische Umwelt sind in diesen Ansätzen allerdings noch wenig berücksichtigt worden.

Der situative Ansatz, oder auch Kontingenzansatz, hat seine Wurzeln in der angloamerikanischen Organisationsforschung. Folglich waren die Aussagen zum Kontingenzansatz in der deutschsprachigen Literatur, insbesondere von Alfred Kieser und Herbert Kubicek, zunächst auf die Organisationstheorie beschränkt. Der Einfluss situativer Faktoren, wie zum Beispiel Technologie und Größe oder Alter einer Organisation, auf die formale Organisationsstruktur (Einlinien- oder Mehrliniensystem, funktional oder divisional) wird in diesem Ansatz untersucht. Regelmäßigkeiten in der Beziehung zwischen Situation und Struktur wurden empirisch belegt, wobei zunächst monokausale Aussagen dominierten, die erst später durch multikausale Ansätze ersetzt wurden.

Während das analytische Grundmodell lediglich die Beziehung zwischen Struktur und Situation empirisch erforscht, ohne den Wirkungszusammenhang zu erklären, wird bei der verhaltensorientierten Variante bereits eine Kausalität (monokausaler Ansatz) im Verhalten der Organisationsmitglieder gesehen. Neben der Organisationslehre fand der Kontingenzansatz in der Personalführung (Einwirkung der Situation auf das Verhalten von Menschen) und in der Planung (Einwirkung der Situation auf die Pläne und Strategien von Unternehmen) Eingang. Auch wenn die zentrale Aussage des situativen Ansatzes trivial erscheinen mag (»Es kommt auf die Situation an«), muss die Leitidee dieses Ansatzes doch gewürdigt werden.

Das Prinzip der situativen Bedingtheit führt in der Betriebswirtschaft dazu, nicht mehr nach dem »One Best Way«, das heißt der besten Rechtsform oder dem besten Standort zu suchen, sondern Bedingungen für ein Optimum aufzuzeigen. Der Einwand, dass der situative Ansatz lediglich eine neue Perspektive bietet, mag durchaus zutreffen. Dennoch ist bereits in der Relativierung betriebswirtschaftlicher Aussagen ein Plädoyer für eine Absage an allgemein gültige Weisheiten zu sehen.

Ende der achtziger Jahre wurde die Situationsorientierung, die auch den Kunden als Situationsvariable betrachtete, weitgehend abgelöst von der so genannten Marketingorientierung. Alle Bereiche eines Betriebes sollten künftig stringent nur noch vom Markt her gesteuert werden. Dies drückt sich in Begriffen wie Beschaffungsmarketing, Personalmarketing oder Finanzmarketing aus. Kritisch anzumerken ist, dass mittlerweile dieser Ansatz von seinen Vertretern als Dogma missbraucht wird. Eine einseitig outputorientierte versus inputorientierte Sichtweise des Betriebes sollte vielmehr einer ganzheitlichen Sicht Platz machen.

In den letzten Jahren wird von einigen Fachvertretern die Folgewirkung ökonomischen Verhaltens für die ökologische Umwelt thematisiert. Eberhard Seidel und Waldemar Hopfenbeck sind hier als deutschsprachige Vordenker eines ökologischen Ansatzes zu nennen. Ökologische Sensibilität wurde bisher bei den Betrieben lediglich aufgrund gesetzlicher Rahmendaten eingefordert. Eine eigenständige ökologische Betrachtung findet erst jüngst in der Betriebswirtschaftslehre statt. Ökologiebezogene Produktinnovationen, ökologische Beschaffungspolitik, Recycling als Wertschöpfung, ökologisch orientiertes Marketing, etwa durch Preisdifferenzierung, sind nur einige Themen, die hier als Aspekte dieses Ansatzes diskutiert werden. Neben Produktivität, Rentabilität und Wirtschaftlichkeit soll die Nachhaltigkeit im Sinne einer Rohstoffschonung, der Erhaltung von Natur und Lebensqualität, der Sicherung von Luft-, Wasser und Bodenqualität beziehungsweise Lärmvermeidung treten.

Abschließend ist bei den neueren Ansätzen der evolutionäre Ansatz zu nennen, der maßgeblich aus der systemtheoretischen Schule von St. Gallen hervorgegangen ist. Fredmund Malik und Peter Gross sind Vertreter einer stark prozessorientierten Denkweise.

Der Evolutionsansatz fordert anstelle eines isolierend-abstrahierenden ein ganzheitliches und gleichzeitig systematisches Denken, welches vor allem die Zusammenhänge zwischen Systemelementen zu klären sucht. Ähnlich wie ein menschlicher oder natürlicher Organismus wird der Betrieb als lernendes und organisiertes Wesen definiert, das in mikroskopischer Sicht von der Unternehmensumwelt beeinflusst wird. Im Gegensatz zum bisherigen mechanischen Kybernetikmodell, welches durch einfache Regelkreise im Gleichgewicht gehalten wird, sollen hier die einzelnen Elemente des Systems durch Selbstorganisation und eine ganzheitliche Koordination der autonomen Einheiten geführt werden. Das heute besonders hervorgehobene Denken in Prozessen ist dabei essenzieller Bestandteil des Ansatzes und sicherlich Grundmuster jeglichen evolutionären Denkens.

Selbst Hans Ulrich, der Begründer des systemtheoretischen Ansatzes, definiert daher heute ein Unternehmen nicht mehr nur als produktives und soziales, sondern vielmehr als evolutionäres, selbstorganisierendes System.

Im internationalen Vergleich ist dieser Ansatz als derzeit besonders einflussreiche Denkschule zu werten, auf der sowohl die amerikanische Reengineering-Philosophie der neunziger Jahre als auch das seit langem aus Japan bekannte KAIZEN als kontinuierlicher Verbesserungsprozess fußt.

Zusammenfassung

Die moderne BWL ist nicht denkbar ohne die Differenzierung der Gedanken in verschiedenen Ansätzen. Ausgehend von dem »Urvater« Gutenberg, dessen drei Grundlagenbände heute immer noch aufgelegt und in jeder BWL-Bibliothek aufgeführt sind, wurden die Thesen von Heinen, Ulrich, Schanz, Kieser und anderen in der deutschsprachigen BWL bekannt. Hier können nicht alle namhaften Gelehrten der BWL aufgeführt werden. Dennoch wurde der Versuch unternommen, die wesentlichen Gedankenstränge der jeweiligen Zeit aufzuzeigen und einen namhaften Vertreter des Faches zuzuordnen. Diese modernen Ansätze lassen sich nicht ohne die jeweiligen zeitlichen Hintergründe (zum Beispiel Gewerkschaftsansatz in den siebziger Jahren, Organisationsansatz in den achtiziger Jahren) verstehen. Jede Dekade der Neuzeit hatte hier ihre eigenen Probleme und Lösungsmuster, die sich auch in der BWL widerspiegelten.

Selbstlernaufgaben zu Kapitel 5

1. Wie hat Gutenberg als einer der Begründer der modernen BWL die Produktionsfaktoren eingeteilt, nachdem vorher in Arbeit, Kapital und Boden geteilt wurde?

2. Wie kann der verhaltenstheoretische Ansatz von Schanz und anderen beschrieben werden?

3. Was hat der Ansatz von Kieser und Kubicec mit dem ersten Kapitel dieses Buches zu tun?

6. Grundlagen der Entscheidungs- und Spieltheorie

Im vorigen Kapitel sollte klar geworden sein, dass die Entscheidungstheorie innerhalb der Wissenschaft BWL eine von zahlreichen Ansätzen und Denkrichtungen darstellt. Da Unternehmer beziehungsweise Manager in Betrieben täglich vielfältige Entscheidungen zu treffen haben, ist dieser Ansatz besonders zu beleuchten. Das tägliche Entscheiden von Managern wird gemeinhin auch als Managen bezeichnet. Die Behandlung dieses Aspektes der BWL ist daher grundlegend und muss im Rahmen der Allgemeinen Betriebswirtschaftslehre besprochen werden.

In diesem Kapitel werden Ihnen die theoretischen Grundlagen einer Entscheidung, also deren Elemente und deren Zustandekommen vermittelt. Sie sollen nach Durcharbeiten dieser durchaus komplexen Materie in der Lage sein, Ihre alltäglichen Entscheidungsprozesse theoretisch zu analysieren und zu reflektieren. Sie sollen weiterhin die Entscheidungssituationen differenzieren können und die notwendigen Daten für eine optimale Entscheidung je Entscheidungssituation benennen können.

Normative und deskriptive Betrachtungsweise

Grundsätzlich lassen sich zwei Richtungen der Entscheidungs- und Spieltheorie unterscheiden: Wenn gefragt wird, wie in der Realität tatsächlich entschieden wird, so handelt es sich um die deskriptive Entscheidungstheorie. Bei der Fragestellung, wie in der Realität entschieden werden soll, spricht man von der normativen Entscheidungstheorie beziehungsweise Entscheidungslogik. Die deskriptive Richtung wird auch als empirisch-realistische Entscheidungstheorie bezeichnet. Basierend auf der Überzeugung, dass es sich bei der Betriebswirtschaftslehre um eine Realwissenschaft handelt, sollen Aussagen erarbeitet werden, die auf empirisch gewonnenen Erfahrungen über reales Entscheidungsverhalten von Menschen als Individuen in Gruppen beruhen. Im Sinne der kognitiven Prozesse bei der Zielfindung sollen Wahrnehmungs-, Urteils-, Erinnerungs-,

Betriebswirtschaft konkret. Ottmar Schneck

ISBN 3-527-50193-2

Denk- und Vorstellungsprozesse bei einer Entscheidung untersucht werden. Auch der Entscheidungsanlass, Informations-, Beschaffungs- und Verarbeitungsprobleme sowie Organisationsfragen während des Entscheidungsprozesses sind Gegenstand der *deskriptiven Entscheidungstheorie.*

Die *normative Entscheidungstheorie* setzt Ziele, beziehungsweise Zielbündel, von Entscheidungsträgern voraus. Gleichermaßen wird von einer gegebenen Entscheidungssituation und dem Vorhandensein von mehr als nur einer Handlungsalternative ausgegangen. Im Mittelpunkt der Betrachtung steht dann der Wahlakt, beziehungsweise die Ermittlung, der vorteilhaftesten, beziehungsweise optimalen Handlungsalternative im Hinblick auf die gegebenen Zielvorstellungen. Dabei wird von einer rationalen Wahl- beziehungsweise Handlungsweise beim Entscheidungsträger ausgegangen. Rationalität als zweckmäßige Grundeinstellung beim Auswählen einer optimalen Alternative vernachlässigt allerdings die oben genannten psychologischen und soziologischen Einflüsse auf den Wahlakt. Bei der normativen Entscheidungstheorie wird dagegen mehr Wert auf die Entscheidungssituationen und die Anwendung daran angepasster Entscheidungsregeln gelegt. Die folgenden Ausführungen beziehen sich auf die normative Entscheidungslogik, da eine Beschreibung realer Entscheidungssituationen zwar interessant sein kann, für die Gestaltung zukünftiger Entscheidungen aber wenig Aussagewert hat. Dennoch darf nicht verkannt werden, dass aus Fehlentscheidungen Schlüsse für künftige Verhaltensweisen zu ziehen sind.

Notwendige Bestandteile eines Entscheidungsmodells

Sind Ziele gebildet, gegenwärtige und künftige Probleme erkannt sowie Lösungsalternativen gefunden und im Hinblick auf ihre Wirkung prognostiziert, so liegen dem Entscheidungsträger sämtliche Informationen vor, die er für eine rationale und sachgerechte Entscheidung benötigt. Eine Entscheidung ist damit die Wahl der optimalen Handlungsalternative aus den gebildeten und im zulässigen Bereich definierten Maßnahmen. Der Wert einer Alternative bemisst sich nach ihrer Eignung für die Erreichung des vorgestellten Zielbündels. Optimal bedeutet in diesem Zusammenhang entweder ein extremes oder ein satisfizierendes oder ein fixierendes Zielausmaß. Will ein Entscheidungsträger möglichst viel oder wenig eines Zielinhalts erreichen, spricht man von Extremierung. Das Anstreben eines gewissen Anspruchsniveaus, ab dem oder bis zu dem der Entscheidungsträger zufrieden ist, wird als Satisfizierung, das Erreichen eines bestimmten Ergebnisses als Fixierung bezeichnet.

Das Abwägen der einzelnen Alternativen setzt zunächst deren Bewertung voraus. Eine Alternative bewerten heißt, ihr eine Zielwirkung zuzuordnen. Solche Ergebnisse lassen sich mit drei verschiedenen Skalentypen darstellen.

Eine Nominalskala teilt die Ergebnisse einer Maßnahme in gleichberechtigte, nebeneinander liegende Merkmale ein. So ist zum Beispiel bei der Einstufung der Religionszugehörigkeit in »katholisch«, »evangelisch« und »andersgläubig« keine wertmäßige Reihenfolge der Ausprägungen gegeben. Gleiches gilt für die Skalierung des Geschlechts oder von Farben. Bei der Ordinalskala lassen sich die Merkmale in einer Rangreihe anordnen. So wird die Platzierung von Alternativen auf Rang 1, 2 oder 3 beziehungsweise die Größe (groß, größer, am größten) oder Länge (kurz, mittel, lang) ohne Angabe der Abstände zwischen den Rangplätzen als ordinale Skalierung bezeichnet. Intervallskalen beziehungsweise Verhältnisskalen werden als Kardinalskalen bezeichnet und geben in einer Rangreihe die jeweiligen Abstände zwischen den Ausprägungen an. So ist beispielsweise in einer Temperaturskala oder in Längen- beziehungsweise Größenmaßen der Abstand zwischen zwei Punkten genau definiert.

		Ziele Umweltzustand				
		Z_1	...	Z_i	...	Z_n
		G_{z1}	...	G_{zi}	...	G_{zn}
		U_1	...	U_i	...	U_n
		w_{u1}	...	w_{ui}	...	w_{un}
Alternativen	a_1	e_{11}		e_{1i}		e_{1n}
	.	.		.		.
	.	.		.		.
	.	.		.		.
	a_m	e_{m1}		e_{mi}		e_{mn}

Z = Ziel
G = Zielgewicht
a = Alternativ
U = Umweltzustand / Situation
e = Ergebniswert
w = Wahrscheinlichkeit, dass dieser Umweltzustand eintritt

Abb. 19: Grundmodell einer Entscheidungsmatrix

Das Grundmodell der Entscheidungsmatrix in Abbildung 19 stellt die Elemente jeder Entscheidung, das heißt die Ziele (Z), die Alternativen (a) und die prognostizierten Ergebnisse je Alternative im Hinblick auf die Ziele (e) dar. Zusätzlich werden je nach Entscheidungssituation die Zielgewichte (G) und Umweltzustände (U) einbezogen. Liegen Wahrscheinlichkeiten (w) für das Eintreffen dieser Umweltzustände vor, so sind diese zusätzlich in die Entscheidungsfindung aufzunehmen.

Um die Bewertung einer Alternative hinsichtlich der Zielerreichung in spätere Rechnungen einbeziehen zu können, sind Intervallskalen am aussagefähigsten und daher in der Praxis bei der Erstellung von Entscheidungstabellen am häufigsten anzutreffen.

Bezüglich der Entscheidungssituation lassen sich drei Varianten unterscheiden: Sofern die Ergebnisse unsicher, aber deren Eintreten mit einer gewissen Wahrscheinlichkeit bekannt ist, spricht man von einer Risikosituation. Kennt der Entscheidungsträger auch diese Wahrscheinlichkeiten nicht, ist er also über die Ergebnisse völlig im Ungewissen, spricht man von einer Entscheidung bei Ungewissheit. Alle übrigen Situationen (bei denen der Entscheidungsträger die Ergebnisse seiner rationalen Wahl vorhersagen kann) werden als Entscheidungssituationen bei Sicherheit bezeichnet.

Die Unsicherheit des Eintretens von Ergebnissen wird im Entscheidungsmodell durch den Einbezug so genannter Umweltzustände (U) berücksichtigt. Umweltzustände werden auch als Entscheidungsparameter bezeichnet. Sie sind dadurch gekennzeichnet, dass sie die Entscheidung zwar beeinflussen, von den Entscheidenden in der Planungsperiode jedoch nicht beeinflussbar sind. So kann zum Beispiel eine Gesetzesnovelle eine anstehende Standortentscheidung maßgeblich beeinflussen, wird aber selbst in der Regel vom Entscheidungsträger nicht zu beeinflussen sein. Als weitere Entscheidungsparameter, die auf eine anstehende Standortwahl Einfluss nehmen können, sind neben den rechtlichen auch sachliche, finanzielle oder personelle Rahmendaten zu nennen.

Liegen aufgrund von Umwelteinflüssen unsichere Ergebniswerte der Alternativen vor, und sind die Wahrscheinlichkeiten des Eintretens der Ergebnisse bekannt, so spricht man von einem stochastischen Entscheidungsmodell. Sind die Ergebnisse mit Sicherheit bekannt, so handelt es sich um ein deterministisches Modell. Sind die Umwelteinflüsse von außerhalb des Betriebes bestimmt, so spricht man von exogenen Faktoren, bei unternehmensinternen Umweltvariablen von endogenen Faktoren.

Im Zusammenhang mit der Darstellung der Umweltvariablen ist noch der Begriff des zulässigen Bereichs zu klären. Hier handelt es sich um den

Alternativenraum, innerhalb dessen die optimale Lösungsmöglichkeit zu suchen ist. Häufig wird dieser zulässige Bereich durch Umweltvariablen eingeschränkt. So kann zum Beispiel ein Betrieb, der über keine Lagervorräte verfügt, nicht mehr Produkte anbieten als die, die er aktuell produziert. Weitere Einschränkungen in personeller, finanzieller oder sachlicher Hinsicht sind vorstellbar.

Als letztes grundlegendes Problem bei der Darstellung der Entscheidungssituation ist die Tatsache zu nennen, dass die Suche nach Informationen, wie zum Beispiel Wahrscheinlichkeiten über das Eintreten künftiger Ereignisse und Prognosewerte über die Wirkung bestimmter Alternativen, Kosten verursacht. In der Regel steht der Informationsbedarf als Summe aller relevanten Daten in einer direkten funktionalen Beziehung zu den bei der Beschaffung der Informationen entstehenden Kosten. Es stellt sich damit auch die Frage nach der Informationsqualität, das heißt, ob die beschafften Informationen die Entscheidung merklich verbessern können. Zusätzliche Informationen, die überproportional mehr Kosten verursachen, müssen daher nicht unbedingt die Entscheidung positiv beeinflussen. Die Frage nach dem Informationsgrad, das heißt also dem Zustand zwischen vollkommenem Nichtwissen und vollkommener Information, muss immer auch eine Frage der Informationskosten sein.

Angesichts der Fülle an Informationen, die heute zur Verfügung stehen, mag es nicht verwundern, dass manche Unternehmer in vergleichsweise schwierigen Entscheidungssituationen mit einer Vielzahl von Zielen, Alternativen und Umweltdaten resignieren und Alternativen oft nicht systematisch abwägen. Um eine willkürliche, bruchstückhafte, inkrementale Entscheidung zu verhindern, bietet die normative Entscheidungstheorie eine Reihe von Entscheidungsregeln an.

Bevor diese Regeln behandelt werden, soll ein kurzes einführendes Beispiel die Vorgehensweise zur Erstellung und Bewertung eines Entscheidungsmodells aufzeigen:

In unserem Beispiel gibt es für einen Studenten lediglich ein Ziel, nämlich eine Klausur mindestens mit der Note 2,5 zu bestehen. Es handelt sich also um ein satisfizierendes Zielausmaß. Es bestehen nur zwei alternative Handlungsmöglichkeiten, einerseits zu lernen oder andererseits mit einer Freundin ins Kino zu gehen. Sofern dem Studenten der Schwierigkeitsgrad der Klausur nicht bekannt ist, liegt eine Entscheidung bei Ungewissheit vor. Weiß er, aus welcher Quelle auch immer, wie groß die Wahrscheinlichkeiten (w) für eine leichte oder schwere Klausur sind, so kann von einer Entscheidung bei Risiko gesprochen werden. Wenn er von älteren Kommi-

Ziel = Klausur mit mindestens 2,5 bestehen		
Alternativen	Umwelt 1 (u_1) leichte Klausur w = 0,2	Umwelt 2 (u_2) schwere Klausur w = 0,8
Lernen a_1	Note 1,5 (e_{11})	Note 2,5 (e_{21})
Kino a_2	Note 3,5 (e_{12})	Note 5,0 (e_{22})

Abb. 20: Beispiel des Umwelteinflusses auf eine Entscheidung

litonen, die die Klausur bereits geschrieben haben, die Notenverteilung kennt und diese für seine Klausursituation als konstant prognostiziert, so muss er jetzt mit dieser Datenlage eine Entscheidung treffen. Nun mag sich jeder Einzelne zunächst selbst überlegen, ob er in der Situation des Studenten ins Kino gehen oder lieber für die anstehende Klausur lernen würde. Die Entscheidungsmatrix ist in Abbildung 20 wiedergegeben.

Entscheidungsregeln in unterschiedlichen Situationen

In diesem Abschnitt sollen die bereits genannten Entscheidungsregeln näher untersucht werden, wobei sich die Entscheidungsregeln wie folgt unterscheiden lassen:

- Entscheidung bei Sicherheit:
  - Lexikografische Ordnung
  - Nutzwert
- Entscheidung bei Risiko:
  - Bayes-Regel
  - μ-σ-Regel
  - Bernoulli-Regel
- Entscheidung bei Ungewissheit:
  - Maximax-Regel
  - Maximin-Regel
  - Hurwiçz-Regel
  - Laplace-Regel
  - Savage-Niehans-Regel

Entscheidung bei Sicherheit

Die Entscheidung bei Sicherheit ist dadurch gekennzeichnet, dass die je nach gewählter Alternative eintretenden Ergebnisse mit Sicherheit bekannt sind. Ungewissheiten beziehungsweise Risiken beim Eintreffen der Ereignisse sind nicht zu erwarten, sodass ein Entscheidungsmodell nur mit den zwei Elementen »Ziele« und »Alternativen« aufzustellen ist.

Wurden Ziele nach Haupt- und Nebenzielen geordnet, so kann mit Hilfe einer so genannten *lexikografischen Ordnung* die Alternativwahl erfolgen. Dazu werden die Ziele nach den individuellen Präferenzen geordnet ($Z_1 > Z_2 > Z_3$ ...). Die Alternativen werden dann sukzessive in der Rangfolge der Ziele bewertet.

In der Praxis sieht das dann oft so aus: Stellt sich bereits beim ersten Ziel eine eindeutig optimale Alternative heraus, so ist das Bewertungsverfahren abgeschlossen. Andernfalls wird das nächstrangige Ziel zur Bewertung herangezogen. Die Abbildung 21 verdeutlicht dieses Vorgehen an einem Zahlenbeispiel.

Während die Betrachtung der vier Alternativen (a_1 bis a_4) hinsichtlich des Zieles 1 (Z_1) noch zu keiner eindeutigen optimalen Lösung führt (a_1 und a_2 indifferent), führt die weitere Betrachtung der verbleibenden konkurrierenden Alternativen a_1 und a_2 bereits beim Ziel 2 (Z_2) zu einem Optimum (9 Punkte > 7 Punkte). Also wird Alternative 2 gewählt. Dieses Verfahren führt schnell zum Ergebnis und ist sicherlich kostengünstig. Kritisch anzumerken ist jedoch, dass Alternativen ausgewählt werden, die zwar bei den Hauptzielen zu optimalen Ergebnissen gelangen, bei weniger wichtigen Zielen aber eventuell einen großen Bewertungsabstand zu nicht mehr betrachteten Alternativen aufweisen können: Die Alternative a_4 erweist sich bei der ersten Betrachtung von Ziel 4 als überlegen, wird aber aufgrund der vorschnellen Entscheidung ab Z_2 nicht mehr beachtet. Eine solche Vorgehensweise kann in der Praxis zu gravierenden Fehlentscheidungen führen.

	Z_1	>	Z_2	>	Z_3	>	Z_4
a_1	8		7		3		5
a_2	8		9		4		7
a_3	6		4		3		9
a_4	5		8		10		100

Abb. 21: Lexikografische Ordnung

Entscheidung bei Risiko

Eine Entscheidungssituation bei Risiko ist eine Situation, in der die Ziele und Alternativen gebildet beziehungsweise bekannt sind, das Eintreffen bestimmter Ereignisse je Alternative aber unsicher ist. Der Entscheidungsträger weiß allerdings, welche Ereignisse eintreten können, und mit welcher Wahrscheinlichkeit diese eintreten werden. Dabei sollte es sich um eine objektive Wahrscheinlichkeit handeln, um von einer Risikosituation sprechen zu können. Subjektive Wahrscheinlichkeiten aufgrund von Annahmen, Erwartungen oder Hoffnungen führen eher zu einer Situation der Ungewissheit als zu einer Risikosituation.

Die Abbildung 22 enthält ein Zahlenbeispiel für die Berechnung verschiedener Entscheidungsregeln bei Risiko.

In der Beispielrechnung soll von folgender Situation ausgegangen werden: Es liegt nur ein Ziel vor, hingegen werden drei Umweltzustände (u_1 bis u_3) unterschieden, das heißt, die Ergebnisse je Alternative sind hinsichtlich des Zielerreichungsgrades unsicher beziehungsweise mehrwertig. Würde es sich beispielsweise um alternative Kapitalanlagen handeln, so würden beim Ziel »maximaler Kursgewinn« unter Unsicherheit je nach Börsenentwicklung (Umweltentwicklung) drei verschiedene Kurse ermittelt werden (bei a_1 80, 100, 150 Euro).

Die *Bayes-Regel* (Erwartungswertregel beziehungsweise μ-Regel) setzt eine risikoneutrale Grundhaltung des Entscheidungsträgers voraus; deshalb werden die bekannten Wahrscheinlichkeiten über das Eintreten von Umweltzuständen mit den Ergebniswerten je Alternative multipliziert und die Alternativen addiert (zum Beispiel für a_1: $80 \times 0{,}5 + 100 \times 0{,}3 + 150 \times 0{,}2 = 100$). Das Ergebnis ist der mathematische Erwartungswert der Werteverteilung. Ein risikoneutraler Entscheider wird sich, sofern die Ergebniswerte aufsteigend skaliert sind ($150 > 100 > 80$), sicher am höchsten Erwartungswert orientieren, hier also Alternative a_1 wählen. Sollten die Nutzenwerte nicht gleichförmig entsprechend der Ergebniswerte verlaufen, so ist der Erwartungswert mit den transformierten Nutzenwerten neu zu berechnen.

Umweltzustände	u_1	u_2	u_3			
Wahrscheinlichkeit	**0,5**	**0,3**	**0,2**	μ	**s**	**m–2 σ**
a_1	80	100	150	100	20	80
a_2	90	110	100	98	6,2	91,8

Abb. 22: Beispielrechnung für eine Entscheidung bei Risiko

Bei der *μ-σ-Regel* ist die Berechnung der Standardabweichung (σ gesprochen Sigma), ein Maß der Streuung der Ergebniswerte um den Erwartungswert, in die Entscheidung einzubeziehen. Die Standardabweichung ist die Wurzel aus der Summe der mit Wahrscheinlichkeiten gewichteten, quadrierten Abweichungen der Einzelwerte vom Erwartungswert:

$$\sigma = \sqrt{\Sigma w_{ij} \times (e_{ij} - \mu_i)^2}$$

Wie in dem Beispiel in Abbildung 22 zu erkennen ist, sind die Abweichungen der Ergebnisse von a_1 größer als von a_2 (20 > 6,2). Ein risikoscheuer Entscheider wird sich eher für eine Alternative entscheiden, bei der die Ergebnisse nicht so stark voneinander abweichen. Er wird daher das Maß der Standardabweichung vom Erwartungswert ein- oder mehrmals abziehen. Dies bedeutet, dass letztlich eine Alternative gewählt wird, bei der die Standardabweichung sehr gering ist (hier a_2). Ein risikofreudiger Entscheider, der gerne eine große Streuung der Ergebniswerte in Kauf nimmt, kann je nach Risikopräferenz die Standardabweichung zum Erwartungswert ein- oder mehrmals addieren.

Das *Bernoulli-Prinzip* ordnet den einzelnen Werten einer Ergebnismatrix gesonderte Nutzenwerte anhand der individuellen Nutzenfunktion zu. Die Berechnung der Matrix kann dann nach denselben Regeln (Bayes- oder μ-σ-Prinzip) erfolgen.

Entscheidung bei Ungewissheit

Bei der Entscheidung bei Ungewissheit handelt es sich um eine Situation, bei der der Entscheidungsträger zwar seine Ziele und die Handlungsalternativen kennt, nicht aber die möglichen Ergebnisse, die bei der Wahl einer Alternative auftreten können. Es fehlen ihm auch Informationen über wahrscheinliche Entwicklungen; er kann lediglich verschiedene Erwartungen von Ergebnissen angeben, die eintreten können. Welche dieser Ergebnisse allerdings letztlich tatsächlich eintreten, ist ungewiss. Im Folgenden wird wiederum ein Zahlenbeispiel für eine Entscheidung bei Ungewissheit vorgestellt (vergleiche Abbildung 23).

Es sei ein Ziel gegeben und drei Alternativen vorhanden. Da die Zielerreichungsgrade nicht sicher angegeben werden können, sondern vielmehr dreiwertige Ergebnisse vorliegen, die Wahrscheinlichkeiten des Eintretens dieser Ergebnisse aber unbekannt sind, handelt es sich um eine Entscheidung bei Ungewissheit.

Alter-nativen	Umwelt-zustände			Maxi-min	Maxi-max	Hurwicz	Laplace	Savage-Niehans Spalten-maxima			Minimierung des max. Nachteils
	u_1	u_2	u_3	Zeilen-minima	Zeilen-maxima	$\lambda = 0{,}3$ $1\text{-}\lambda = 0{,}7$		8	5	9	
a_1	3	2	9	2	9	(9x0,3)+(2x0,7) = 4,1	$\frac{3}{3}+\frac{2}{3}+\frac{9}{3}=4{,}7$	5	3	0	5
a_2	8	0	6	0	8	(8x0,3)+0 = 2,4	$\frac{8}{3}+0+\frac{6}{3}=4{,}7$	0	5	3	5
a_3	2	5	4	2	5	(5x0,3)+(2x0,7) = 2,9	$\frac{2}{3}+\frac{5}{3}+\frac{4}{3}=3{,}7$	6	0	5	6
	8	5	9								

Abb. 23: Beispielrechnung für eine Entscheidung bei Ungewissheit

Nach der *Maximin-Regel* wählt der Entscheidungsträger diejenige Alternative, die bei Eintreten des ungünstigsten Zustandes das beste Ergebnis liefert (Maximierung der Zeilenminima). Dies sind hier die Alternativen a_1 und a_3 mit dem Wert 2. Das ist eine Entscheidungsregel für sehr pessimistische Anwender.

Nach der *Maximax-Regel* wählt der Entscheidungsträger diejenige Alternative, die bei den jeweils günstigsten Umweltzuständen das beste Ergebnis liefert (Maximierung der Zeilenmaxima). In unserem Beispiel ist dies die Alternative a_1 mit dem Wert 9. Dies ist eine Entscheidungsregel für sehr optimistische Anwender.

Nach der *Hurwiçz-Regel* (Optimismus-Pessimismus-Regel) wird eine Mischform aus den ersten beiden Regeln durch einen Faktor eingeführt, der in der Literatur als Optimismusparameter λ (Lambda) bezeichnet wird. Je größer λ, welches sich zwischen 0 und 1 bewegt, gewählt wird, desto optimistischer ist der Entscheidungsträger. In unserem Beispiel ist der Entscheider bei einem λ von 0,3 eher pessimistisch. Der Faktor λ wird nun mit dem Maximax-Wert, der Maximin-Wert mit (1-λ) multipliziert und danach die Summe gebildet. Das Ergebnis ist eine Mischung aus den ersten beiden extremen Regeln. Bei der Anwendung der Hurwiçz-Regel zeigt sich: Wenn λ gegen 0 tendiert, strebt das Ergebnis dem entgegen, das aus der Maximin-Regel abgeleitet wird; wenn umgekehrt λ gegen 1 strebt, nähert sich das Ergebnis demjenigen an, das aus der Maximax-Regel abgeleitet wird.

Nach der *Laplace-Regel* werden die Ergebniswerte je Umweltzustand fiktiv als gleich wahrscheinlich angenommen. Diese willkürliche Annahme führt zu einer einfachen Addition der gleichgewichteten Ergebniswerte (hier $3 \times 1/3$). Es handelt sich um eine nicht begründbare neutrale Einstellung des Entscheidungsträgers gegenüber den Umweltzuständen.

Nach der *Savage-Niehans-Regel*, der Regel des kleinsten Bedauerns, soll der maximale Nachteil, der sich durch eine falsche Entscheidung ergibt, minimiert werden. Es handelt sich also um eine äußerst pessimistische, risikoscheue Grundeinstellung. Da der Entscheider glaubt, sich ohnedies stets falsch zu entscheiden, möchte er die Alternative wählen, bei welcher der Nachteil gegenüber einer richtigen Entscheidung am geringsten ist. In unserem Beispiel wäre bei Eintreten von Umweltzustand 1 die Alternative 2 die optimale Wahl gewesen. Entscheidet sich nun jemand für a_1, so entsteht ein bereits jetzt bekannter Nachteil von 5 Punkten. Nach Erstellen der Nachteilsmatrix (vergleiche die rechte Spalte der Abbildung 23) muss nur noch der maximale Nachteil je Alternative bestimmt werden. Gewählt wird dann die Alternative, die den maximalen Nachteil minimiert (in unserem Beispiel die Alternativen a_1 oder a_2).

Spieltheoretische Analyse von Entscheidungssituationen

Die Spieltheorie geht wesentlich auf die beiden deutschsprachigen Mathematiker *John von Neumann* und *Oskar Morgenstern* zurück. Ersterer veröffentlichte 1928 den bahnbrechenden Aufsatz *Zur Theorie der Gesellschaftsspiele*. Die wichtigsten Veröffentlichungen und damit auch der Ausbau des spieltheoretischen Ansatzes erfolgten allerdings erst nach dem Zweiten Weltkrieg in den USA. Als wichtigste zeitgenössische Vertreter der Spieltheorie sind *John F. Nash* und *John C. Harsanyi* zu nennen, die zusammen mit dem Deutschen *Reinhard Selten* 1994 den Nobelpreis für Ökonomie erhielten.

Die Grundfrage der Spieltheorie ist, wie sich Akteure in Entscheidungssituationen verhalten, die dadurch gekennzeichnet sind, dass das Handlungsergebnis nicht nur vom eigenen Verhalten, sondern auch von den Reaktionen der Mitspieler (zum Beispiel Konkurrenten, Kunden und Lieferanten) abhängt (strategische Interdependenz).

Ein Spiel ist eine Abfolge interdependenter Handlungen. Die Folgen der eigenen Entscheidung werden durch Entscheidungen anderer Akteure mitbestimmt. Der Entscheider muss also bei der Abschätzung der Folgen seiner Handlungen und vor der Festlegung seiner eigenen Entscheidung diese fremden Entscheidungen berücksichtigen. Er befindet sich somit in einer simultanen Entscheidungssituation.

Simultane Entscheidungssituationen lassen sich mit Hilfe so genannter Entscheidungsbäume darstellen. Sie bilden sämtliche Handlungsalternativen des Entscheiders und die mit Wahrscheinlichkeiten belegten Reaktionsmöglichkeiten der Gegenseite ab. Auf der Basis eines Entscheidungsbaumes kann der Entscheider die Ergebnisse seiner Handlungen durchspielen und anschließend im Rückschluss die für ihn günstigste Handlungsalternative bestimmen.

Eines der bekanntesten Beispiele zur spieltheoretischen Darstellung und Analyse interdependenten Verhaltens ist das Gefangenendilemma. Hierzu im Folgenden eine einfache Variante: Zwei konkurrierende Ölproduzenten stehen vor der Frage, entweder 2 oder 4 Millionen Liter Öl pro Tag zu fördern. Je nach ihren Entscheidungen beträgt damit die Gesamtproduktion, beziehungsweise das Angebot auf dem Markt, 4, 6 oder 8 Millionen Liter pro Tag. Es herrscht eine klassische Marktsituation, in der die realisierbaren Preise mit zunehmender Angebotsmenge sinken. Bei einem Angebot von 4 Millionen Liter stellt sich ein Preis von 25 Euro/l ein, bei 6 Millionen Liter ein Preis von 15 Euro/l, und bei 8 Millionen Liter sinkt der Preis bis auf 10 Euro/l. Weiter wird unterstellt, dass die (konstanten) Förderkosten bei Unternehmen A 4 Euro/l betragen, bei Unternehmen B hingegen nur 2 Euro/l.

Aus dieser Situation folgt ein strategisches Dilemma. Nehmen wir an, Unternehmen B wisse, dass seine Förderkosten nur halb so hoch sind wie jene von Unternehmen A. Dann verfolgt es seine dominante Strategie und entscheidet sich für eine Fördermenge von 4 Millionen Litern pro Tag (unabhängig von der Fördermenge des Unternehmens A liegt sein Gewinn bei einer Fördermenge von 4 Millionen Litern immer über dem Gewinn bei der niedrigeren wählbaren Fördermenge; vergleiche Abbildung 24). Unternehmen A versucht seinerseits, durch eine hohe Produktion seine Gewinne bei hohen Kosten zu steigern. So wird letztlich ein geringerer Verkaufspreis am Markt (10 Euro/l) erzielt, und den beiden Unternehmen verbleibt (wie ebenfalls aus Abbildung 24 ersichtlich ist) insgesamt lediglich ein niedrigerer Gewinn von 56 Millionen Euro. Würden aber beide Unternehmen ihre Fördermenge beschränken, so stiege die Gewinnsumme auf 88 Millionen Euro. Es wäre also für beide günstiger, wenn sie die Absprache träfen, jeweils nur zwei Millionen Liter zu produzieren. Hier wird, nebenbei bemerkt, auch deutlich, warum das deutsche Wettbewerbsrecht Absprachen zwischen Unternehmen zur Mengenbeschränkung verbietet: Sie führen zu höheren Preisen und einer schlechteren Versorgung der Konsumenten. Die Zahlen in den Feldern der Abbildung 24 weisen die jeweiligen Gewinnkombinationen aus.

Unt. B	Unt. A	2 Millionen l	4 Millionen l
2 Millionen l		42; 46	44; 26
4 Millionen l		22, 52	24; 32

Abb. 24: Spieltheoretisches Beispiel

Die in diesem Beispiel dargestellte Situation wird deshalb als Gefangenendilemma bezeichnet, weil beide Unternehmen ihre dominante Strategie spielen in der Erwartung, damit ihre individuelle Auszahlung zu maximieren, gleichzeitig aber das Gesamtergebnis mindern und sich tatsächlich schlechter stellen als bei koordiniertem Vorgehen.

Zusammenfassung

Entscheidungen fallen ständig und wiederholt in Unternehmen. Sich daher mit der Entscheidungstheorie als einem der wichtigsten Ansätze der BWL zu beschäftigen, leuchtet unmittelbar ein. Wir haben die normative, das heißt gestaltende, von der rein deskriptiven, das heißt nur beschreibenden, Entscheidungstheorie abgegrenzt und uns in diesem Kapitel vornehmlich mit der Ersteren beschäftigt. Als notwendige Bestandteile wurden Ziele Z_i, Alternativen a_j und erwartete Ergebnisse dieser Alternativen e_{ij} definiert. Sofern es sich um eine Entscheidungssituation bei Sicherheit handelt, und die Ergebnisse auch mit Sicherheit vorliegen, benötigen wir keine weiteren Bestandteile für das Entscheidungsmodell. Sobald aber die Ergebnisse unsicher werden, muss als notwendiger Bestandteil noch die Berücksichtigung der Situation (U für Umwelt) in das Modell einbezogen werden. Hier lassen sich zwei Situationen, die Entscheidung bei Risiko und die Entscheidung bei Ungewissheit unterscheiden. Riskante Entscheidungen zeichnen sich dadurch aus, dass die Wahrscheinlichkeiten des Eintrittes der Ergebnisse (Eintrittswahrscheinlichkeiten) bekannt sind. Im Fall der Ungewissheit liegen diese nicht vor.

Bei jeder Entscheidungssituation wurden zahlreiche Entscheidungsregeln in Abhängigkeit von der Risikopräferenz des Entscheiders vorgestellt. Dabei ließen sich risikoaverse, -scheue, neutrale oder risikofreudige Entscheidungsmodelle unterscheiden. Bevor also eines dieser Modelle in der Praxis bei der Wahl eines Standortes oder einer Rechtsform zum Einsatz kommen soll, sollte sich der Entscheider über seine Präferenzen beziehungsweise Risikoneigungen im Klaren sein.

Die spieltheoretische Erweiterung des Modells soll noch die Reaktion von Dritten einbeziehen und wurde hier mit dem bekannten Gefangenendilemma verdeutlicht.

Selbstlernaufgaben zu Kapitel 6

1. Worin besteht der Unterschied zwischen der normativen und der deskriptiven Entscheidungstheorie?

2. Wann spricht man von einem vollständigen Entscheidungsmodell, beziehungsweise welche Elemente sind für eine Entscheidung notwendig?

3. Sie stehen vor der Entscheidung, entweder Hotel 1 oder Hotel 2 zu buchen. Bei Hotel 1 kostet die Übernachtung 50 Euro, bei Hotel 2 150 Euro. Der Komfort bei Hotel 1 ist allerdings nur halb so hoch und die Möglichkeit, über das Internet an die E-Mails zu kommen, ist nur in Hotel 1 möglich, da Hotel 2 gerade auf Wireless Lan umstellt. Ihnen ist der Internetzugang sehr wichtig. Erstellen Sie ein Entscheidungsmodell mit Ihren individuellen Gewichten, den drei genannten Zielen (Kosten, Komfort, Internetzugang). Da Sie den Komfort im Hotel erst vor Ort testen können, ist das Ergebnis dieser Zielausprägung unsicher. Sie sollen hierfür eine entsprechende Entscheidungsregel anwenden.

4. Beschreiben Sie die unterschiedlichen Risikoeinstellungen zu den unterschiedlichen Entscheidungsregeln.

7. Wahl des Standortes

Eine der in der BWL meistdiskutiertesten konstitutiven, also grundlegenden Entscheidungen ist sicher die Wahl eines optimalen Standortes. Dass gerade solche komplexen Entscheidungen nicht dem Zufall überlassen bleiben dürfen, sondern geplant und eben mit Hilfe der Entscheidungstheorie zu optimieren sind, leuchtet jedermann ein.

Anlässe und Ziele einer Standortentscheidung

Der Standort eines Unternehmens ist zunächst als geografischer Ort zu bezeichnen, an dem Güter erstellt werden. Innerbetriebliche Standortprobleme ergeben sich bei der räumlichen Anordnung von Produktionsfaktoren, außerbetriebliche Standortfragen bei der Gründung oder Umsiedlung eines Betriebes. Durch die Tendenz in der Wirtschaft, Betriebsteile an den jeweils günstigsten Produktionsort zu verlegen, ist es zunehmend schwierig, von dem Standort eines Unternehmens zu sprechen. Rechtlich wird der im Handelsregister eingetragene Sitz der Muttergesellschaft als eigentlicher Standort angesehen. Der rechtliche Aspekt umfasst auch die Entscheidung für Kauf, Pacht oder Miete einer Standortfläche oder eines Gebäudes.

Wenn diese Vorüberlegungen erfolgt sind, kann die eigentliche Standortsuche mittels umfangreicher Checklisten mit Standortfaktoren, also Kriterien für die Standortsuche, erfolgen. Der Begriff *Standortfaktor* geht auf Alfred Weber (1868–1958) zurück, der zu den Begründern der klassischen betriebswirtschaftlichen Standortlehre zu zählen ist.

In der Abbildung 25 ist eine Liste von Standortfaktoren, die bei der Entscheidung berücksichtigt werden können, zusammengefasst.

Heute spielen bei der Wahl eines Standorts die Transportkosten für Roh-, Hilfs- und Betriebsstoffe eine große Rolle. Die Kosten sind häufig eine Funktion der Entfernung, wobei sich bei verderblichen Waren oder lebenden Tieren die Frage nach einer langen Transportfähigkeit beziehungsweise der ethischen Verantwortbarkeit langer Wege stellt. Auch ökologische Probleme spielen bei der Standortwahl zunehmend eine Rolle.

Betriebswirtschaft konkret. Ottmar Schneck

ISBN 3-527-50193-2

1. Beschaffungsorientierte Standortfaktoren

- Grundstücke (Beschaffenheit, Anschaffungspreis beziehungsweise Miethöhe)
- Roh-, Hilfs- und Betriebsstoffe (Preise, Transportkosten)
- Arbeitskräfte (Arbeitskräftepotenzial in Abhängigkeit unter anderem von der Zahl der Bevölkerung
  und der Lebensqualität eines Standortes (Schulen, Theater, Freizeitwert), Lohnniveau, Qualifikation der Arbeitskräfte, Einstellung zur Arbeit)
- Energie (Verfügbarkeit, Energiekosten)
- Verkehr (Verkehrsinfrastruktur, wie zum Beispiel Autobahnanschluss, Nähe zum Flughafen, Transportkosten)

2. Fertigungsorientierte Standortfaktoren

- Natürliche Gegebenheiten (Beschaffenheit des Bodens, des Klimas)
- Technische Gegebenheiten (räumliche Nähe kooperationsbereiter Unternehmen, zum Beispiel Autozulieferer zur Realisierung einer Just-in-Time-Logistik)

3. Absatzorientierte Standortfaktoren

- Absatzpotenzial (Bevölkerungsstruktur, Kaufkraft, Konkurrenz)
- Herkunfts-Goodwill (Ein Standort hat aufgrund der Qualität der dort erzeugten Produkte
  ein hohes Image, zum Beispiel Stahl aus Solingen, Dresdner Stollen)
- Verkehr (Verkehrsanbindung, Transportkosten)
- Absatzkontakte (Vorhandensein von Absatzhilfen, zum Beispiel Makler, Messen, Werbeagenturen)

4. Staatlich festgelegte Standortfaktoren

- Steuern (Gewerbesteuer je Gemeinde unterschiedlich durch die unterschiedlichen Hebesätze)
- Grenzüberschreitende Regelungen (Zölle, Außenhandelsgesetze)
- Wirtschaftsordnung (wirtschaftsrechtliche Bestimmungen wie Wettbewerbsgesetze und Mitbestimmung) sowie Risiken einer Änderung der Wirtschaftsordnung aufgrund politischer Instabilität (zum Beispiel Beschränkungen des Kapitalverkehrs, Enteignungen)
- Umweltschutzmaßnahmen (Auflagen zur Reduktion von Umweltbelastungen, Aktivitäten
  von Bürgerinitiativen)
- Staatliche Hilfen (Förderungsprogramme in Form von Investitionshilfen für strukturschwache Regionen, Existenzgründungshilfen, Förderung von Forschungs- und Entwicklungsvorhaben)

Abb. 25: Standortfaktoren

Ballen sich bestimmte Industrien aufgrund von Rohstoffvorkommen, wie beispielsweise im Ruhrgebiet, so spricht man von einer Standortagglomeration. Die Agglomerationstendenz ist heute nicht nur materialbedingt, sondern auch häufig absatzbedingt. Die Nähe zu Absatzmärkten ist insbesondere im Groß- und Einzelhandel feststellbar, hier insbesondere in der Branche der Nahrungs- und Genussmittel. Speziell in den neuen Bundesländern ist seit Anfang der neunziger Jahre eine starke Konzentration von Handelsunternehmen, die für die Käufer leicht erreichbar außerhalb der Städte siedeln, zu beobachten.

Wie beispielsweise im amerikanischen »Silicon Valley« zu beobachten ist, kann die Standortsuche auch arbeitsorientiert sein, das heißt sich nicht an dem notwendigen Material, den entstehenden Transportkosten oder der Nähe zum Absatzmarkt orientieren, sondern am vorhandenen Potenzial an Arbeitskräften und Facharbeitern. Da dies häufig verbunden ist mit der Frage nach dem Freizeitwert bestimmter Standorte, an denen zum Beispiel kreative Köpfe zu Produktinnovationen kommen sollen, sind auch derartige Aspekte bei der Standortwahl zu beachten.

Betriebe, die stark transportorientiert sind und auf Verkehrswege, Umschlags- und Umladeplätze angewiesen sind, werden sich verkehrsorientiert für Standorte entscheiden, die verschiedene Verkehrswege zu Land, zu Wasser und in der Luft miteinander verbinden.

Standortsuche mit Hilfe der Nutzwertanalyse

Der Ablauf eines Entscheidungsprozesses, wie er im vorigen Kapitel bei der Darstellung der Grundlagen zur Entscheidungstheorie vorgestellt wurde, soll nun anhand eines Beispiels zur Standortwahl verdeutlicht werden. Der schematische Aufbau einer Nutzwertanalyse wurde bereits im vorigen Kapitel dargestellt.

Bei einer Standortwahl möge ein Unternehmer folgende Ziele verfolgen:

Z_1: geringe Steuerlast (Gewerbesteuer in Prozent)
Z_2: möglichst geringe Kosten (maximal 3 Millionen Euro für Grundstück (GS) und Gebäude (GB))
Z_3: günstige Infrastruktur
- Z_{31}: Vorhandensein eines Bahnanschlusses in maximal 10 Kilometer Entfernung (ja/nein)
- Z_{32}: Nähe zur Autobahn (AB) (in Kilometern)
- Z_{33}: Sicherheit der Stromversorgung (sicher, unsicher, fast sicher)
- Z_{34}: Arbeitskräftepotenzial (gemeldete Arbeitslose beim Arbeitsamt)

Z_4: möglichst wenig Umweltauflagen (in Richtlinienzahlen)
Z_5: Eignung des Grundstücks (sehr gut bis gut geeignet, befriedigend bis mangelhaft, nicht zulässig – in technischen Maßeinheiten ausgedrückt)

Z_6: Verfügbarkeit von Subventionen und Finanzierungshilfen (zum Beispiel Strukturhilfeprogramme, EU-Mittel, Arbeitsbeschaffungsmaßnahmen)

Nachdem die Ziele gewichtet worden waren, kamen drei Standorte in Frage (a_1, a_2, a_3). Alle übrigen Varianten waren nicht mit den Vorgaben (maximal 3 Millionen Euro Kosten oder Tragfähigkeit) vereinbar und lagen damit außerhalb des zulässigen Bereichs; sie wurden daher im Entscheidungsprozess nicht weiter berücksichtigt.

Der jetzige Standort wurde als vierter möglicher Standort ebenfalls mitbewertet (a_4). Nachträglich wurde noch ein weiteres Ziel Z_7 (Demonstrationsgefahren) aufgenommen und hoch gewichtet. Die Gewichtung wurde in einer eigenen Brainstorming-Sitzung erarbeitet. Die vier Standorte wurden nun analysiert und die Ergebnisse in eine Matrix eingetragen. Steuersätze, Umweltauflagen, Grundstückskosten, das Vorhandensein eines Bahnanschlusses und die Nähe zur nächsten Autobahn waren relativ ein-

Ziel	Z_1	Z_2	Z_3 günstige Infrastrukturen				Z_4	Z_5	Z_6	Z_7
	geringe Gewerbesteuer (inkl. Hebesatz (HS))	geringer Grundstücks- und Gebäudepreis	Z_{31} Bahnanschluss	Z_{32} Nähe AB	Z_{33} Stromsicherheit	Z_{34} Arbeiter-verfügbarkeit	wenig Uweltauflagen in Richtlinien (RL)	Eignung des Grundstücks	Subventionen in Euro	Gefahr von Demonstrationen
Alternativen \ Zielgewichte	0,4	0,2	0,3				0,6	0,4	0,7	1,2
a_1 Glachau	2% HS 180% (3,6)	GS 1,3 Mio. GB 2,1 Mio.	Nein	3 km	sicher	220	3 RL	befr.	120 Tsd. Euro	Nein
a_2 Meschede	1% HS 100% (1,0)	GS 200 Tsd GB 150 Tsd	Ja	2 km	unsich.	1580	-	sehr gut	1 Mio. Euro	Nein
a_3 Tübingen	5% HS 340% (17)	GS 2,4 Mio. GB 2,2 Mio.	Ja	12 km	sicher	34	20 RL	gut	-	Ja
a_4 Allgäu	5% HS 280% (14)	GS 0 GB 0	Nein	25 km	unsich.	4	34 RL	gut	-	Ja

Abb. 26: Ergebnismatrix einer Standortentscheidung

fach zu ermitteln. Die Sicherheit der Stromversorgung wurde bei dem regionalen Stromanbieter erfragt und das Arbeitskräfteangebot beim Arbeitsamt. Lediglich bei der Eignung des Bodens in Glachau und bei der Gewährung von Subventionen in Tübingen waren geologische beziehungsweise politische Unsicherheiten vorhanden, die aber zunächst durch quasi sichere Annahmen in die Matrix aufgenommen wurden.

Die drei verschiedenen Skalen wurden nun in eine Intervall-Punkteskala von 0 bis 5 transformiert. Die Nutzenfunktionen je Skala sind unterschiedlich und sollen hier nicht näher erläutert werden.

Nach der Transformation entstanden die in Abbildung 27 und 28 dargestellten Ertrags- beziehungsweise Nutzenmatrizen durch Einbezug der Zielgewichte.

In der erweiterten Ertragsmatrix wurde bei Ziel 5 (Eignung des Grundstücks) die Unsicherheit bezüglich der geologischen Verhältnisse und deren Messbarkeit in zwei Umweltzustände gespalten. Aus den mehrwertigen Ergebnissen wurde aufgrund einer pessimistischen Einschätzung (Maximin-Regel) eine neue Punktwertreihe (1, 4, 2, 1 gegenüber 1, 5, 2, 2 in der einfachen Ertragsmatrix) errechnet. Ebenso wurde bei Ziel 6 (Subventionen und Finanzierungshilfen) verfahren. Hier waren die politischen Verhältnisse unklar, da in allen vier Regionen Kommunalwahlen anstanden. Je nachdem, welche der drei relevanten Parteien (U_1-U_3) gewinnen würde, würde die Subventionspolitik anders ausfallen. Die Wahrscheinlichkeiten waren aufgrund von Expertenbefragungen klar, sodass eine Entscheidungsregel bei Risiko, die Bayes-Regel, gewählt werden konnte. Auch hier unterschied sich die Punktwertreihe (1,2; 4; 1,2; 0,5) vom Ergebnis der einfachen Ertragsmatrix.

Alternativen												
	Ziele			z_3								Summe (Nutzenwert)
		z_1	z_2	z_{31}	z_{32}	z_{33}	z_{34}	z_4	z_5	z_6	z_7	
	Zielgewichtung	0,4	0,2	0,1	0,6	0,1	0,8	0,6	0,4	0,7	1,2	
				0,3								
a_1 Glachau		5	1	0	5	4	3	4	1	1	5	13,44
a_2 Meschede		5	3	5	5	2	5	5	5	5	5	**19,42**
a_3 Tübingen		0	0	5	4	4	1	1	2	0	0	2,4
a_4 Allgäu		1	5	0	0	2	0	0	2	0	0	2,26

Abb. 27: Ertragsmatrix unter Einbezug der Zielgewichte

	Z	$Z_1 - Z_4$	Z_5		Maxi-min	Z_6			Bayes
	Zg		0,4			0,7			
	U	-	U_1	U_2		U_1	U_2	U_3	
	w	-	-	-		0,5	0,2	0,3	
a_1		...	1	2	1	2	1	0	1,2
a_2		...	5	**4**	4	6	5	1	**4**
a_3		...	2	4	2	2	1	0	1,2
a_4		...	1	2	1	1	0	0	0,5

Abb. 28: Nutzenmatrix unter Einbezug der Zielgewichte

Anhand dieses Fallbeispiels wird deutlich, dass die Anwendung der Nutzwertanalyse sehr aufwendig sein kann. Je mehr Ziele, Alternativen und Umweltzustände berücksichtigt werden, um so unübersichtlicher und für einen Außenstehenden unverständlicher wird der Entscheidungsprozess. Komplexe Probleme erfordern aber auch komplexe Techniken und dürfen nicht mit Vereinfachungen und vorschnellen Lösungen angegangen werden.

Insbesondere bei der Zielbildung ist darauf zu achten, dass wirklich alle Zielvorstellungen geäußert werden. Vorschnelle Bepunktung von Ergebniswerten in einer einfachen Skala kann zu fundamentalen Fehlentscheidungen führen. Die Ergebnisprognose oder -feststellung je Matrixfeld kann externen Datenbeschaffern überlassen bleiben. Entscheidend ist die zweckmäßige Nutzenbewertung, um die Entscheidung durch eine entsprechende Gewichtung der Ziele oder Skalierung der Ergebniswerte im Sinne der Präferenzen des Entscheidungsträgers zu optimieren. Vorab getroffene Entscheidungen können gegebenenfalls auf diese Weise legitimiert werden. Häufig werden Umweltzustände nicht berücksichtigt, um das Modell nicht zu komplizieren. Gerade die Einbeziehung mehrwertiger Ergebniserwartungen führt aber zu optimalen Entscheidungen, Unvollständigkeit dagegen zu einer Pseudosicherheit.

Beispiel Internationale Standortsuche bei DaimlerChrylser in den neunziger Jahren

Die Suche nach geeigneten Standorten mag nun entscheidungstheoretisch nach der Darstellung des oben genannten Fallbeispieles keine Probleme mehr machen. Real zeigt sich doch, dass mit zunehmender Größe eines Unternehmens die Suche nach einem völlig neuen Produktionsstandort nicht so einfach ist. Dies kann mit einem Beispiel aus den beginnenden neunziger Jahren belegt werden, als damals Daimler-Benz (heute DaimlerChysler) erstmals für ein Automobilwerk international nach einem Standort suchte.

Die Automobilindustrie erlebte Anfang der neunziger Jahre einen dramatischen Einbruch ihrer Absatzzahlen. Neue Anbieter aus Fernost und zunehmendes Ökologiebewusstsein der Kunden sind nur zwei der vielen Gründe für die Krise in der Automobilindustrie der letzten Jahre. So wurde auch bei der damaligen Daimler-Benz AG 1994 eine umfassende Studie für das Tochterunternehmen Mercedes Benz AG erstellt, um seine Position im internationalen Automobilwettbewerb zu bestimmen. Dabei wurde festgestellt, dass auf verschiedenen Gebieten massiver Handlungsbedarf bestand und insbesondere das Dogma, einzig in Deutschland zu produzieren, zu überdenken war. Mit der vorgegebenen Strategie der Internationalisierung der Wertschöpfungskette, das heißt dem Anspruch eines »Global Players«, musste auch eine Evaluation der bisherigen Standortüberlegungen vorgenommen werden. Ergebnis der Überlegungen waren unter anderem die Errichtung produktionsbezogener neuer Montagewerke in Mexiko und Thailand, weitreichende Kooperationen mit südkoreanischen und indischen Partnern und nicht zuletzt die Entscheidung für den neuen Standort Tuscalosa in Alabama, USA, für die neu entwickelten Freizeitfahrzeuge und Geländewagen. Wie es gerade zu dieser letztgenannten Entscheidung kam, soll anhand dieses Fallbeispiels verdeutlicht werden:

Im März 1992 wurde vom Mercedes-Benz-Vorstand erstmals eine Machbarkeitsstudie in Auftrag gegeben. Hier wurde nachgewiesen, dass es grundsätzlich möglich sein sollte, ein geländetaugliches Freizeitfahrzeug wirtschaftlich zu entwickeln und zu fertigen. Im Herbst 1992 konnte damit der Startschuss für das Projekt mit der internen Bezeichnung MPV (Multi Purpose Vehicle) gegeben werden. Es wurde ein kleines Projektteam mit neun Personen inklusive des Projektleiters gebildet, welches ein dreiviertel Jahr Zeit hatte, autonom dieses Projekt zu planen. Die Standortsuche war dabei lediglich die letzte Entscheidung bei der Projektplanung. Zunächst hieß es, Ziele zu bestimmen, Lieferanten zu suchen, Kundennutzen zu eruieren, Konzepte, wie Benchmarking (Vergleich mit anderen Geländewagenunternehmen) oder Outsourcing (Auslagern von bisher eigengefertigten Elementen hin zu Zulieferbetrieben), zu prüfen.

Die ersten Ziele bezüglich des Produktes heißen Sicherheit, Komfort, Nutzungsvariabilität und angenehmes Design. Es sollte eine Weiterentwicklung des bisher bekannten Mercedes-Geländewagens sein.

Der weltweite Markt für derartige Fahrzeuge beläuft sich aktuell auf über 2 Millionen Einheiten pro Jahr. Allein auf die USA entfallen dabei 1,3 Millionen Fahrzeuge. Der gesamte westeuropäische Markt liegt bei circa 300 000 Stück (Deutschland davon 90 000 Stück) und damit weit unter dem Potenzial des amerikanischen Marktes. Als wichtigstes Ziel für die Suche nach dem Standort eines neuen Geländwagen-Werkes wurde die Kunden- und Marktnähe definiert. Bereits aus diesem Grund lag es nahe, den neuen Standort für die Fahrzeugproduktion in den USA zu suchen. Im Übrigen wurde die Kundenorientierung inzwischen auch für andere Fahrzeugtypen, so für die neue A-Klasse und den Smart als oberstes Ziel bei Mercedes bestimmt.

Das zweite wesentliche Ziel war die Ausnutzung sämtlicher Kostensenkungspotenziale. Die Lohnkosten in den USA sind etwa um ein Viertel niedriger als in Deutschland. Eine Fertigung in Russland oder China hätte nur ein Dreißigstel der in Deutschland anfallenden Lohnkosten verursacht. Dabei muss man allerdings beachten, dass Ziele nur dann aussagekräftig sind, wenn sie in Beziehung zu anderen Zielen beziehungsweise Aspekten gesehen werden. So müssen im Ländervergleich die Lohnkosten in Relation zur Produktivität der Arbeiter gesetzt werden. Hier ist im Vergleich von USA einerseits und Russland oder China andererseits ein Produktivitätsgefälle zu verzeichnen, sodass in diesem Dreiländervergleich die USA am besten abschneidet.

Als drittes wesentliches Ziel wurde die Sicherheit des Marktzutritts durch eine Produktion im Hauptzielmarkt festgelegt. Trotz inzwischen liberaler internationaler Handelsvereinbarungen und dem Ziel, weltweit Zölle und Handelsbeschränkungen abzubauen und dem Protektionismus zu begegnen, sollte unter dem Aspekt einer weiteren Globalisierung von Mercedes Benz ein Standort im Hauptmarkt gefunden werden.

Da Fahrzeuge, insbesondere teure Qualitätsprodukte, nicht mehr von einem Anbieter allein zusammengebaut werden können, ist eine funktionierende Zusammenarbeit mit Systemlieferanten unabdingbar. Das Vorhandensein derartiger Lieferanten und die Nutzung deren Know-hows sollte daher für die Standortentscheidung ein weiteres Hauptziel darstellen.

Diese fünf Hauptziele wurden als so genannte strategische Zielsetzungen formuliert:

Z_1 – Marktnähe,
Z_2 – Wettbewerbsfähige Produktionskosten,
Z_3 – Sicherung des Marktzutritts,
Z_4 – Unabhängigkeit von Währungsschwankungen,
Z_5 – Funktionierendes Netz von Systemlieferanten.

Neben diesen strategischen Zielsetzungen wurden entsprechend den Vorgaben der Entscheidungstheorie detaillierte Nutzwertanalysen durchgeführt, deren Entscheidungstabelle in den folgenden Abbildungen dargestellt sind.

Standorte auf der ganzen Welt waren Gegenstand einer ersten globalen Standortsuche. Die Exposés für jeden Standort wurden bei einer Consulting-Firma im Mai 1993 in Auftrag gegeben und im Mai 1994 vorgelegt. Bis dahin wurden für ein neues Werk für Geländewagen folgende Prämissen definiert: Es sollten bei vier Motorvarianten 65 000 Fahrzeuge pro Jahr mit 1500 Mitarbeitern produziert werden. Hierzu war ein Investitionsumfang von mindestens 300 Millionen US-Dollar berechnet worden. Motoren und Getriebe sollten aus deutschen Mercedes-Benz-Werken bezogen werden. Alle restlichen Elemente des Fahrzeugs sollten von Systemlieferanten Nordamerikas (USA, Kanada) und Mexiko geliefert werden können (nordamerikanische Freihandelszone NAFTA).

Nachdem als erste Alternativenauswahl die Begrenzung auf 50 US-Staaten und Kanada abgeschlossen war, wurde eine erste Makroanalyse mit Hilfe der genannten standortspezifischen Nutzwertanalysekriterien durchgeführt. Daten über wirtschaftlich-politische Stabilität, Infrastruktur, Vorzüge des jeweiligen Arbeitsmarktes, mögliche Lieferanten und so weiter wurden für jeden der über 50 potenziellen Standorte erhoben.

Nach dieser ersten Makro-Studie blieben bei den Zielvorgaben lediglich 21 US-Staaten mit 64 Standorten übrig. Diese wurden einer detaillierten standortspezifischen Nutzwertanalyse mit den oben genannten Kriterien unterzogen, wonach nur noch elf Staaten mit je einem oder zwei guten Standorten übrig blieben. Eine weitere verfeinerte Nutzwertanalyse, bei der insbesondere die Betriebskosten und Investitionen beachtet wurden, reduzierte die Alternativen auf eine »Short list« von sechs Staaten mit je einem sehr guten Standort.

Wirtschaftliche Stabilität	Politische Stabilität	Infrastruktur	Arbeitsmarkt	Zulieferungen	Image-auswirkungen	Personalkosten
– Wechselkursrisiko, Inflation, Außenwert der Währung – Industriestruktur – Natürliche Ressourcen – Öffentliche Verschuldung, Devisenreserven – Bankensystem, Kapitalverkehr – allgemeine Wirtschaftsentwicklung	– außen-/innenpolitisches Konfliktpotential – Regierungsstärke/-kontinuität – Unterstützung durch Politik (incl. Incentives) – Zuverlässigkeit der Verwaltung – Investitionsbestimmungen	– Straßennetz (Dichte, Qualität, Anschluß) – Eisenbahnnetz – Wasserwegenetz – Flughäfen/Fluglinien – Telekommunikationsnetze – Versorgung (Strom, Gas, Wasser, ...) – Entsorgung (Abfall, ...)	– Anzahl und Know-how der Universitätsabsolventen, Facharbeiter, Angelernten – Sprachliche/kulturelle Barrieren – Industrieerfahrung (inkl. 3-Schicht-Betrieb; 7-Tage-Woche) – Motivation Lernfähigkeit/-bereitschaft – Mobilität, Flexibilität	– Anzahl/Verfügbarkeit qualifizierter Lieferanten – Local content-Vorschriften – Import-/Exportzölle – Just-in-time-Versorgungssicherheit	– Image des Landes im Ausland – Image der Marke/Firma im Land – Leistungsfähigkeit der nationalen Kfz-Industrie	– effektive Arbeitskosten – Arbeitsproduktivität

Abb. 29: Länderspezifische Nutzwertanalyse der Daimler-Benz AG
Quelle: Rentschler, 1995, S. 45

Unternehmerisches Klima bzgl. Standorte	Grundstücksgegebenheiten	Risiken/ Termine/ Genehmigungen	Ver-/Entsorgung, Kommunikation	Verkehrsanbindung	Aus-/Weiterbildungsmöglichkeiten	Arbeitsmarktpotenzial	Lebensqualität
Professionalität/ Kompetenz der Behörden und Gesprächspartner	geologische Grunddaten wie – Fläche – Emissionen – Topographie – Art des Bodens – Belastungen des Bodens	Umweltauflagen	Elektrizität	Autobahnanschluß	Universitäten	Ausbildungsstand	öffentliche Rahmenbedingungen – Kindergarten – Schulen – Krankenhäuser – Kriminalität – Sprache regional
lokale Entscheidungskompetenz	besondere Gegebenheiten wie – Nachbarschaft zu Wohngebieten – externe Belastungen (Lärm, Geruch, Staub, etc ...)	Grundstückserwerb – Anzahl Eigentümer – spez. Rechtsverhältnisse	Energieversorgung (Heizung)	Seehafen	techn./kaufm. Ausbildung	Hochschulabgänger	Konsumbedingungen
Industrieansiedlungen		Baugenehmigung – Voraussetzungen – beteiligte Ämter – Dauer	Wasser/-art	Bahnanschluss	Einrichtungen wie Berufsschulen	Anteil kaufm./ und technische Fachkräfte	Lebenshaltungskosten; Mieten
Einstellung der Bevölkerung gegenüber Industrieansiedlungen in ihrer Gemeinde		Stand der industriellen Erschließungsmaßnahmen	Erdgas	Flughafen	Anlauf-/ Schulungsprogramme	Anteil der deutschsprachigen Unternehmensgründungen	Freizeitwert – Sport – Kultur – Gastronomie
			Entsorgungssystem	geplante Infrastruktur		Arbeitslosenquote	
			Kommunikationseinrichtungen wie – Post – Telekommunik. – Transport	Staudichte			
			vorhandene Dienstleistungen				

Abb. 30: Standortspezifische Nutzwertanalyse der Daimler-Benz AG
Quelle: Rentschler, 1995, S. 47

Diese Orte wurden nun einzeln von der Projektgruppe besucht, wobei man darauf achtete, dass die Kommunen nicht vorbereitet waren und sich nicht in ein unverdient gutes Licht setzen konnten.

Nach dieser Besichtigungsrunde und den ersten Verhandlungen ließen sich die Alternativen weiter auf nur noch drei sehr gute Standorte eingrenzen. Zusätzliche technische und geologische Untersuchungen schlossen sich an, wobei deutlich wurde, dass sich jede der drei Alternativen gleich gut eignete; allerdings mussten jeweils noch ökologische Probleme (gefährdete Vogelart, Feuchtgebiete oder Bürgerbegehren) beachtet werden.

Die endgültige Wahl fiel auf Tuscalosa, Alabama, da hier letztlich am wenigsten Widerstände zu erwarten und ökologische Probleme zu lösen waren. Zudem zeigten sich der Staat Alabama und die Stadt Tuscalosa bei der Grundstückserschließung und -bebauung sehr entgegenkommend. Die Daimler-Benz AG weist aber darauf hin, dass man sich durch kurzfristige Subventionen nicht habe blenden lassen, und dass dies bei der Standortentscheidung keine Rolle gespielt habe.

Zu den Vorzügen des Standorts zählen die Anbindung an ein gut ausgebautes Verkehrsnetz für reibungslose Gütertransporte, die Nähe zur Landesuniversität und weitreichende, noch bebaubare Flächen für Zulieferer. Tuscalosa bietet durch die waldreiche, hügelige Landschaft eine hohe Lebensqualität. Die Arbeiter in der Region gelten als produktiv und ausbildungswillig; Fehlzeiten und Fluktuationen liegen weit unter dem Landesdurchschnitt. Die Versorgung der Bevölkerung mit Ärzten ist hervorragend, und die Menschen gelten als offen gegenüber Fremden, also wohl auch gegenüber deutschen Führungskräften.

Dies war die Situation Anfang 1995. Inzwischen wurde das Werk gebaut und hat mit der Produktion begonnen. Dadurch wurden über 1000 Arbeitsplätze in Alabama geschaffen. Die zugesicherten Subventionen des Staates Alabama und der Stadt Tuscalosa flossen, wie später bekannt wurde, nicht in vollem Umfang. Fraglich bleibt daher, ob die Standortentscheidung auch nachträglich betrachtet optimal gefallen ist. Eine nachträgliche Betrachtung der drei, in der letzten Phase der Nutzwertanalyse verbliebenen Standorte könnte hier Aufschluss geben.

Das Ablaufdiagramm bei der Standortsuche der Daimler-Benz AG ist in der Abbildung 31 zusammengefasst.

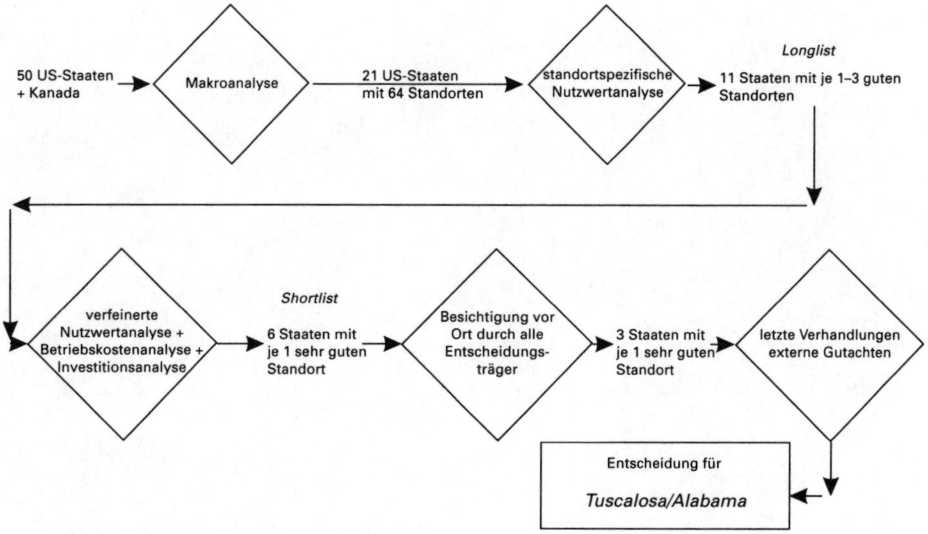

Abb. 31: Ablaufdiagramm der Standortsuche der Daimler-Benz AG
Quelle: Renschler, 1995, S. 48

Zusammenfassung

Standortscheidungen zu treffen bedeutet eine Vielzahl von Informationen in einer Entscheidungsmatrix zu verdichten. Mit Hilfe der Entscheidungsregeln kann dann eine Auswahl beziehungsweise letztlich eine Entscheidung herbeigeführt werden. Dabei ist die Kenntnis der so genannten Standortfaktoren, die auch als Ziele in der Entscheidungsmatrix eine Rolle spielen, besonders wichtig.

Selbstkontrollaufgaben zu Kapitel 7

1. Nennen und beschreiben Sie fünf Standortfaktoren beziehungsweise Ziele für Ihre Entscheidungsmatrix, wenn Sie als Hotelmanager einen neuen Hotelstandort suchen.

2. Erstellen Sie mit drei dieser Ziele und zwei selbst gewählten fiktiven Standorten eine Entscheidungsmatrix und führen diese zu einem Ergebnis.

8. Wahl der optimalen Rechtsform

Die Wahl der optimalen Rechtsform ist für alle Betriebe eine der konstitutiven und damit wichtigsten Entscheidungen. Sie beeinflusst die Leitung, die Finanzierungsmöglichkeiten, Haftung und vieles mehr. Welche Ziele und welche Alternativen hier in Frage kommen, soll im Folgenden erläutert werden. Die folgenden Tabellen und Übersichten dienen dabei als Nachschlagewerk. Für den Leser mag hier ein Überblick über die grundlegenden Unterschiede von Personengesellschaften einerseits und Kapitalgesellschaften andererseits genügen, das heißt, nach Durcharbeit dieses Kapitels haben Sie einen Überblick über die Ziele und Alternativen der Rechtsformwahl und können insbesondere die Ziele beschreiben. Bei den Alternativen ist es Ihnen möglich, mit Hilfe des Gesetzestextes einzelne Ziele zu bewerten.

Notwendigkeit der Rechtsformwahl und Typenfreiheit

Die Rechtsform ist das rechtliche Kleid eines Betriebes, welches das Außenverhältnis zu Kunden, Lieferanten und Gläubigern, aber auch das Innenverhältnis zwischen Gesellschaftern, Anteilseignern und Mitarbeitern regelt.

Grundlage für die Rechtsformen ist das Sonderprivatrecht für Kaufleute, das Handels- und Gesellschaftsrecht, aber auch die Spezialgesetze zu einzelnen Rechtsformen, wie zum Beispiel Aktiengesetz, Genossenschaftsgesetz oder GmbH-Gesetz.

Eine Rechtsform benötigt, wer *Kaufmann* ist. Kaufmann im Sinne des HGB (Handelsgesetzbuch) ist, wer ein Handelsgewerbe betreibt. Handelsgewerbe ist jeder Gewerbebetrieb, es sei denn, dass das Unternehmen nach Art oder Umfang einen in kaufmännischer Weise eingerichteten Geschäftsbetrieb nicht erfordert. Während im alten HGB bis 1998 der Begriff des Muss-Kaufmanns Verwendung fand und enumerativ Handelsgewerbearten aufgezählt wurden, ist die neue Bezeichnung *Ist-Kaufmann*. Ist-Kaufmann ist also jeder Gewerbetreibende, es sei denn, er weist einen geringeren

Betriebswirtschaft konkret. Ottmar Schneck

ISBN 3-527-50193-2

Geschäftsbetrieb nach, während sich früher ein Gewerbetreibender im Handelsregister eintragen musste, um zum (Muss-)Kaufmann zu werden. Die Unterscheidung in Muss-, Minder- und Sollkaufmann wurde im Zuge der HGB-Reform gestrichen. Der bisherige Begriff *Kann-Kaufmann* für Kleingewerbetreibende und Land- und Forstwirte wurde beibehalten (§ 2 ff. HGB).

Zentraler Begriff für die Notwendigkeit einer Rechtsform wird damit der Gewerbebegriff, der aus dem EStG (Einkommensteuergesetz) und der Gewerbeordnung abzuleiten ist. Demnach ist Gewerbe der Teil der Wirtschaft, der selbstständig und nachhaltig zur Gewinnerzielung führt, jedoch nicht in Land- und Forstwirtschaft, beziehungsweise bei Tätigkeiten in einem freien Beruf. Freiberufler sind damit weiterhin nicht notwendigerweise als Kaufleute im Handelsregister einzutragen.

Interessanterweise war während der Novellierung des HGB diskutiert worden, ob der Begriff »Kaufmann« geschlechtsneutraler zu formulieren sei und ob der Begriff »Handelsgewerbe« durch einen auch die Dienstleistungen umfassenden Begriff ersetzt werden solle. All diese Überlegungen sind allerdings bisher noch nicht umgesetzt.

Wenn ein Kaufmann eine Rechtsform für seinen Gewerbebetrieb wählt, so drückt sich dies in einer Firma aus. Die Firma ist gemäß § 17 HGB der Name, unter dem ein Kaufmann seine Geschäfte betreibt und die Unterschrift abgibt, klagen und verklagt werden kann. Die Firma muss gemäß § 18 HGB zur Kennzeichnung des Kaufmanns geeignet sein und Unterscheidungskraft besitzen. Sie darf insbesondere keine Angaben enthalten, die irreführend sind oder bewusst zu Täuschungen Anlass geben. Außerdem sind im neuen HGB für alle Rechtsformen Rechtsformzusätze (§ 19 ff.) vorgeschrieben. Dies war bisher nur für Kapitalgesellschaften, Genossenschaften und einige Sonderformen nötig. Dieses neue Firmenrecht ist damit gegenüber seinem Vorgänger klarer formuliert. Durch die drei Merkmale (Kennzeichnungs- und Unterscheidungskraft, Täuschungsverbot und Pflicht zum Rechtsformzusatz) werden Firmen klarer bezeichnet. Größtmögliche Freiheit besteht nun auch in der Wahl des Firmenkernes. Bei Unternehmen jeglicher Art sind Personalfirmen, Sachfirmen oder Phantasiefirmennamen zulässig, sofern sie den drei Merkmalen genügen.

Eine Firma, die in das *Handelsregister* eingetragen werden muss, ist im jeweiligen Register eines zuständigen Amtsgerichtsbezirks anzumelden. Zuständig sind hier in der Regel Rechtspfleger, welche die angemeldeten Firmen in zwei verschiedene Abteilungen je nach Rechtsformart eintragen. In Abteilung A werden Einzelunternehmen, Offene Handelsgesellschaften

(OHG), Kommanditgesellschaften (KG) und öffentliche Körperschaften eingetragen. Abteilung B beinhaltet Aktiengesellschaften (AG), Kommanditgesellschaften auf Aktien (KGaA), Gesellschaften mit beschränkter Haftung (GmbH) und Versicherungsvereine auf Gegenseitigkeit (VVaG). Nicht eingetragen in das Handelsregister werden die Genossenschaften und die Vereine, da hierfür gesonderte Register (Genossenschafts- und Vereinsregister) geführt werden.

Eine Eintragung entspricht einer öffentlichen Beglaubigung. Eine Löschung der Firma wird durch Rötung (rote Unterstreichung) im jeweiligen Register bekannt gegeben, um auch nach Firmenschließung einem Interessierten noch die Möglichkeit zu geben, Informationen über das ehemalige Unternehmen zu erhalten. Sofort mit Eintragung wird die Firma wirksam und in einem Bundesanzeiger und mindestens einem weiteren Amtsblatt bekannt gemacht. Einsicht in das Handelsregister kann jeder ohne Angabe von Gründen nehmen. Häufig ist aber die Einsichtnahme gebührenpflichtig. Das Handelsregister übernimmt damit neben einer Beweisfunktion gegenüber Behörden eine Kontroll- und Schutzfunktion, zum Beispiel gegenüber gutgläubigen Dritten, Gläubigern oder der interessierten Öffentlichkeit allgemein.

Ziele bei der Rechtsformwahl

Analog zur Checkliste bei der Standortwahl können auch bei der grundlegenden Wahl für eine Rechtsform eine Vielzahl von Kriterien genannt werden, die der Entscheidungsträger zu bedenken und zu gewichten hat. Diese Kriterien beziehungsweise Ziele werden in Abbildung 32 zusammengefasst.

Die *Haftung* umschreibt die Verpflichtung des Haftenden für Verbindlichkeiten und Schäden, die ihm zuzuschreiben sind, einzustehen. Bereits aus der Tatsache, dass der Eigenkapitalanteil deutscher Unternehmen im Durchschnitt bei lediglich 20 Prozent liegt, wird deutlich, dass die Frage nach der Haftung ein wichtiges Kriterium bei der Rechtsformwahl ist. Grundsätzlich gelten für Kaufleute die drei Maximen einer unbeschränkten, unmittelbaren und solidarischen, das heißt gesamtschuldnerischen Haftung. *Unbeschränkt* bedeutet, dass die Gesellschafter grundsätzlich auch mit dem Privatvermögen haften. *Unmittelbar* bedeutet, dass sich Gläubiger ohne Umwege direkt an jeden Gesellschafter halten können. Dies wird in der Rechtsterminologie als Fehlen einer Einrede der Vorausklage bezeichnet, das heißt, ein Gläubiger muss sich nicht unbedingt an den Gesellschaf-

1. Haftung (Grad der Beschränkung),
2. Finanzierungsmöglichkeiten (Möglichkeiten der Eigen- und Fremdfinanzierung),
3. Leitungsbefugnis (Klarheit der Weisungsbefugnis nach innen und Vertretung nach außen, Selbstständigkeit, Mitbestimmungsgrad),
4. Gewinn- und Verlustverteilung (Gerechtigkeit, Gleichmäßigkeit),
5. Rechnungslegung und Publizität (Grad der Offenheit),
6. Steuerbelastung (Minimierung der Ausschüttung),
7. Rechtsformabhängige Kosten (Minimierung der Gründungs- und Folgekosten durch Publizität oder Organbestellung),
8. Unternehmungskontinuität (Möglichkeit des Gesellschafterwechsels, Nachfolgeregelung),
9. Firma (Möglichkeit der Namensgebung).

Abb. 32: Mögliche Ziele bei der Rechtsformwahl

ter wenden, der einen Schaden verursacht oder eine Schuld bei ihm hat, er kann auch bei einem anderen Gesellschafter Schäden beziehungsweise Schulden einklagen. *Solidarische* Haftung bedeutet, dass die Gesellschafter untereinander wiederum verpflichtet sind, gesamtschuldnerisch zu haften, das heißt, jeder mit gleichen Teilen. Die Grundsätzlichkeit dieser drei Leitmaximen bedeutet, dass bei bestimmten Rechtsformen die Haftung auf eine bestimmte Kapitalsumme beschränkt ist (zum Beispiel bei der Gesellschaft mit beschränkter Haftung auf das eingebrachte Stammkapital von mindestens 25 000 Euro).

Das Kriterium der *Finanzierungsmöglichkeiten* durch Eigen- und Fremdkapital bestimmt die Wahlmöglichkeiten einzelner Rechtsformen bei der Versorgung der Gesellschaft mit Kapital. Dabei können sich die Rechtsformen sowohl bei den Selbstfinanzierungsmöglichkeiten (Finanzierung von innen), zum Beispiel durch eine Thesaurierung von Gewinnen und somit die Bildung von Rücklagen, als auch bei den Außenfinanzierungsmöglichkeiten, beispielsweise durch neue Eigentümer oder Fremde (Gläubiger), unterscheiden.

Die Frage nach der *Leitungsbefugnis* innerhalb einer bestimmten Rechtsform berührt die Rechte und Pflichten der Gesellschafter sowohl im Innen- als auch im Außenverhältnis. Die Klarheit dieser Weisungsbefugnisse und der Vertretungsrechte nach außen ist bei den Rechtsformen unterschiedlich. Die Leitungsbefugnis nach innen wird als Geschäftsführungsbefugnis, die Leitungsbefugnis nach außen als Vertretungsbefugnis bezeichnet. Innenverhältnisse stellen dispositives Recht dar, das heißt, sie sind vertraglich veränderbar, während Vorschriften, die das Außenverhältnis betreffen, in der Regel als zwingendes Recht formuliert sind. Bei der Frage nach der Leitungsbefugnis ist außerdem zu klären, ob Befugnisse delegierbar sind, das heißt beispielsweise an Prokuristen oder Stellvertreter ganz oder teilweise abgetreten werden können.

Ein weiteres Kriterium bei der Rechtsformwahl ist die *Gewinn- und Verlustverteilung*. Hier ist die Frage zu klären, wer das Recht auf den Gewinn oder auf Anteile davon hat, und wer sich am Misserfolg eines Unternehmens beteiligen muss. Da es sich hier in der Regel um ein Innenverhältnis handelt, sind die Entnahmerechte und Gewinnverteilungen, die in der Rechtsform geregelt werden, abdingbar. Dies bedeutet, dass sie durch Gesellschaftsverträge oder Satzungen anders geregelt werden können. Grenzen der Veränderbarkeit bestehen hier lediglich in Grundrechten, beispielsweise dann, wenn ein Gesellschafter, der persönlich haften soll, von der Gewinnverteilung vertraglich voll ausgeschlossen wird. Die Frage allerdings, was gerecht ist, ob Gewinn und Verlust gleichmäßig nach Köpfen oder äquivalent nach eingesetzten Kapitalien oder Arbeitszeiten zu verteilen sind, müssen die Gesellschafter untereinander regeln. Die Vorschriften im HGB und in Spezialgesetzen der Rechtsformen stellen hier jeweils nur Empfehlungen dar.

Rechnungslegung und *Publizität* werden im HGB im Publizitätsgesetz und im Bilanzrichtliniengesetz aus dem Jahr 1987 dezidiert geregelt. Adressaten der Rechnungslegung sind Aktionäre, Gläubiger, das Finanzamt, Lieferanten, Kunden und auch die interessierte Öffentlichkeit. Da eine Rechnungslegung im Sinne von Rechenschaftslegung mit Hilfe von Bilanzen, Gewinn- und Verlustrechnungen sowie aus Lageberichten stets auch interne Informationen eines Unternehmens preisgibt, wird jede Unternehmung bestrebt sein, so wenig konkurrenzrelevante Informationen wie möglich nach außen zu geben. Grundsätzlich ist die Rechnungslegungs- und Publizitätspflicht im HGB auf die Kapitalgesellschaften beschränkt und hier, je nach Unternehmensgröße, unterschiedlich gefasst.

Großunternehmen haben unabhängig von ihrer Rechtsform die Vorschriften des Publizitätsgesetzes (PublG) bezüglich der Rechnungslegung zu beachten. Danach müssen auch Einzelfirmen und Personengesellschaften, wenn sie die Größenkriterien des § 1 PublG erfüllen, ihren Jahresabschluss bezüglich der Gliederung und der erweiterten Ausweisvorschriften wie eine große Kapitalgesellschaft erstellen (§ 5 PublG) sowie ihren Jahresabschluss prüfen lassen (§ 6 PublG) und offen legen (§ 9 PublG).

Die *Steuerbelastung* der Unternehmen ist angesichts internationaler Unterschiede bei den Steuersätzen eine nicht unwesentliche Zielgröße bei der Rechtsformwahl. Grundsätzlich versteuern Personengesellschaften ihre Gewinne entsprechend den persönlichen Einkommensteuersätzen ihrer Eigentümer, da diese Einkünfte aus selbstständiger Tätigkeit darstellen. Ganz anders ist die Besteuerung bei den Kapitalgesellschaften, bei denen der Gesetzgeber an der Quelle den Gewinn mit Hilfe der Körperschaftssteuer (KöSt) abschöpft. Die Höhe der Steuerbelastung für Unternehmen ist in Europa inzwischen weitgehend angeglichen. So hat auch die Deutsche Bundesregierung 2001 den Körperschaftssteuersatz auf 25 Prozent herabgesetzt, der früher 45 Prozent für einbehaltene Gewinne und 30 Prozent für ausgeschüttete Gewinne betrug. Vor der Steuerreform wollte man durch diesen gespaltenen Steuersatz Ausschüttungen für Kleinaktionäre anregen. Außerdem konnte ein Aktionär die an der Quelle durch das Unternehmen entrichteten Steuern bei seiner privaten Einkommensteuer anrechnen (Anrechnungsverfahren) und zahlte so nicht doppelt Steuern – beim Unternehmen und private in seiner Einkommensteuer. Die Senkung auf einen einheitlichen Steuersatz im Jahr 2001 wurde allerdings mit dem Nachteil geregelt, dass dieses Anrechnungsverfahren abgeschafft beziehungsweise durch ein so genanntes Halbeinkünfteverfahren ersetzt wurde. Nun muss der Aktionär an der Quelle zwar nur 25 Prozent Steuern hinnehmen, die Ausschüttungen (maximal 75 Prozent der Gewinne) an ihn muss er allerdings zur Hälfte nochmals mit seiner privaten, individuellen Einkommensteuer versteuern. Die teilweise Doppelbesteuerung wurde also wieder eingeführt.

Bei den *rechtsformabhängigen Kosten* handelt es sich um Gründungskosten. Dazu zählen die einmalig anfallenden Kosten für die Unternehmensberatung, Rechtsanwaltskosten bei der Erstellung einer Satzung oder von Gründungsprotokollen, Notargebühren für Gesellschaftsverträge, eventuell Gutachterhonorare, und die Gebühren bei der Handelsregistereintragung. Auch laufende Kosten, wie sie bei der Bestellung und Honorierung von Organen, wie Aufsichtsräten, oder bei der Rechnungslegung und Publizierung des Jahresabschlusses anfallen, können rechtsformabhängig sein. Augenfällig ist, dass eine Kapitalgesellschaft, wie beispielsweise die AG, durch die jährliche Einberufung von Hauptversammlungen, die Publikation von Geschäftsberichten, die Honorierung von Aufsichtsräten und Wirtschaftsprüfern höhere rechtsformabhängige Kosten hat als beispielsweise ein Einzelunternehmer, der nach der Handelsregistereintragung keine zusätzlichen laufenden rechtsformbedingten Kosten hat. Ein Erfahrungswert von Unternehmensberatern besagt, dass diese einmaligen Gründungskosten zwischen 5 und 10 Prozent des Grundkapitals ausmachen können.

Die Möglichkeiten von *Gesellschafterwechseln* oder *Nachfolgeregelungen* unterscheiden sich ebenfalls bei den einzelnen Rechtsformen. Bei der Wahl einer Rechtsform kann das Ziel der Unternehmenskontinuität eine Rolle spielen. Der Wunsch nach Erhalt der Rechtsform trotz Tod oder Ausscheiden eines Gesellschafters kann aber durch eine entsprechende Nebenabrede im Gesellschaftsvertrag unter den Gesellschaftern relativ einfach und ohne Kosten geregelt werden.

Rechtsformspezifische Unterschiede treten auch bei der Unternehmensliquidation auf. Für Personengesellschaften gilt, dass sie, soweit keine abweichende Regelung im Gesellschaftsvertrag erfolgt, bei Kündigung durch Gesellschafter (§ 131 HGB), Tod eines vollhaftenden Gesellschafters (§§ 131, 177 HGB) oder Konkurseröffnung (§ 131 HGB) aufgelöst werden.

Für Kapital- und Personengesellschaften gemeinsam geltende Auflösungsgründe sind Zeitablauf, Beschluss der Gesellschafter beziehungsweise Hauptversammlung und Eröffnung des Konkursverfahrens. Konkursgrund für Personengesellschaften wie auch für natürliche Personen (Einzelunternehmer) ist weiterhin die Zahlungsunfähigkeit, die insbesondere dann anzunehmen ist, wenn eine Zahlungseinstellung vorliegt (§§ 102, 209 Konkursordnung). Für Kapitalgesellschaften gilt neben der Zahlungsunfähigkeit auch die Überschuldung als Konkursgrund (§§ 63, 64 GmbHG, § 92 AktG, §§ 207, 209 KO). Mit dem ersten Gesetz zur Bekämpfung der Wirtschaftskriminalität wurde der Konkursgrund der Überschuldung auch für solche OHGs und KGs eingeführt, bei denen der persönlich haftende Gesellschafter keine natürliche Person ist, was insbesondere auf die GmbH & Co KG zutrifft (§ 209 KO).

Die Wahl einer bestimmten Rechtsform hat auch eine *Außenwirkung*. Die Möglichkeit der Namensgebung der Firma wird hier durch zwingendes Recht je nach Rechtsform festgeschrieben, um Außenstehenden einen Hinweis auf die jeweils zugrundegelegte Rechtsform zu geben.

Rechtsformen

Übersicht über private und öffentliche Rechtsformen

Aus der Vielzahl der privaten und öffentlichen Rechtsformen kann nun ein Kaufmann einen Typ auswählen. Die Wahlmöglichkeit ist allerdings nicht unbegrenzt. Die Begrenzung liegt zum einen darin, dass für bestimmte Wirtschaftsbereiche spezifische Rechtsformen vorgeschrieben sind (zum Beispiel die Reederei für den Schiffsbau oder die VVAG für gegenseitige Versicherungsgeschäfte). Eine weitere Eingrenzung stellt die Pflicht dar, bestimmte Rechtsformen zu wählen, wenn bestimmte Tätigkeiten beziehungsweise Geschäfte betrieben werden (zum Beispiel Verbot der Einzelunternehmung für Banken, Pflicht zur AG für Hypothekenbanken oder Bausparkassen oder die Pflicht zur AG oder GmbH für Investitionsgesellschaften).

Weitere Einschränkungen werden durch die Vorschrift einer bestimmten Mindestgründerzahl (zum Beispiel bei Genossenschaften) oder eines bestimmten Mindestkapitales (zum Beispiel AG, GmbH) getroffen.

Die Vielzahl möglicher Rechtsformen ist in Abbildung 33 zusammengefasst.

Untersucht man nun die Häufigkeitsverteilung der gewählten Rechtsformen, so ist festzustellen, dass circa 70 Prozent aller eingetragenen Rechtsformen Einzelunternehmen sind, gefolgt von circa 20 Prozent GmbH- und einer immer noch großen Anzahl von BGB-Gesellschaften (9 Prozent). Die KG ist mit nur 1 Prozent, die OHG mit 0,5 Prozent vertreten. Alle übrigen Rechtsformen und damit alle Aktiengesellschaften, Stiftungen sowie die Sonderformen für bestimmte Wirtschaftsbereiche machen in der Summe lediglich 0,5 Prozent aller eingetragenen Rechtsformen aus.

Im Folgenden werden die wichtigsten Rechtsformen einzeln dargestellt. Bisher mögliche Angaben zur Firmenbezeichnung sind mit dem neuen HGB entfallen, das heißt, unabhängig von der Rechtsform sind Personen- und Sachfirmen jeglicher Couleur möglich, sofern sie die drei oben genannten Firmengrundsätze erfüllen. Lediglich die Rechtsformergänzungen (zum Beispiel AG, OHG) sind bindend und verpflichtend.

Rechtsformen des privaten Rechts

Handelsrechtliche Gesellschaften im weiteren Sinne sind privatrechtliche Zusammenschlüsse mehrerer Wirtschaftssubjekte zur Verfolgung eines gemeinsamen Zwecks. Nach der Struktur der Personenvereinigung kann in Personengesellschaften (Gesellschaften im engeren Sinne) und in Körperschaften unterschieden werden. Die bedeutendste Form der Körperschaften im Bereich der erwerbswirtschaftlichen Gesellschaften stellen die Kapitalgesellschaften dar.

Während bei den Personengesellschaften idealtypisch jeder Gesellschafter Mitunternehmer und damit Mitentscheider ist, dominiert bei den Kapitalgesellschaften die Kapitalbeteiligung, das heißt die Mitsprache entsprechend der Kapitaleinlage. Die Personengesellschaften sind in der Regel

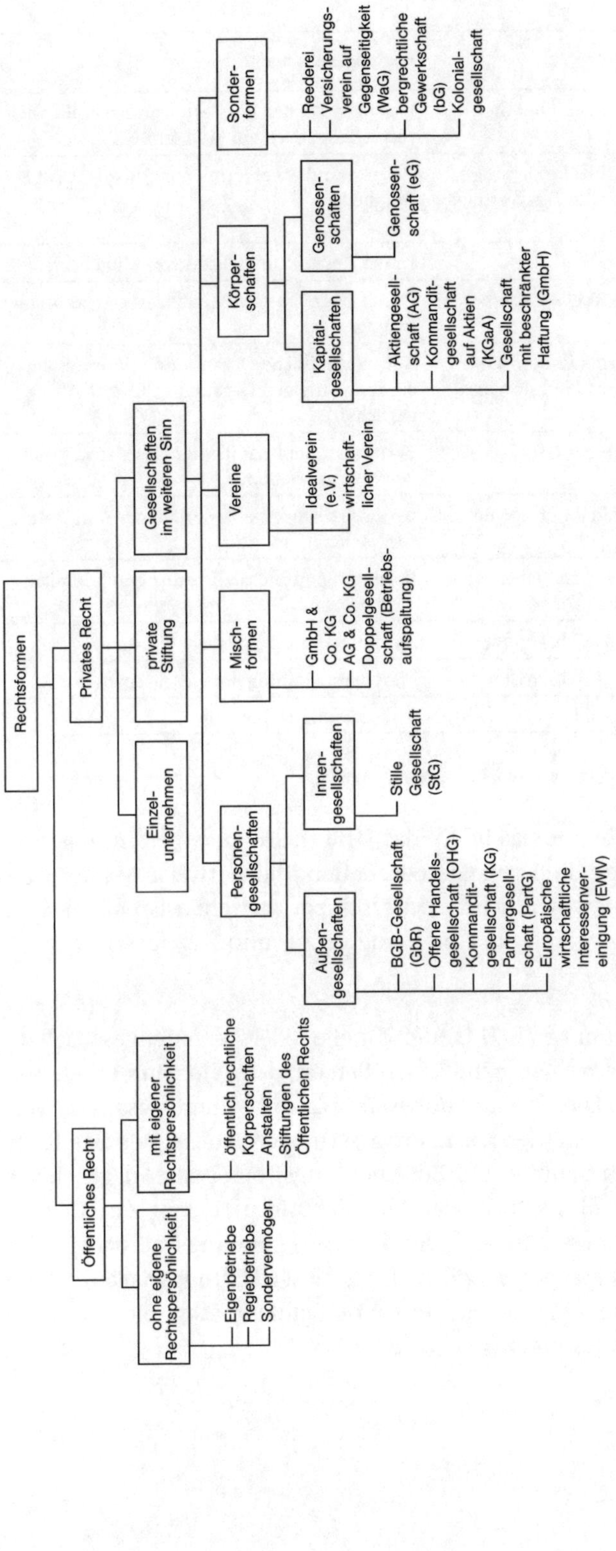

Abb. 33: Private und öffentliche Rechtsformen

Personengesellschaft	Kapitalgesellschaft
Ergänzend gelten die §§ 705 ff. über die Gesellschaft im BGB.	Ergänzend gelten die Bestimmungen über den rechtsfähigen Verein §§ 21 ff. BGB.
Die Art der Zwecke und ihre Erreichung ist auf die Personen des Gesellschaftervertrags abgestellt.	Zwecke und Zweckerreichung überleben die Mitglieder.
Nur wenige Mitarbeiter.	In der Regel eine Vielzahl von Mitgliedern.
Die Existenz hängt vom Gesellschafterbestand ab.	Die Existenz ist vom Mitgliederbestand unabhängig.
Eine körperschaftliche Organisation. Von den Gesellschaftern geführt (Selbstorganschaft).	Körperschaftliche Organisation. Von mitgliederunabhängigen Organen geführt (Drittorganschaft).
Beruht auf dem Vertrauen der Gesellschafter untereinander.	Beruht auf dem Kapital der Gesellschaft und deren Organisation.
Persönliche Mitarbeit und (aber nicht notwendigerweise) Kapital.	Grundsätzlich keine Mitarbeit der Mitglieder vorgesehen.
Beteiligung durch Mitarbeit und (aber nicht notwendigerweise) Kapital.	Beteiligung grundsätzlich nur durch Kapital.
Stimmrecht grundsätzlich nach Köpfen.	Stimmrecht nach Kapitalanteil.
Persönliche Haftung der Gesellschafter.	Mittelbare Haftung der Gesellschafter.
Nicht selbstständig rechtsfähig.	Selbstständig rechtsfähig.

Abb. 34: Unterschiede von Personen- und Kapitalgesellschaften

Eigentümerunternehmen, das heißt, das Unternehmen wird vom Eigentümer geleitet, während die Kapitalgesellschaften üblicherweise Managerunternehmen sind. Die wesentlichen Unterschiede zwischen Personen- und Kapitalgesellschaften werden in Abbildung 34 zusammengefasst.

Einzelunternehmung

Die *Einzelunternehmung (EU)* ist die Urzelle jeder Personengesellschaft. Sie wird von einer einzelnen natürlichen Person, dem Einzelunternehmer, geführt und geleitet. Dieser haftet unbeschränkt mit seinem gesamten Vermögen, das heißt dem Betriebs- und Privatvermögen. Konsequent ist daher die vollkommene Autonomie und Entscheidungsfreiheit als Ausgleich für die volle Risikoübernahme. Trotz der Alleinleitungspflicht ist eine Delegation von Entscheidungsvollmacht durch eine Handlungsvollmacht oder Prokura an andere Personen möglich. Trotz dieser Haftungsrisiken ist die Einzelunternehmung, wie bereits erwähnt, zahlenmäßig die häufigste Rechtsform der Bundesrepublik.

Name/Abkürzung:	Einzelunternehmen, e.K., e.Kfm., e.Kff.
Rechtsgrundlage:	§§ 1 – 104 HGB und §§ 238–263 HGB
Wesen:	Inhaber der EU ist der Eigentümer
Mindestzahl/-kapital:	ein Gründer, kein festes Mindestkapital beziehungsweise Einlage vorgeschrieben
Haftung:	unbeschränkte persönliche Haftung
Finanzierung:	Eigenkapital und Fremdkapital begrenzt auf persönliche Bonität; enger Kreditspielraum; nicht ausgeschüttete Gewinne fließt dem Eigenkapitalkonto zu
Leitung/Vertretung:	Einzelunternehmer allein als Kaufmann
Organe:	keine
GuV-Verteilung:	Einzelunternehmer steht allein Gewinn zu, trägt allein Verluste
Publizität:	keine Rechnungslegungs- und Publizitätspflicht
Handelsregistereintrag:	Eintrag nur bei Vollkaufleuten nötig
Steuerbelastung:	Einkommensteuer für Privatentnahmen, keine Körperschaftssteuerpflicht
Vorteile:	circa 70 Prozent aller Rechtsformen als EU, wichtigste Vorteile sind die Entscheidungsautonomie und -freiheit, die Möglichkeit der formlosen Gründung und das Fehlen der Erfordernis von Mindestkapital und Publizitätspflichten
Nachteile:	Konzentration auf die Qualität des Einzelunternehmers und die dadurch begrenzte Kapital- und Kreditbasis sowie die Nachfolgeproblematik

Abb. 35: Übersicht über die Einzelunternehmung (EU)

Stiftung des privaten Rechts

Die private Stiftung ist eine rechtsfähige juristische Person, in der ein bestimmtes Vermögen zur Erreichung eines vom Stifter festgesetzten Zwecks zur Verfügung gestellt wird. Im Gegensatz zu anderen Gesellschaften ist die Stiftung selbst Trägerin von Rechten und Pflichten, da sie sich praktisch selbst gehört. Zur Entstehung ist ein Stiftungsakt und eine staatliche Genehmigung erforderlich. Nach der Genehmigung hat der Stifter das zugesicherte Vermögen für den Stiftungszweck auf die Stiftung zu übertragen. Die Stiftungen unterliegen einer strengen staatlichen Aufsicht. Die Stiftung hat wegen der rechtlichen Verselbstständigung keine Gesellschafter, denen ein Gewinn zukommen würde beziehungsweise die den Verlust zu tragen hätten. Verluste sind ausschließlich durch das Stiftungsvermö-

Name/Abkürzung:	Stiftung privaten Rechts
Rechtsgrundlage:	§§ 80–88 BGB
Wesen:	juristische Person (Träger der Rechtspersönlichkeit ist die Organschaft selbst); vom Stifter für einen auf Dauer angelegten Zweck zur Verfügung gestellte Vermögensmasse
Mindestzahl/-kapital:	keine Vorschrift, aber häufig Richtlinien je Regierungsbezirk, in dem die Stiftung anzumelden ist
Haftung:	maximal mit Stiftungsvermögen
Finanzierung:	begrenzt auf Stifter beziehungsweise Zuwendungen
Leitung/Vertretung:	Stiftungsvorstand
Organe:	nur Vorstand vorgeschrieben, zusätzlich eine Geschäftsleitung, Aufsichtsrat und ein Kuratorium (als unabhängige Schiedsstelle) möglich (fakultativ)
GuV-Verteilung:	keine Vorschriften
Publizität:	keinerlei Verpflichtung (abgesehen von PublG)
Handelsregistereintrag:	kein Eintrag, dafür Eintrag in Stifterrolle
Steuerbelastung:	keine, sofern als gemeinnützig anerkannt
Vorteile:	sichert Unternehmenskontinuität und Kapitalerhaltung über den Tod hinaus (Vermeidung der Erbzersplitterung oder Ausschaltung ungeeigneter Familienmitglieder)
Nachteile:	begrenzte Kapitalbeschaffungsmöglichkeit (zum Beispiel keine Beteiligungsfinanzierung möglich); organisatorische Probleme (Flexibilität)

Abb. 36: Die Stiftung des privaten Rechts

gen abgedeckt. In einer Stiftungsurkunde sind deshalb Begünstigte (Destinatäre) bestimmt, an die Zuwendungen aus dem Stiftungsvermögen erfolgen sollen. Dies können politische Parteien, Kirchen, öffentliche Unternehmen oder wissenschaftliche Institute sein.

Das Gesetz sieht als Auflösungsgründe die Erreichung des Stifterzwecks, den Ablauf einer vorgesehenen Zeitspanne sowie den Konkurs oder die Nichtdurchführbarkeit des Stiftungszwecks vor. Verbleibt nach Auflösung ein Stiftungsvermögen, fällt dies den Destinatären beziehungsweise den in der Stiftungsurkunde dafür vorgesehenen Personen zu. Wenn hier keine Regelung getroffen wurde, ist automatisch der Staat der Begünstigte.

Gesellschaft bürgerlichen Rechts

Kennzeichnend für die Gesellschaft bürgerlichen Rechts (GbR) ist der bewusste oder unbewusste vertragliche Zusammenschluss von natürlichen oder juristischen Personen zu der gemeinsamen Verfolgung eines bestimmten Zwecks. Die BGB-Gesellschaft muss keine Firma führen und muss nicht als Zweck ein Handelsgewerbe betreiben. Das Gesellschaftsvermögen steht allen Gesellschaftern gesamthänderisch zu und wird gegenüber dem Privatvermögen wie ein abgegrenztes Sondervermögen behandelt. Für Verbindlichkeiten der BGB-Gesellschaften haften alle Gesellschafter unbeschränkt und gesamtschuldnerisch. Alle Gesellschafter haben grundsätzlich die Geschäfte zu führen, was allerdings durch den Gesellschaftsvertrag abweichend geregelt werden kann. Am bedeutendsten ist die Rechtsform der BGB-Gesellschaft im Wirtschaftsleben beim Zusammenschluss von Freiberuflern, wie beispielsweise Sozietäten von Rechtsanwälten, Kanzleien von Wirtschaftsprüfern oder Arztgemeinschaften. Darüber hinaus sind bei Gelegenheitsgesellschaften, zum Beispiel Konsortien bei einer Wertpapieremission von Kreditinstituten oder Arbeitsgemeinschaften im Baugewerbe, meist BGB-Gesellschaften anzutreffen. Aufgelöst wird die BGB-Gesellschaft durch Beschluss, Kündigung oder Zweckerreichung.

Offene Handelsgesellschaft

Die Offene Handelsgesellschaft (OHG) ist eine auf den Betrieb eines Handelsgewerbes gerichtete Personengesellschaft unter gemeinschaftlicher Firma. Die Gesellschafter leiten das Unternehmen, soweit der Gesellschaftsvertrag nichts Gegenteiliges regelt, gemeinsam und haften für die Gesellschaftsschulden ebenfalls unmittelbar, unbeschränkt und solidarisch als Gesamtschuldner. Interessanterweise können neben der Beteiligung natürlicher Personen auch juristische Personen als Gesellschafter einer OHG fungieren, sodass hier eine vielfältige Typenvermischung von Kapital- und Personengesellschaften vorstellbar ist. Die Gesellschaft wird durch Kündigung, Beschluss oder Tod eines Gesellschafters aufgelöst, sofern die Satzung nichts anderes vorsieht.

Name/Abkürzung:	Gesellschaft bürgerlichen Rechts, GbR, BGB-Gesellschaft
Rechtsgrundlage:	§§ 705–740 BGB
Wesen:	allgemeinste Form gemeinsamer (dauernder oder vorübergehender) Zweckverfolgung durch mehrere in vertraglich bestimmter Weise ohne eigene Rechtsfähigkeit
Mindestzahl/-kapital:	mindestens 2 Gründer (natürliche und/oder juristische Personen), kein Mindestkapital vorgeschrieben, Beiträge der Gesellschafter werden gemeinschaftliches Vermögen der Gesellschafter mit gesamthänderischer Bindung
Haftung:	Gesellschafter haften mit ihrem gesamten (auch privaten) Vermögen
Finanzierung:	durch die Gesellschafter oder Fremdfinanzierung
Leitung/Vertretung:	in der Regel gemeinschaftliche Geschäftsführung und Vertretung aller Geschäftsführer, Abweichung durch Gesellschaftsvertrag möglich
Organe:	keine, Stimmrecht nach Köpfen, im Zweifel Einstimmigkeit
GuV-Verteilung:	in der Regel gleiche Anteile ohne Rücksicht auf Art und Größe der Gesellschafterbeiträge, in der Regel nicht vor Auflösung der Gesellschaft, ansonsten am Ende des Geschäftsjahres
Publizität:	keine Verpflichtung
Handelsregistereintrag:	kein Eintrag
Steuerbelastung:	Gesellschafter einkommensteuerpflichtig, Gewerbesteuer sofern Gewerbe vorliegt
Vorteile:	größere Geschäfte können durchgeführt werden (Kapazität, Kapital, Personal), Risikohaftung wird verteilt, einfache Organisationsform/Gründungsformalitäten, sogar mündliche Vereinbarung möglich
Nachteile:	Haftung der einzelnen BGB-Gesellschafter mit ihrem gesamten Vermögen

Abb. 37: Die Gesellschaft bürgerlichen Rechts (GbR)

Name/Abkürzung:	Offene Handelsgesellschaft, OHG
Rechtsgrundlage:	§§ 105–160 HGB, §§ 705–740 BGB
Wesen:	keine rechtsfähige, aber formfreie Gesellschaft; der Zweck ist auf den Betrieb eines Handelsgewerbes unter gemeinsamer Firma gerichtet, im Vordergrund steht die persönliche Mitarbeit der Gesellschafter
Mindest-zahl/-kapital:	mindestens 2 Gründer (Gesellschafterstellung an Person gebunden, unübertragbar), zwar keine juristische Person, in wesentlichen Punkten dieser aber durch den Gesetzgeber angenähert, Gründungskapital gesetzlich nicht vorgeschrieben, Einlagen werden zwischen den Gesellschaftern vereinbart
Haftung:	Haftpflicht unbeschränkt (inklusive Privatvermögen), gesamtschuldnerisch (solidarisch), unmittelbar, nach Ausscheiden als Gesellschafter noch 5 Jahre Haftung für Verbindlichkeiten, die zu diesem Zeitpunkt bestehen
Finanzierung:	Selbstfinanzierung oder Aufnahme neuer Gesellschafter, Fremdfinanzierung
Leitung/Vertretung:	*im Innenverhältnis*: jeder Gesellschafter hat Einzelführungsbefugnis für gewöhnliche Geschäfte. Für außergewöhnliche Geschäfte ist Gesamtbeschluss aller Gesellschafter nötig; Erweiterung beziehungsweise Beschränkung durch Gesellschaftsvertrag möglich *im Außenverhältnis:* grundsätzlich für alle Gesellschafter Einzelbefugnis, Gesamtvertretungsbefugnis möglich, muss im Handelsregister eingetragen werden, klare Regelungen und Abgrenzungen notwendig
Organe:	keine (Gesellschafterversammlung)
GuV-Verteilung:	gemäß gesetzlicher Regelung: 4 Prozent Verzinsung des Kapitalanteils, verbleibender Gewinn nach Zahl der Gesellschafter (»nach Köpfen«), Entnahmen bis zu 4 Prozent der Kapitaleinlage zur Bestreitung des Lebensunterhaltes zulässig
Publizität:	keine Pflichten, Ausnahme bei Großunternehmen nach dem Publizitätsgesetz
Handelsregistereintrag:	Eintrag in das Handelsregister, alle Gesellschafter namentlich verzeichnet
Steuerbelastung:	Gesellschafter einkommensteuerpflichtig , Gewerbesteuer sofern Gewerbe vorliegt
Vorteile:	relativ freie Vertragsgestaltung, Möglichkeit der gegenseitigen fachlichen Ergänzung, großer Leistungsanreiz, da Eigentümer und Geschäftsführungsberechtigte dieselben Personen sind, wegen der persönlichen Haftung der Gesellschafter relativ kreditwürdig
Nachteile:	setzt wegen Einzelvertretung und Geschäftsführungsbefugnis großes Vertrauen beziehungsweise Verbundenheit der Gesellschafter untereinander voraus, Abhängigkeiten voneinander, Persönliche Streitigkeiten können Bestand der OHG gefährden, kein wesentlich größerer Finanzspielraum als bei der Einzelunternehmung, alle Gesellschafter haften voll

Abb. 38: Die Offene Handelsgesellschaft (OHG)

Kommanditgesellschaft

Die *Kommanditgesellschaft (KG)* ist, wie die OHG, eine auf den Betrieb eines Handelsgewerbes unter gemeinschaftlicher Firma gerichtete Personengesellschaft. Abweichend zur OHG können hier Gesellschafter ihre Haftung auf eine bestimmte Vermögenseinlage beschränken. Diese werden dann als Kommanditisten bezeichnet, während Komplementäre Gesellschafter darstellen, die unbeschränkt mit ihrem gesamten Vermögen, also Privat- und Geschäftsvermögen, für Gesellschaftsschulden haften. Die Geschäftsführung liegt entsprechend grundsätzlich nur beim Komplementär, während die Kommanditisten davon ausgeschlossen sind. Allerdings haben die Kommanditisten bei wichtigen Geschäften, wie Baumaßnahmen oder der Errichtung von Zweigniederlassungen, ein Widerspruchsrecht. Da diese Regelung nur grundsätzlich formuliert ist, kann im Gesellschaftsvertrag auch den Kommanditisten eine Weisungsbefugnis eingeräumt werden. Außerdem kann ihnen Prokura erteilt werden.

Stille Gesellschaft

Eine *Stille Gesellschaft (StG)* ist eine Personengesellschaft, bei der sich ein oder mehrere Gesellschafter mit Vermögenseinlagen beteiligen, die in das Vermögen der Gesellschaft übergehen. Der Stille Gesellschafter tritt im Außenverhältnis der Handelsgesellschaft nicht auf. Dies wird dadurch deutlich, dass seine Kapitaleinlage in der Unternehmensbilanz nicht als gesonderte Eigenkapitalposition auftaucht. Als Gegenleistung wird in der Regel eine Gewinnbeteiligung vereinbart, außerdem hat der Stille Gesellschafter bei Ausscheiden einen Anspruch auf ein Auseinandersetzungsguthaben, das auf Basis einer Liquidation zur Auseinandersetzungsbilanz ermittelt wird. Steuerrechtlich sind die Einkünfte des Stillen Gesellschafters Einkünfte aus Kapitalvermögen. Eine Verlustbeteiligung kann der Stille Gesellschafter durch Vertrag ausschließen. Problematisch ist diese Form einer Kapitalbeteiligung an einem Unternehmen insofern, als dass das Vermögen eigentumsrechtlich übergeht.

Name/Abkürzung:	Kommanditgesellschaft, KG
Rechtsgrundlage:	§§ 105–177a HGB und §§ 705–740 BGB
Wesen:	keine rechtsfähige, aber formfreie Gesellschaft wie OHG, deren Zweck auf den Betrieb eines Handelsgewerbes unter gemeinschaftlicher Firma gerichtet ist (bei teils beschränkter, teils unbeschränkter Haftung)
Mindestzahl/-kapital:	Mindestkapital nicht vorgeschrieben
Haftung:	*Komplementär:* unbeschränkt, unmittelbar, gesamtschuldnerisch mit Gesellschafts- und Privatvermögen *Kommanditisten:* bis zur Höhe ihrer Einlage
Finanzierung:	Aufnahme neuer Kommanditisten, Eigenkapitalerhöhung der Komplementäre
Leitung/Vertretung:	Bestimmungen wie bei OHG, Einzelgeschäftsführung beziehungsweise vertraglich begründete Gesamtgeschäftsführung, Einzelvertretungsbefugnis der Komplementäre *Kommanditisten:* sind grundsätzlich von der Geschäftsführung und Vertretung ausgeschlossen, können aber zu Prokuristen oder Handlungsbevollmächtigten bestellt werden (nicht aber zu organschaftlichen Vertretern)
Organe:	keine
GuV-Verteilung:	wie OHG, gesetzliche Regelung: 4 Prozent des Kapitalanteils, verbleibender Gewinnanteil im »angemessenen« Verhältnis, kein Recht auf Privatentnahme für Kommanditisten
Publizität:	wie OHG, ebenfalls Ausnahmeregelung, beschränkte interne Kontrollrechte des Kommanditisten (Abschriften des Jahresabschlusses, Einsicht in Geschäftsbücher), Widerspruchsrecht bei wichtigen Geschäften; vertraglich jedoch erweiterte Rechte möglich
Handelsregistereintrag:	Eintrag ins Handelsregister, Bezeichnung aller Kommanditisten und Höhe ihrer Einlage, öffentlich nur die Anzahl der Kommanditisten
Steuerbelastung:	wie OHG
Vorteile:	nur formloser Vertrag nötig, Möglichkeit zusätzlicher Kapitalgeber, deren Haftung beschränkt ist und die nicht zur Geschäftsführung und Vertretung befugt sind (breitere Kapitalbasis); es entstehen für die Unternehmung keine festen Zinsverpflichtungen (wie etwa bei Kreditaufnahme bei der Bank); Möglichkeit für Familienunternehmen, Kinder als Teilhaber aufzunehmen; Komplementär behält alleinige Entscheidungsbefugnis
Nachteile:	wie OHG, Einfluss des Kommanditisten kann sehr wohl gegeben sein: zwar ist er normalerweise zur Geschäftsführung weder berechtigt noch verpflichtet, im Einzelfall kann er jedoch als Prokurist der Geschäftsleitung angehören und mitbestimmen

Abb. 39: Die Kommanditgesellschaft (KG)

Name/Abkürzung:	Stille Gesellschaft, StG
Rechtsgrundlage:	§§ 230–236 HGB
Rechtsfähigkeit:	nicht rechtsfähig, Formfreiheit, Stille Gesellschaft wird durch Vertrag errichtet, ohne Kennzeichnung, es entsteht ein schuldrechtlicher Anspruch, Abgrenzung zur Darlehenshingabe zum Teil schwierig
Wesen:	Beteiligung am Handelsgeschäft eines anderen (Kapital- oder Scheineinlage), Einlage geht in das Vermögen des Inhabers über, es entsteht kein gemeinsames Gemeinschaftsvermögen, Kapitalgeber tritt nach außen nicht in Erscheinung (weder Name noch Einlage), Stellung ähnlich derjenigen eines Kommanditisten, er ist Konkursgläubiger, auch kein Eintrag ins Handelsregister, zwischen den Gesellschaftern entstehen nur interne Ansprüche und Verpflichtungen.
Mindestzahl/-kapital:	mindestens 2 Gründer, Mindestkapital nicht vorgeschrieben
Haftung:	durch Geschäfte wird allein nur der Inhaber verpflichtet, Stiller Gesellschafter haftet nur mit Einlage (Ausschluss im Vertrag zulässig)
Leitung/Vertretung:	nur durch persönlich haftenden Inhaber des Handelsgewerbes, schließt alle Geschäfte in seinem Namen ab (»zum gemeinsamen Nutzen«), Stiller Gesellschafter hat keine Einwirkungsrechte auf die Unternehmensleitung, nur eingeschränkte Kontrollrechte (abschriftliche Mitteilung der Bilanz und Prüfung ihrer Richtigkeit)
GuV-Verteilung:	»angemessener« Anteil oder gemäß Vertrag, Ausschluss nicht möglich (sonst Darlehen), teilweiser oder ganzer Ausschluss der Verlustbeteiligung möglich, sonst bis zur Höhe der Einlage; keine Entnahmerechte, StG kann nur Auszahlung seines Gewinnanteils fordern
Publizität:	keine
Handelsregistereintrag:	keine Eintragung, da reine Innengesellschaft
Steuerbelastung:	private Einkommenssteuer
Vorteile:	keine Formvorschriften; bietet Höchstmaß an individueller Gestaltungsfreiheit und Flexibilität; eignet sich für Kapitalgeber, die nach außen nicht in Erscheinung treten wollen, praktikable Kapitalbeteiligung von Mitarbeitern, Unternehmer behält volle Handlungsfreiheit, Beteiligung von Familienmitgliedern als vorübergehende oder vorbereitende Maßnahme, Möglichkeit zur vertragsmäßigen Umgehung des Konkurrenz- oder Wettbewerbsverbots; Möglichkeit zur Stärkung des Eigenkapitals
Nachteile:	größere und/oder langfristige stille Beteiligungen können zu starken Abhängigkeiten führen
Besonderheiten:	typische Stille Gesellschaft (HGB geregelt): Gewinn/Verlust-Regelung wie oben, sie nimmt jedoch nicht am Wertzuwachs des gesamten Vermögens teil (bei Auflösung kein Anteil an stillen Reserven); atypische Stille Gesellschaft (Entwicklung der Praxis und Rechtssprechung): das gesamte Gesellschaftsvermögen des Handelsgeschäftes wird als gemeinsames Vermögen behandelt (gesamthänderisch), Gesellschafter bekommt damit seinen Anteil an stillen Reserven und tatsächlichem Firmenwert, wird der Stellung eines Kommanditisten angeglichen; Stille Gesellschafter können gegebenenfalls auch bei Geschäftsführung mitwirken (beziehungsweise wesentlich erweiterte Kontrollrechte); »Stille Mitunternehmerschaft« hätte allerdings erhebliche steuerliche Auswirkungen

Abb. 40: Die Stille Gesellschaft (StG)

Gesellschaft mit beschränkter Haftung

Die *Gesellschaft mit beschränkter Haftung (GmbH)* ist Formkaufmann mit eigener Rechtspersönlichkeit. Die Mitglieder der GmbH beteiligen sich mit Stammeinlagen am Stammkapital, dessen Mindestnennbetrag auf 25 000 Euro festgelegt ist. Bei der Gründung muss mindestens die Hälfte des Stammkapitals eingezahlt sein. Nach § 1 GmbH-Gesetz sind auch Ein-Mann-Gesellschaften zulässig. Die wichtigste Besonderheit dieser Rechtsform ist, dass lediglich das Stammkapital für Gesellschaftsschulden als Haftungssumme dient. Ausnahmen gelten, sofern das Stammkapital noch nicht voll eingezahlt ist oder strafrechtliche Sachverhalte vorliegen. Hier kann nach neuester Rechtsprechung in das Privatvermögen der Gesellschafter gegriffen werden (Durchgriffshaftung).

Aktiengesellschaft

Die *Aktiengesellschaft (AG)* ist eine Gesellschaft mit eigener Rechtspersönlichkeit, das heißt eine juristische Person. Für ihre Verbindlichkeiten haftet lediglich das Gesellschaftsvermögen, hier als Grundkapital bezeichnet. Die AG ist Kaufmann kraft Rechtsform (Formkaufmann) und besitzt als zwingend vorgeschriebene Organe den Vorstand, den Aufsichtsrat und die Hauptversammlung. Die Rechtsform der AG kommt in Deutschland insbesondere bei Großunternehmen vor, für die das Aufbringen großer Kapitalbeträge mittels der Ausgabe von Aktien ein dominierendes Ziel darstellt. Durch die Möglichkeit der Aufnahme von Kapital am anonymen Kapitalmarkt (zum Beispiel Börse) wird die AG in Frankreich als Société Anonyme (SA) und in Italien als Società Anonima bezeichnet.

Die Organe jeder AG sind der Vorstand, der Aufsichtsrat und die Hauptversammlung. Der Vorstand hat die Gesellschaft zu führen und zu vertreten, wobei die Vertretungsmacht eingeschränkt werden kann. In mitbestimmten Betrieben, bei denen der Aufsichtsrat im Verhältnis 50:50 aus Arbeitnehmer- und Aktionärsvertretern besetzt ist, muss dem Vorstand ein so genannter Arbeitsdirektor angehören, der bei Gesellschaften der Montanindustrie nicht gegen die Mehrheit der Stimmen der Arbeitnehmervertreter im Aufsichtsrat bestellt werden kann. Der Vorstand wird vom Aufsichtsrat bestellt. Dem Aufsichtsrat obliegt die Bestellung und Abberufung der Vorstandsmitglieder sowie die Überwachung ihrer Geschäftsführung. In mitbestimmten Unternehmen setzt sich der Aufsichtsrat aus Vertretern der Aktionäre und Vertretern der Arbeitnehmer zu gleichen Teilen zusammen. In jüngster Zeit ist insbesondere diese Kontrollfunktion der Auf-

Name/Abkürzung:	Gesellschaft mit beschränkter Haftung, GmbH
Rechtsgrundlage:	GmbH-Gesetz (GmbHG)
Wesen:	juristische Person, durch notarielle Beurkundung gegründet, kann jeden gesetzlich zulässigen Zweck verfolgen, Rechtsform bewusst für kleinere und mittlere Unternehmen geschaffen; meist starkes persönliches Interesse der Gesellschafter, von Gesellschafterwechsel unabhängig (Fungibilität der Anteile)
Mindest-zahl/-kapital:	Stammkapital 25 000 Euro, bei Einmann-GmbH Sonderregelungen, Stammeinlage mindestens 250 Euro
Haftung:	Verpflichtung der Gesellschaft als juristische Person, nur Gesellschaftsvermögen haftet gegenüber den Gläubigern, Kapitalverlustrisiko der Gesellschafter auf Einlage begrenzt (nach Eintragung), Vereinbarung von Nachschusspflichten möglich (beschränkt/unbeschränkt)
Finanzierung:	Aufnahme neuer Gesellschafter, auf die Beteiligungsbereitschaft der Gesellschafter beschränkt, Kreditspielraum durch die beschränkte Haftung der Gesellschaft begrenzt; nicht ausgeschütteter Gewinn fließt den Rücklagen zu
Leitung/Vertretung:	beides allein durch die Geschäftsführer, nicht durch Gesellschafter (muss natürliche Person sein); Amtszeit zeitlich nicht beschränkt, in der Regel die Gesellschafter, auch Unternehmensfremde möglich, meist Gesamtgeschäftsführung und -vertretung; im Gegensatz zu den Vorschriften einer AG, deren Geschäftsführer »unter eigener Verantwortung« tätig ist, ist der GmbH-Geschäftsführer weisungsgebunden (der Gesellschaftsvertrag und die Beschlüsse der Gesellschafterversammlung setzen einen Rahmen für die selbstständigen Tagesentscheidungen)
Organe:	einer oder mehrere Gesellschafter als Geschäftsführung; Gesamtheit (Versammlung) der Gesellschafter als oberstes Willensbildungsorgan trifft die Grundlagenentscheidungen, Aufsichtsrat nur vorgeschrieben bei über 500 Mitarbeitern
GuV-Verteilung:	in der Regel nach Geschäftsanteilen, laut Gesellschaftsvertrag; im Falle der Bildung von Rücklagen nur begrenzte Gewinnausschüttung; Verlust durch Rücklagenauflösung und/oder Nachschusspflicht
Publizität:	für Großunternehmen Publizitätsgesetz wie OHG, 4. EG Richtlinie sieht Erweiterung vor
Handelsregistereintrag:	Eintragung ins Handelsregister; damit ist die Firma als juristische Person entstanden
Steuerbelastung:	Gesellschaft ist körperschaftssteuerpflichtig
Vorteile:	Beschränkung der Haftung der Gesellschafter auf Stammeinlage, Kapitalbasiserweiterung durch die Aufnahme neuer Gesellschafter; relativ niedriges Anfangskapital notwendig; Ausgliederung und Übertragung verschiedener Funktionen auf GmbH möglich

Nachteile:	Kapitalmarkt bleibt weitgehend verschlossen, Kreditaufnahme muss zum Teil durch private Sicherheiten ergänzt werden. Eingeschränkte Fungibilität, da eine Anteilsübertragung einer notariellen Beurkundung bedarf. Wahl der Rechtsform einer GmbH ist nur mit erheblichen steuerlichen Belastungen rückgängig zu machen (§ 3 UmwStG: Anlagenvermögensübertragung nur zum Teil zulässig, damit Auflösung Stiller Reserven als Betriebsvermögen); hohe Insolvenzanfälligkeit, erforderliches Mindestkapital bietet keine ausreichende Sicherheit für Gläubiger (meist bereits durch Sachinvestitionen verbraucht); bisher kein Zwang zur Bildung gesetzlicher Rücklagen

Abb. 41: Die Gesellschaft mit beschränkter Haftung (GmbH)

sichtsräte über den Vorstand kritisiert worden. Der Aufsichtsrat wird von der Hauptversammlung (HV) bestimmt. Dies ist ein Organ der Aktionäre, dem die grundlegenden Entscheidungen der AG zustehen. Die Hauptversammlung kann über die Kapitalstruktur (Kapitalerhöhung oder -herabsetzung), über die Gewinnverwendung und über den Fortbestand des Unternehmens in Form von Satzungsänderungen (Auflösung, Verschmelzung, Umwandlung, Eingliederung) beschließen.

Bei der Finanzierung der AG im Rahmen einer Aktienemission unterscheidet man Stammaktien (Normaltyp mit Stimmrecht und Gewinnanspruch), Vorzugsaktien (Spezialtyp meist ohne Stimmrecht mit höherem Gewinnanspruch), Inhaber- oder Namensaktien (in Abhängigkeit, ob die Übertragung von der Zustimmung der Gesellschaft abhängt) sowie Stück- oder Quotenaktien (Bruchteilseigentum statt Eigentum an Nominalkapital).

Name/Abkürzung:	Aktiengesellschaft, AG
Rechtsgrundlage:	Aktiengesetz (AktG)
Rechtsform:	juristische Person, notarielle Beurkundung
Wesen:	typische Rechtsform für Großunternehmen, Anonymität der Gesellschafter, relativ leichte Kapitalbeschaffung und Fungibilität
Mindest-zahl/-kapital:	ein Gründer (vor 1994: fünf Gründer), Mindestgrundkapital 50000 Euro
Haftung:	AG als juristische Person, das heißt, Gesellschaftsvermögen haftet in voller Höhe, Haftung der Gesellschafter nur mit Einlage (Aktie)

Finanzierung:	von den Beteiligungsabsichten sehr vieler Aktionäre abhängig; Kreditspielraum groß (Aufnahme von Anleihen), nicht ausgeschütteter Gewinn fließt den Rücklagen zu
Leitung/Vertretung:	Vorstandsmitglieder
Organe:	1. der *Vorstand* als Leitungsorgan: führt die laufenden Geschäfte eigenverantwortlich, das Kollegialprinzip als generelles Arbeitsprinzip; er vertritt die Gesellschaft nach außen (gerichtlich und außergerichtlich); weitere Aufgaben sind: regelmäßige Berichterstattung an Aufsichtsrat und Hauptversammlung, Führung der Handelsbücher, Aufstellung und Vorlegung von (geprüftem) Jahresabschluss und Geschäftsbericht, Einberufung der Hauptversammlung 2. der *Aufsichtsrat* zur Überwachung der Geschäftsführung: Bestellung (für maximal 5 Jahre) und Abberufung des Vorstandes, Vertretung der AG gegenüber dem Vorstand; fällt wesentliche Einzelentscheidungen gemäß Vorbehalt der Satzung oder des Aufsichtsrat, Prüfung des Jahresabschlusses, Bericht an die Hauptversammlung, gewisse Repräsentation und Beratungsfunktionen 3. die *Hauptversammlung* (als Organ der Aktionäre); Hauptaufgaben sind Beschlüsse über Satzungsänderungen, Beschlüsse über wesentliche Grundfragen (zum Beispiel Kapitalbeschaffung, Fusionen), Entlastung von Vorstand und Aufsichtsrat; Beschluss über die Verwendung des festgestellten Gewinns; Wahl der Abschlussprüfer/Prüfer für Sonderprüfungen; Beschlüsse meist mit einfacher Stimmenmehrheit (bei Beschlüssen mit besonderer Tragweite qualifizierte Mehrheit notwendig); Aktionäre können das Depotstimmrecht ausüben
GuV-Verteilung:	gemäß Verhältnis der Aktiennennbeträge, in Satzung abweichende Bestimmungen möglich, Grundlage der Gewinnverteilung ist der festgestellte Jahresabschluss; über Gewinnverwendung beschließt Hauptversammlung auf Vorschlag des Vorstandes, Abschlagszahlung an Aktionäre möglich
Publizität:	Prüfung des Jahresabschlusses durch Wirtschaftsprüfer, weitgehende Publizität
Handelsregistereintrag:	als Personen- oder Sachfirma
Steuerbelastung:	Körperschaftssteuer wie GmbH
Vorteile:	sehr gute Finanzierungsmöglichkeit (Aufbringung auch großer Kapitalien über den Kapitalmarkt); unproblematischer Erwerb und Übertragung der Anteile; Trennung Kapitalgeber und Geschäftsführung; Möglichkeit der Haftungsbeschränkung; attraktiv für Führungskräfte; Möglichkeit der sozialen Fürsorge; weitgehende Mitbestimmungsrechte der Arbeitnehmer

Nachteile:	relativ hohe Gründungs- und laufende Kosten; umfangreiche Prüfungs- und Publizitätspflichten; Abhaltung von Hauptversammlungen (oft Marathonversammlungen und politische/ökologische »Foren«), zahlreiche organisatorische Probleme, Interessenkonflikte über Gewinnausschüttung möglich, begünstigt zunehmende Konzentration (Gefahr der Marktbeherrschung)

Abb. 42: Die Aktiengesellschaft (AG)

Kommanditgesellschaft auf Aktien

Bei der *Kommanditgesellschaft auf Aktien (KGaA)* handelt es sich um eine Mischform aus einer Verbindung von Personen- und einer Kapitalgesellschaft. Sie entsteht, wenn eine Kommanditgesellschaft die Kapitalbeschaffung mittels der Rechtsform der Aktiengesellschaft vornehmen will und gleichzeitig die volle und unbeschränkte Haftung auf das Grundkapital der Aktiengesellschaft, welche als Komplementär auftritt, beschränken möchte. Die wirtschaftliche Bedeutung der KGaA ist jedoch sehr gering, da es sich faktisch doch um eine AG mit den drei Organen Vorstand, Aufsichtsrat und Hauptversammlung handelt.

Name/Abkürzung:	Kommanditgesellschaft auf Aktien, KGaA
Rechtsgrundlage:	§§ 278–290 AktG und §§ 161–177a HGB
Rechtsform:	juristische Person, strenger Formzwang, mindestens 1 Gründer, mindestens 1 Komplementär
Wesen:	Gründung ähnlich der AG, zwei Gesellschaftertypen (persönlich haftender Komplementär und mit Einlage haftende Kommandit-Aktionäre), Vorteil der Kapitalbeschaffung wie AG und enges persönliches Interesse der Komplementäre
Mindestzahl/-kapital:	Grundkapital 50 000 Euro, in Aktien zerlegt
Haftung:	Komplementär unbeschränkt wie bei KG, faktisch nur mit Grundkapital der AG
Finanzierung:	wie AG
Leitung/Vertretung:	allein beim Komplementär (»geborener Vorstand«), ein zusätzlicher Vorstand existiert nicht
Organe:	Vorstand, Aufsichtsrat (Überwachung der Komplementäre) und Hauptversammlung (Willensorgan nur der Kommanditaktionäre)
GuV-Verteilung:	für Kommanditaktionäre nach dem Verhältnis der Aktiennennbeträge
Publizität:	wie bei AG

Handelsregistereintrag:	wie bei AG
Steuerbelastung:	Steuerpflicht von KG und AG
Vorteile:	Kapitalbeschaffung auf dem Kapitalmarkt wie AG, eventuell stärkere persönliche Bindung der voll haftenden Geschäftsführung als bei managergeleiteten AGs
Nachteile:	komplizierte Konstruktion, hohe Gründungs- und laufende Kosten

Abb. 43: Die Kommanditgesellschaft auf Aktien (KGaA)

Eingetragene Genossenschaft

Bei der *Eingetragenen Genossenschaft (eG)* handelt es sich um eine Gesellschaft, welche die Förderung des Erwerbs oder der Wirtschaft ihrer Mitglieder mittels gemeinschaftlichen Geschäftsbetriebs bezweckt. Sie ist eine private Körperschaft, deren Eigenkapital sich durch die Zahl der Mitglieder und damit deren Genossenschaftsanteile ergibt. Bis 1973 gab es eine Zweiteilung in Genossenschaften mit beschränkter und Genossenschaften mit unbeschränkter Haftung (eGmbH, eGmnH). Nach der Genossenschaftsnovelle 1973 wurde dieser Firmenzusatz durch das einfache EG-Recht abgeschafft, wobei die Satzung weiterhin eine beschränkte oder unbeschränkte Nachschusspflicht der Genossen vorsehen kann. Häufigste Erscheinungsform der Genossenschaft sind Kreditgenossenschaften (Volksbank, Raiffeisenbank), Einkaufsgenossenschaften von Landwirten oder im Handel sowie Absatzgenossenschaften, wie zum Beispiel Molkereien oder Winzereien, und nicht zuletzt die Wohnungsbaugenossenschaften.

Name/Abkürzung:	eingetragene Genossenschaft, eG
Rechtsgrundlage:	Genossenschaftsgesetz (GenG)
Rechtsform/Gründung:	juristische Person, Schriftform bei Gründung, keine geschlossene Mitgliederzahl, keine Handelsgesellschaft, sondern ein wirtschaftlicher Verein

Wesen:	freiwilliger Zusammenschluss zur Förderung des Erwerbs oder der Wirtschaft ihrer Mitglieder (»Genossen«), Grundgedanken: Selbsthilfe, -verwaltung, verantwortliches Handeln mit demokratischem Aufbau, »Förderungsauftrag« enthält vielfach nicht nur ökonomische, sondern auch sozialökonomische Funktionen mit sozial-ethischem Charakter, Kopplung des Stimmrechts nicht an die Höhe der Beteiligung (»Gleichberechtigung«), Zweck gewerblicher oder landwirtschaftlicher Art (zum Beispiel Konsum-, Wohnungs-, Versicherungsgenossenschaften)
Mindestzahl/-kapital:	7 Gründer, Mindestkapital nicht vorgeschrieben, durch die nicht geschlossene Mitgliederzahl variables Eigenkapital (deshalb Bildung eines »Reservefonds«)
Haftung:	gegenüber Gläubigern nur das Genossenschaftsvermögen; eventuell beschränkte/unbeschränkte Nachschusspflicht gemäß Status; die Haftsumme bei beschränkter Nachschusspflicht darf nicht kleiner sein als der Geschäftsanteil
Finanzierung:	von den Beteiligungsabsichten vieler Mitglieder abhängig; Fremdfinanzierung meist über genossenschaftliche Verbandsunternehmen; nicht ausgeschüttete Gewinne fließen den Rücklagen zu
Leitung/Vertretung:	nur durch Genossen, durch den Vorstand, Bestellung eines Aufsichtsrats (Überwachungsorgan), wird von der Generalversammlung als dem obersten Willensorgan gewählt; diese beschließt über alle wichtigen Angelegenheiten; Die Genossenschaft kann Prokura und auch Handlungsvollmacht nach Maßgabe des HGB erteilen; die Prokura muss ins Genossenschaftsregister eingetragen werden
Organe:	*Vorstand:* mindestens 2 Mitglieder; sie werden von der Generalversammlung oder vom Aufsichtsrat gewählt und haben *Gesamtbefugnis* für Geschäftsführung und Vertretung *Aufsichtsrat:* muss aus mindestens 3 Mitgliedern bestehen; sie werden von der Generalversammlung gewählt; das BetrVG verlangt, dass in Genossenschaften mit mehr als 500 Arbeitnehmern ein Drittel der Aufsichtsratsmitglieder Arbeitnehmer sind; in Genossenschaften mit mehr als 2000 Arbeitnehmer ist der Aufsichtsrat paritätisch aus Mitgliedern der Anteilseigner und der Arbeitnehmern zu bilden *Generalversammlung:* entspricht der Hauptversammlung der AG, hat aber mehr Rechte; sie wählt nicht nur den Aufsichtsrat, sondern auch den Vorstand und beschließt über den Jahresabschluss nach Vorschlag des Vorstandes; die Abstimmung erfolgt nicht nach Anteilen, sondern nach Köpfen
GuV-Verteilung:	gemäß Verhältnis der Geschäftsguthaben Zuschreibung des Gewinns, bis Geschäftsanteil voll eingezahlt ist
Publizität und Eintrag:	im Genossenschaftsregister
Steuerbelastung:	als Kapitalgesellschaft wie GmbH oder AG

Vorteile:	die Bedeutung der Genossenschaften liegt im Zusammenschluss von wirtschaftlich Schwachen zur Selbsthilfe im Wettbewerb mit Großbetrieben; sie wurde noch dadurch erhöht, dass sich die Genossenschaften zu Verbänden zusammenschlossen; die Genossenschaften arbeiten eng mit den Verbänden des Handels, des Handwerks und der Landwirtschaft zusammen; die Konsumgenossenschaften werden von den Gewerkschaften gefördert
Nachteile:	hohe Gründerzahl, Nachschusspflicht für Genossen, eventuell lange Entscheidungswege bei heterogener Generalversammlung

Abb. 44: Die eingetragene Genossenschaft (eG)

GmbH & Co KG

Bei der *GmbH & Co KG* handelt es sich um eine Mischform aus einer Personen- und einer Kapitalgesellschaft. Sie entsteht dadurch, dass zunächst eine GmbH gegründet wird, die dann in einer KG die Rolle des Komplementärs übernimmt. Die Gesellschafter der GmbH sind zugleich Kommanditisten der KG, und die GmbH wird meist nur mit einem Mindestkapital ausgestattet. In der Bundesrepublik Deutschland ist die GmbH & Co KG relativ weit verbreitet, da sie die Vorteile der Kapitalgesellschaft (begrenzte Haftung und große Finanzierungsmöglichkeiten) mit den steuerlichen Vorteilen einer Personengesellschaft verbindet.

Name/Abkürzung:	GmbH & Co KG
Rechtsgrundlage:	HGB und GmbH-Gesetz
Wesen:	Personengesellschaft (hier KG), Komplementär ist hier eine GmbH als juristische Person (damit Vollhafter mit ihrem Stammkapital), Kommanditisten (mit Einlage haftend)
Mindestzahl/-kapital:	Mindestkapital nicht für KG, aber für Komplementär-GmbH nur 25 000 Euro
Haftung:	wie KG, Haftung der Kommanditisten auf Einlage beschränkt, unbeschränkte Haftung durch die Komplementär-GmbH; durch beschränkte Realisierbarkeit des Haftungszugriffs abgeschwächt; da Vollhafter eine GmbH ist, muss keine natürliche Person mit ihrem Privatvermögen einstehen, es besteht also keine unbeschränkte Haftung wie bei KG
Finanzierung:	wie KG
Leitung/Vertretung:	wie KG, Geschäftsführung liegt bei der Komplementär-GmbH, handelnd durch deren Geschäftsführer (kann auch Fremdmanager, der als Kommanditist an der KG beteiligt ist, sein); Vertretung ebenso
Organe:	wie GmbH

GuV-Verteilung:	wie KG, Untergrenzen für Gewinnanteil der Komplementär-GmbH unter Umständen versteckte Gewinnausschüttung
Publizität:	wie KG, bei der Umsetzung der EU-Richtlinie bisher ausgeklammert
Handelsregistereintrag:	wie KG
Steuerbelastung:	Vorteile aus Personen- und Kapitalgesellschaft, Komplementär-GmbH körperschaftssteuerpflichtig, Gewinne der Kommanditisten sind einkommensteuerpflichtig (wie OHG); anfallende Gewinnanteile der GmbH sind körperschaftssteuerpflichtig
Vorteile:	obwohl eine Personengesellschaft, Beschränkung der Haftung auf Einlage der Kommanditisten und das Gesellschaftsvermögen der GmbH; Kapitalbeteiligung vieler Anleger möglich; Einkünfte der GmbH unterliegen der KöSt, Gewinn der KG ist einkommensteuerpflichtig, Gewinnverlagerung auf KG möglich; damit, wenn Gesellschafter nicht dem Spitzensteuersatz von 56 Prozent unterliegen, günstiger; bei GmbH weiterhin Doppelbesteuerung bei VSt, bei Personengesellschaften ist in Verlustjahren eine Verrechnung von Verlusten mit sonstigen Einkünften der Gesellschafter möglich (nicht bei GmbH); dagegen überwiegen die steuerlichen Vorteile der GmbH (Abzugsfähigkeit von Miet- und Pachtzahlungen, Zinsen auf Gesellschafterdarlehen und Pensionsrückstellungen, Gehälter der Geschäftsführer), GewSt-Ersparnis
Nachteile:	Überbetonung des Steueraspekts »Konstruktion« (eventuell Vernachlässigung wichtiger betriebswirtschaftlicher Gründe); höhere laufende Kosten (Existenz zweier Gesellschaften); relativ komplizierte Gründung, zum Teil in Misskredit geraten, da häufig bei so genannten Abschreibungsgesellschaften anzutreffen

Abb. 45: Die GmbH & Co KG

Betriebsaufspaltung/ Doppelgesellschaft

Ergebnis von *Betriebsaufspaltungen* sind *Doppelgesellschaften.* Durch Aufspaltung eines bisher einheitlichen Unternehmens entstehen zwei juristisch selbstständige Teile, wobei ein Teil als Personengesellschaft (OHG, KG oder BGB-Gesellschaft) und der andere Teil als Kapitalgesellschaft (GmbH oder AG) weitergeführt wird. Eine weitere Möglichkeit der Doppelgesellschaft ist die Einteilung in eine Produktionspersonengesellschaft und eine Vertriebskapitalgesellschaft. Hier ist die Produktionsgesellschaft eine produzierende Einheit, welche der Vertriebsgesellschaft die Produkte zum Weitervertrieb verkauft. Durch die Ausnutzung von Bewertungsspielräumen der transferierten Güter werden Gewinnverlagerungen möglich. Eine übliche Form der Betriebsaufspaltung ist die Teilung in eine Besitzpersonengesellschaft und eine Betriebskapitalgesellschaft. Die Personengesellschaft besitzt das Vermögen, das sie der Betriebsgesellschaft verpachtet. Die Vorteile liegen in einer gegenseitigen Verrechnung von Kosten und damit der Möglichkeit einer steuermindernden Gewinnverschiebung. Weitere Gründe sind die Haftungsbegrenzung und die klare Regelung von Besitzverhältnissen.

Name/Abkürzung:	Betriebsaufspaltung
Rechtsgrundlage:	keine eigenständige Rechtsform
Wesen:	Betriebsteilung, Betriebsspaltung; eine ursprünglich im rechtlichen Sinne *einheitliche Unternehmung* wird in zwei (oder mehr) rechtlich selbstständige Gesellschaften aufgeteilt
Formen:	Besitz-Personengesellschaft und Betriebs-Kapitalgesellschaft (Übertragung des Risikos auf Kapitalgesellschaft; die Besitz-Personengesellschaft verpachtet Anlagen an Betriebs-Kapitalgesellschaft, erhält dafür Pacht, bei Besitz-KapG als Betriebsausgaben steuermindernd) *Betriebs-Personengesell*schaft und Vertriebs-Kapitalgesellschaft (Risiko des Absatzes bei der Vertriebsgesellschaft; Gewinnverlagerung auf jeweils günstigere Gesellschaft) *Mehrgesellschaften* (zum Beispiel zwei Personengesellschaften, eine Kapitalgesellschaft)
Mindestzahl/-kapital, Haftung, Finanzierung, Leitung/Vertretung, Organe, GuV-Verteilung, Publizität, Handelsregistereintrag, Steuerbelastung:	
	entsprechend der jeweils gewählten Personen- und Kapitalgesellschaft
Vorteile:	steuerliche Belastung gegenüber einer Unternehmung eventuell günstiger; jederzeitige Möglichkeit, die Gesellschaft wieder als reine Personengesellschaft weiterzuführen; Umgehungsmöglichkeit für die Einführung neuer Bilanzrichtlinien mit Prüfungspflicht nach der 4. EG-Richtlinie (Jahresabschluss der Betriebs-GmbH wird erheblich »abgemagert«), da das gesamte bewegliche und unbewegliche Anlagevermögen nicht ausgewiesen wird und der Ertragsausweis durch die Aufwendungen an Geschäftsführer erheblich minimiert wird; strenge Trennung zwischen Geschäftsführung und Besitz-Gesellschaft, da für beide Funktionen selbstständige Unternehmen bestehen
Probleme/Nachteile:	Aufwendungen für Buchführung und Jahresabschluss für zwei Gesellschaften; sorgfältige, richtige Abstimmung der einzelnen Verträge beider Gesellschaften notwendig, damit das Zusammenspiel zwischen Eigentum und betrieblicher Nutzung optimal funktioniert; Anerkennung von Pacht, Pachtzinsen (für die Überlassung der Betriebsgrundlagen und Firmenwert), Geschäftsführergehalt, Mieten (circa 10 Prozent für die Überlassung der Geschäftsräume) oder Preise in voller Höhe durch die Steuerbehörde

Abb. 46: Die Betriebsaufspaltung

Europäische wirtschaftliche Interessenvereinigung

Die *Europäische wirtschaftliche Interessenvereinigung (EWIV)* ist eine im Rahmen der europäischen Gesetzesharmonisierung relativ neue Rechtsform, die für die gesamte EU gilt. Sie ist weitgehend vergleichbar mit einer OHG, da auch hier das oberste Organ die gemeinschaftlich handelnden Mitglieder sind. Ein Geschäftsführer leitet und vertritt die Gesellschaft, und die Haftung ist analog der OHG unbeschränkt, mittelbar und gesamtschuldnerisch.

Name/Abkürzung:	Europäische wirtschaftliche Interessenvereinigung, EWIV
Rechtsgrundlage:	EWIV-VO, vergleichbar mit einer OHG; der Vereinigung müssen Mitglieder aus mindestens zwei verschiedenen EG-Staaten angehören
Wesen:	»supranationale« Rechtsform, diese Rechtsform kommt hauptsächlich für Partner in Frage, die im Rahmen der »grenzüberschreitenden Kooperation« aktiv sind; die EWIV eignet sich vor allem bei der Einrichtung gemeinsamer Einkaufs- oder Verkaufsorganisationen sowie bei der Durchführung von Kooperationsprojekten
Mindestzahl/-kapital:	2, kein Mindestkapital
Haftung:	jedes Mitglied der EWIV haftet unbeschränkt und gesamtschuldnerisch für alle Verbindlichkeiten der Gesellschaft
Finanzierung:	gut möglich, da unbeschränkte, gesamtschuldnerische Haftung
Leitung/Vertretung:	Art. 19 Abs. 1 EWIV-VO bestimmt, dass die Geschäfte von einer oder mehreren natürlichen Personen geführt werden, die durch Beschluss der Mitglieder bestellt werden; bei der Geschäftsführung kann es sich ganz oder zum Teil um Mitglieder der Vereinigung selbst, aber auch um Dritte handeln
Organe:	wie BGB-Gesellschaft
GuV-Verteilung:	für den Ausgleich von Verlusten bestimmt Art. 21 Abs. 2 EWIV-VO, dass die Mitglieder daran ebenfalls zu gleichen Teilen beteiligt sind, falls nichts Abweichendes vereinbart ist
Publizität:	keine Verpflichtung
Handelsregistereintrag:	bei dem Handelsregister, in dessen Bezirk die Vereinigung ihren Sitz hat
Steuerbelastung:	unterliegt nicht der Gewerbe- und Vermögenssteuer, da die EWIV in vollem Umfang Träger von Rechten und Pflichten sein kann, wird ihr etwa vorhandener Grundbesitz zugerechnet und trifft sie die Grundsteuer; die EWIV wird im Regelfall den Unternehmerbegriff im Sinne des § 2 Abs. 1 UStG erfüllen, sie ist daher umsatzsteuerpflichtig

Vorteile:	der Tod einer natürlichen Person führt nach Art. 28 Abs. 1 EWIV-VO anders als im vergleichbaren deutschen Recht – § 131 HGB – nicht zur Auflösung der EWIV, sondern nur zur Beendigung der Mitgliedschaft
Nachteile:	Haftung

Abb. 47: Die Europäische wirtschaftliche Interessenvereinigung (EWIV)

Partnerschaftsgesellschaft

Die *Partnergesellschaft (PartG)* ist wie die EWIV eine relativ junge Rechtsform. Sie wurde 1994 eingeführt und seitdem in speziellen Partnerschaftsregistern geführt. Sie stellt als rechtsfähige Personengesellschaft eine Schwesterfigur zur OHG dar. Auch hier verweist das PartGG weitgehend auf die Vorschriften der OHG. Die Partnergesellschaft wurde vorwiegend für Zusammenschlüsse von freien Berufen gegründet.

Versicherungsverein auf Gegenseitigkeit

Der *Versicherungsverein auf Gegenseitigkeit (VVaG)* ist ein rechtsfähiger Verein, der die Versicherung seiner Mitglieder nach dem Grundsatz der Gegenseitigkeit betreibt. Es handelt sich um eine Sonderform speziell für den Bereich des Versicherungswesens, der sich historisch aus den genossenschaftlichen Zusammenschlüssen von Haftungsgemeinschaften, zum Beispiel für den Feuerschutz im Mittelalter, entwickelt hat. Die wirtschaftliche Bedeutung des VVaG ist in der Versicherungsbranche sehr groß.

Name/Abkürzung:	Partnergesellschaft, PartG
Rechtsgrundlage:	PartGG; Gesamthandsgemeinschaft (§ 7 Abs. 2 PartGG verweist auf § 124 HGB), Partnerschaft ist Rechtssubjekt und Rechtsträger
Rechtsfähigkeit:	die Partnerschaft kann als Träger von Rechten und Pflichten in das Grundbuch eingetragen werden; sie kann Besitzerin und Erbin sein; zwar können nur natürliche Personen Partner sein, umgekehrt kann die Partnerschaft aber Anteilseigner an einer juristischen Person sein (zum Beispiel an einer Wirtschaftsprüfungsgesellschaft)
Wesen:	die Partnergesellschaft ist eine *rechtsfähige Personengesellschaft;* die Partnerschaft ist eine eigenständige Rechtsform, das PartGG verweist aber soweit wie möglich auf die Vorschriften über die OHG; Partner können nur Angehörige eines freien Berufs (vollständige Kapitalbindung) und nur natürliche Personen sein, die grundsätzlich mitarbeiten müssen
Mindestzahl/-kapital:	2, kein Mindestkapital
Haftung:	neben der Partnerschaft haften die Partner für die Verbindlichkeiten der Partnerschaft als Gesamtschuldnerin, Beschränkung bei der Berufsausübung auf einzelne Partner möglich; die Partnerschaft ist grundrechtsfähig, deliktfähig und haftet mit ihrem Vermögen für Rechtsverletzungen; die *Vor-Partnerschaft* hat in der Zeit zwischen Abschluss des Partnerschaftsvertrages und Eintragung den Rechtscharakter einer BGB-Gesellschaft
Leitung/Vertretung:	Partner
Organe:	Partner
GuV-Verteilung:	die vermögensrechtlichen Innenbeziehungen der Partner, also vor allem die Verteilung des Geschäftsergebnisses, richtet sich ausschließlich nach dem Partnerschaftsvertrag, § 6 Abs. 2 PartGG
Publizität:	keine Verpflichtung
Handelsregistereintrag:	Partnerschaftsregister
Steuerbelastung:	Einkommensteuer für Einkünfte der Partner; Gesellschaft nicht körperschaftssteuerpflichtig; sie unterliegt auch nicht der Gewerbesteuer
Vorteile:	Partnerschaft hat Rechtsfähigkeit mit allen Konsequenzen, zum Beispiel die Verwendung des Namens der Gesellschaft bei einer Kreditaufnahme; die Partnerschaft bringt im Vergleich zur GmbH einen Image-, Seriositäts-Vorteil (kein Hinweis auf die Haftungsbeschränkung im Namen)
Nachteile:	Umstände und Kosten der Registrierung, leichtere Möglichkeit, verklagt zu werden (bei der BGB-Gesellschaft müssen alle Partner als Beklagte aufgeführt werden); ein klarer Nachteil ist die nur vertraglich und nur Berufsfehler abdeckende Haftungsbeschränkungslösung; bei der Personengesellschaft verwehrte Möglichkeit der Bildung von Rückstellungen für Pensionsverpflichtungen für Gesellschafter-Geschäftsführer

Abb. 48: Die Partnergesellschaft (PartG)

Name/Abkürzung:	Versicherungsverein auf Gegenseitigkeit, VVaG
Rechtsgrundlage:	§§ 15–53 VAG, rechtsfähiger Verein; Mitglied kann nur werden, wer ein Versicherungsverhältnis mit dem Verein begründet; als Verein versichert der VVaG nur seine Mitglieder; Versicherungsverhältnis und Mitgliedschaft fallen zusammen; sofern Nichtmitglieder versichert werden, handelt es sich um einen gemischten Verein
Wesen:	häufigstes Beispiel der VVaG sind die Pensionskassen von Unternehmen oder Zusammenschlüsse mehrerer Gemeinden und Kommunen zum Zweck einer gegenseitigen Feuerversicherung
Mindestzahl/-kapital:	wie bei Verein
Haftung:	Gründungsstock analog dem Grundkapital einer Aktiengesellschaft; Nachschusspflicht und Umlage
Leitung/Vertretung:	durch Vorstand und Aufsichtsrat als Organe; Vorstand als Leitungsorgan und Aufsichtsrat, der zu 1/3 aus Arbeitnehmervertretern besteht (das Mitbestimmungsgesetz findet bei der VVaG keine Anwendung), die in einer Mitgliedervertreterversammlung durch Urwahl bestimmt werden
GuV-Verteilung:	entsprechend Satzung
Publizität:	wie eine Aktiengesellschaft (größenabhängig)
Handelsregistereintrag:	Pflicht
Steuerbelastung:	wie Genossenschaft
Vorteile:	die Beiträge an den Verein sind gleichzeitig Prämien für den Versicherungsschutz
Nachteil:	bei der Haftung kann eine Nachschusspflicht zum Versicherungsbeitrag beziehungsweise eine Umlage der Verluste eintreten; die Nachschusspflicht kann per Satzung ausgeschlossen werden

Abb. 49: Der Versicherungsverein auf Gegenseitigkeit (VVaG)

Reederei

Unter einer *Reederei* versteht man gemäß § 489 HGB die Vereinigung mehrerer Personen (Mitreeder) zur Verwendung eines ihnen gemeinschaftlich gehörenden Schiffes auf gemeinsame Rechnung zum Erwerb durch die Seefahrt. Sie entsteht durch einen formlosen Gesellschaftsvertrag. Man spricht auch von der »Partnerreederei«. Mehrere Personen sind Miteigentümer eines Schiffes und verwenden dieses durch den Gesellschaftsvertrag zur gemeinschaftlichen Seeschifffahrt. Jeder ist Miteigentümer, das Reedereivermögen teilt sich auf in die einzelnen »Schiffsparten«. Die Reederei ist eine Personengesellschaft, wobei zu beachten ist, dass größere Schifffahrtsunternehmen wegen des hohen Kapitalbedarfs meist als Aktiengesellschaften organisiert sind, sodass diese traditionelle Rechtsform nur noch sehr selten vorkommt. Die Geschäftsführung steht allen gemeinsam zu. Wird ein Gesellschafter zur Leitung und Vertretung berufen, so bezeichnet man ihn als »Korrespondenzreeder«. Das Recht jedes Miteigentümers, bei jeder neuen Schiffsfracht aus dem Vertrag auszutreten, wird als Abandon-Recht (abandonnieren = aufgeben) bezeichnet.

Vereine

Vereine können nicht-rechtsfähige Vereine als BGB-Gesellschaften und rechtsfähige Vereine sein, die entweder einem wirtschaftlichen Zweck oder keinem solchen Zweck dienen. Als Rechtsgrundlage gelten die §§ 21–79 BGB. Rechtsfähige Vereine müssen eine Satzung erlassen. Nicht-wirtschaftliche Vereine werden beim Amtsgericht eingetragen, wobei wirtschaftliche Vereine die Rechtsfähigkeit über den Antrag bei der Landesinnenbehörde erhalten. Eine Mitgliederversammlung muss einen Vorstand wählen. Für die Schulden haftet nur das Vereinsvermögen, das heißt die Mitglieder haften nicht persönlich, und die Auflösung des Vereins erfolgt mit Dreiviertelmehrheit der Mitgliederversammlung.

Rechtsformen des öffentlichen Rechts

Öffentliche Betriebe, die nicht in privatrechtlicher Form geführt werden, können als Eigenbetriebe, Körperschaften, Anstalten oder Stiftungen des Öffentlichen Rechts geführt werden. Beispiele für diese Rechtspersönlichkeiten sind die Kreditanstalt für Wiederaufbau (Körperschaft), die öffentlich-rechtlichen Sparkassen und Girozentralen (Anstalten) und Kultur- oder Parteistiftungen. Betriebe ohne eigene Rechtspersönlichkeit im öffentlichen Bereich sind reine Regiebetriebe, Eigenbetriebe oder Sondervermögen des Bundes. Öffentliche Einrichtungen, wie Krankenhäuser, Müllabfuhr und Schlachthöfe, können als solche Regiebetriebe, das heißt als verselbstständigte Abteilungen der öffentlichen Verwaltung ohne eigenes Vermögen, betrieben werden. Eine größere Verselbstständigung erfolgt bei der Organisationsform des Eigenbetriebs, zum Beispiel bei Energieversorgungsunternehmen oder Stadtwerken. Sondervermögen des Bundes sind (gemäß § 26 Bundeshaushaltsordnung) autonome Wirtschaftskörperschaften, wie die Bundespost oder bis 1995 die Bundesbahn. Angesichts der zuletzt genannten Beispiele wird deutlich, dass die Bedeutung der öffentlichen Rechtsformen aufgrund der Privatisierungstendenzen in unserer

Wirtschaft abnehmen. Die wesentlichen Merkmale der Rechtsformen des öffentlichen Rechts werden im Folgenden zusammengefasst:

1. Reine Regiebetriebe:
   - rechtlich unselbstständig,
   - organisatorisch Verwaltungsbetriebe als Teil der öffentlichen Verwaltung,
   - ohne eigene Rechtspersönlichkeit und ohne eigenes Vermögen; verwaltungsintern geführt,
   - überwiegend im Bereich kommunaler Einrichtungen,
   - kameralistisches Rechnungswesen, Bruttoprinzip,
   - zum Beispiel Müllabfuhr.
2. Verselbstständigte Regiebetriebe:
   - aus der Verwaltung ausgegliedert als Sondervermögen oder Eigenbetrieb,
   - rechtlich unselbstständig, organisatorisch ausgegliedert,
   - eigene Rechnungslegung mit kaufmännischer Buchführung,
   - Eigenbetriebe meist bei kommunaler Versorgung (zum Beispiel Energieversorgung, Stadtwerke),
   - Sondervermögen rechtlich unselbstständig und organisatorisch unabhängig (Bundesdruckerei),
   - sollen Beiträge zur Finanzierung des Haushalts der Verwaltung erwirtschaften,
   - haben einen Wirtschaftsplan aufzustellen (BHO),
   - zum Beispiel ehemals Bundespost und ehemals Bundesbahn.
3. Körperschaften:
   - haben Mitglieder (zum Beispiel Mitglieder einer Kirche oder Kommune oder Hochschule),
   - nehmen öffentliche Aufgaben hoheitlich wahr,
   - zum Beispiel Gemeinden, Städte, Länder, Kirchen.
4. Anstalten:
   - öffentliche Träger (zum Beispiel Länder bei Rundfunksendern, Kreise bei Kreissparkassen),
   - Mitglieder sind Benutzer der Anstalt,
   - Organe sind Vorstand und Verwaltungsrat,
   - zum Beispiel Rundfunkanstalten, öffentliche Sparkassen.

5. Stiftungen des öffentlichen Rechts:
   - haben einen öffentlichen Zweck zu erfüllen,
   - verselbstständigte Vermögensmasse ist juristische Person,
   - zum Beispiel Studienstiftung des deutschen Volkes.

Wechsel der Rechtsform und Gesellschaftsvertrag

Obgleich die Wahl der Rechtsform als konstitutive Entscheidung zu den langfristig wirksamen Entscheidungen eines Unternehmens zählt, können Veränderungen der betrieblichen Zielsetzung oder der Unternehmensumwelt zur Umgründung beziehungsweise Umwandlung der Rechtsform führen. Neben betrieblichen Gründen, wie dem Unternehmenswachstum, das häufig zu einem Wechsel von einer Personen- zu einer Kapitalgesellschaft führt, können Strukturverschiebungen der wirtschaftlichen Umwelt sowie gesetzliche Veränderungen, wie zum Beispiel die Abschaffung der bergrechtlichen Gewerkschaft 1986, oder die Einführung neuer Rechtsformen, wie die der Partnergesellschaft und der EWIV 1994, zu neuen Überlegungen hinsichtlich der Rechtsformwahl beitragen. Bei der Umwandlung von Rechtsformen unterscheidet man eine Umgründung, die durch eine formelle Liquidation der alten Gesellschaft erfolgt, von der Umwandlung im engeren Sinne, bei der keine Liquidation notwendig ist. Bei der *Umgründung* wird das alte Unternehmen völlig aufgelöst und abgewickelt (liquidiert). Die Vermögensgegenstände werden einzeln bewertet und auf die neue Rechtsform übertragen. Dies wird als Einzelrechtsnachfolge bezeichnet.

Bei der *Umwandlung* im engeren Sinne wird die formwechselnde von der übertragenden Umwandlung unterschieden. Die formwechselnde Umwandlung erfolgt durch eine einfache Änderung des Gesellschaftsvertrags, zum Beispiel bei der Umwandlung einer Personengesellschaft (OHG) in eine andere Personengesellschaft (KG). Die Rechtspersönlichkeit des Unternehmens bleibt erhalten, und das Gesellschaftsvermögen muss nicht einzeln übertragen werden. Bei der übertragenden Umwandlung findet eine Vermögensübertragung auf dem Wege der Gesamtrechtsnachfolge statt. Die alte Rechtsform wird aufgelöst und ihr Vermögen sowie ihre Schulden insgesamt auf die neue Rechtsform übertragen. Es kann dabei in eine verschmelzende und eine errichtende Umwandlung unterschieden werden. Bei der verschmelzenden Umwandlung geht das Vermögen der aufzulösenden Rechtsform in ein bereits bestehendes Unternehmen ein. Bei der errichtenden Umwandlung wird eine neue Gesellschaft gegründet, in die das gesamte Vermögen der alten Rechtsformen eingeht. Auf die einzelnen gesetzlichen Vorschriften des Umwandlungsgesetzes sowie des HGB ab §§139 ff. beziehungsweise des AktG ab §§362 ff. soll hier nicht näher eingegangen werden. Es gibt aber für jede Umwandlung einer Rechtsform in eine andere Rechtsvorschriften, insbesondere zum Schutz von Gläubigern, die detailliert die Übergänge von einer zur anderen Rechts-

Gesellschaftsvertrag

§1 Firma

1. Die Firma der Gesellschaft lautet: ...
2. Die Gesellschaft hat ihren Sitz in ...

§2 Gegenstand des Unternehmens

Der Gegenstand des Unternehmens ist ...
Soweit gesetzlich zulässig, ist die Gesellschaft zu allen Geschäften und Maßnahmen berechtigt, die geeignet sind, den Gesellschaftszweck zu fördern.

§3 Stammkapital, Stammeinlage

Das Stammkapital beträgt Euro ...
... übernimmt eine Stammeinlage in Höhe von Euro ...
Die Stammeinlage ist in Geld zu leisten. Sie ist sofort zur Zahlung fällig.

§4 Verfügung über Geschäftsanteile

Die Verfügung über Geschäftsanteile oder einen Teil des Geschäftsanteils, insbesondere Abtretung oder Verpfändung, ist nur mit Zustimmung aller Gesellschafter zulässig.

§5 Geschäftsführung und Vertretung

Die Gesellschaft hat einen oder mehrere Geschäftsführer. Ist nur ein Geschäftsführer bestellt, so vertritt dieser die Gesellschaft allein; sind mehrere Geschäftsführer bestellt, so wird die Gesellschaft durch zwei Geschäftsführer gemeinschaftlich oder von einem Geschäftsführer in Gemeinschaft mit einem Prokuristen vertreten.
Durch Gesellschafterbeschluss kann allen oder einzelnen Geschäftsführern Alleinvertretungsbefugnis und Befreiung von Beschränkungen des §181 BGB erteilt werden.

§6 Geschäftsjahr

Das Geschäftsjahr ist das Kalenderjahr.

§7 Salvatorische Klausel

Sollten eine oder mehrere Bestimmungen dieses Gesellschaftervertrags unwirksam oder nichtig sein, so wird die Geltung der übrigen Bestimmungen hierdurch nicht berührt. Entstehende Lücken sind nach dem Sinngehalt dieses Vertrags und entsprechend dem mutmaßlichen Willen der Gesellschafter zu schließen.

Geschäftsführervertrag

I. Aufgabenbereich
II. Genehmigungsbedürftigte Geschäfte
III. Dienstleistung, Nebentätigkeit, Wettbewerb

Abb. 50: Muster eines Gesellschafts- und Geschäftsführervertrags

form regeln. Durch die Einzel- oder Gesamtbewertung von Vermögen werden eventuelle stille Reserven aufgedeckt, und die Umwandlung an sich erfordert erhebliche Kosten. Zur Besteuerung der stillen Reserven existiert ein eigenes Umwandlungssteuergesetz (UmwStG).

Wie bei den meisten Rechtsformen gezeigt, ist die Basis für eine geschäftliche Zusammenarbeit von natürlichen oder juristischen Personen häufig ein *Gesellschaftsvertrag*. Ein Muster eines Gesellschaftsvertrags sowie die Inhalte eines Geschäftsführervertrags werden in Abbildung 50 vorgestellt.

Neben der zum Teil gesetzlich vorgeschriebenen Aufstellung eines Gesellschaftsvertrags erfreut sich in den letzten Jahren insbesondere bei mittelständischen Unternehmen, die nicht als Kapitalgesellschaft firmieren, die Gründung eines Beirats zunehmender Beliebtheit. Dieser Firmenbeirat kann als freiwilliges Aufsichtsorgan die Funktionen eines Aufsichtsrats wie bei einer Kapitalgesellschaft übernehmen. Insbesondere bei größeren Familiengesellschaften kann zur Sicherung des Unternehmens, beziehungsweise zur Unterstützung des Managements, ein Beirat als Führungshilfe fungieren. Unabhängige Beiräte können strittige Nachfolgeregelungen erleichtern und die Zusammenarbeit zwischen Familien, Anteilseignern und ihren Managern versachlichen. Neben diesem Konfliktausgleich kann eine externe Beratung als »Partner auf Zeit« zur Nutzung von Fachwissen gewonnen werden. Allerdings existiert für diese neue und zunehmend beliebte Form des Rechtsbeistandes noch keine Rechtsgrundlage.

Beispiel
Die Rechtsformwahl der Deutschen Bahn AG 1994

Am 5. Januar 1994 trug sich die Deutsche Bahn AG im Handelsregister Berlin-Charlottenburg Abteilung B auf Blatt 50000 mit einer neuen Rechtsform, der Aktiengesellschaft, ein. Die Vorgeschichte dieser Eintragung soll in diesem Fallbeispiel verdeutlicht werden.

Die Deutsche Bahn AG und die Deutsche Reichsbahn der ehemaligen DDR waren bis 1994 als Eigenbetriebe des Bundes organisiert. Seit langem sinkende Marktanteile und immense Jahresdefizite ließen seit Ende der siebziger Jahre politische Bestrebungen erkennen, die Bahn ganz oder teilweise zu privatisieren. Der Marktanteil der westlichen Bundesbahn sank im Güterverkehr von 44 Prozent im Jahre 1960 auf circa 20 Prozent im Jahre 1993. Im Personenverkehr war der Rückgang noch drastischer. Hier sank der Marktanteil von 16 Prozent (1960) auf lediglich circa 5 Prozent (1993).

Ebenfalls 1993 verzeichnete die Deutsche Bundesbahn ein Jahresdefizit von rund 9 Milliarden D-Mark, die Deutsche Reichsbahn im gleichen Jahr ein Defizit von sogar 15 Milliarden D-Mark. Das öffentliche Dienstrecht, vor allem im Personalbereich, machte die Flexibilisierung der Arbeitszeiten, Entlohnung oder Beförderungen schier unmöglich. Bis 1993 wurden immer noch Bundesbahnmitarbeiter zum Teil auf Lebenszeit beamtet. Damit war ein Entlohnungssystem, das sich am Dienstalter und nicht an der Leistung orientiert, vorgezeichnet.

Mit einem personellen Wechsel an der Unternehmensspitze (Heinz Dürr) sollte 1992 eine neue Strategie für die inzwischen vereinigten beiden deutschen Bahnen gefunden werden. Es wurden drei strategische Grundmaximen formuliert.

- Der Marktanteil solle durch den Einsatz von Maßnahmen, die mehr Verkehr auf die Schiene bringen, erhöht werden.
- Weiterhin sollte vermehrt auf das Prinzip Wirtschaftlichkeit statt Sparsamkeit gesetzt und somit der Bundeshaushalt von den Jahresdefiziten der Bahnen entlastet werden.
- Drittes strategisches Ziel war die Einführung einer erwerbswirtschaftlichen Führung durch ergebnisverantwortliche Organisationen und leistungsorientierte Personalentwicklungskonzepte.

Dieses Ziel konnte nur durch die massive Dezentralisierung bisher hoheitlicher Aufgaben, die Aufteilung der Organisation in drei Bereiche (Personenverkehr, Güterverkehr und Fahrweg) sowie durch die Regionalisierung der spezifischen Transportangebote und Marketingaktivitäten erreicht werden.

Im Januar 1993 schrieb Heinz Dürr in der Mitarbeiterzeitschrift *Die Deutsche Bahn*:

»Die Deutschen Bahnen stehen vor einer Revolution. Wenn die bevorstehenden Umwälzungen dem Unternehmen und seinen Mitarbeitern eine gute Zukunft sichern sollen, dann dürfen die neuen Strukturen nicht ›von oben nach unten‹ verordnet werden. Wir wissen auch, dass eine solche Umstrukturierung nur funktionieren kann, wenn sie akzeptiert wird; und akzeptiert wird sie nur, wenn die Betroffenen, also die Eisenbahnerinnen und Eisenbahner, auch die Möglichkeit des ›Durchblicks‹ haben.«

Um diese strategischen und organisatorischen Überlegungen effizient und effektiv umsetzen zu können, war sowohl politisch als auch von der Unternehmensspitze der Bahn her schnell klar, dass eine neue, möglichst private Rechtsform gesucht werden musste. Der Wechsel vom Eigenbetrieb zu einer öffentlichen Körperschaft innerhalb des öffentlichen Rechts war angesichts der strategischen Zielsetzung einer erwerbswirtschaftlichen autonomen Führung außerhalb des Bundeshaushalts keine Alternative. Sowohl bei einer Anstalt öffentlichen Rechts als auch bei einer Körperschaft wäre durch die Trägerschaft beziehungsweise den Mitgliedscharakter eine autonome Führung nicht möglich gewesen. Die Endgültigkeit der Vermögensüberlassung bei einer Stiftung öffentlichen Rechts hätte jegliche weitere Rechtsformänderung unmöglich gemacht. Es blieb daher angesichts der strategischen Überlegung lediglich eine Rechtsform des Privatrechts übrig. Aber auch im Privatrecht konnte das zulässige Alternativenspektrum weiter eingegrenzt werden, da eine Einzelunternehmung angesichts der Unmöglichkeit einer persönlichen Haftung eines Einzelnen als Rechtsform ausschied. Gleiches gilt auch für die Stiftung privaten Rechts, da die Überlassung der Vermögensmasse auch hier endgültig gewesen wäre, und angesichts der neuen Herausforderung der Bahnen zu wenig Finanzierungsspielräume geboten hätte. Es blieben somit lediglich die Gesellschaften im weitesten Sinne übrig. Und auch hier konnten die Sonderformen für bestimmte Wirtschaftsbereiche (Reederei, VVaG) im Vorfeld ausgeschlossen werden. Die Innengesellschaften bei den Personengesellschaften (Stille Gesellschaft) sowie die Vereine bei den privaten Körperschaften boten ebenfalls keine ernst zu nehmende Alternative. Es blieben damit im Alternativenspektrum die Personengesellschaften (OHG, KG, GbR) und bei den Kapitalgesellschaften die AG, GmbH und KGaA. Die Genossenschaft konnte mit Einschränkung als Alternative noch betrachtet werden.

Die Zielbildung bei der Rechtsformwahl kann an dieser Stelle nur schematisch nachvollzogen werden, da eine explizite Zielhierarchie, beziehungsweise ein Zielsystem, von der Bundesbahn nicht bekannt gegeben wird und somit nicht vorliegt. Sicherlich beabsichtigte die Unternehmensspitze eine Begrenzung der Haftung, eine extreme Ausweitung der Finanzierungsmöglichkeiten angesichts der neuen Herausforderungen, zum Beispiel für den Bau neuer Verkehrswege. Klare Regelungen bezüglich der Leitung und Vertretung sowie eine möglichst geringe Steuerbelastung mit nicht zuviel Rechnungslegungs- und Publizitätspflichten können als Ziele angenommen werden. Da sicher kein persönlich haftender Gesellschafter für die immensen Defizite der Bahnen eintreten wollte, schieden bereits die Personengesellschaften (KG und OHG sowie BGB-Gesellschaften) aus. Die Genossenschaft bietet sicherlich zu wenig Finanzierungsmöglichkeiten für eine Bahn, da fraglich ist, ob ähnlich den Volks- und Raiffeisenbanken ausreichend Genossen beziehungsweise Anteilszeichner gefunden werden können, um das Unternehmen zu finanzieren. Innerhalb der Kapitalgesellschaften gilt dasselbe Finanzierungsproblem für die GmbH. Einzig die AG oder KGaA bietet mit ihrer Möglichkeit der Emission von Anteilen am anonymen Kapitalmarkt ausreichend Finanzierungsspielräume für dieses Unternehmen. Die Entscheidung für eine Aktiengesellschaft war damit getroffen. Für die Wahl einer reinen Aktiengesellschaft spricht, dass keine natürliche Person in die Haftung eintreten würde.

Zur Gründung der neuen Deutschen Bahn AG wurde als Erstes eine Vorgesellschaft errichtet, die die Aufgabe hatte, eine Satzung zu erstellen. Diese Satzung ist in Abbildung 51 in wesentlichen Teilen wiedergegeben.

Satzung
der
Deutschen Bahn Aktiengesellschaft

I.
Allgemeine Bestimmungen

§ 1
Firma, Sitz

(1) Die Gesellschaft führt die Firma »Deutsche Bahn Aktiengesellschaft«.

(2) Sie hat ihren Sitz in Berlin.

§ 2
Gegenstand des Unternehmens

(1) Gegenstand des Unternehmens der Gesellschaft ist

1. das Erbringen und Vermarkten von Eisenbahnverkehrsleistungen zur Beförderung von Gütern und Personen;
2. das Betreiben und Vermarkten der Eisenbahninfrastruktur; dazu zählen insbesondere die Planung, der Bau, die Unterhaltung sowie die Führung der Betriebsleit- und Sicherheitssysteme;
3. alle Geschäftstätigkeiten in dem Eisenbahnverkehr verwandten Bereichen.

Die Gesellschaft ist ferner zu allen Geschäften und Maßnahmen berechtigt, die geeignet erscheinen, dem Unternehmensgegenstand nach Nr. 1 bis 3 zu dienen. Dies gilt auch für das Erbringen von Planungs- und Ingenieurleistungen für Dritte.

(2) Die Gesellschaft kann sich an Unternehmen gleicher oder verwandter Art beteiligen sowie solche Unternehmen gründen oder erwerben. Sie kann ihren Erwerb ganz oder zum Teil in solche Unternehmen ausgliedern und sich auf Leitungsaufgaben beschränken.

§ 3
Grundkapital, Aktien

(1) Das Grundkapital der Gesellschaft beträgt DM 4 200 000 000 (vier Milliarden zweihundert Millionen Deutsche Mark). Es ist eingeteilt in 84 000 000 (vierundachtzig Millionen) auf den Inhaber lautende Aktien zum Nennwert von je DM 50.

(2) Bei Ausgabe neuer Aktien kann der Beginn der Gewinnbeteiligung abweichend von § 60 Abs. 2 des Aktiengesetzes festgesetzt werden.

Satzung
der
Deutschen Bahn Aktiengesellschaft

(3) Die Form der Aktienurkunden sowie von Gewinnanteil- und Erneuerungsscheinen setzt der Vorstand mit Zustimmung des Aufsichtsrats fest. Die Gesellschaft kann Einzelaktien in Aktienurkunden zusammenfassen, die eine Mehrzahl von Aktien verbriefen (Sammelaktien).

(4) Die Bundesrepublik Deutschland (Bundeseisenbahnvermögen) überträgt der Gesellschaft alle Liegenschaften, soweit sie bahnnotwendig sind, gemäß § 20 Abs. 1 und 2, § 21 und § 23 Abs. 1 des Gesetzes zur Zusammenführung und Neugliederung der Bundeseisenbahnen. Sie überträgt der Gesellschaft außerdem das sonstige bahnnotwendige Vermögen gemäß Ausgliederungsplan nach § 1, § 4 Abs. 2 Nr. 5 und § 8 Abs. 1 Nr. 1 des Gesetzes über die Gründung einer Deutschen Bahn Aktiengesellschaft. Die Bundesrepublik Deutschland erhält dafür sämtliche Aktien der Gesellschaft im Gesamtwert von DM 4 200 000 000 zum Ausgabebetrag von DM 4 200 000 000.

§ 4
Geschäftsjahr

Geschäftsjahr ist das Kalenderjahr.

§ 5
Bekanntmachungen

Die Bekanntmachungen der Gesellschaft werden im Bundesanzeiger veröffentlicht.

II.
Vorstand

§ 6
Zusammensetzung

(1) Der Vorstand der Gesellschaft besteht aus mindestens zwei Mitgliedern, darunter einem Mitglied, das für personelle und soziale Angelegenheiten der Arbeitnehmer zuständig ist (Arbeitsdirektor). Im Übrigen bestimmt der Aufsichtsrat die Zahl der Mitglieder des Vorstands. Er kann einen Vorsitzenden des Vorstands sowie einen stellvertretenden Vorsitzenden ernennen und Vorstandsmitglieder bestellen.

(2) Für die Bestellung des ersten Vorstandes gilt § 5 Abs. 2 des Gesetzes über die Gründung einer Deutschen Bahn Aktiengesellschaft.

§ 7
Vertretung der Gesellschaft

Die Gesellschaft wird gesetzlich vertreten durch zwei Vorstandsmitglieder oder durch ein Vorstandsmitglied gemeinsam mit einem Prokuristen.

§ 8
Geschäftsführung, Geschäftsordnung

(1) Der Vorstand führt die Geschäfte ...

(2) Die Geschäftsordnung regelt die Geschäftsverteilung ...

III.
Aufsichtsrat

§ 9
Zusammensetzung, Amtsdauer, Amtsniederlegung

(1) Der Aufsichtsrat besteht aus 20 Mitgliedern.

(2) Die Bundesrepublik Deutschland hat, solange sie mehrheitlich Aktionär ist, das Recht, drei Mitglieder in den Aufsichtsrat zu entsenden.

(3) Die zehn Aufsichtsratsmitglieder der Aktionäre werden, soweit sie nicht gemäß Absatz 2 entsandt werden, durch die Hauptversammlung gewählt. Die zehn Aufsichtsratsmitglieder der Arbeitnehmer werden von den Arbeitnehmern nach den Vorschriften des Mitbestimmungsgesetzes gewählt.

(4) Die Aufsichtsratsmitglieder der Aktionäre werden für die Zeit ... gewählt.

(5) Mit der Wahl eines Aufsichtsratsmitglieds der Aktionäre kann gleichzeitig ein Ersatzmitglied bestellt werden, ...

(6) Die Wahl von Ersatzmitgliedern ...

(7) Die Mitglieder ... können ihr Amt jederzeit ... niederlegen

(8) Für die Bestellung des ersten Aufsichtsrats gilt § 5 Abs. 2 des Gesetzes über die Gründung einer Deutschen Bahn Aktiengesellschaft.

§ 10
Wahl des Vorsitzenden und seines Stellvertreters,
Bildung des Ausschusses nach § 27 des Mitbestimmungsgesetzes

(1) Im Anschluss an die Hauptversammlung ... wählt der Aufsichtsrat ... den Vorsitz ...

(2) ...

(3) ...

§ 11
Geschäftsordnung

Im Rahmen der gesetzlichen Vorschriften und der Bestimmung dieser Satzung kann sich der Aufsichtsrat eine Geschäftsordnung geben.

§ 12
Einberufung

(1) – (3) ...

§ 13
Beschlussfassung

(1) – (4) ...

§ 14
Willenserklärung

Der Vorsitzende des Aufsichtsrats und – im Falle seiner Verhinderung – sein Stellvertreter sind ermächtigt, Willenserklärungen des Aufsichtsrats und seiner Ausschüsse abzugeben und Erklärungen an den Aufsichtsrat oder seine Ausschüsse entgegenzunehmen.

§ 15
Vergütung

(1) Die Mitglieder erhalten ...

(2) ...

§ 16
Schweigepflicht

(1) Die Mitglieder des Aufsichtsrats haben – auch nach Ausscheiden aus dem Amt – über vertrauliche Angaben und Geheimnisse der Gesellschaft, namentlich Betriebs- und Geschäftsgeheimnisse, die ihnen durch ihre Tätigkeit im Aufsichtsrat bekannt werden, Stillschweigen zu bewahren.

(2) Will ein Mitglied des Aufsichtsrats Informationen an Dritte weitergeben, von denen nicht mit Sicherheit auszuschließen ist, dass sie vertraulich sind oder Geheimnisse der Gesellschaft betreffen, so ist es verpflichtet, den Vorsitzenden des Aufsichtsrats vorher zu unterrichten und ihm Gelegenheit zur Stellungnahme zu geben.

IV.
Hauptversammlung

§ 17
Einberufung, Vorsitz in der Hauptversammlung

(1) Der Vorstand, in den gesetzlich vorgesehenen Fällen der Aufsichtsrat, beruft die Hauptversammlung ein. Die Einberufung muss mindestens einen Monat vor dem Tag der Hauptversammlung erfolgen. Dabei werden der Tag der Einberufung und der Tag der Hauptversammlung nicht mitgerechnet.

(2) Den Vorsitz in der Hauptversammlung führt der Vorsitzende des Aufsichtsrats oder ein vom Aufsichtsrat bestimmtes anderes Aufsichtsratsmitglied der Aktionäre.

(3) Der Vorsitzende leitet die Versammlung. Er bestimmt die Reihenfolge, in der die Gegenstände der Tagesordnung verhandelt werden, sowie die Art und Form der Abstimmung.

(4) Soweit gesetzlich zulässig, kann die Hauptversammlung durch einstimmigen Beschluss auf die Einhaltung sämtlicher gesetzlichen und satzungsmäßigen Form- und Fristvorschriften verzichten.

§ 18
Ordentliche Hauptversammlung

Die Hauptversammlung beschließt über die Verwendung des Bilanzgewinns, über die Entlastung des Vorstands und des Aufsichtsrats sowie über die Wahl des Abschlussprüfers.

§ 19
Stimmrecht

Je DM 50 Nennbetrag der Aktien gewähren in der Hauptversammlung eine Stimme.

V.
Jahresabschluss

§ 20
Jahresabschluss

(1) Der Vorstand hat in den ersten drei Monaten eines Geschäftsjahres den Jahresabschluss und den Lagebericht für das vergangene Geschäftsjahr aufzustellen und dem Abschlussprüfer vorzulegen.

(2) Unverzüglich nach Eingang des Prüfungsberichts des Abschlussprüfers hat der Vorstand den Jahresabschluss, den Lagebericht und den Prüfungsbericht des Abschlussprüfers sowie den Vorschlag des Vorstands für den Beschluss der Hauptversammlung über die Verwendung des Bilanzgewinns dem Aufsichtsrat zur Prüfung vorzulegen.

(3) Für die Bilanzierung der nicht rückzahlbaren Zuschüsse der Bundesrepublik Deutschland gilt der Grundsatz der Bewertungsstetigkeit gemäß § 252 des Handelsgesetzbuches.

VI.
Schlussbestimmungen

§ 21
Prüfungsrechte

Dem Bund stehen die Rechte des § 53 des Haushaltsgrundsätzegesetzes zu. Der Bundesrechnungshof hat die Befugnisse nach § 54 Haushaltsgrundsätzegesetz.

§ 22
Änderung der Satzungsfassung

Der Aufsichtsrat ist befugt, Änderungen der Satzung zu beschließen, die nur die Fassung betreffen.

Abb. 51: Beispiel einer AG-Satzung (Deutsche Bahn AG von 1994)

Nach der Erstellung der Satzung wurden die Anteile, das heißt die Aktien, von einer Vorgesellschaft übernommen. Der dritte Schritt war die Bestellung der Organe, das heißt des Vorstands und Aufsichtsrates. Der Aufsichtsrat wurde von der Vorgesellschaft gewählt, und dieser neue Aufsichtsrat bestellte wiederum den ersten Vorstand, der in der Handelsregistereintragung namentlich genannt ist. Der vierte Schritt war dann die Eintragung im Handelsregister mit einem Gründungsbericht und notarieller Beglaubigung der Namen der Gründer und der Mitglieder der Organe. Deklaratorisch und konstitutiv wurde damit die Rechtsfähigkeit der neuen Unternehmung sowie die Vollkaufmanneigenschaft gemäß § 6 HGB dokumentiert. Die Firma der neuen Unternehmung gemäß § 17 HGB lautet Deutsche Bahn Aktiengesellschaft. Dies wurde im Bundesanzeiger und in vielen überregionalen Tages- und Wirtschaftszeitungen publiziert.

Zusammenfassung

Die Wahl einer geeigneten beziehungsweise optimalen Rechtsform zählt, ebenso wie die Wahl eines geeigneten Standortes, zu einer der wohl wichtigsten Entscheidungen eines Unternehmens. Ähnlich wie der Standort kann auch die Rechtsform nicht kurzfristig und wiederholt gewechselt werden, da Transaktionskosten damit verbunden sind, und die Frage nach der Haftung, Finanzierbarkeit, Mitbestimmung und vieles andere nicht beliebig oft neu gestellt werden sollte.

Selbstkontrollaufgaben zu Kapitel 8

1. Beschreiben Sie zwei Ziele für Ihre Rechtsformwahl, die für Sie wichtig wären, wenn Sie in Ihrem selbst geführten Hotelbetrieb über einen Wechsel von der bisherigen Rechtsform der OHG zu einer anderen Rechtsform nachdenken.

2. Entwickeln Sie eine Entscheidungsmatrix mit drei Zielen und zwei Rechtsformalternativen für Ihren Hotelbetrieb. Bisher sind Sie als OHG mit Ihrem Bruder zusammen Hauptgesellschafter, Sie mit 49 Prozent und Ihr Bruder mit den restlichen Prozenten. Eine Finanzierung eines Erweiterungsbaus steht an, und die Steuerbehörde »nervt« Sie mit ihren Steuerbescheiden.

9. Möglichkeiten von Unternehmenszusammenschlüssen

Konstitutive Entscheidungen sind nicht nur die bisher dargestellten Gründungsentscheidungen der Standort- und Rechtsformwahl, sondern auch grundlegende Anpassungsentscheidungen an veränderte Wettbewerbsverhältnisse. Bei den Fusionen unterscheiden wir je nach der Bindungsintensität lockere Partnerschaften bis hin zu Fusionen. In der globaleren Welt ist das Thema Zusammenschluss (Merger & Acquisition) ein stets aktuelles und wichtiges Thema der BWL.

Wachstumsgründe und wettbewerbsrechtliche Schranken

Wettbewerbsbedingtes Unternehmenswachstum ist grundsätzlich intern oder extern möglich. Das interne Wachstum ist meist Folge der Einbehaltung von Gewinnen (Selbstfinanzierung) und dadurch der Ausweitung von Produktionskapazitäten beziehungsweise der Erschließung neuer Märkte aufgrund neuer Marketinginvestitionen oder von Marketinginnovationen. Da dieses interne Wachstum häufig aufgrund einer personellen oder finanziellen Restriktion begrenzt ist, gehen immer mehr Unternehmen dazu über, Wachstum durch den Zusammenschluss mit anderen Unternehmen, das heißt extern, zu erreichen. Neue Produktionskapazitäten oder neue Märkte sind damit sofort vorhanden. Zusätzliches Know-how anderer Unternehmen kann unmittelbar genutzt werden, und die Zahl der Konkurrenten wird durch den Zusammenschluss verringert. Dies kann eine Reduzierung von Marketinganstrengungen bedeuten.

Regulativ und Ausgleich zwischen Angebot und Nachfrage ist in einer Marktwirtschaft der Wettbewerb auf einem Markt. Was nun Wettbewerb eigentlich ist, wird selbst in dem hierfür geschaffenen Gesetz gegen Wettbewerbsbeschränkungen (GWB) nicht definiert. In der Literatur finden sich hingegen viele Wettbewerbsdefinitionen. Nach Joseph Schumpeter besteht die Hauptfunktion des Wettbewerbs darin, Pionierunternehmen mit innovativen Produkten hohe Gewinne zu ermöglichen, um Nachahmer zu analogem innovativem Verhalten zu animieren. Wesentliche Merkmale jeder

Betriebswirtschaft konkret. Ottmar Schneck

ISBN 3-527-50193-2

Wettbewerbsdefinition sind die Existenz von Märkten und damit von Anbietern und Nachfragern sowie deren konkurrierendes Verhalten und die Präferenz von niedrigen Preisen bei Nachfragern und hohen Preisen bei Anbietern. Ein funktionierender Wettbewerb ist das Resultat von Verhandlungen beziehungsweise Kompromissen zwischen Anbietern und Nachfragern auf Märkten. Ein nicht funktionierender Wettbewerb ist demnach dann gegeben, wenn Anbieter und Nachfrager sich absprechen, Anbieter oder Nachfrager sich jeweils gegenseitig behindern, diskriminieren oder sich an die auf dem Markt vereinbarten Verträge nicht halten. Auf funktionierenden Märkten sind als Instrumente die wesentlichen Funktionen des Wettbewerbs die Bildung von Preisen, die Steuerung von Warenströmen, die faire Verteilung von Gütern, die Information über Knappheiten; damit wird die Anpassung an veränderte Konsumentenwünsche erreicht.

Wenn der Wille zu einem funktionierenden Wettbewerb gesellschaftspolitisch unstrittig ist, so müssen Regelungen gefunden werden, um bei Unternehmenszusammenschlüssen eine Behinderung des Wettbewerbs zu vermeiden.

Aufgrund der großen marktwirtschaftlichen Bedeutung des Wettbewerbsmechanismus gehen die ersten Rahmengesetze des Wettbewerbsrechts bereits auf die Jahre 1923 und 1925 zurück. Heute soll der Wettbewerb in Deutschland durch das GWB, institutionell vertreten durch das Bundeskartellamt in Berlin, geschützt werden. Das Bundeskartellamt hat die alleinige Aufgabe, den Wettbewerb zu schützen und zu diesem Zweck die im Wettbewerbsrecht enthaltenen Vorschriften umzusetzen. Die wettbewerbsrechtlichen Instrumente, die ihm zur Verfügung stehen, sind einerseits Verbote, zum Beispiel von Kartellen, Fusionen, Preisabsprachen oder Verhaltensabstimmungen, sowie Maßnahmen der Missbrauchsaufsicht, welche Behinderungs- oder Ausbeutungsmaßnahmen ahndet. Das GWB aus dem Jahre 1958 wurde bisher mehrfach ergänzt (1966 Kooperationserleichterung, 1973 Fusionskontrolle, 1976 und 1980 weitere Konkretisierung der Fusionskontrolle, 2005 EU-Erweiterung). Hauptbestandteil des GWB ist das grundsätzliche Kartellverbot. Gemäß GWB gilt: »Verträge, die Unternehmen oder Vereinigungen von Unternehmen zu einem gemeinsamen Zweck schließen, und Beschlüsse von Vereinigungen von Unternehmen sind unwirksam, soweit sie geeignet sind, die Erzeugung oder Marktverhältnisse für den Verkehr mit Waren oder gewerblichen Leistungen durch Beschränkung des Wettbewerbs zu beeinflussen. Dies gilt nicht, soweit in diesem Gesetz etwas anderes bestimmt ist.« Aus GWB wird bereits die Problematik ersichtlich, dass alle Unternehmensverbindungen, die nicht vertraglich geregelt sind, vom GWB nicht erfasst werden. Die weiteren Regelungen im GWB betreffen vor allem die Ausnahmen vom Kartellverbot und die so genannte Missbrauchsaufsicht. Sie versucht, die missbräuchliche Ausnutzung marktbeherrschender Stellungen zu verhindern, um Wettbewerb zuzulassen und zu ermöglichen. Zur Missbrauchsaufsicht gibt es zahlreiche Richtlinien, die bestimmen, wann und bei welchem Marktanteil eine marktbeherrschende Stellung vorliegt. Problematisch ist die Ausnahmeregelung des GWB im Rahmen der Fusionskontrolle, nach welcher der zuständige Wirtschaftsminister Ausnahmegenehmigungen erteilen darf. Politisch bedingte und unter Umständen willkürliche Entscheidungen sind hier nicht auszuschließen.

Das GWB wird ergänzt durch das Gesetz gegen unlauteren Wettbewerb (UWG). Wer im geschäftlichen Verkehr zum Zwecke des Wettbewerbs Handlungen vornimmt, die gegen die guten Sitten verstoßen, kann zur Unterlassung und Schadensersatz verpflichtet werden. Dies ist die Generalklausel des § 1 UWG, das bereits im Jahre 1909 erlassen wurde, um Mitbewerber und Kunden vor unlauterem Verhalten, zum Beispiel in der Werbung oder bei der Preispolitik, zu schützen. Die Normen des UWG wurden in letzter Zeit beispielsweise durch die Liberalisierung der Ladenschlusszeiten oder die Abschaffung des Rabattgesetzes und die Zulassung vergleichender Werbung relativiert.

Ziele von Unternehmenszusammenschlüssen

Unternehmen streben häufig ein Unternehmenswachstum an, um auf Beschaffungsmärkten Größenvorteile zu erzielen. Eine größere Macht gegenüber Lieferanten aufgrund eines gesteigerten Nachfragepotenzials kann zu Vorteilen bei den Konditionen führen. Sofern die Zulieferer auf den Absatz ihrer Produkte an Großunternehmen angewiesen sind, kann auf die Bezugsquelle Einfluss genommen werden.

Insbesondere in der Produktion kann das Unternehmenswachstum zu Synergieeffekten führen. Sofern diese Synergieeffekte aus dem Bereich der Forschung und Entwicklung kommen, werden sie als *Economies of Scope* bezeichnet. Aufgrund einer Zusammenlegung von Produktionskapazitäten der zusammengeschlossenen Unternehmen lassen sich Größenvorteile (*Economies of Scale*) erzielen. Diese sind verbunden mit der Möglichkeit der Fixkostendegression und der Nutzung von Lerneffekten. Zu beachten ist allerdings, dass in der Realität beim Zusammenschluss von Unternehmen, wie in den achtziger Jahren bei Daimler-Benz, Synergieeffekte häufig überschätzt werden.

Absatzorientierte Gründe für Unternehmenswachstum können die Risikostreuung auf verschiedenen Märkten, die bessere oder gegenseitige Nutzung von Vertriebs- und Distributionswegen sowie Vorteile und Synergieeffekte in der gegenseitigen Bewerbung und Marktforschung sein. Auf die negative Reaktion von Verbrauchern auf die Machtkonzentration sei hier hingewiesen.

Finanzwirtschaftliche Vorteile des Unternehmenswachstums sind die größere Emissionsfähigkeit, die höhere Kreditwürdigkeit und die gesteigerte Bonität, sofern sich zwei kapitalstarke Unternehmen zusammenschließen. Auch in Verwaltung und Organisation können durch die Zentralisierung von Funktionsbereichen, wie etwa der Personal- oder EDV-Abteilung, Synergieeffekte entstehen beziehungsweise Kosten eingespart werden.

In Abbildung 52 sind die Ziele von Unternehmenszusammenschlüssen nach Bereichen systematisch zusammengefasst.

Persönliche Ziele von Managern oder Eigentümern

- Prestige (Titel, Firmenwagen, Ausstattung, Freizeit = Consumption on the Job)
- Macht (Ausbau der Leitungsbefugnis, Leitungsspanne)
- Abwechslung (Vielfalt der Produkte beziehungsweise des Sortiments)
- Einkommen (Tantiemen, Gehaltssprung durch größere Verantwortung)

Beschaffungsziele

- Sicherung einer Beschaffungsquelle
- Konditionenvorteile (Ausnutzung von Rabatten, Boni, Skonti)
- Nachfragemacht (Kontrolle des Qualitätsanspruchs, Einfluss auf Liefer- und Termintreue)
- Eigenfertigung (Abschöpfung der Wertschöpfungsgewinne, Kontrolle der Fertigungsschritte und Engpassvermeidung)

Produktionsziele

- Gemeinsame EDV-Steuerung des Produktionsprozesses
- Risikostreuung bei breiterem Sortiment (Diversifikationsstrategie)
- Fixkostendegression durch größere Stückzahlen (Gesetz der Massenproduktion, Economies of Scale)
- Arbeitsteilung und Spezialisierung (Lerneffekte, Großserienproduktion)
- Rationalisierungseffekte, Zeiteinsparung (Kapazitätsausnutzung)

Forschungs- und Entwicklungsziele

- Know-how-Transfer (Patent-, Lizenztausch, Erfahrungsaustausch)
- Synergien im Bereich Forschung und Entwicklung (FuE)
- Gemeinsame Normen und Typen (Standardisierung, Zwang zur Kundentreue für Standardprodukte)

Absatzziele

- Ausgleich saisonaler Schwankungen
- Ausnutzung regionaler Besonderheiten
- Gemeinsames Gütesiegel oder Warenzeichen
- Nutzung gemeinsamer Distributionswege (Verbreiterung, Synergieeffekte)
- Spezialisierungseffekte bei Distribution
- Gemeinsame Corporate Identity (Öffentlichkeitsarbeit, Werbung, Einspareffekte bei den PR-Kosten)
- Lobbyismus, Einfluss auf Politik durch große Arbeitsplatzzahlen

Finanzierungsziele

- Verhandlungsmacht bei Kreditvergabe, Bonität, Kreditwürdigkeit durch Größe
- Konditionenvorteile, Poolbildung, bei Finanzen gegenseitige Liquiditätsnutzung
- Emissionsfähigkeit durch Größe und Rechtsform
- Nutzung von Finanzinnovationen durch Einstellung von Spezialisten im Haus

Steuerliche Vorteile

- Verlustausgleich, Kompensation durch Verschachtelung, Gewinnverlegung an günstigste Stelle
- Möglichkeit der Bildung von Pensionsrückstellungen
- Konzernkonsolidierung

Personalziele

- Gegenseitiger Austausch, Möglichkeit der Personalentwicklung, Personalleasing in Spitzenzeiten
- Gemeinsame Aus- und Weiterbildung, eigene Schulungsmöglichkeit
- Altersvorsorge durch breites Umlageprinzip

Abb. 52: Ziele bei Unternehmenszusammenschlüssen

Zusammenschlussformen

Diversifikationsmöglichkeiten

In Abbildung 53 sind die verschiedenen Formen von Unternehmenszusammenschlüssen hinsichtlich der Bindungsintensität und Richtung systematisiert.

Hinsichtlich der Integration von Zusammenschlüssen können, wie in Abbildung 53 genannt, horizontale, vertikale und laterale Formen unterschieden werden. Diese Richtungen werden auch als Diversifikationsmöglichkeiten bezeichnet. *Horizontal* bedeutet, dass ein neues Produkt aufgenommen wird, das mit den bisherigen Produkten sachlich verwandt ist. So diversifizierten in den siebziger Jahren beispielsweise zahlreiche Fahrradproduzenten horizontal durch die Neuaufnahme von Mofas in das Produktprogramm (damals neuer Markt und neues Produkt). Die *vertikale* Diversifi-

Kooperation (Zusammenschlusspartner bleiben rechtlich und wirtschaftlich selbstständig)

- Interessengemeinschaften
- Arbeitsgemeinschaften
- Konsortien
- Kartelle
- Wirtschaftsfachverbände

Konzentration (wirtschaftliche Selbstständigkeit zumindest eines Vertragspartners geht verloren)

- Mehrheitsbeteiligungen
- Abhängige beziehungsweise herrschende Unternehmen
- Unterordnungskonzerne und Gleichordnungskonzerne
- Fusion (rechtliche Selbstständigkeit geht zusätzlich verloren)

Dauer der Verbindung

- Projekt (zeitlich befristet)
- Dauerhafter Zusammenschluss

Rechtsverhältnis

- Zusammenschluss im Innenverhältnis
- Zusammenschluss im Außenverhältnis

Integrationsrichtung des Zusammenschlusses

- Horizontal (dieselbe Produktions- oder Handelsstufe)
- Vertikal (aufeinanderfolgende Produktions- oder Handelsstufen)
- Lateral (anorganischer, branchenfremder Zusammenschluss mit dem Ziel der Diversifikation oder der Konglomeratbildung)

Abb. 53: Formen von Unternehmenszusammenschlüssen

kation bezieht sich auf vor- beziehungsweise nachgelagerte Produktionsstufen im Verhältnis zum bisherigen Produkt. So kann ein Lebensmittelproduzent vertikal diversifizieren, wenn er sich mit einem vorgelagerten Düngemittelproduzenten oder einem nachgelagerten Handelsunternehmen zusammenschließt. Bei der *lateralen* Diversifikation werden Produkte aufgenommen, die zu den bisherigen Produkten keinen oder nur einen sehr geringen Bezug aufweisen (zum Beispiel ein Fahrradproduzent verkauft auch Lebensmittel). Diversifikation allein um des Unternehmenswachstums willen erscheint ohne ausnutzbare Synergieeffekte wenig sinnvoll, sodass für eine laterale Diversifikation nach heutigen Erkenntnissen wenig spricht. Insbesondere das Aufeinandertreffen unterschiedlichster Firmenkulturen aus verschiedenen Branchen und Unternehmensgrößen macht eine laterale Diversifikation problematisch.

Kooperationsformen

Kooperationen können zunächst stillschweigend erfolgen, indem zum Beispiel durch konkludentes Handeln ohne mündliche oder schriftliche Vereinbarungen Handlungen in gleicher Richtung laufen, beispielsweise bei der Preispolitik der Mineralölbranche oder der Gebührenpolitik im Bankenbereich. Werden solche Kooperationen vertraglich vereinbart, um einen bestimmten Zweck zu erfüllen, so spricht man von Arbeitsgemeinschaften.

Die *Arbeitsgemeinschaft* (ARGE) ist ein Unternehmenszusammenschluss, mit dessen Hilfe eine zeitlich befristete und in der Regel inhaltlich abgegrenzte Aufgabe oder ein Projekt von zwei oder mehreren Unternehmen gemeinsam erfüllt werden soll. Typisches Beispiel von Arbeitsgemeinschaften sind Kooperationen unter Handwerkern oder Zusammenschlüsse von Baugesellschaften. Sie erfolgen meist in der Rechtsform der BGB-Gesellschaft. Arbeitsgemeinschaften werden bei einer gemeinsamen Platzierung von Wertpapieren durch mehrere Banken als Konsortien bezeichnet. *Konsortien* sind Gelegenheitsgesellschaften, das heißt, sie lösen sich nach Erreichen des Gründungszwecks auf. Weitere Kooperationsbereiche können der Einkauf, das heißt die gemeinsame Beschaffung von Roh-, Hilfs- und Betriebsstoffen, sowie die gemeinsame Forschung und Entwicklung sein. Auch im öffentlichen Bereich werden Verwaltungsgemeinschaften als Interessengemeinschaft oder ARGE geführt.

Im Gegensatz zu den zeitlich befristeten Arbeitsgemeinschaften und Konsortien handelt es sich bei *Interessengemeinschaften* um dauerhafte Zusammenschlüsse von rechtlich und wirtschaftlich selbstständig bleibenden Unternehmen zur Wahrung und Förderung gemeinsamer Interessen. In der Regel erfolgt der Zusammenschluss auf horizontaler Ebene, zum Beispiel von zwei bisher getrennt operierenden Konkurrenten im Sinne eines Gleichordnungsverhältnisses. Beispiele sind nationale Sicherungsgemeinschaften für den Beschaffungs- oder Produktionsbereich oder neuerdings Interessengemeinschaften im Bereich der Abfallverwertung (zum Beispiel Duales System Deutschland).

Eine Form der Arbeitsgemeinschaft, die zur Zeit immer beliebter wird, ist die Kooperation mehrerer Unternehmen im Rahmen so genannter *Joint Ventures*. Allein im Jahr 1995 wurden dem Bundeskartellamt 720 derartige Zusammenschlüsse angezeigt. Schließen sich zwei oder mehrere voneinander unabhängige Unternehmen in dieser Form zusammen, so gründen sie ein gemeinsames neues, rechtlich selbstständiges Unternehmen, an dem sie jeweils als Gesellschafterunternehmen beteiligt sind. In der Regel wird die Leitung, Finanzierung und Haftung gleichmäßig verteilt, sodass im Gegensatz zu einem Konzern keine einheitliche, sondern eine gemeinsame Leitung vorliegt. Joint Ventures kommen insbesondere bei der Zusammenarbeit nationaler Unternehmen mit ausländischen Partnern vor. So kann zum Beispiel ein deutsches Unternehmen in Gemeinschaft mit einem russischen Partner Kapital und Know-how stellen, während der ausländische Partner Arbeitskräfte, die Nähe zum Markt und die Vertriebsorgane einbringt.

Eine besondere rechtliche Stellung kommt der Kooperationsform des Kartells zu. *Kartelle* sind Unternehmenszusammenschlüsse, deren Zweck die Beeinflussung des Marktes durch bewusste Beschränkungen des Wettbewerbs ist. Es lassen sich nach dem Gegenstand des Zusammenschlusses folgende Kartelle unterscheiden (vergleiche Abbildung 54).

- Preiskartelle (Preisabsprachen, zum Beispiel Höchst- oder Mindestpreisvereinbarungen)
- Rabattkartelle (zum Beispiel einheitliche Rabattvereinbarungen)
- Konditionenkartelle (zum Beispiel Vereinbarung von Geschäfts-, Lieferungs- und Zahlungsbedingungen)
- Normen- und Typenkartelle (zum Beispiel Vereinbarungen einer einheitlichen Normung von Produktteilen oder Typung von Endprodukten, DIN)
- Spezialisierungskartelle (zum Beispiel zur Aufteilung von Produkten auf einzelne Produzenten)
- Quotenkartelle (zum Beispiel Aufteilung von Produktionsmengen)
- Gebietskartelle (zum Beispiel regionale Aufteilung von Absatzmärkten)
- Syndikate (zum Beispiel Vereinbarung gemeinsamer Beschaffungs- oder Absatzwege)

Abb. 54: Beispiele von Kartellen

Vor einem Unternehmenszusammenschluss wird die Kartellbehörde den Zusammenschluss hinsichtlich der Wettbewerbsverträglichkeit prüfen. Dabei unterscheidet man anmeldepflichtige Kartelle und erlaubnispflichtige Kartelle. Es sind auch zahlreiche Bereichs- und Branchenausnahmen (zum Beispiel Bundesbank, Landwirtschaft, Versicherungsunternehmen, Kreditinstitute) geregelt. Die Missbrauchsaufsicht der Kartellbehörde bezieht sich auf die Prüfung der »marktbeherrschenden Stellung eines oder mehrerer zusammengeschlossener Unternehmen«.

Bei Anmeldekartellen ist eine Anmeldung bei der Kartellbehörde notwendig, ohne dass diese ein Widerspruchsrecht hat. Widerspruchskartelle werden erst dann wirksam, wenn die Kartellbehörde innerhalb einer Frist nicht widerspricht, während Erlaubniskartelle der ausdrücklichen Erlaubnis der Kartellbehörde bedürfen, bevor sie wirksam werden.

Neben diesen institutionalisierten und formell angemeldeten beziehungsweise erlaubten Kartellformen gibt es auch lose Bindungen in Form von Absprachen im Innenverhältnis zweier Gesellschaften, die als Frühstückskartelle bezeichnet werden. Das Kartell tritt nach außen nicht in Erscheinung, wenngleich auch diese Form des Zusammenschlusses erfasst wird und bei Bekanntwerden der Missbrauchsaufsicht unterliegt.

Die Kompliziertheit des Kartellrechts drückt sich auch in den vielen Ausnahmeregelungen aus. Drei davon seien hier genannt:

- *Preisbindung der zweiten Hand:*
  Dies sind vertragliche Absprachen zwischen Herstellern und Groß- und Einzelhändlern über die Preise von Endprodukten. Eine derartige Preisbindung ist heute nur noch bei Arzneimitteln und Verlagserzeugnissen zulässig.

- *Unverbindliche Preisempfehlungen:*
  Derartige in vertikaler Hinsicht bindende Preisempfehlungen für Markenwaren sind zulässig unter den Voraussetzungen, dass diese Markenwaren mit gleichartigen Waren anderer Hersteller im Preiswettbewerb stehen, dass der empfohlene Preis ausdrücklich als unverbindlich bezeichnet wird, und dass zur Durchsetzung des Preises kein Druck angewendet wird.

- *Mittelstandsempfehlungen:*
  Hier handelt es sich nur um Empfehlungen für eine Vereinigung von kleinen oder mittleren Unternehmen unter Beschränkung auf den Kreis der Beteiligten. Die Empfehlungen können sich auf jede Form des Verhaltens im Wettbewerb beziehen, zum Beispiel Preis-, Kalkulationsempfehlungen, Empfehlungen über gemeinsame Werbung und Sortimentsgestaltung. Die Mittelstandsempfehlungen sind zulässig, wenn sie zur Verbesserung der Wettbewerbsbedingungen der Beteiligten führen.

Weitere Kooperationsformen sind die Unternehmensverbände und die Kammern.

In einem *Unternehmensverband* schließen sich mehrere Unternehmen zur Wahrnehmung gemeinsamer Interessen und Erfüllung gemeinsamer Aufgaben zusammen. Beispiele sind Arbeitgeberverbände, Wirtschafts- und Fachverbände und Kammern. In nahezu allen Wirtschaftszweigen existieren Fachverbände, die in der Rechtsform des eingetragenen Vereins agieren. Die Mitgliedschaft ist freiwillig. Aufgaben der Fachverbände sind unter anderem die Versorgung der Mitglieder mit aktuellen Brancheninformationen und die Durchführung von Betriebsvergleichen.

Die einzelnen *Fachverbände* sind in Dachorganisationen zusammengeschlossen. Die wichtigsten, beziehungsweise mitgliedsstärksten, sind der Bundesverband der Deutschen Industrie (BDI) und die Hauptgemeinschaft des Deutschen Einzelhandels. Arbeitgeberverbände sind regional und nach Wirtschaftsbranchen gegliederte Interessenvertretungen, die in der Bundesvereinigung der Deutschen Arbeitgeberverbände zusammengeschlossen sind. Neben der Interessenvertretung der angeschlossenen Mitglieder gegenüber Gewerkschaften bei tarifpolitischen Auseinandersetzungen werden heute auch Beratungsleistungen im Arbeitsrecht, der Berufsausbildung und der Sozialgesetzgebung wahrgenommen. Öffentlichkeitsarbeit und Mitwirkung bei der Selbstverwaltung der Sozialversicherungsträger sind ebenfalls wichtige Aufgaben des Fachverbandes.

Kammern sind öffentlich-rechtliche Institutionen, die als Selbstverwaltungsorgane der gewerblichen Wirtschaft deren Interessen wahrnehmen. Bekanntes Beispiel sind die Industrie- und Handelskammern (IHK). Die Industrie- und Handelskammern sind regional abgegrenzte Zwangsverbände, denen die gewerblichen Unternehmen (das heißt nicht Handwerksbetriebe) des jeweiligen Bereichs als Mitglieder angehören. Sie finanzieren sich durch Mitgliederbeiträge.

Die Aufgaben der IHK sind gemäß § 1 des Gesetzes zur vorläufigen Regelung des Rechts der IHK die Wahrnehmung des Gesamtinteresses der ihnen angeschlossenen Gewerbetreibenden, die Förderung der gewerblichen Wirtschaft, Unterstützung und Beratung der Behörden durch Vorschläge, Gutachten und Berichte. Weitere gesetzliche Aufgaben sind die Wahrung von Sitte und Anstand (wettbewerbsrechtliche Aufgabe), Maßnahmen zur Förderung und Durchführung der Berufsbildung und die Ausstellung von Ursprungszeugnissen und anderen Bescheinigungen. Die regional tätigen IHK sind im Deutschen Industrie- und Handelstag (DIHT) zusammengefasst. Handwerker sind im Handwerkskammertag mit dem Zentralverband des Deutschen Handwerks (ZDH) zusammengeschlossen.

Konzentrationsformen

Unter dem Begriff der »Konzentration« werden die Mehrheitsbeteiligungen, die Konzerne und die Fusion zusammengefasst.

Bei *Mehrheitsbeteiligungen* handelt es sich um verbundene Unternehmen gemäß § 16 AktG, bei denen ein Unternehmen im Mehrheitsbesitz eines anderen Unternehmens steht. Dem Letzteren gehört also die Mehrheit der Anteile am Kapital oder die Mehrheit der Stimmrechte in der Hauptversammlung. Bei der Mehrheit der Stimmrechte reicht die einfache Mehrheit, um von einer Mehrheitsbeteiligung zu sprechen. Bei einem Anteil von unter 25 Prozent des Kapitals, beziehungsweise der Stimmrechte, wird gemäß § 20 AktG noch nicht von einer Beteiligung gesprochen. Bei einem Anteil von genau 25 Prozent liegt eine einfache Mehrheitsbeteiligung vor. Von einer qualifizierten Mehrheitsbeteiligung spricht man bei einem Anteil von 25,1 bis 50 prozent. In § 19 AktG sind Regelungen für wechselseitige Beteiligungen vorgesehen.

Das Aktiengesetz zählt in den §§ 291 und 292 erschöpfend sieben Arten von Unternehmensverträgen im Sinne des § 15 AktG (Verbundene Unternehmen) auf. Diese sind in Abbildung 55 zusammengefasst.

Ein *Konzern* ist gemäß § 18 AktG ein auf Dauer angelegter Zusammenschluss mehrerer rechtlich selbstständiger Unternehmungen unter einer einheitlichen Leitung. Durch diese einheitliche Leitung entsteht eine wirtschaftliche Einheit. Nach Aktiengesetz lassen sich mehrere Konzernarten unterscheiden. Der Gleichordnungskonzern ist gemäß § 18 Abs. 2 AktG ein Unternehmenszusammenschluss, bei dem keine Abhängigkeit zwischen den Unternehmensteilen besteht und die einheitliche Leitung durch ein vertragliches Gemeinschaftsorgan sichergestellt wird. Demgegenüber handelt es sich beim Unterordnungskonzern um sich zusammenschließende Unternehmen, bei denen ein Unternehmen die einheitliche Leitung und damit eine dominierende Stellung als Konzernobergesellschaft übernimmt. Dieser Unterordnungskonzern ist weiter einteilbar in den Vertragskonzern, faktischen Konzern und Einordnungskonzern. Sofern vertragliche Regelungen, zum Beispiel zur Gewinnabführung oder zu bestimmten Machtverhältnissen und Beherrschungsverträgen, geschlossen werden, spricht man gemäß § 291 Abs. 1 AktG von einem Vertragskonzern. Beim faktischen Konzern wird die Obergesellschaft bereits durch die unterschiedlichen Beteiligungsquoten der verbundenen Unternehmen hergestellt, sodass eine faktische Abhängigkeit entsteht. Beim Eingliederungskonzern übernimmt die Obergesellschaft entweder alle oder mindestens 95 Prozent der

1. **Beherrschungsvertrag:**
Unterstellung der Geschäftsführung einer Gesellschaft unter die Geschäftsführung einer anderen Unternehmung, faktische Beherrschung ohne Tatbestandsmerkmale des Konzerns

2. **Gewinnabführungsvertrag, Geschäftsführungsvertrag:**
Abführung des gesamten Gewinnes an eine andere Unternehmung; Unterart: Geschäftsführungsvertrag, bei dem ein Unternehmen die Rechnung des anderen Unternehmens übernimmt

3. **Gewinngemeinschaft, Teilgewinnabführungsvertrag:**
Abführung eines Teils des Gesamtgewinns oder des Gewinns von Teilbereichen des Unternehmens

4. **Betriebspachtvertrag:**
Überlassung von Anlagen zum Besitz und zur Nutzung auf eigene Rechnung und im eigenen Namen gegen Zahlung einer Pacht

5. **Betriebsüberlassungsvertrag:**
Vollmacht, im Namen der überlassenden Gesellschaft Geschäfte zu führen, nicht im eigenen Namen

Abb. 55: Arten von verbundenen Unternehmen

Anteile der Konzernuntergesellschaft. Dies stellt die stärkste Form der Konzentration vor der Stufe der Fusionierung dar.

Eine Sonderart der Konzernierung ist eine wechselseitige Beteiligung von Unternehmen gemäß § 19 Abs. 1 AktG, bei denen mindestens eine Beteiligung von jeweils 25 Prozent der Anteile am Kapital vorliegen muss. Folge ist, dass die beteiligten Unternehmen gemäß § 22 AktG verpflichtet sind, den Tatbestand der wechselseitigen Beteiligung im Geschäftsbericht anzuzeigen.

Um mehr Flexibilität und schnellere Reaktionen auf Marktveränderungen zu erreichen, agieren viele Konzerne wie eine Gruppe von kleinen und mittelständischen Unternehmen, das heißt, sie verlagern Entscheidungsbefugnisse auf Untergesellschaften, die teilweise autonom, das heißt ohne Beteiligung des Konzerns, Entscheidungen treffen. Ein Unternehmen, dessen Unternehmensleitung Entscheidungen weitgehend delegiert, und dessen Töchter nicht nur rechtlich, sondern auch weitgehend wirtschaftlich selbstständig sind, nennt man Holding. Mit der zunehmenden Tendenz zur Holding werden die eigentlichen Ziele von Unternehmensverbindungen, nämlich Synergieeffekte durch Verbundvorteile zu verwirklichen, in Frage gestellt. Teilunternehmen entwickeln sich ohne Aufsicht von den eigentlichen Holdingzielen weg, konkurrieren mit anderen Schwesterunternehmen oder spezialisieren sich so sehr, dass Verbundvorteile wegfallen. Immer wichtiger werden daher lose Verbindungen, wie zum Beispiel strategische Allianzen, die gemeinsam lediglich noch richtungsweisende Entscheidungen treffen.

Die engste Form eines Unternehmenszusammenschlusses stellt die *Fusion* oder Verschmelzung dar. Mindestens eines der Unternehmen verliert neben der wirtschaftlichen auch die rechtliche Selbstständigkeit und geht in einem neuen oder in einem anderen Unternehmen auf. Die Verschmelzung kann entweder durch Aufnahme oder durch Neubildung erfolgen. Bei der Aufnahme bleibt eine Gesellschaft erhalten und geht in die andere(n) Gesellschaft(en) über, während bei der Neubildung eine neu zu gründende Gesellschaft die Unternehmen aufnimmt. Die Fusion, entstanden durch Übertragung des Vermögens im Wege einer Gesamtrechtsnachfolge, ist nur bei Kapitalgesellschaften erlaubt. Fusionen werden umgangssprachlich auch als »Elefantenhochzeit« bezeichnet, bei denen in Deutschland, ähnlich wie bei Kartellen, gemäß GWB das Bundeskartellamt in Berlin einzuschalten ist, und die Fusionskontrolle zu übernehmen hat. Sofern die Fusion zu einer monopolistischen Unternehmung führt, die eine marktbeherrschende Stellung einnimmt, kann auch der angelsächsische Begriff *Trust* verwendet werden. 1994 wurde angesichts der zunehmenden Fusionswelle in der deutschen Wirtschaft eine neue Fusionsrichtlinie erlassen, welche Vorschriften im Rahmen der Harmonisierung der europäischen Unternehmensbesteuerung vorsieht.

Beispiel: Der Zusammenschluss der Daimler-Benz AG mit der Messerschmitt-Bölkow-Blohm GmbH 1989

Am 22.12.1988 teilte die damalige Daimler-Benz AG dem Bundeskartellamt in Berlin mit, dass sie die Absicht habe, eine Mehrheitsbeteiligung von über 50 Prozent am Stammkapital der Messerschmitt-Bölkow-Blohm GmbH (MBB) zu erwerben. Das Bundeskartellamt hat dieses Vorhaben am 17.04.1989 gemäß § 24 Abs. 1 und Abs. 2 Satz 1 GWB untersagt mit der Begründung, dass die genannten Unternehmen durch ihren Zusammenschluss eine marktbeherrschende Stellung begründen würden. Dennoch gab am 06.09.1989 der damalige Bundesminister für Wirtschaft, Jürgen W. Möllemann, die Genehmigung für den Zusammenschluss. Dieser ministerielle Eingriff ist im GWB vorgesehen, sodass sich die beiden Unternehmen Ende 1989 entgegen dem Beschluss des Kartellamts zusammenschließen konnten. Diese Ausnahmegenehmigung wurde damals intensiv und kontrovers diskutiert, und es entstand in der Tat eines der größten deutschen Unternehmen, das privatwirtschaftlich geführt wurde.

Vor dem Zusammenschluss mit MBB hatte die Daimler-Benz AG bereits die AEG Elektrogeräte AG, die Dornier GmbH Friedrichshafen und die MTU Motoren und Turbinen Union München GmbH übernommen. Damit war der Eintritt des Daimler-Benz-Konzerns in den Bereich der Wehrtechnik bereits vollzogen. In einer aktuellen Stunde des Bundestages wurde dann im Parlament darüber debattiert, ob hier nicht ein militärisch-industrieller Komplex entstünde, der sich durch die vielfältigen Interessensverflechtungen von Rüstungsindustrie, Militär und Politik zu einem unkontrollierbaren Wirtschaftskoloss entwickeln würde. Der damalige Vorstandsvorsitzende der Daimler-Benz AG, Edzard Reuter, wurde nicht müde, die Chancen einer extremen Diversifizierung zur Erschließung neuer Wachstumspotenziale und zur Stärkung der Wettbewerbsposition der Daimler-Benz AG zu betonen. Insbesondere im internationalen Vergleich und in den Bereichen der Hochtechnologie sollten mit Hilfe einer bewussten Industriepolitik nationale Konzerne durch Subventionen gestärkt und im internationalen Wettbewerb zum Erfolg geführt werden. Die Konstruktion von »National Champions« sollte durch Mehrheitsbeteiligungen an horizontal gleichwertigen Unternehmen erreicht werden. Dieses Bestreben von Edzard Reuter war im Sinne der strategischen Planung verständlich, da die Automobilindustrie, und damit das angestammte Geschäft von Daimler-Benz, angesichts der Ökologisierung der Wirtschaft an ihre Wachstumsgrenzen stieß. Neue Wachstumspotenziale schienen nur auf neuen Märkten, zum Beispiel im Rüstungs- und Luftfahrtbereich, möglich zu sein. Weiterhin erhoffte man sich damit Spin-off- beziehungsweise Synergieeffekte. Zum Beispiel sollte durch Neuentwicklungen in der Raumfahrttechnologie die Möglichkeit geschaffen werden, neue Werkstoffe auch im Flugzeug- oder Fahrzeugbau zu entwickeln. Fortschritte bei der Mikroelektronik in der Rüstungsindustrie sollten gleichzeitig auch für PKW und Nutzfahrzeuge genutzt werden. Die grundlegenden Überlegungen und die strategische Ausrichtung scheinen damit im Sinne der Betriebswirtschaftslehre richtig zu sein, wenngleich die Kooperationspartner, wie zum Beispiel die AEG, zur Erreichung dieser strategischen Synergieeffekte wenig beizutragen vermochten. So konnte auch Edzard Reuter ein Spin-off zwischen einem AEG-Staubsauger und einem MBB-Leopardpanzer nur schwer herstellen.

In der Ablehnungsbegründung des Bundeskartellamts vom 17.04.1989 wurde darauf hingewiesen, dass eine neue Unternehmensgruppe Daimler-Benz/MBB auf den Märkten für unbemannte Raumfahrt und für Wehrelektronik eine marktbeherrschende Position erlangen würde. Auf den Märkten für militärische Flugzeuge und Hubschrauber, für Lenkwaffen sowie für Triebwerke würde durch den Zusammenschluss eine bereits bestehende marktbeherrschende Stellung verstärkt. Im Bereich der Raumfahrttechnik würde die Unternehmensgruppe eine beherrschende Stellung auf den Märkten für nichtkommerzielle Orbital- und Trägersysteme sowie wissenschaftliche Satelliten einnehmen. Schließlich würde die Daimler-Benz AG die bestehende überragende Marktstellung auf den Märkten für leichte und schwere Lastkraftwagen absichern und verstärken. Positive Effekte dieses Zusammenschlusses, die einen Wettbewerb anregen könnten, würden von den beteiligten Unternehmen nicht nachgewiesen. Selbst der damals erhoffte Beitrag zur Verbesserung der Wettbewerbsfähigkeit des Airbusprogramms wurde vom Bundeskartellamt nicht als Vorteil, sondern im Gegenteil als marktbeherrschender Nachteil ausgelegt.

Die am Zusammenschlussvorhaben beteiligten Unternehmen nahmen die Ablehnungsbegründung des Bundeskartellamts zum Anlass, um beim Bundesminister für Wirtschaft eine Genehmigung ihres Fusionsvorhabens nach § 24 Abs. 3 GWB zu beantragen. Nach dieser Vorschrift kann der Bundesminister für Wirtschaft die Erlaubnis zu einem vom Bundeskartellamt zuvor untersagten Zusammenschluss erteilen, wenn im Einzelfall die Wettbewerbsbeschränkung durch die gesamtwirtschaftlichen Vorteile des Zusammenschlusses aufgewogen wird, oder wenn der Zusammenschluss durch ein überragendes Interesse der Allgemeinheit gerechtfertigt ist. Der damalige Bundesminister war, wie im GWB vorgeschrieben, verpflichtet, vor seiner Entscheidung eine gutachterliche Stellungnahme der Monopolkommission einzuholen. Dies ist ein unabhängiges Sachverständigengremium, das im Jahre 1973 zur Klärung derartiger Streitfälle gegründet wurde. Die Mehrheit der Mitglieder der Monopolkommission befürwortete die Genehmigung des Zusammenschlusses, verknüpfte diese Empfehlung aber mit der Auflage, dass der Bereich militärische Triebwerke und wesentliche Teile der Wehrtechnik (Lenkwaffen) von der Unternehmensgruppe Daimler-Benz/MBB ausgegliedert und veräußert werden solle. Daraufhin gab der Bundesminister seine Zustimmung zu der Mehrheitsbeteiligung und begründete dies wie folgt: Es entstehen erhebliche gesamtwirtschaftliche Vorteile, und gewichtige Interessen der Allgemeinheit sprechen für einen Zusammenschluss. Vor allem für die unternehmerisch angeschlagene Führung von MBB bewirkt ein Zusammenschluss einen positiven Effekt, und das unternehmerische Risiko für den Airbus wird vom Staat schrittweise auf die Industrie übertragen. Der Standort Deutschland sollte so international gestärkt werden; die Hochtechnologie sollte nicht ins Ausland abwandern.

Bis heute ist strittig, ob dieser Zusammenschluss die erhofften Synergieeffekte und Verbundvorteile gebracht hat, und ob der Standort Deutschland gestärkt wurde. Die zahlreichen Subventionen, die nach dem Zusammenschluss in das Airbusprojekt flossen sowie der Stellenabbau von MBB und die Bestrebung von Daimler-Benz, sich ganz oder teilweise wieder von MBB zu lösen, scheinen den Zusammenschluss im nachhinein als Fehlentscheidung zu klassifizieren. Insbesondere zeigte sich die Fragwürdigkeit der ministeriellen Einzelfallentscheidung trotz gutachterlicher Stellungnahme des Bundeskartellamts. Wenn Teile der Monopolkommission und ein einzelner parteipolitisch gebundener Minister sorgfältig erarbeitete Begründungen einer unabhängigen Bundesbehörde verwerfen kann, so ist die Position dieser Behörde in Frage gestellt.

Zusammenfassung

Kooperationen und Konzentrationen sind auch im angelsächsischen Sprachraum mit dem Kürzel M&A überschrieben, das heißt Merger & Acquisition als Basis von Kooperationen und Konzentrationen. Dieses Forschungsgebiet der BWL ist gerade in einer globalen und internationalen Wirtschaft immer wichtiger. Die Kenntnis der Ziele, Motive und Arten von Unternehmenszusammenschlüssen ist daher besonders wichtig.

Selbstkontrollaufgaben zu Kapitel 9

Der Unternehmer Alisso, der gehobenen Hoteleriebedarf herstellt und vertreibt (Badezimmereinrichtungen, Tresen, Küchen), will sein Unternehmen auf die nachfolgende Generation in der Familie vorbereiten. Ein Gespräch mit der Tochter zur Strategie und Organisation kommt zum Ergebnis, dass man sich am besten mit dem Konkurrenten in Belgien unterhält, der ein ähnliches Produktsortiment hat, um eine Zusammenarbeit auszuloten. Sie sollen das Unternehmen beraten. Erstellen Sie ein Gutachten mit relevanten Faktoren und Maßnahmen.

In den bisherigen Kapiteln wurden die grundlegenden Fragen der BWL gestellt und beantwortet. Was ist ein Betrieb, wie kann Wirtschaftlichkeit kalkuliert werden, und in welchen Phasen sind welche unternehmerischen Entscheidungen zu treffen? In den folgenden Kapiteln werden Überblicke über Spezialthemen, beziehungsweise Vertiefungsfächer, der BWL vorgestellt. Wenn man so will, wird also nun auf das Fundament ein Haus gebaut und die unterschiedlichen Räume, wie zum Beispiel das Thema Beschaffung, Personal, Finanzen und so weiter, ausgebaut. Dabei kann als Dach die Betrachtung der BWL als Wissenschaft dienen (Kapitel 13) und die Art und Weise des Baustiles letztlich mit den Forschungsmethoden (Kapitel 14) gleichgesetzt werden. Ob und wie sich das Haus weiterentwickelt wird kritisch in Kapitel 15 dargestellt.

Zu beachten ist wie bei jedem Hausbau, dass nur mit einem gefestigten Fundament die tragenden Wände stehen bleiben und die Inneneinrichtung der Räume wie zum Beispiel Beschaffung, Logistik oder Marketing unterschiedlich detailliert ausgestattet sein können. Für ein Einführungsbuch in die BWL wird die Möblierung sich also auf das Notwendigste beschränken müssen. Dennoch soll kein Raum verschlossen oder kahl bleiben.

10. Die realwirtschaftlichen Bereiche eines Betriebes

Zu Beginn jedes Wirtschaftens steht die Frage nach der Beschaffung von Gütern, mit denen gewirtschaftet werden soll. Diese dann zu verarbeiten, zu lagern und zu verkaufen, ist im Sinne einer Produktionskette (Supply Chain) zu untersuchen. Beschaffung, Logistik, Materialwirtschaft, Produktion und letztlich der Absatz der Güter stellen demnach die realwirtschaftlichen Bereiche eines Betriebes dar.

Beschaffung und Logistik

Zur Erstellung von Gütern müssen Unternehmen – unabhängig davon, ob sie Sach- oder Dienstleistungsunternehmen sind – Maschinen, Werkzeuge, Material, Personal, Informationen und andere Produktionsfaktoren einsetzen. Der damit befasste Teilbereich der Betriebswirtschaftslehre untersucht die Versorgung eines Betriebs mit diesen Produktionsfaktoren. Die Versorgung umfasst deren Planung und tatsächliche Beschaffung als auch die rechtzeitige Zurverfügungstellung. Die rechtzeitige Verfügbarkeit ist Gegenstand der Logistik.

Da ein Betrieb Einsatzgüter in der Regel häufig, beziehungsweise langfristig, benötigt, ist eine grundsätzliche Entscheidung stets bei der Frage nach Eigenfertigung oder Fremdbezug zu fällen. Dies wird in der Literatur auch unter dem Begriff *Make or Buy* zusammengefasst. Fremdbezug bedeutet die Beschaffung der notwendigen Produktionsfaktoren auf Märkten. Eigenfertigung bedeutet die Ausweitung der Wertschöpfungskette auf nicht originär für den Verkauf geplante Güter. Die Beschaffungsaktivitäten reichen von der Planung und Kontaktaufnahme mit aktuellen und potenziellen Lieferanten bis zur Bereitstellung und Lagerhaltung der notwendigen Produktionsfaktoren am Ort der Verarbeitung. Die Bedeutung der Beschaffung ergibt sich daraus, dass in der Regel der gesamte Produktionsablauf von der rechtzeitigen Bereitstellung notwendiger Güter abhängt. Oft führt allein das Fehlen einzelner Produktionsfaktoren zu Engpässen und folgenschweren Unterbrechungen des Produktionsprozesses.

Betriebswirtschaft konkret. Ottmar Schneck

ISBN 3-527-50193-2

In der Regel handelt es sich beim Beschaffungsmarkt um einen hoch spezialisierten Markt für Grundstoffe, Anlagen, Material oder Energie. Verkäufer und Käufer sind meist Spezialisten, die sich bei Preisen, Qualitätsanforderungen oder Lieferbedingungen genau auskennen. Im Gegensatz zu einem Markt für Konsumartikel, bei dem sich sehr viele Nachfrager und Anbieter gegenüberstehen, kann man beim Beschaffungsmarkt häufig von einem Nachfrageoligopol sprechen, bei dem wenige Nachfrager auf sehr viele Lieferanten treffen. Diese Situation nennen die Volkswirte Oligopole.

Diese Besonderheiten auf den Beschaffungsmärkten erzeugen bei den Lieferanten wie auch bei den Nachfragern häufig kooperatives Verhalten. Formen der Kooperation wurden im vorigen Kapitel vorgestellt. Einkaufskooperationen oder gar -kartelle sind daher nicht selten. Da sich eine Beschaffungsentscheidung als Prozess mit Zielen, Alternativen und verschiedenen Umfeldvariablen darstellen lässt, können auch hier die in den vorigen Kapiteln vorgestellten Entscheidungsmodelle und -regeln eingesetzt werden. Eine vollständige Abbildung des Beschaffungsprozesses eines Betriebes in einem meist Edv-gestützten Modell wird auch als Supply-Chain-Management bezeichnet.

Die Entscheidung über Menge, Zeitpunkt, Preis und Qualität der zu beschaffenden Waren wird in der Summe als eine *Beschaffungsprogrammentscheidung* bezeichnet. Bei der Frage nach dem Beschaffungsprogramm lassen sich Qualitäts-, Kosten-, Liquiditäts- und Sicherungsziele unterscheiden. Da die Qualität der eingesetzten Materialien für den Fertigungsprozess und damit letztlich für die Qualität des Endprodukts wesentlich ist, hat das Ziel der Beschaffung qualitativ hochwertiger Einsatzfaktoren heute eine große Bedeutung. Neben der Funktionsqualität, wie beispielsweise der Haltbarkeit, werden heute zunehmend auch ästhetische Merkmale, wie zum Beispiel Stil und Design, zu den Qualitätsmerkmalen gerechnet.

Im Hinblick auf die Beschaffungskosten ist eine simultane Planung der Beschaffungsmenge und Lagerhaltungsprozesse vorzunehmen, da eine große Beschaffungsmenge zwar Preisvorteile nutzen kann, allerdings durch einen erhöhten Lagerbestand Kapital bindet. Die Kapitalbindung steht im Widerspruch zum Liquiditätsziel und dieses wiederum im Widerspruch zu Sicherheitszielen, die Engpässe in der Produktion vermeiden sollen. Zur Planung der Einsatzgütermenge in einem Betrieb mit mehreren Produkten, beziehungsweise mit breitem Sortiment, bei dem die gleichen Einsatzgüter Verwendung finden, werden in der Praxis häufig Stücklisten verwendet. Eine weithin verbreitete Technik zur Klassifikation von Beschaffungsgütern im Hinblick auf deren Bestellhäufigkeit ist die ABC-Analyse.

Hier wird eine Rangfolge von Verbrauchswerten festgelegt, bei der die Häufigkeit der Bestellung einzelnen Materialarten zugeordnet wird. Dabei werden die Verbrauchswerte als Ergebnis der Multiplikation zwischen verbrauchter Menge und Einkaufspreisen beziehungsweise -kosten ermittelt. Dieser Technik liegt die Erkenntnis zugrunde, dass in vielen Fällen eine relativ kleine Zahl von Güterarten einen großen Anteil am Gesamtwert aller Beschaffungskosten ausmacht. Werden die Güterarten nach Verbrauchshäufigkeit klassifiziert, können die in der Rangfolge ersten drei Verbrauchswerte als A, B oder C bezeichnet werden. Eine wichtige Erkenntnis der ABC-Analyse kann sein, dass die Beschaffung von C-Einsatzgütern, die selten benötigt werden, weniger exakt geplant zu werden braucht, um die bestellfixen Kosten aufgrund der Beschaffungsplanung nicht zu stark ansteigen zu lassen.

Ein weiteres wesentliches Problem des Beschaffungsprogramms ist die *Auswahl geeigneter Lieferanten*. Die Eignung bezieht sich hier zum Beispiel auf Liefertreue, Pünktlichkeit und die Einhaltung vereinbarter Qualitätsstandards. Um dies zu gewährleisten, gehen immer mehr Industrieunternehmen dazu über, einen sehr engen Kontakt mit ihren Lieferanten zu pflegen. Kann die Zuverlässigkeit eines Lieferanten durch eine enge Bindung, beziehungsweise eine Partnerschaft, nicht gewährleistet werden, so bleibt häufig nichts anderes übrig, als mehrere Lieferanten gleichzeitig unter Vertrag zu nehmen. Dadurch kann auch die Abhängigkeit von einem Einzellieferanten und damit dessen Macht gebrochen werden. Bei der Lieferantenauswahl kann die Nutzwertanalyse eingesetzt werden. Neben den Kriterien der Qualität, der Kosten und Zeitaspekten bei der Lieferantenbewertung kommt zunehmend auch dessen finanzielle Stabilität in Form einer Ratingbewertung zum Zuge. Was nützt einem Kunden die vereinbarte qualitativ perfekte Beschaffungsware, wenn der Lieferant aufgrund von Zahlungsschwierigkeiten insolvent geht.

Lagerhaltung und Logistik

Viele Einsatzgüter werden nach ihrer Beschaffung und vor ihrer Verwendung in der Produktion gelagert. Gründe für die Lagerhaltung sind zum Beispiel Preisänderungserwartungen, erzielbare Mengenrabatte, hohe bestellfixe Kosten oder die Haltung von Pufferbeständen, um unvorhersehbare Beschaffungsschwierigkeiten vorbeugend auszugleichen.

Im Gegensatz zur Beschaffungstheorie ist die Lagerhaltungspolitik und Logistik seit langem ein wichtiger Forschungsgegenstand der Betriebswirtschaftslehre. Insbesondere auf die Bemühungen, mathematische Optimierungsmodelle auf Transport- und zeitliche Ablaufmodelle anzuwenden, wird in der Literatur ausführlich eingegangen. Sobald Zeiten und Mengen, also quantitative Daten im Spiel sind, lassen sich Funktionen unter Nebenbedingungen optimieren. Ob allerdings die Optimierung einer einzelnen Variablen, wie zum Beispiel der Lieferzeit, in mehrstufigen und dynamischen Modellen geeignet ist, um die vielfältige interdependente Beschaffungs- und Lagerhaltungsentscheidung abzubilden, erscheint fraglich. Alle bereits genannten Beschaffungsprobleme hängen direkt oder indirekt mit dem Lagerhaltungsproblem zusammen. Es ist daher anzustreben, eine simultane Beschaffungs- und Lagerplanung zu erstellen. Kritisch zu betrachten ist daher auch das intensive Bemühen namhafter Vertreter der aktuellen Betriebswirtschaftslehre, die Logistik zu einem eigenständigen Funktionsbereich zu entwickeln.

Eine Beschaffung von Werkstoffen genau zu dem Zeitpunkt (»Just in Time«), zu dem die Produktionsfaktoren in der Leistungserstellung, zum Beispiel am Fließband, benötigt werden, bedarf eines hohen Koordinations- und Planungsaufwands. Angestrebt werden kleine Eingangs- und Zwischenlager, um die Kapitalbindung zu minimieren und flexibel auf Veränderungen von Kundenwünschen eingehen zu können. Sollte der Kunde plötzlich eine Veränderung am Produkt wünschen, so kann dies durch eine veränderte Zulieferung direkt im Produktionsprozess eingeplant werden. Dies ist beim Zwang, zunächst das Lager aufzubrauchen, meist unmöglich. Entscheidend ist daher der optimale Bestellzeitpunkt zur rechtzeitigen Verfügbarkeit von Produktionsfaktoren. Die Verlagerung von Warenlagern auf die Straße oder auf den Zulieferer kann aber zu neuen Problemen (zum Beispiel Engpässe durch Lieferverzögerungen aufgrund von Staus, Engpässe durch Qualitätsunterschiede bei mehreren Zulieferern) führen.

Zusammenfassend lassen sich im Beschaffungs- und Lagerbereich die in Abbildung 56 gezeigten Gestaltungsfaktoren nennen.

Beschaffung	Lagerhaltung und Logistik
• Eigenfertigung oder Fremdbezug	• Lagerkapazität
• Beschaffungssortiment	• Lagerstandort
• Beschaffungsmenge	• Lagermenge
• Beschaffungszeitpunkte	• Sicherheitsbestände
• Güterqualität	• Qualitätsprüfung
• Beschaffungspreise	• Lagerverwaltung
• Bereitstellungsform (Kauf oder Leasing)	• Transportmittel
• Lieferbedingungen	• Transportwege
• Zahlungsbedingungen	
• Vertragsgestaltung	
• Beschaffungswege (direkt, indirekt)	
• Lieferantenstruktur und Lieferantenauswahl	

Abb. 56: Themenstellungen der Beschaffung und Lagerhaltung

Materialwirtschaft und Produktion

Make-or-Buy-Entscheidungen

Die Frage nach der Eigenfertigung versus dem Fremdbezug wurde bereits im vorigen Abschnitt bei der Beschaffungsentscheidung angesprochen. Schon Erich Gutenberg, einer der in Kapitel 5 beschriebenen Wegbereiter der BWL, hat in den fünfziger Jahren die Frage nach der optimalen Betriebsgröße mit dem Hinweis auf mögliche Auslagerungen thematisiert. Heute wird dies meist mit Outsourcing bezeichnet. Mit Ronald Coase und dessen Nobelpreis 1991 wurde angesichts der Transaktionskostentheorie die Frage wieder neu gestellt und die Vorteilhaftigkeit der »Konzentration auf Kernkompetenzen« bei Betrieben hervorgehoben. Diese Konzentration wurde zunächst nur unter Kostenaspekten betrachtet und neuerdings immer mehr unter Einbezug der so genannten »engpassbezogenen Kostentheorie« betrachtet. Da spezielle Produktionsmaschinen heutzutage meist sehr teuer sind und daher eine maximale Auslastung angestrebt wird, soll eine Auslagerung von Diensten und Arbeiten auf Dritte dort erfolgen, wo die Eigenfertigungsvorteile am höchsten sind, beziehungsweise der Kapazitätsverbrauch relativ günstig ist.

Bei der Beurteilung dieser Modelle ist natürlich zu beachten, welche Kosten in die Eigenfertigungskalkulation einbezogen werden. In dem vorigen Beispiel wurden nur die variablen Kosten den Fremdbezugspreisen gegenüber gestellt. Wenn zusätzlich Teile oder alle Fixkosten dazugerechnet würden, käme sicher eine andere Entscheidung heraus. Zusätzlich können engpassbezogene Opportunitätskosten einbezogen werden, zum Beispiel durch übermäßigen Verschleiß bei Eigenproduktion oder höheren Risiken bei Vollauslastung der eigenen Kapazitäten. Bei Zukauf kann hingegen die Abhängigkeit vom Lieferanten angeführt werden.

Beispiel:

Ein Beispiel eines Unternehmens mit sechs Produkten soll diese Make-or-Buy-Entscheidung nach der »engpassbezogenen Kostentheorie« verdeutlichen.

Wenn ein Unternehmen sechs verschiedene Produkte von A bis F herstellt, so wird es hoffentlich wissen, welche Herstellungskosten (variable Kosten) im Vergleich zu den Einkaufspreisen bei Fremdbezug je Produkt vorliegt. Allein diese Kostenüberlegung würde allerdings zu falschen Entscheidungen führen, da lediglich die Preiswürdigkeit und nicht der Kapazitätsverbrauch eine Rolle spielen würde.

Die Tabelle in Abbildung 57 soll einen Überblick über die Datenlage des Unternehmens geben.

Jedes Produkt verbraucht nun unterschiedliche Mengen an Zeit je Stück und damit an Kapazität. Produkt A würde mit einer Produktionsmenge von 500 Einheiten variable Eigenfertigungskosten von 112,50 Euro verursachen und verglichen am Beschaffungsmarkt 125 Euro kosten. Bei einer Produktionszeit von 33 Einheiten je Stück würde einer Eigenproduktion der 500 Stück ein gesamter Kapaziätsbedarf von 16500 Zeiteinheiten verbraucht. In der Überlegung, ob dies sinnvoll ist, wird nun der Eigenfertigungsvorteil pro Stück als Preisvorteil in Relation zur benötigten Zeit mit 0,3788 Euro berechnet. Wenn diese Verhältniszahl nun für alle Produkte errechnet wird, und diese Kenngröße in eine Rangreihe gebracht wird, so kann die verfügbare Kapazität von 60000 Zeiteinheiten entsprechend auf diesen Rängen verteilt werden. Es kommt also zur Produktion von A, B und D in voller Stückzahl und von Produkt C in Höhe von 140 Stück. Es werden somit insgesamt 1690 Stück selbst hergestellt, und die übrigen mangels eigener Kapazitäten und aufgrund der geringen Preiswürdigkeit, beziehungsweise zum Teil absoluten Preisvorteil des Fremdbezuges, von Dritten bezogen.

Produkt	Menge m	MAKE variable Herstellerkosten K_V	BUY Einkaufspreis P	Kostenvorteil MAKE $P-K_v$	Prod.-Zeit Min/Stck	Zeit $Minuten_{gesamt}$ Min/Stck × M	Eigenfertigungsvorteil $(P-K_V)/t$	Rang	Kapazitätsverbrauch	Make Stck	BUY Stck
A	500	112,50	125,00	12,50	33	16.500	0,3788	3	16.500	500	–
B	540	68.75	87,50	18,75	35	18.900	0,5357	2	18.900	540	–
C	480	143,75	150,0	6,25	30	14.400	0,2083	4	4.200	140	340
D	510	62.50	100,0	37,50	40	20.400	0.9375	1	20.400	510–	
E	350	147,50	137,50	– 10	25	8.750	–		–	–	350
F	300	127,50	112,50	– 15,00	36	10.800	–		–	–	300
						89.750			**60.000**	**1.690**	**990**

Abb. 57: Beispiel zur kostenorientierten Make-or-Buy-Entscheidung

Produktionsfaktoren und -programme

Unter Produktion wird hier synonym die Fertigung und Herstellung von Halb- und Fertigwaren mit Hilfe von Produktionsfaktoren verstanden. Die auf einer Maschine hintereinander gefertigten Mengeneinheiten eines Halb- oder Fertigprodukts werden auch als Losgröße bezeichnet. Jede Produktion ist ein Kombinationsprozess von Einsatzfaktoren und setzt originär die Beschaffung der erforderlichen Produktionsfaktoren voraus.

Neben der Einteilung der Produktionsfaktoren nach Gutenberg in elementare und dispositive Faktoren lassen sich nach Erich Kosiol Repetier- und Potenzialfaktoren unterscheiden. *Repetierfaktoren* sind zum Beispiel Rohstoffe, die bei ihrem Einsatz unmittelbar verbraucht werden und ersetzt werden müssen, während *Potenzialfaktoren,* wie zum Beispiel Maschinen, über ein Potenzial verfügen, das mehrmals verwendet werden kann. Die Nutzungs- oder Einsatzzeit dieser Potenzialfaktoren hängt von ihrer Kapazität ab. Dies ist die technisch maximale Auslastungsmenge eines Potentialfaktors. Die Auslastung der Kapazität wiederum wird als Beschäftigung bezeichnet. Sie bestimmt die Nutzungszeit.

Ablauforganisatorisch lässt sich der Produktionsprozess in seine verschiedenen Produktions- und Lagerstellen differenzieren. Die Reihenfolge der Anordnung dieser Produktionsstellen ist das Forschungsgebiet der internen Betriebslogistik. Die Art und Weise der Anordnung der einzelnen

Produktions- und Lagerstellen wird unter dem Begriff *Produktionsprogramm* beziehungsweise *Produktionsverfahren* zusammengefasst.

Nach der Organisation des Produktionsverfahrens kann die Fließfertigung von der Gruppen- und Werkstattfertigung unterschieden werden.

Die *Fließfertigung* basiert auf standortfesten, aber angeordneten Produktionseinheiten, die in einem Transportverbund stehen und als Reihen-, Straßen- oder Linienfertigung auftreten. *Gruppenfertigung* bedeutet die Anordnung der Produktionseinheiten unabhängig von einem Transportverbund. Es existiert keine feste Taktzeit, wie an einem Fließband.

Das *Werkstattprinzip* arbeitet mit standortfesten Produktionseinheiten, in denen die Güter be- und verarbeitet werden, während sie von Werkstatt zu Werkstatt transportiert werden. Der Sonderfall der Werkstattfertigung, die Baustellenfertigung mit standortvariablen Produktionseinheiten, verlagert die Werkstatt nach Fertigstellung eines Baus oder Bauabschnitts an einen neuen Standort.

Bei flexiblen Fertigungssystemen können Werkstatt- und Fließprinzip verbunden werden, um insbesondere die Flexibilität oder Störungsfreiheit eines Prozessablaufs zu gewährleisten.

Wird in einem Betrieb eine Vielzahl von Produkten, das heißt ein breites Sortiment von Gütern, hergestellt, so können diese sukzessiv, also zum Beispiel an einem Fließband in wechselnder Reihenfolge, oder alternativ, das heißt parallel in verschiedenen Prozessfolgen, hergestellt werden.

Nach dem Umfang des Produktionsprozesses lässt sich die Einzel- von der Mehrfachfertigung unterscheiden.

Einzelproduktion ist – wie der Name sagt – die Anfertigung eines Unikats. Bei der Mehrfachfertigung können die Partie-, Chargen-, Massen-, Serien- und Sortenfertigung unterschieden werden. Im Gegensatz zur kontinuierlichen Fließfertigung werden bei der *Partie-* und der *Chargenproduktion* ganze Losgrößen, das heißt eine Summe von Fertigwaren, gleichzeitig erstellt. Insbesondere bei Schmelz- oder Brennvorgängen, sowie beim Färben von Lederwaren, ist dies der Fall. Im Gegensatz zu einer Partie ist eine Charge eine Losgröße, die eigenständig abgerechnet wird. Bei der *Massenproduktion* wird eine gleichförmige Güterart in sehr großer Stückzahl gefertigt. Bei der *Serienproduktion* wird eine bestimmte Auflage in Form einer Klein-, Mittel- oder Großserie hergestellt. Nicht nur in industriellen Branchen, wie der Automobilindustrie, wird diese Los- oder Seriengrößenproduktion eingesetzt. Auch Handwerker gehen zunehmend zu einer derartigen Standardisierung über, was zum Beispiel im Fertighausbau zu beobachten ist. Im Gegensatz zu einer Serie spricht man von einer *Sortenproduktion*, wenn die hergestellten Güter zwar eigenschaftsverwandt sind, sich aber zum Beispiel nach Abmessung oder Qualität noch leicht unterscheiden.

Wenn neben der eigentlichen Produktion als Abfall- oder Nebenprodukt ein weiteres Gut entsteht, welches veräußerbar ist, oder in den Produktionsprozess wieder eingebracht werden kann (zum Beispiel Energie), so spricht man von *Verbund- oder Kuppelproduktion*. Insbesondere in der chemischen Industrie ist die Kuppelproduktion häufig anzutreffen, weil Spaltprodukte oder bestimmte Mischungen bei der Reaktion im Produktionsprozess entstehen (zum Beispiel Ölraffinerie).

Die Einflussgrößen auf den Produktionsprozess, zum Beispiel auf dessen Geschwindigkeit, sind insbesondere die eingesetzte Technologie und der Mechanisierungsgrad. Neben manueller und mechanischer Produktion werden heute vorwiegend teil- oder vollautomatisierte Fertigungssysteme eingesetzt. Diese, auch als *Computer Integrated Manufacturing (CIM)* bezeichneten Systeme, basieren auf einer informationstechnischen Integration heterogener Computersysteme (Hard- und Software). Ausgehend von den Kundenaufträgen oder dem geplanten Produktionsprogramm werden die grundlegenden Auftrags- und Produktdaten aus dem betriebswirtschaftlichen Produktionsplanungs- und -steuerungssystem (PPS) im *Computer Aided Planning (CAP)* übernommen und dort mit der Fertigungsvorbereitung, gegebenenfalls der Prototypenfertigung und der Endfertigung integriert weiterverarbeitet. Bedarfsermittlung, Terminierung, Kapazitätseinteilung, Steuerung der Lagerhaltung und der Logistik, Fertigungssteuerung sowie Qualitätssicherung und -kontrolle *(Computer Aided Quality Control)* erfolgen damit weitgehend automatisch. Eine computergestützte Planung und Gestaltung (*Computer Aided Planning CAP, Computer Aided Design CAD*) können den Prozess begleiten.

Als *Kanban* wird eine Form der Fertigungssteuerung bezeichnet, bei der die Werkstücke nicht entsprechend dem Produktionsfluss vor der nächsten Maschine, beziehungsweise dem nächsten Betriebsmittel, auf die Weiterbearbeitung warten (Bringprinzip), sondern eine nachgelagerte Produktionsstufe bei Bedarf Vorprodukte anfordert (Holprinzip). Der Begriff Kanban kann übersetzt werden mit Laufkarte (wörtlich: Kette, Schild), die an den genormten und standardisierten Logistikboxen mit den Werkstücken und Werkstoffen befestigt ist. Kanban arbeitet mit Lieferaufträgen nachgelagerter Fertigungsstellen und ist verbunden mit führerlosen Transportsystemen.

Produktionsfunktionen

Eine *Produktionsfunktion* stellt die mengenmäßige Beziehung zwischen dem Input, das heißt den Produktionsfaktoren, und dem Output, das heißt den erstellten Gütern, dar.

Der einfachsten Produktionsfunktion vom Typ A, dem *Ertragsgesetz*, liegt die Annahme zugrunde, dass für die Erstellung eines Gutes ein Einsatzfaktor variiert wird und alle anderen konstant gehalten werden. Die Abbildung 58 zeigt den typischen Verlauf »ertragsgesetzlicher« Produktions-

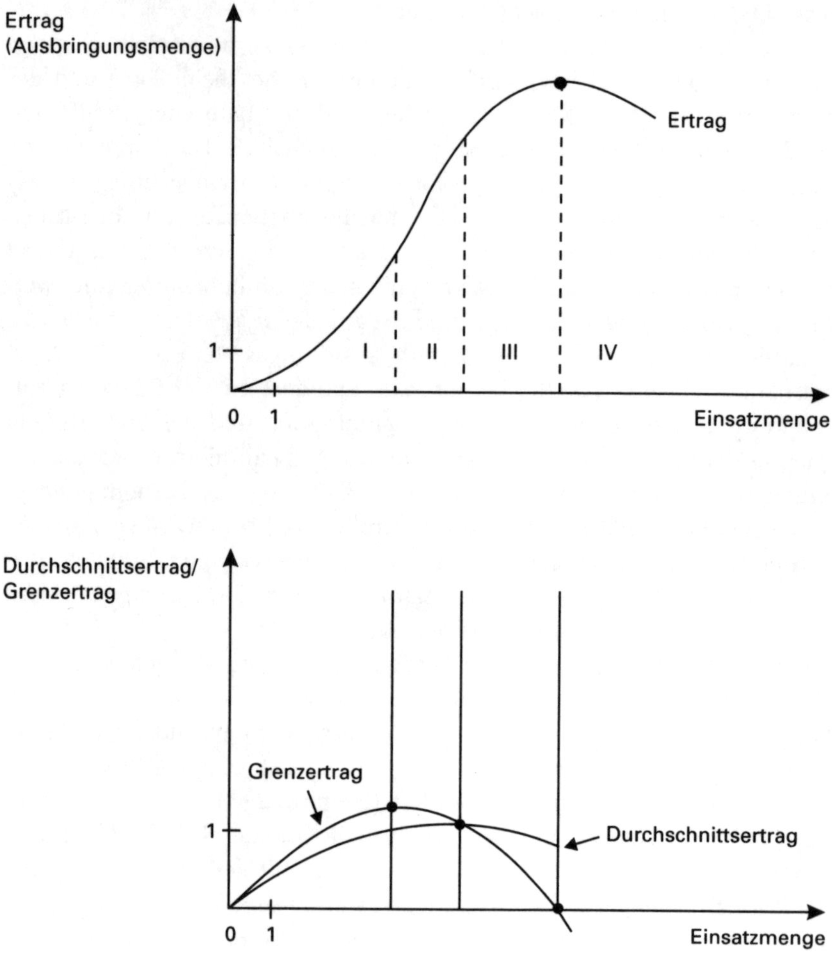

Abb. 58: Ertragsgesetzliche Produktionsfunktion

funktionen und den dazugehörigen Verlauf des Grenz- und Durchschnittsertrags.

Der Verlauf dieser Funktion ist anhand der Produktion landwirtschaftlicher Güter erklärbar, bei der die Wirkung eines zunehmenden Einsatzes von Düngemittel (Input) auf den landwirtschaftlichen Ertrag (Output) erprobt werden soll. In Phase 1 steigen die Ausbringungsmenge, der Grenzertrag und der Durchschnittsertrag. Der Einsatz von Dünger wirkt sich positiv auf den Ertrag aus. In Phase 2 steigen zwar die gesamte Ausbringungsmenge und der Durchschnittsertrag noch an, der Grenzertrag fällt jedoch. Zusätzlich ausgebrachter Dünger führt nicht zu entsprechend steigendem Ertrag. In Phase 3 nimmt die Ausbringungsmenge nur noch unterproportional zu, der Durchschnittsertrag und der Grenzertrag nehmen ab. In Phase 4 nimmt auch die Gesamtausbringungsmenge absolut ab, der Grenzertrag wird negativ. Hier führt eine Überdüngung zu absolut abnehmenden Erträgen.

Neben dieser einfachen Produktionsfunktion vom Typ A, die auch als substitutionale Produktionsfunktion bezeichnet werden kann, existieren weitere Funktionen. In der industriellen Realität sind substitutionale Produktionsfunktionen selten. Zum Teil bedingen Produktionen von Gütern konstante Mengenverhältnisse der Einsatzfaktoren, das heißt, die Ausbringungsmenge wird durch den relativ knappsten Produktionsfaktor limitiert. Aus diesem Grund werden diese Verbrauchsfunktionen als limitationale Produktionsfunktionen vom Typ B bezeichnet. So führt zum Beispiel das Ansteigen der Drehzahl eines Motors eventuell zu einem proportionalen Anstieg des Brennstoffverbrauchs. Selbst wenn ausreichend Brennstoff vorhanden wäre, so limitieren doch Schmiermittel und die konstruktionstechnische Auslegung des Motors das Ansteigen der Drehzahl.

Eine weitere Entwicklung der Produktionsfunktionen vom Typ A und B erfolgte durch Edmund Heinen im Sinne einer gewissen Substituierbarkeit limitierter Produktionsfaktoren (Produktionsfunktion vom Typ C). Weiterentwicklungen von Josef Kloock eines Typs D und von Hans-Ulrich Küpper eines Typs E der Produktionsfunktionen setzte die Kombination der Annahmen und der Prozessstruktur des Produktionszusammenhangs fort.

Aufgrund dessen, dass Qualitätsgrößen in einer Produktionsfunktion nicht vorkommen, sind Aussagen über die Auswirkungen von Variationen einzelner Prozesseinflussgrößen kritisch zu betrachten. Selbst bei Großbäckereien oder in der industriellen Fertigung, bei der am ehesten über die Zeit gleiche Mischungsverhältnisse von Einsatzfaktoren herrschen, kann durch die Veränderungen von Qualitäten des Inputs das Produktionsergebnis verändert werden.

Wenn von einer zwar eingeschränkten, aber doch für die Praxis teilweise noch gültigen Produktionstheorie ausgegangen werden kann, so ist auf die Übertragbarkeit von Produktionsfunktionen auf Kostenfunktionen hinzuweisen. Hierbei werden die Güterverbräuche zum Beispiel mit Einstandspreisen bewertet, und als abhängige Variable werden die Produktionskosten angesetzt. Analog einer Produktionsfunktion lassen sich hier dann Optimierungsmodelle anwenden, die durch Variation einzelner Beschaffungspreise oder Wertkomponenten (zum Beispiel durch Ausnutzung von Rabatten oder Boni) die Gesamtkosten der Produktion beeinflussen.

Die neuere Produktionstheorie wird maßgeblich geprägt durch die japanische Produktionsphilosophie, in der nicht nach quantitativen Zusammenhängen zwischen Einsatzfaktoren und Ausbringungsmenge gesucht wird, sondern qualitative Merkmale, wie zum Beispiel Sauberkeit am Arbeitsplatz, sowohl die Menge, Qualität als auch die Schnelligkeit der Produktion bestimmen.

Qualitätsmanagement, Forschung und Entwicklung

Neben der Optimierung von Durchlaufzeiten und Kosten gewinnt im Produktionsbereich das *Qualitätsmanagement* stark an Bedeutung. Die bewusste Verfolgung von Qualitätsstandards kann dabei aufgrund von formalen Gesichtspunkten, zum Beispiel zur Erreichung bestimmter Zertifikate nach DIN oder ISO 9000 ff., erfolgen oder einem originären Wunsch nach hochwertigen Produkten entsprechen. Der Begriff *Total Quality Management (TQM)* spielt hier seit einigen Jahren eine wesentliche Rolle. Güte definiert sich dabei nicht mehr ausschließlich über den Gebrauchswert einer Ware (zum Beispiel Langlebigkeit, Bruchsicherheit oder Wetterbeständigkeit), sondern vor allem durch den Kundennutzen. Der Kunde soll die gewünschte Qualität definieren und nicht ein betriebsinterner Ingenieur, der auf Einmaligkeit oder Schönheit seiner entwickelten Produkte Wert legt. Sämtliche Produktionseigenschaften, wie zum Beispiel Robustheit oder Haltbarkeit, sind bei diesem Ansatz dem Willen des Kunden unterzuordnen. Ein Haus muss demnach keine drei Generationen lang mehr halten, wenn der Kunde lieber ein funktionales und kostengünstiges Wohnen wünscht. Qualität ist nicht mehr absolut gültig und kann daher auch nicht in eine DIN-Norm gepresst werden; sie erstreckt sich zunehmend auch auf ethische, ökologische und soziale Nutzenkomponenten. Es ist daher wichtig, den Mitarbeitern in der Produktion die Qualitätsansprüche des Kunden zu verdeutlichen, um ihnen die Wichtigkeit einer Null-Fehler-Philosophie für ihren jeweiligen Arbeitsplatz zu veranschaulichen. Beim Unternehmen Motorola tragen beispielsweise die 3 000 Mitarbeiter in der Elektronikproduktion eine Visitenkarte bei sich, auf der steht, dass der Kunde letztlich ihren Lohn zahle, und somit hundertprozentige Qualitätsarbeit von ihnen Voraussetzung für den Erhalt eines jeden Arbeitsplatzes sei. Ob durch derartige Suggestionsmethoden eine Null-Fehler-Philosophie entsteht, ist fraglich. Dennoch scheinen die japanischen Vorschlagsmodelle und Qualitätszirkel zu einer nachweisbar geringeren Ausschussproduktion beizutragen. Die Null-Fehler-Philosophie wird auch mit dem Prinzip *SixSigma* umschrieben, bei dem eine extrem niedrige Fehlertoleranz (drei Fehler bei 1 000 Anwendungen) akzeptiert wird.

Qualitätsmanagement ersetzt nach DIN ISO 8402 den bisherigen Oberbegriff Qualitätssicherung (DIN 92). Um die Terminologie im Bereich des Qualitätsmanagements zu klären, stellen die Normen DIN 55 350, Teil 11, und DIN ISO 8402 in ihrer jeweils neuesten Ausgabe aufeinander abgestimmte Verständigungsnormen dar. Grundlage ist dabei die internationale Norm ISO 8402. Qualitätsmanagement umfasst hier »alle Tätigkeiten des Gesamtmanagements, die im Rahmen des Qualitätsmanagementsystems die Qualitätspolitik, die Ziele und Verantwortungen festlegen sowie diese durch Mittel wie Qualitätsplanung, Qualitätslenkung, Qualitätssicherung und Qualitätsverbesserung verwirklichen« (ISO 94).

Ein Qualitätsmanagementhandbuch ist die Dokumentation eines Qualitätsmanagementsystems und gibt gleichzeitig die grundsätzliche Einstellung des Managements sowie seine Absichten und Maßnahmen zur Sicherung und Verbesserung der Qualität im Unternehmen wieder. Äußeres Zeichen der Qualität kann das CE-Zeichen sein (CE = Communauté Européenne). Es ist ein Symbol zur Kennzeichnung von Erzeugnissen, die den technischen Harmonisierungsrichtlinien der Europäischen Union gerecht werden und dadurch im europäischen Binnenmarkt in den Verkehr gebracht werden dürfen. Das CE-Zeichen erfüllt damit die Funktion eines EG-Freihandelszeichens, das den Behörden die Marktüberwachung erleichtern soll und Erzeugnisse ausweist, die den gemeinsamen Regeln entsprechen und die erforderlichen Prüfungen bestanden haben.

Im Rahmen der Materialwirtschaft hat sich in den letzten Jahren eine zur Eigenständigkeit tendierende Einzeldisziplin der Betriebswirtschaftslehre herausgebildet, die Beschäftigung mit dem Bereich Forschung und Entwicklung (F & E). F & E beinhaltet die Suche nach neuen Erkenntnissen, nach neuem Wissen über Materialeigenschaften, Produktionsverfahren und Technologien sowie nach innovativen Produkten und Produktbestandteilen. Während F & E in Großbetrieben intern betrieben wird, haben insbesondere die vielen kleinen und mittleren Unternehmen bisher diesen Bereich nicht eigenständig betrieben, sondern sich dem technischen Fortschritt durch den Erwerb von Patenten und Lizenzen angeschlossen. Neue Vertrags- und Kooperationsvereinbarungen lösen diesen Zukauf neuen Wissens immer mehr ab. Forschungsinstitute bieten den einzelnen Unternehmen ihr Know-how über Kooperationsverträge an. Diese Tendenz löst immer mehr die bisherige Sichtweise ab, dass der Staat für Forschung und Entwicklung im Sinne einer gesamtwirtschaftlichen Nutzenschaffung verantwortlich sei. Produkt- und Prozessinnovationen sind nicht als öffentliche Güter zu verstehen, die in »Elfenbeintürmen« beliebig erstellt werden können. Empirische Untersuchungen belegen, dass die Impulse für wesentliche Produktinnovationen der letzten Jahre nicht in staatlichen oder öffentlichen Forschungseinrichtungen entstanden sind, sondern in betriebsinternen oder betriebsnahen Forschungsinstituten.

Marketing

Kundenorientierung als Unternehmensphilosophie

Wohl kaum ein Funktionsbereich der Betriebswirtschaftslehre hat in den letzten Jahren eine größere Bedeutung in der Literatur eingenommen als der Bereich des Marketing. Es hat dabei sowohl die verschiedensten Institutionen (zum Beispiel Bankmarketing, Handelsmarketing, Tourismusmarketing, Versicherungsmarketing, Investitionsgütermarketing) ergriffen als auch die betrieblichen Funktionsbereiche (zum Beispiel Beschaffungsmarketing, Personalmarketing, Finanzmarketing). Marketing wird heute oft zu einer Unternehmensphilosophie erhoben, bei der die Kunden- beziehungsweise Marktorientierung sämtliche betriebliche Aktivitäten und Instanzen beeinflusst. Sicherlich muss ein Unternehmen, wenn es strategisch handelt, vom Kunden her denken, denn nur, was dem Kunden nützt, wird auch langfristig zu Absatz führen. Aber es ist gleichermaßen festzustellen, dass nicht alles, was dem Kunden nützt, automatisch auf einem Markt zu einem höchstmöglichen Absatz führt. Zahlreiche andere Einflussgrößen, wie zum Beispiel Produktionskapazitäten, Mitarbeitermotivation, Verhandlungsstärke oder staatliche Einflüsse, determinieren letztlich den Absatz. Die alleinige Sicht auf den Kundennutzen garantiert damit nicht die langfristige strategisch günstigste Wettbewerbsposition. Dennoch nimmt die Forschung nach den Einflussgrößen auf das Konsumentenverhalten im Rahmen des Marketing einen bedeutenden Platz ein.

Konsumentenverhalten und Produkthaftung

Das Verhalten von Konsumenten hängt von zahlreichen Faktoren ab. Um das Konsumentenverhalten zu prognostizieren, wurden in der Literatur zahlreiche Checklisten entwickelt, die bei Marktanalysen als Basis dienen können. Die Abbildung 59 gibt stellvertretend die von Erwin Dichtl stammende Liste wieder.

Wohl kaum ein anderer Bereich eines Betriebes unterliegt derart starken Rechtseinflüssen wie das Marketing. Neben den wettbewerbsrechtlichen Vorschriften des GWB, UWG und der Gesetzgebung über die Allgemeinen Geschäftsbedingungen müssen bei Werbeaktivitäten das Bundesdatenschutzgesetz (BDSG) und beim Absatz von Gütern das Produkthaftungsgesetz (ProdHaftG) sowie zahlreiche Gesetze zur Sicherung von Schutzrechten, wie zum Beispiel das Patentgesetz, das Gebrauchsmustergesetz, das Geschmacksmustergesetz oder das Urheberrechtsgesetz beachtet werden.

Die wichtigste rechtliche Regelung zum Schutz des Verbrauchers beziehungsweise Konsumenten ist das Produkthaftungsgesetz (ProdHaftG) von 1990. *Produkthaftung* (Product Liability) bedeutet allgemein die Verpflichtung zum Ersatz eines durch ein fehlerhaftes Produkt entstandenen Schadens. Um die Frage der Haftung eines Produzenten zu klären, ist nach dem ProdHaftG lediglich zu prüfen, ob das betrachtete Produkt fehlerhaft war. Wer diesen Fehler verursacht und verschuldet hat, ist unerheblich. Auf ein Verschulden wird also nicht abgestellt. Es gilt somit eine verschuldensunabhängige Schadensersatzpflicht des Herstellers.

Die Begriffe Produkt, Fehler und Hersteller sind in §§ 2 ff. ProdHaftG geregelt und werden sehr weit gefasst. Als fehlerhaft gemäß § 3 I ProdHaftG gilt ein Produkt, wenn es nicht die Sicherheit bietet, die unter Berücksichtigung aller Umstände, insbesondere seiner Darbietung, des Gebrauchs, mit dem billigerweise gerechnet werden kann, und des Zeitpunkts, in dem es in den Verkehr gebracht wurde, berechtigterweise erwartet werden kann. Als Hersteller im Sinne dieses Gesetzes gilt insbesondere jeder, der einen Grundstoff, ein Teilprodukt oder das Endprodukt hergestellt oder auch nur ein entsprechendes Kennzeichen an dem Produkt angebracht hat (vergleiche § 4 ProdHaftG). Damit kann auch ein Händler beziehungsweise Vertreiber als Hersteller im Sinne dieses Gesetzes gelten,

Soziodemografische Merkmale
- Alter
- Geschlecht
- Zivilstand
- Stellung in der Familie
- Größe der Familie, der die Person angehört
- Einkommen (Familien-/persönliches/disponibles Einkommen)
- Beruf
- Ausbildungsabschluss
- Soziale Schicht
- Physiologische Bedingungen (Diätregeln, Körperschäden)
- Ethnische Gruppe/Religion

Geografische Merkmale
- Regionen (Bundesländer, Staaten)
- Überörtliche Siedlungsstruktur
- Örtliche Siedlungsstruktur (Stadtrandlage/Citylage)
- Klimatische und topografische Bedingungen (Verkehrsanbindung)

Allgemeine psychografische Merkmale (»Persönlichkeit«)
- Leistungsstreben
- Geselligkeitsstreben
- Risikobereitschaft und Innovationsbereitschaft
- Beeinflussbarkeit durch formale oder personale Kommunikation
- Wertvorstellungen

Objektive Verhaltensmerkmale im Hinblick auf bestimmte Produktbereiche
- Besitz bestimmter Gebrauchsgüter
- Realisierte Kaufkraft
- Intensiv-/Wenig-/Nichtkäufer einer Produktgruppe
- Markenwechsler/markentreue Käufer
- Kaufrhythmus und jeweiliges Beschaffungsvolumen
- Informationsverhalten vor dem Kauf (intensiv/weniger intensiv)

Psychografische Merkmale im Hinblick auf bestimmte Produktbereiche
- Lebensstil
- Periphere Einstellung
- Zentrale Einstellung
- Informationsinteresse
- Wissen über angebotene Objekte
- Aktivitätsvorlieben (Hobbys et cetera)

Merkmale der Kaufverhaltensreaktion auf absatzpolitische Anstrengungen der Anbieter in einem bestimmten Produktbereich
- Qualitätsbewusstsein
- Preisbewusstsein
- Werbeempfänglichkeit
- Bereitschaft, Beschaffungsanstrengungen auf sich zu nehmen

Abb. 59: Einflussfaktoren auf das Käuferverhalten nach E. Dichtl

insbesondere dann, wenn der eigentliche Hersteller nicht zu ermitteln ist. Alle diesbezüglich an der Herstellung des fehlerhaften Produktes Beteiligten haften für den vollen Schaden als Gesamtschuldner (vergleiche § 5 ProdHaftG). Somit sind alle an der Herstellung von Produkten beteiligten Personen von diesem Gesetz betroffen. Wenn damit nicht nur Produzenten, sondern auch Händler zu einem Schadenersatz herangezogen werden können, wird künftig die Produktsicherheit für Marketingverantwortliche von größerer Bedeutung werden.

Marketing-Mix und absatzpolitisches Instrumentarium

Als *Marketing-Mix* wird die Summe aller absatzpolitischen Instrumente bezeichnet, die eingesetzt werden können, um ein Produkt dem Käufer bekannt zu machen und letztlich zu verkaufen. Elemente des Marketing-Mixes sind die Produkt-, Preis-, Kommunikations- und Distributionspolitik.

Der erste Teilbereich des Marketing-Mixes ist die *Produktpolitik*. Produktqualität, Design, die Ausgestaltung des Kundenservices sowie die Bestimmung der Verkaufsmenge sind die wesentlichen Elemente dieses Instrumentariums. In Bezug auf das Konsumentenverhalten ist die Produktgestaltung, das heißt die Form- und Farbgebung sowie das Ladenlayout im Handel, von entscheidender Bedeutung. Insbesondere zur Abgrenzung von Markenwaren gegenüber No-Name-Produkten beziehungsweise weißen Marken ist die Gestaltung von Produkten mit Warennamen und Warenzeichen und auffallender Verpackung möglich.

Gegenstand der *Preispolitik* ist die Festlegung von Verkaufspreisen, Preisunter- und -obergrenzen sowie die Bestimmung von Sonderangeboten und Preisnachlässen, wie zum Beispiel Rabatte, Boni und Skonti. Ein Rabatt ist ein Preisnachlass für eine bestimmte Absatzmenge. Skonti sind Preisnachlässe für zeitliche Zahlungsvereinbarungen, während Boni für bestimmte qualitative Erfordernisse wie Treue gewährt werden. Hilfreich bei der Gestaltung der Preispolitik sind traditionell die Preis-Absatzfunktionen, die zur Prognose von Absatzmengen in Abhängigkeit vom Preis dienen, sowie die inzwischen ebenfalls als klassisch anzusehenden Produktlebenszykluskurven, die den Absatz und Umsatz eines Produktes in Abhängigkeit von seiner Verweildauer auf dem Markt darstellen. Das Konzept des Produktlebenszyklus basiert auf der Diffusionstheorie, das heißt der Annahme, dass sich Innovationen in sozialen Systemen in Phasen vollziehen. Danach durchläuft in der Regel jedes Produkt gewisse Entwicklungsstadien. Dies sind die Einführungsphase, die Wachstumsphase, die Sättigung, die Degeneration und der Marktaustritt. Ein Marktforscher hat demnach zu beurteilen, in welcher Phase sich ein Produkt gerade befindet, um dann die richtige Preispolitik auszuwählen (zum Beispiel Sonderangebote in der Sättigungsphase).

Kommunikationspolitik bedeutet aktive Informationspolitik in Form von Werbemaßnahmen, verkaufsfördernden Instrumenten, Öffentlichkeitsarbeit (Public Relations) sowie des persönlichen Verkaufs (Personal Selling). Mit Hilfe von Werbung in den verschiedensten Medien (Zeitungen, Zeitschriften, Radio, Fernsehen, Plakate, Handzettel) soll der Kunde direkt auf das Produkt und dessen Vorzüge angesprochen und die Bekanntheit des Produktes erreicht werden. Verkaufsförderung im Handel wird auch als Sales Promotion bezeichnet. Sie ist ein wichtiges Instrument, um mit Verkaufshilfen (Ständern, Prospekten, Handbüchern, Katalogen, Tonbildschauen) eine subjektive Kaufmotivation zu einer spontanen Kaufentscheidung zu führen. Insbesondere unentschlossene Konsumenten lassen sich durch derartige Maßnahmen, zu denen auch Preisausschreiben oder die Gratisabgabe von Warenproben gehören, erreichen. Öffentlichkeitsarbeit (Public Relations) kann sich ausdrücken in der Durchführung spektakulärer Aktionen, dem Sponsoring von Vorträgen und Veranstaltungen, der Teilnahme an Ausstellungen und Messen, der Information politischer Gremien, in Pressearbeit und insgesamt einer bewusst geplanten Darstellung des Unternehmens nach außen (Corporate Design).

Bei der *Distributionspolitik* handelt es sich um die Auswahl der Vertriebswege. Hier lassen sich bereits aus rechtlicher Sicht Angestellte von freien Vertriebsmitarbeitern unterscheiden. Während der Handelsvertreter Produkte mehrerer Hersteller gegen Provision verkauft, ist ein Reisender an ein Unternehmen streng weisungsgebunden und verkauft in fremdem Namen gegen Festgehalt. Während der Reisende lediglich Absatzvermittler ist, erfüllt der Handelsvertreter als selbstständiger Gewerbetreibender gemäß § 84 HGB die Voraussetzungen eines Abschlussvertreters im eigenen Namen. Darüber hinaus lassen sich Makler, Handlungsgehilfen oder auch lizenzierte Verkaufsniederlassungen (Franchise-Systeme) unterscheiden.

Zusammenfassung

Betriebe produzieren Güter für einen Markt beziehungsweise Bedürfnisse von Kunden. Die Einsatzgüter zur Erstellung der Produkte, beziehungsweise im Falle eines Handelsunternehmens die Handelswaren, sind zu beschaffen und gegebenenfalls zu lagern. Der Beschaffungsprozess ist mit Themen wie der Lieferantenauswahl, der Überlegung, ob Güter selbst produziert oder zugekauft werden, sowie mit der Lagerhaltungsproblematik verbunden. Im Falle der Produktion sind Entscheidungen bezüglich der Produktionsverfahren und -prozesse zu fällen. Da Kunden heute nicht nur preisbewusst, sondern vielfach stärker auf Qualität achten, ist in der Produktion das Thema Qualitätsmanagement besonders wichtig. Wenn Güter hergestellt werden, ist deren Absatz zu planen. Konsumentenverhalten ist zu erforschen, darauf angepasst Werbestrategien zu konzipieren und der Preis zu kalkulieren, mit dem das Produkt auf den Markt kommen soll. Alle Marktentscheidungen zum Absatz der Güter werden mit dem Begriff Marketing-Mix zusammengefasst.

Selbstkontrollaufgaben zu Kapitel 10

1. Sie sind Einkäufer des Büroartikelhändlers Office und haben Angebote von drei verschiedenen Lieferanten zu prüfen. Alle wollen Ihnen stabile, preisgünstige und gute Hefter und Locher verkaufen. Welche weiteren Kriterien wären für Sie bei der Lieferantenauswahl entscheidend?

2. In den Ausführungen zur Lagerhaltung wurde der Begriff »Just in Time« verwandt. Versuchen Sie, durch eigene Überlegungen die Vor- und Nachteile einer Just-in-Time-Belieferung herauszufinden und damit den Versuch, Lagerhaltung zu minimieren, zu bewerten.

3. Sie überlegen, ob Sie zwei Einsendeaufgaben selber bearbeiten oder Ihren Nachbarn, der promovierter Betriebswirt ist, bitten, diese für Sie zu lösen. Abgesehen von dem rechtlich unzulässigen Unterfangen, das zudem keinerlei Lerneffekte bringt, wollen Sie dieses Problem mit der engpassbezogenen Kostentheorie bewältigen, da Sie noch in der verbliebenen Tageszeit von fünf Stunden auch noch drei Stunden Wäsche bügeln wollten. Es geht bei den Einsendeaufgaben um zwei Aufgaben, deren Bearbeitungszeit für Sie selbst etwa vier Stunden Ihrer heutigen Tageskapazität in Anspruch nimmt. Die Kosten bei Fremdbezug betragen angesichts der hohen Qualifikation und Hochnäsigkeit Ihres Nachbarn 150 Euro je Aufgabe. Ihre eigene Arbeitsstunde kalkulieren Sie mit 25 Euro.

Das Bügeln Ihrer Wäsche würde Sie bei Fremdvergabe ebenfalls 80 Euro kosten, da sich inzwischen die gesamte Wäsche angesammelt hat, wobei Sie sich dann die drei Stunden Eigenarbeit ersparen würden.

Sie sollen eine Tabelle analog des oben genannten Beispieles aufstellen und sich entscheiden, was Sie mit den verbliebenen fünf Stunden dieses Tages noch anfangen wollen (Einsendeaufgabe lösen und/oder bügeln).

4. Überlegen Sie Produkte, die Ihrer Meinung nach am besten geeignet sind, in Fließfertigung, Gruppenfertigung, Werkstattfertigung, Einzelfertigung, Partie-, Chargen-, Sorten-Massenfertigung hergestellt zu werden.

5. Zeichnen Sie eine Produktionsfunktion, in der Sie Ihre Einsatzmenge in Zeiteinheiten je Tag auf der x-Achse und den Lernerfolg im Sinne eines Ertrages auf der y-Achse abtragen. Überlegen Sie insbesondere bei dem voraussichtlich ertragsgesetzlichen Verlauf die Wendepunkte und den Sattelpunkt Ihrer individuellen Kurse.

6. Sie sollen ein Audit (Qualitätsbericht) als Auditor für eine staatlich zertifizierte ISO-Stelle bei einem mittelständischen Unternehmen in Frankreich durchführen, das als Zulieferer für Ihre pharmazeutischen Produkte beurteilt werden soll. Welche Qualitätsanforderungen würden Sie stellen, beziehungsweise worüber würden Sie einen Bericht erstellen wollen?

7. Sie sind Marketingleiter eines großen Kosmetikkonzernes namens LáOre, der Produkte vom Shampoo bis zum Parfüm herstellt. Werbeslogan ist »Ich fühl mich schön mit LáOre«. Ein neues Produkt gegen Haarausfall bei Frauen soll mit dem Instrumentarium des Marketing-Mixes geplant werden. Ein spezielles Produktdesign, die Preiskalkulation, die Werbestrategie und der Absatzweg sind von Ihnen vorzuschlagen.

11. Die nominalwirtschaftlichen Bereiche eines Betriebes

Neben den realwirtschaftlichen Prozessen zur Erstellung von Gütern sind die finanzwirtschaftlichen Vorgänge bei der Beschaffung, der Produktion und dem Absatz von Gütern zu beachten. Stets wird Kapital benötigt, um damit zu planen und zu beschaffen, und letztlich muss für verschiedene Interessengruppen Rechenschaft über die Kapitalverwendung abgelegt werden. Die Bereiche Investition und Finanzierung sowie das betriebliche Rechnungswesen sind daher als den realwirtschaftlichen Prozess begleitende Bereiche zu betrachten.

Betriebliches Rechnungswesen

Rechenschaftslegung, Informationsfunktion und Buchführungspflicht

Das *betriebliche Rechnungswesen* nimmt eine zentrale Stellung in der Betriebswirtschaftslehre ein. Die systematische zahlenmäßige Erfassung, Aufbereitung und Auswertung von Geschäftsvorfällen und damit die quantitative Abbildung sämtlicher Prozesse innerhalb des Betriebes und zwischen Betrieben ist für Planung, Steuerung und Kontrolle unentbehrlich.

Das Rechnungswesen soll Informationen sowohl für interne Adressaten (Unternehmensführung, Leitung) als auch für Außenstehende (Eigenkapitalgeber, Gläubiger, Kommunen oder Gewerkschaften und nicht zuletzt für das Finanzamt) zur Verfügung stellen (Informationsfunktion). Es ist damit ein zentrales Informationsinstrument für interne und externe Adressaten eines Betriebes. Entsprechend diesen beiden Hauptgruppen werden das interne und externe Rechnungswesen unterschieden. Während das externe Rechnungswesen finanzielle Vorgänge zwischen Unternehmen und ihren Umwelten abbildet, zum Beispiel Einkaufs- und Absatzvorgänge, gibt das interne Rechnungswesen finanzwirtschaftlich bedingte Zahlungsströme innerhalb des Unternehmens wieder. Die Abbildung 60 fasst die Aufgabengebiete, Adressaten, Rechnungsziele, gesetzlichen Rahmenbedingungen und den Zeithorizont des internen und externen Rechnungswesens zusammen.

Betriebswirtschaft konkret. Ottmar Schneck

ISBN 3-527-50193-2

	Externes Rechnungswesen	Internes Rechnungswesen
Teilbereiche	– Finanzbuchhaltung – Jahresabschluss (Bilanz, Gewinn- und Verlustrechnung, Anhang, Lagebericht) – Sonderbilanzen (Gründung, Umwandlung, Fusion)	– Kosten- und Leistungsrechnung – Investitionsrechnungen – Statistik und Planungsrechnungen
Adressaten: *internes und externes RW:*	– Finanzamt – Kommunen – Öffentlichkeit – Eigentümer und Anteilseigner – Gläubiger – Stille Beteiligte – Gewerkschaften	– Vorstand, Geschäftsführung – Abteilungsleitung – Mitarbeiter
Rechnungsziel	– Vergangenheitsorientierte Dokumentation und Rechenschaftslegung	– Planung, Steuerung und Kontrolle des Betriebsprozesses
gesetzliche Rahmenbedingungen	– Handels- und steuerrechtliche Regeln	– Zweckmäßigkeit, keine gesetzmäßigen Vorschriften
Zeitbezug und Rechnungstyp	– In der Regel jährliche buchhalterische Größen	– kurze Perioden von kalkulatorischen Größen

Abb. 60: Teilbereiche, Adressaten und Ziele des Rechnungswesens

Im Rahmen der internen Rechnungslegung werden in der Abbildung 60 die Teilbereiche Finanzbuchhaltung (rechnerische Erfassung jedes Geschäftsvorfalles in Konten oder Tabellen), der Jahresabschluss mit den Bestandteilen Bilanz (einmal im Jahr vollzogene Zusammenstellung des Vermögens und dessen Finanzierung), der GuV (einmal im Jahr vollzogene Abrechnung von Umsätzen und Kosten) sowie je nach Rechtsform ein Anhang (Darstellung von Bewertungsannahmen in der eigenen Bilanz) und ein Lagebericht (Darstellung der Umfeldsituation) genannt.

Bei der internen Rechnungslegung wird die Kosten- und Leistungsrechnung (regelmäßige Kalkulation und Verrechnung der Kosten), die Investitionsrechnung (Kalkulation der Vorteilhaftigkeit einer Investition) und Statistiken und Planungsrechnungen genannt.

Diese Kurzbeschreibungen sollen zunächst genügen. Jeder Teilbereich dieser externen und internen Rechnungslegung wird dann in den folgenden Abschnitten in Übersichten detaillierter beschrieben.

Grundlage der internen wie der externen Rechnungslegung ist die *Buchführung*. Nach § 238 HGB ist grundsätzlich jeder Kaufmann, mit Ausnahme des Minderkaufmanns gemäß § 4 HGB, zur Buchführung verpflichtet.

In der Literatur wird teilweise zwischen Finanz- und Betriebsbuchführung unterschieden. Jegliche Buchführung hat den *Grundsätzen ordnungsmäßiger Buchführung (GoB)* zu entsprechen und muss innerhalb bestimmter Kontenrahmen erfolgen. Bei den Kontenrahmen unterscheidet man den Industriekontenrahmen (IKR), den Handelskontenrahmen und weitere branchenspezifische Konteneinteilungen. Mit Hilfe der Kontenrahmen werden sämtliche Geschäftsvorfälle nach einzelnen Kontenarten eingeteilt und die Buchungsfälle sachlich einzelnen Konten, zum Beispiel Kasse oder Waren, zugeordnet. Die GoB sind in der Abbildung 61 zusammengefasst und stellen Verhaltens- und Vorgehensregelungen für die Buchhaltungstätigkeit dar. Verletzungen dieser Grundsätze können strafrechtlich geahndet werden.

Neben der handelsrechtlichen Buchführungspflicht nach HGB und den dort genannten GoB ist auch eine steuerliche Buchführungspflicht gemäß § 160 AO (Abgabenordnung) zu beachten. Diese Steuerbuchführungspflicht umfasst auch Steuerpflichtige, die handelsrechtlich nicht als Kaufleute gelten und somit nicht zur Führung von Büchern verpflichtet sind (zum Beispiel Minderkaufleute oder Land- und Forstwirte). Nach den Vorschriften des Steuerrechts (§ 141 AO) wird der Kreis der Buchführungspflichtigen, die einen Gewerbebetrieb unterhalten, durch die Höhe des Umsatzes, die Höhe des Betriebsvermögens und den Gewinn definiert.

Nach Handelsrecht müssen sämtliche Buchführungspflichtigen zu Beginn ihres Handelsgewerbes und am Schluss jedes Geschäftsjahrs ein Verzeichnis über betriebliche Vermögensgegenstände und Schulden erstellen. Dieses Verzeichnis heißt *Inventar*, die Tätigkeit, die zum Inventar führt, ist die Inventur. Bei der Inventur wird eine mengenmäßige Aufnahme sämtlicher Vermögensgegenstände und Schulden vorgenommen, die es später für die Bilanzierung zu bewerten gilt. Die Inventur liefert das Bestandsverzeichnis, das Inventar, als Grundlage für die Aufstellung einer Bilanz.

Jahresabschluss mit Bilanz und Gewinn- und Verlustrechnung

Buchführung erfolgt entweder in einfacher oder doppelter Form. Bei der doppelten Buchführung wird ein Geschäftsvorfall auf mindestens zwei Konten verbucht. Die eine Buchung wird als Soll-, die andere als Habenbu-

Grundsätze ordnungsmäßiger Buchführung

Grundsatz der Richtigkeit und Willkürfreiheit (§ 238 I HGB)
Die Buchungen müssen der Realität entsprechen und von sachverständigen Dritten in angemessener Zeit nachprüfbar sein.
Grundsatz der Vollständigkeit (§ 239 II, § 246 I HGB)
Sämtliche Wertsteigerungen oder -verluste von Vermögensgegenständen sind zu erfassen.
Grundsatz der Klarheit und Übersichtlichkeit (§ 243 II HGB)
Die HGB-Formvorschriften und die dort genannte Mindestgliederung sind einzuhalten.
Grundsatz der Periodenabgrenzung (§252 HGB)
Geschäftsvorfälle, die andere Perioden betreffen, sind abzugrenzen, das heißt durch so genannte Rechnungsabgrenzungsposten kenntlich zu machen.
Grundsatz der Vorsicht (§ 252 I,4 HGB)
Gewinne dürfen erst verbucht werden, wenn sie realisiert sind (Realisationsprinzip), Verluste auch, wenn sie noch nicht eingetreten sind (Imparitätsprinzip). Grundsätzlich ist der niedrigste Wert anzusetzen (Niederstwertprinzip für Aktiva, Höchstwertprinzip für Passiva).
Grundsatz der Stetigkeit (§ 252 I,6 HGB)
Einmal gewählte Bilanzierungs- oder Bewertungsansätze sind beizubehalten, um die Vergleichbarkeit über mehrere Perioden zu gewährleisten.
Grundsatz der Einzelbewertung (§ 252 I, 3 HGB)
Vermögensgegenstände und Schulden sind einzeln auszuweisen und zu bewerten.
Grundsatz der Kontinuität (§ 265 I HGB)
Die Schlussbilanz des alten Jahres und die Anfangsbilanz des neuen Jahres müssen identisch sein.

Abb. 61: Grundsätze ordnungsgemäßer Buchführung

chung bezeichnet. Beides zusammen stellt den Buchungssatz dar. In Abbildung 62 sind die in den Buchungen verwandten Größen dargestellt.

Handelt es sich um zahlungswirksame Vorgänge, die den Zahlungsmittelbestand in Form von Bargeld oder Bankguthaben verändern, so spricht man von *Einzahlungen* oder *Auszahlungen*. Der Zahlungsmittelbestand ist bei Unternehmen ein Teil des gesamten Geldvermögens. Noch ausstehende Forderungen auf Grund nicht bezahlter Rechnungen oder demnächst fällige Forderungen sind ebenfalls zum Geldvermögen eines Unternehmens zu zählen. Nehmen Forderungen, zum Beispiel gegenüber Kunden, zu, so kann bereits von einer Einnahme gesprochen werden, zu der noch keine Einzahlung vorliegt. Analog ist bei der Zunahme von Verbindlichkeiten mit kurzer Laufzeit von Ausgaben zu sprechen, da sie in absehbarer Zeit zu Auszahlungen führen. Verändert sich neben dem Geldvermögen auch das Sachvermögen im Vermögensbestand eines Unternehmens, so kann zum Beispiel beim Wertverlust eines Gebäudes (Abschreibung) von einer *Aufwendung* oder beim Wertzuwachs von einem *Ertrag* gespro-

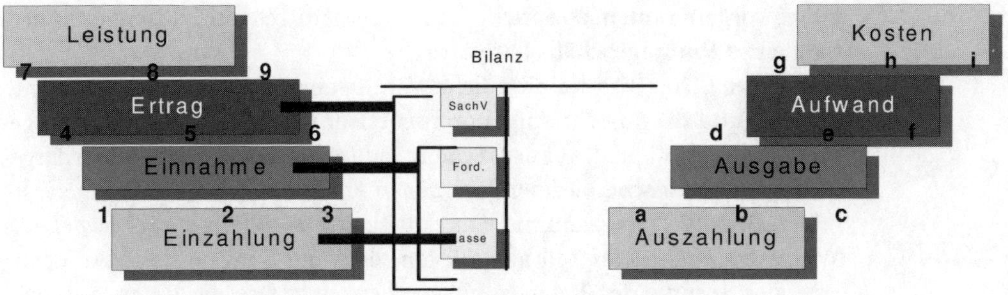

- Ein-, Auszahlungen verändern den Zahlungsmittelbestand (Kasse/Bankguthaben)
- Einnahmen, Ausgaben verändern den Geldvermögensbestand, d.h. (Kasse/ Bankguthaben + Forderungen - Verbindlichkeiten)
- Ertrag, Aufwand verändern den Reinvermögensbestand (Geldvermögen + Sachvermögen)
- Leistung, Kosten verändern das betriebsnotwendige Vermögen (Reinvermögen - neutrales Vermögen)

Abb. 62: Grundbegriffe des Rechnungswesens

chen werden. Betrifft der Wertzuwachs beziehungsweise der Wertverlust betriebsnotwendiges Vermögen und handelt es sich um einen Vorgang, der sachzielorientiert ist, das heißt, den Unternehmenszweck berührt, so spricht man von *Kosten* beziehungsweise von *Leistungen*. Ein nicht sachzielorientierter Güterverbrauch, wie zum Beispiel eine Spende an das Rote Kreuz, stellt demnach keine Kosten dar.

Der Jahresabschluss besteht gemäß § 242 HGB aus der Bilanz und der Gewinn- und Verlustrechnung. Für Kapitalgesellschaften ist zusätzlich nach § 264 HGB ein Anhang zu erstellen. Die Darstellung dieser drei Komponenten zuzüglich eines Lageberichts erfolgt in einem Geschäftsbericht, der ab einer bestimmten Unternehmensgröße zu publizieren ist. Der Jahresabschluss als zentrales Element der externen Rechnungslegung hat neben der Informationsfunktion für die externen Adressaten auch eine Ausschüttungsbemessungsfunktion. Das bedeutet, dass der im Jahresabschluss ausgewiesene Bilanzgewinn eine Ausgangsgröße für die Ausschüttung an die Eigentümer des Unternehmens ist.

Es werden ordentliche und außerordentliche Jahresabschlüsse unterschieden. Ordentliche Jahresabschlüsse sind gesetzlich oder satzungsmäßig aufzustellen, während außerordentliche Anlässe zur Erstellung eines Jahresabschlusses zum Beispiel die Gründung, Umwandlung, Sanierung, Fusion oder Liquidation eines Unternehmens sind. Dementsprechend kennt das Handelsrecht Gründungs-, Umwandlungs- oder Liquidationsbilanzen. Wird eine Gründung oder Umwandlung innerhalb eines Geschäftsjahres vorgenommen, so spricht man von einem Teiljahresabschluss innerhalb eines Rumpfgeschäftsjahres.

In einer Bilanz werden sämtliche Vermögenswerte auf der linken Seite (Aktiva) und das hierfür aufgenommene fremde, beziehungsweise eingebrachte eigene Kapital, auf der rechten Seite (Passiva) in Kontenform dargestellt. Das Grundschema einer Bilanz ist in Abbildung 63 zusammengefasst.

Der Begriff *Bilanz* kommt vom lateinischen »Bilanx«, was soviel wie Waage bedeutet. Dies soll ausdrücken, dass die Summe des Vermögens stets der Summe des Kapitals entsprechen, dass also die Bilanz ausgeglichen sein muss. Da beiden Seiten der Bilanz faktisch dieselben Sachverhalte, aber in unterschiedlicher Zusammensetzung mit unterschiedlichem Aussagegehalt zugrunde liegen (Mittelverwendung links, Mittelherkunft rechts), ist die Ausgeglichenheit gewährleistet. Während die linke Seite der Bilanz das Anlage- vom Umlaufvermögen unterscheidet und die Positionen von oben nach unten nach der Dauer der Kapitalbindung beziehungsweise Fristigkeit einer potenziellen Liquidierung abstuft, trennt die Bilanz auf der rechten Seite nach dem Grundsatz des Eigentums in Eigen- und Fremdkapital. Im Anlagevermögen sind gemäß § 247 Abs. 2 HGB alle Gegenstände auszuweisen, die dazu bestimmt sind, dauernd dem Geschäftsbetrieb zu dienen. Eine Position stellt das Immaterielle Anlagevermögen dar, in dem zum Beispiel ein erworbener Firmenname bilanziert werden kann. Das

Bilanz zum Stichtag 31.12.

Vermögen (Aktiva)	**Kapital (Passiva)**
Mittelverwendung: »Wofür wurde das Kapital verwendet?«	Mittelherkunft: »Woher kam beziehungsweise kommt das Kapital?«
Anlagevermögen – Immaterielle Gegenstände – Grundstücke – Maschinen – Beteiligungen	Eigenkapital – Gezeichnetes Kapital – Kapitalrücklage – Gewinnrücklage – Satzungsgemäße Rücklagen – Andere Rücklagen
Umlaufvermögen – Vorräte – Forderungen – Kasse	Fremdkapital – Rückstellungen – langfristige Verbindlichkeiten – kurzfristige Verbindlichkeiten

Abb. 63: Grundschema einer Bilanz nach HGB

weitere Anlagevermögen kann aus Sachanlagen (zum Beispiel Grundstücken und Gebäuden) sowie aus Finanzanlagen (zum Beispiel Wertpapiere und Firmenbeteiligungen) bestehen. Die Wertminderung dieser Anlagen wird jährlich durch Abschreibungen berücksichtigt.

Für das Umlaufvermögen existiert keine Ausweisvorschrift wie in § 247 HGB für das Anlagevermögen. Es handelt sich hier um (Geld-) Vermögen mit kurzer Bindungsdauer, das heißt Bankguthaben, Kassenbestände oder auch kurzfristig liquidierbare Vorräte.

Das den Eigentümern beziehungsweise Anteilseignern gehörende Kapital, das in der Regel ohne zeitliche Befristung und ohne Rechtsanspruch auf Rückzahlung beziehungsweise Verzinsung dem Unternehmen zur Verfügung gestellt wurde, wird als Eigenkapital bezeichnet. Während Einzelunternehmen und Personengesellschaften nur eine Gesamtposition Eigenkapital ausweisen, wird bei Kapitalgesellschaften das Eigenkapital in das Grund- beziehungsweise Stammkapital und zwei Rücklagearten eingeteilt. Der Nominalbetrag der von Eigenkapitalgebern eingebrachten Anteile wird bei der AG als Grundkapital und bei der GmbH als Stammkapital bezeichnet. Einbehaltene Gewinne werden in den Gewinnrücklagen ausgewiesen. Die am Kapitalmarkt eingenommenen, über den in der Eigenkapitalposition ausgewiesenen Nennbetrag der Eigentümeranteile hinausgehenden Beträge (Agio) werden in die Kapitalrücklage eingestellt.

Nach dem Eigenkapital werden auf der rechten Seite der Bilanz die Verbindlichkeiten ausgewiesen, welche gemäß § 241 BGB Verpflichtungen gegenüber Gläubigern darstellen. Ebenfalls zum Fremdkapital gehören neben Darlehen und Krediten die Rückstellungen. Dies sind zum Beispiel für Pensions- oder Prozesskosten ausgewiesene Eventualverbindlichkeiten, die der Ursache nach zwar bestimmt sind, deren Höhe und Fälligkeit aber noch ungewiss sind.

Die *Gewinn- und Verlustrechnung (GuV)* stellt im Gegensatz zur zeitpunktbezogenen Bestandsrechnung der Bilanz eine zeitraumbezogene Stromgrößenrechnung dar. Hier werden die Aufwendungen und Erträge, also die periodenbezogenen Geld- und Sachvermögensveränderungen, systematisch gegenübergestellt. Die Mindestgliederung der GuV gemäß § 257 II HGB nach dem Gesamtkostenverfahren ist in Abbildung 64 wiedergegeben.

Neben dem Gesamtkostenverfahren kann gemäß § 275 II HGB auch das Umsatzkostenverfahren angewandt werden. In jedem Fall ist bei Kapitalgesellschaften die Staffelform vorgeschrieben, und es sind die bereits genannten Grundsätze ordnungsmäßiger Buchführung anzuwenden.

Gewinn und Verlustrechnung bei Anwendung des Gesamtkostenverfahrens		
1.		Umsatzerlöse
2.	+	Erhöhung oder
	–	Verminderung des Bestandes an fertigen und unfertigen Erzeugnissen
3.	+	andere aktivierte Eigenleistungen
4.	+	sonstige betriebliche Erträge
5.	–	Materialaufwand (Aufwendungen für Roh-, Hilfs- und Betriebsstoffe und für bezogene Waren sowie Aufwendungen für bezogene Leistungen)
6.	–	Personalaufwand (Löhne und Gehälter, soziale Abgaben und Aufwendungen für Altersversorgung und für Unterstützung, davon für Altersversorgung)
7.	–	Abschreibungen (auf immaterielle Vermögensgegenstände des Anlagevermögens und Sachanlagen sowie auf aktivierte Aufwendungen für die Ingangsetzung oder Erweiterung des Geschäftsbetriebes; auf Vermögensgegenstände des Umlaufvermögens, soweit diese die in der Kapitalgesellschaft üblichen Abschreibungen überschreiten)
8.	–	sonstige betriebliche Aufwendungen
9.	+	Erträge aus Beteiligungen, davon aus verbundenen Unternehmen
10.	+	Erträge aus anderen Wertpapieren und Ausleihungen des Finanzanlagevermögens, davon aus verbundenen Unternehmen
11.	+	sonstige Zinsen und ähnliche Erträge, davon aus verbundenen Unternehmen
12.	–	Abschreibungen auf Finanzanlagen und auf Wertpapiere des Umlaufvermögens
13.	–	Zinsen und ähnliche Aufwendungen, davon an verbundene Unternehmen
14.	+/–	Ergebnis der gewöhnlichen Geschäftstätigkeit
15.	+	außerordentliche Erträge
16.	–	außerordentliche Aufwendungen
17.	=	außerordentliches Ergebnis
18.	–	Steuern vom Einkommen und vom Ertrag
19.	–	sonstige Steuern
20.	=	Jahresüberschuss / Jahresfehlbetrag = Periodenergebnis

Abb. 64: Grundschema einer Gewinn- und Verlustrechnung nach HGB (Gesamtkostenverfahren)

Pflichtbestandteil des handelsrechtlichen Jahresabschlusses ist bei Kapitalgesellschaften gemäß § 264 I und § 316 I HGB neben der Bilanz auch der Anhang. Im *Anhang* werden die einzelnen Positionen der Bilanz und GuV näher erläutert. So können Positionen wie beispielsweise immaterielle Vermögensgegenstände oder sonstige betriebliche Aufwendungen hinsichtlich ihrer Zusammensetzung sowie der angewandten Bilanzierungs- und Bewertungsmethoden detailliert erläutert werden.

Während der Anhang eine erläuternde Funktion wahrnimmt, kann im *Lagebericht* (gemäß § 264 I HGB) eine Ergänzung zu den Jahresabschlussangaben vorgenommen werden. Erläuterungen zum Geschäftsverlauf oder zur Wirtschaftslage der Kapitalgesellschaft, ökologische oder soziale Projekte beziehungsweise Zielsetzungen können hier vorgestellt werden.

Traditionelle Kosten- und Leistungsrechnung

Die systematische Erfassung, Aufbereitung und Weitergabe von Informationen übernimmt auch die *Kosten- und Leistungsrechnung* als Teil des internen Rechnungswesens. Sie ist insbesondere dazu da, Informationen zur Planung, Steuerung und Kontrolle für die Unternehmensleitung zur Verfügung zu stellen. Wie in Abbildung 62 dargestellt, werden hier lediglich die sachzielorientierten, das heißt dem Betriebszweck dienenden Güterverbräuche (Kosten) und neu erstellten Gütern (Leistungen) abgebildet. Aus Abbildung 65 ist die Vielzahl von Kostenbegriffen und Kostenarten ersichtlich.

Entsprechend der Frage, ob vergangene, aktuelle oder zukünftige Kosten abgebildet werden sollen, können verschiedene Kostenrechnungssysteme unterschieden werden. Dies sind die Ist-, Normal- und Plankostenrechnung. Hinsichtlich des Umfangs der Kostenzurechnung kann zwischen einer Voll- und einer Teilkostenrechnung unterschieden werden. Durch Kombination dieser beiden Typologien lassen sich sechs verschiedene Rechnungssysteme unterscheiden (zum Beispiel Normalkostenrechnung

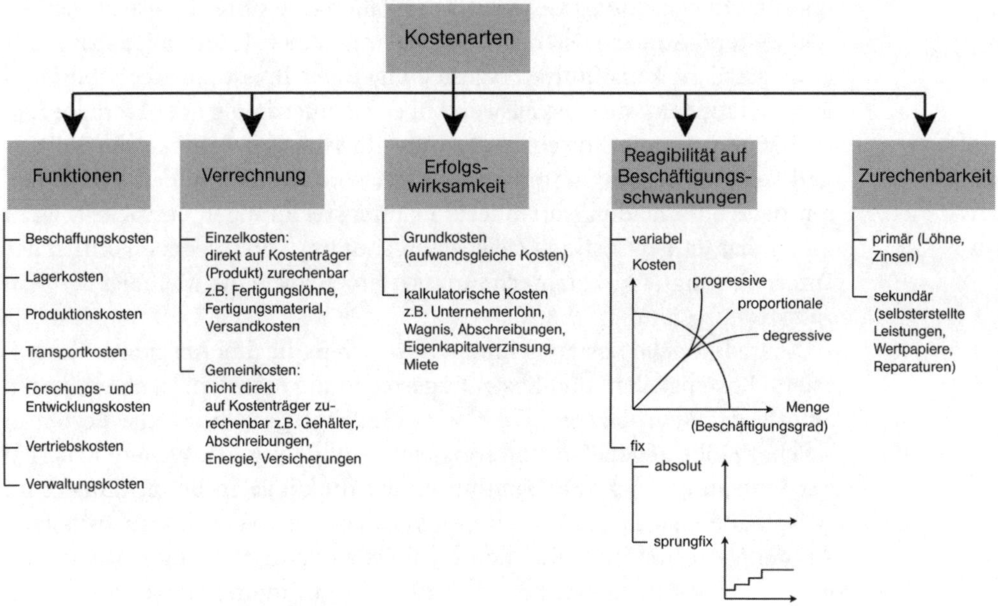

Abb. 65: Typologie von Kostenarten

auf Teilkostenbasis). Die Istkostenrechnung ist eine Nachrechnung der in der vergangenen Abrechnungsperiode entstandenen Kosten. Bei der Normalkostenrechnung werden Durchschnittswerte beziehungsweise Standards, die sich aus Mittelwerten der vergangenen Istkostenrechnungen ergeben, verwandt. Die Plankostenrechnung soll zukunftsorientiert Kosten der nächsten Geschäftsjahre bestimmen. Während bei der Vollkostenrechnung sämtliche angefallenen Kosten auf Kostenträger verrechnet werden, erfolgt bei der Teilkostenrechnung lediglich eine teilweise Weiterverrechnung der angefallenen Einzel- und Gemeinkosten auf Produkte (Kostenträger).

Eine wichtige Anwendung findet die Kosten- und Leistungsrechnung bei der *Preiskalkulation* im Rahmen des Marketing, zum Beispiel bei der Bestimmung der Ober- und Untergrenzen von Verkaufspreisen. Gleiches gilt für die Kalkulation von Einkaufspreisen in der Beschaffung. Als weitere Anwendung kann die Nachrechnung, das heißt die Kontrolle, der angefallenen Kosten in einer Abteilung oder in einem Unternehmensbereich angeführt werden. Auf ihrer Basis können Sanktionen bei Kostenüberschreitung beziehungsweise Belohnungen bei Kostenunterschreitung vorgenommen werden. Die Kosten- und Leistungsrechnung kann also auch als Instrument beziehungsweise Basis der Rationalisierung eingesetzt werden. Als weitere Aufgabe ist die Bereitstellung einer Informationsbasis für grundsätzliche konstitutive Fragestellungen der Investitionsrechnung und Entscheidungen, wie beispielsweise über Eigenfertigung oder Fremdbezug, zu nennen. Da die Entscheidungsunterstützung im Rahmen der Kosten- und Leistungsrechnung immer wichtiger wird, wurden in den letzten Jahren neue entscheidungsorientierte Planungsrechnungen entwickelt. Dazu zählen das Target Costing (Zielkostenrechnung), verschiedene Formen des Direct Costing (Teilkostenrechnungssysteme) sowie die Methode der Prozesskostenrechnung.

Die traditionelle Kostenrechnung lässt sich in die drei Abschnitte Kostenarten-, Kostenstellen- und Kostenträgerrechnung einteilen. In einem ersten Schritt, der *Kostenartenrechnung*, wird die Frage gestellt, welche Kosten in welcher Höhe angefallen sind (vergleiche Abbildung 65). Weitere Kriterien zur Einteilung der Kosten sind neben der funktionalen Betrachtung (zum Beispiel Beschaffungs-, Fertigungs-, Vertriebs- und Verwaltungskosten) die Art der Verrechnung sowie die Abhängigkeit von Beschäftigungsänderungen. Je nachdem, ob sich Kosten direkt oder nur indirekt über Verteilungsschlüssel auf Produkte, das heißt auf Kostenträger zurechnen lassen, spricht man von Einzel- beziehungsweise Gemeinkosten. Einzelkosten sind Kosten, die der erstellten Leistung direkt zurechenbar sind (zum Beispiel Blechverbrauch pro Auto). Gemeinkosten hingegen lassen sich nur indirekt mit Hilfe von Verteilungsschlüsseln (zum Beispiel äquivalent zum Umsatzanteil) auf die Kostenträger zurechnen (zum Beispiel Gehalt des Hausmeisters, Versicherungsprämien für Feuerschutz). Fixe Kosten fallen unabhängig von der Auslastung der Kapazitäten, das heißt beschäftigungsunabhängig an. Dies sind zum Beispiel Mieten oder Gebäudeabschreibungen sowie Gehälter und Löhne. Variable Kosten variieren entsprechend der Ausbringungsmenge (zum Beispiel Fertigungsmaterial, Verkaufsprovision).

Die Verteilung der in der Kostenartenrechnung erfassten Kosten auf betriebliche Teilbereiche (zum Beispiel Abteilungen) wird in der *Kostenstellenrechnung* vorgenommen. Die Kostenverteilung auf die einzelnen Kostenstellentypen (Haupt-, Nebenkostenstellen) erfolgt mit Hilfe des Betriebsabrechnungsbogens (BAB), der standardisiert für die verschiedensten Branchen vorliegt.

Der letzte Schritt der Kostenrechnung wird als *Kostenträgerrechnung* bezeichnet. Hier werden die angefallenen Kosten auf Produkte beziehungsweise Aufträge oder neuerdings auf Prozesse beziehungsweise Entscheidungen verteilt (Kalkulation). Die Kostenträgerrechnung dient somit der Ermittlung der Herstellungs- und Selbstkosten der erbrachten Leistungen, welche die Basis für die Preiskalkulation sind. Es lassen sich zwei grundsätzliche Typen der Kostenträgerrechnung, die Divisions- und die Zuschlagskalkulation, unterscheiden. Die Divisionskalkulation stellt die gesamten Kosten der Periode (K) den gesamten ausgebrachten Stückzahlen der Periode (x) gegenüber. Das Kalkulationsschema eignet sich daher bestens für Produkte in Massenfertigung, während höchst unterschiedliche, inhomogene Produkte zweckmäßigerweise mit Hilfe der Zuschlagskalkulation erfasst werden. Hier werden sukzessiv Einzel- und Gemeinkosten auf die Hauptkostenstellen umgelegt und dort addiert, bis letztlich die Selbstkosten ermittelt sind:

Divisionskalkulation	Zuschlagskalkulation
	Materialeinzelkosten
Gesamtkosten der Periode	+ Materialgemeinkosten
produzierte Stückzahl	= Materialkosten
	+ Fertigungseinzelkosten
	+ Fertigungsgemeinkosten
	= Fertigungskosten
	+ Sondereinzelkosten der Fertigung
	= Herstellkosten
	+ Verwaltungsgemeinkosten
	+ Vertriebsgemeinkosten
	+ Sondereinzelkosten des Vertriebs
	= Selbstkosten

Abb. 66: Kalkulationsarten im Rahmen der Kostenträgerrechnung

Im Gegensatz zur Vollkostenrechnung ist die *Deckungsbeitragsrechnung* (Direct Costing) eine Teilkostenrechnung. Bei dieser Rechnung werden nur die variablen Kosten weiter verrechnet, da die fixen Kosten beschäftigungsunabhängig sind und somit für kürzerfristige betriebliche Entscheidungen nicht einbezogen werden müssen. Der Deckungsbeitrag stellt damit die Differenz aus Umsatz und variablen Kosten, der Stückdeckungsbeitrag die Differenz zwischen Preis und variablen Stückkosten dar. Der Deckungsbeitrag zeigt an, ob sich der Verkauf eines Gutes hinsichtlich der Deckung der fixen Kosten lohnt oder nicht. So kann auch die Produktion von Gütern vorteilhaft erscheinen, die bei einer Vollkostenrechnung zu Verlusten führen, bei einer Teilkostenrechnung allerdings einen positiven Deckungsbeitrag erwirtschaften. Insbesondere in Rezessionsphasen kann die Deckungsbeitragsrechnung wichtige Informationen darüber liefern, ob bestimmte Produktionsprogramme lohnend sind beziehungsweise kurzfristig weitergefahren werden sollen.

Bei der *Plankostenrechnung* werden starre oder flexible Ansätze bei der Ermittlung künftiger Voll- beziehungsweise Teilkosten herangezogen. Häufig sind die traditionellen Plankostenrechnungssysteme nichts anderes als Fortschreibungen von Vergangenheitsdaten. Dieser Vorwurf der Vergangenheitsorientierung an die traditionelle Kostenrechnung führte in jüngster Zeit zur Entwicklung entscheidungsorientierter Rechnungsmethoden wie der Prozess- und Zielkostenrechnung.

Prozesskostenrechnung und Zielkostenrechnung

Während die Plankostenrechnung lediglich versucht, die Informationen des traditionellen Kostenrechnungssystems mit Hilfe von Prognosen fortzuschreiben, wurde insbesondere in den USA unter dem Begriff »Activity based Costing« ein neues Kostenrechnungssystem, die *Prozesskostenrechnung,* entwickelt, welche die Kostenberechnung mit einem völlig neuen Denkansatz angeht.

Die Grundaussage besteht darin, dass Kosten nicht durch Kostenträger (Produkte) verursacht werden (Verursachungsprinzip), sondern durch Aufträge oder Aktivitäten, welche sich wie ein Prozess durch das ganze Unternehmen ziehen (Fließprinzip). Hauptkritikpunkt an der traditionellen Kostenverrechnung ist, dass die in allen Bereichen dramatisch steigenden Gemeinkosten durch das Verursachungsprinzip nicht mehr adäquat zugewiesen werden können. Auch die Verrechnung mit Hilfe des Betriebsabrechnungsbogens oder mit Äquivalenzziffern würde nicht zu adäquaten Preisen für einzelne Produkte führen und somit dem Verursachungsprinzip widersprechen. Da die Höhe der Gemeinkosten wesentlich von der Anzahl der angebotenen Varianten für ein Produkt sowie von der Anzahl der vorgenommenen Aktivitäten zur Produktentwicklung abhängt, sollen Haupt- und Teilprozesse definiert werden, die zur Entwicklung und Vermarktung eines Produktes nötig sind. Sämtliche Kosten (Vollkostenrechnung) auf dem Prozessweg sollen dann dem Produkt zugerechnet werden, das diese Haupt- oder Teilprozesse veranlasst hat. Wenn beispielsweise die Materialbeschaffung hinsichtlich ihrer Teilprozesse untersucht wird, so kann als Gemeinkostentreiber (Cost Driver) zum Beispiel die Anzahl der Bestellungen definiert werden. Werden nun die Gemeinkosten der Materialbeschaffung in Relation zu den Gesamtbestellzahlen gesetzt, so erhält man die Gemeinkosten einer Bestellung (Aktivität). Verursacht nun das eine Produkt drei, das andere zehn Bestellvorgänge, so wird deutlich, dass die Produkte unterschiedlich mit Gemeinkosten belastet werden müssen.

Als Weiterentwicklung der Prozesskostenrechnung gilt die *Zielkostenrechnung* (Target Costing). Die Wurzeln dieses Kostenrechnungssystems lassen sich bis in die siebziger Jahre zurückverfolgen. Der damalige Forschungs- und Entwicklungschef von Toyota forderte kundenorientierte Preise für seine Produkte. Kunden sollten für ein Produkt nicht mehr bezahlen müssen, als sie ihm an Wertschätzung beimessen. Japanisch wird diese Denkweise als »Genka Kikaku« bezeichnet.

Bei diesem Kostenrechnungssystem sollen also zunächst die Zielpreise ermittelt werden, die Kunden für einen bestimmten Nutzenaspekt eines neuen Produktes zu zahlen bereit sind. Dies kann mit Hilfe der Marktforschung erfolgen. Mit Hilfe einer so genannten Conjoint-Analyse wird dann ein Gesamtnutzen für das Produkt definiert und dieser in Teilnutzen zerlegt (Zielkostenspaltung). In Abhängigkeit von dem Teilnutzen (zum Beispiel Schnelligkeit eines Autos, Fahrkomfort, Design) werden Teilbudgets für die einzelnen Entwicklungs- und Produktionsbereiche im Unternehmen vergeben. Legt der Kunde viel Wert auf Design, ist er also bereit, dafür den größten Preisanteil auszugeben, so muss auch diesem betrieblichen Bereich das größte Budget zukommen. Die eingesetzten Produktionsfaktoren werden somit gewichtet. Ein Feedback der einzelnen Bereiche kann dann zum Ergebnis kommen, dass die Gesamtkostenschätzung weit über dem Zielpreis liegt (Drifting Costs). Ob dann proportional alle Budgets gekürzt oder Teilnutzen neu überdacht werden, muss einzeln geprüft werden. Eine hilfreiche Managementtechnik ist hier die Gemeinkostenwertanalyse.

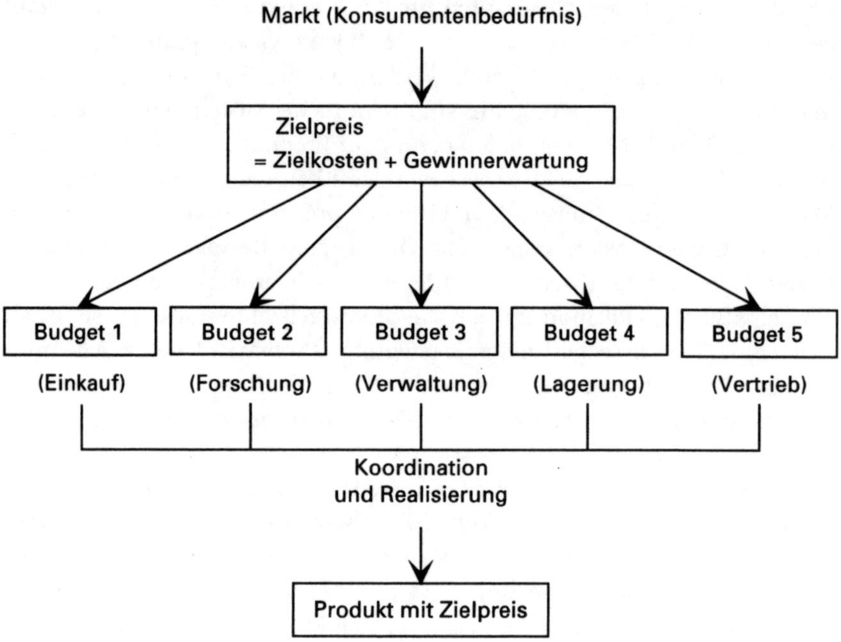

Abb. 67: Zielkostenrechnung

In der folgenden Abbildung ist das Modell der Zielkostenrechnung dargestellt. Es wird deutlich, dass die Kostenrechnung, soll sie marktgerechte Preise erbringen, nur nach diesem neuen Modell funktionieren kann.

Investition

Investitionsarten

Eine Investition führt zu einem Zahlungsstrom, der sich zusammensetzt aus einer Anfangsauszahlung aufgrund der beschafften Investitionsobjekte und aus Einzahlungen aufgrund der Investition. Grundsätzlich lassen sich verschiedene *Investitionsarten* unterscheiden.

Ausgehend von der Bilanzgliederung werden Sach- und Finanzinvestitionen unterschieden. Sachinvestitionen beziehen sich auf die Anschaffung von Grundstücken, Gebäuden oder Maschinen, während als Finanzinvestition die Anschaffung von Wertpapieren, Forderungen oder anderen Finanztiteln bezeichnet wird. Wird ein Investitionsobjekt erstmals angeschafft, so heißt dies Errichtungsinvestition. Die Erweiterungsinvestition bezieht sich, zum Beispiel, aufgrund erwarteter Marktanteilssteigerungen, auf den Ausbau der Kapazitäten. Bei der Entscheidung für ein Investitionsobjekt können sämtliche entscheidungstheoretischen Grundlagen angewandt werden. Die bereits genannten Planungsphasen sind vor der Auswahl eines Investitionsobjektes entsprechend zu durchlaufen. Zur Bewertung einzelner Investitionsobjekte beziehungsweise zur Feststellung der Vorteilhaftigkeit einer Investition lassen sich die in der Abbildung 68 zusammengefassten Rechenverfahren unterscheiden.

Investitionsrechenverfahren

Statische Verfahren (Zeitpunktbetrachtung)	Dynamische Verfahren (Zeitraumbetrachtung)
– Kostenvergleichsrechnung – Gewinnvergleichsrechnung – Rentabilitätsrechnung – MAPI-Methode – Statische Amortisationsrechnung	– Kapitalwertmethode – (Vermögens-) Endwertmethode – Interne Zinsfußmethode – Annuitätenmethode – Dynamische Amortisationerechnung

Abb. 68: Investitionsrechenverfahren

Statische Investitionsrechenverfahren

Bei den statischen Investitionsrechenverfahren unterscheiden wir die Kostenvergleichsrechnung, die Gewinnvergleichsrechnung, Rentabilitätsvergleichsrechnung und Amortisationsrechnung.

Die *Kostenvergleichsrechnung* versucht, über den Vergleich der Kapital- und Betriebskosten diejenige Investitionsalternative als optimal zu bestimmen, welche die geringsten Kosten verursacht. Unberücksichtigt bleiben die Umsätze und Erlöse. Während die variablen Betriebskosten (zum Beispiel Personalkosten, Materialkosten und Instandhaltungskosten) relativ einfach bestimmbar sind, ist die Festlegung der fixen Kapitalkosten, das heißt der Kosten, die durch die Finanzierung des Objektes entstehen, davon abhängig, ob die Investition eigen- oder fremdfinanziert wird. Unabhängig von der Finanzierungsart wird in der Praxis häufig ein kalkulatorischer Zins als durchschnittlicher Zinssatz (marktüblicher Zins- oder Diskontsatz) auf den Kapitaleinsatz berechnet. Je nachdem, ob das Investitionsobjekt schnell oder langsam, linear oder degressiv abgeschrieben werden soll, variieren die Abschreibungssätze und damit die in das Kostenvergleichsverfahren einzubeziehenden Kosten.

Weiterhin muss sich der Investor entscheiden, ob er in der Vergleichsrechnung die Kosten pro Periode oder die Kosten je Leistungseinheit einbeziehen will, und überdies ist die Frage der kritischen Menge zu stellen, das heißt der maximalen Auslastungsmöglichkeit des Investitionsobjekts. Eventuell kann bei dieser Betrachtung bereits ein Investitionsobjekt aus dem Betrachtungsraum fallen, da die geplante Beschäftigung über seinem Auslastungsmaximum liegt.

Wie bei allen statischen Verfahren ist auch bei der Kostenvergleichsrechnung die Vernachlässigung der Zeitkomponente zu bemängeln. Die Problematik der Perioden- beziehungsweise Stückbetrachtung wird aus dem Beispiel in Abbildung 69 deutlich.

Die *Gewinnvergleichsrechnung* stellt eine Erweiterung der Kostenvergleichsrechnung dar. Es werden zurechenbare Erlöse je Investitionsobjekt in die Betrachtung einbezogen. Diejenige Investitionsalternative ist zu wählen, die den durchschnittlich höchsten Jahresgewinn erwirtschaftet. Aber auch hier wird lediglich im Sinne einer statischen Rechnung der Gewinn der ersten Periode (t+1) in die Betrachtung einbezogen (vergleiche die Beispielrechnung in Abbildung 70).

Die Ermittlung derjenigen Absatzmenge, bei der die Kosten einer Periode gerade durch Erlöse gedeckt sind, wird also als *Break-Even-Analyse* bezeich-

Kostenvergleichsrechnung

Einzubeziehende Kosten (Voll-, Teilkosten)
- Kapitalkosten (kalkulatorische Abschreibungen und kalkulatorische Zinsen)
- Betriebskosten (Personalkosten, Materialkosten, Instandhaltungskosten)

Auswahlprobleme:
- Kosten je Periode oder je Leistungseinheit
- kritische Menge und Ersatzzeitpunkt

Beispiel: (50 Prozent Anschaffungskosten werden durch einen Kredit finanziert)

	Maschine A	Maschine B
Anschaffungskosten (AHK)	90000	100000
Nutzungsdauer:	10 Jahre	10 Jahre
Auslastung (Stück/Jahr)	10000	15000
variable Betriebskosten	15000	20000
Kalk. Zinsen (10 Prozent vom Kredit)	4500	5000
Kalk. Abschr. (auf 10 Jahre)	9000	10000
Summe Kosten pro Jahr	28500	35000
Kosten pro Leistungseinheit	2,85	2,33

Bezüglich der Gesamtkosten ist Maschine A vorteilhafter, bezüglich der Stückkosten. Um zu beurteilen, ab welcher Auslastung Maschine B vorteilhafter ist, stellt der Unternehmer die beiden Kostenfunktionen ($K = (k_v * x) + K_F$) gegenüber.

Kritische Menge: $1{,}5 \times + 13500 = 1{,}33 \times + 15000 = 8.823{,}52$
Das heißt, ab 8824 gefertigter Stücke ist die Investition B vorteilhafter. Grafisch lässt sich dies durch die Abbildung der beiden Kostenfunktionen und deren Schnittpunkt darstellen.

Legende für diese und alle weiteren Rechnungen:
K = Gesamtkosten
k_v = variable Kosten
x = Menge beziehungsweise Stückzahl
K_F = Fixe Kosten
k_v = variable Kosten
p = Preis
G = Gewinn

Abb. 69: Beispiel einer Kostenvergleichsrechnung

Gewinnvergleichsrechnung

- Einbezug der Erlöse: G = Umsatz – Kosten (Prognoseproblematik)
- Problem der Zurechenbarkeit der Erlöse auf ein Investitionsprojekt

Beispiel: Angaben s. Kostenvergleichsrechnung

	Maschine A	Maschine B
Prognostizierter Umsatz in t +1:	40000 (4,00/Stück)	52500 (3,50/Stück)
– Kosten (s.o.)	28500	35000
Gewinn Periode t + 1:	11500	17500
Gewinn pro Stück	1,15	1,16

Bei der Ermittlung der Gewinnschwelle werden die jeweiligen Kostenkurven mit den jeweiligen Erlöskurven gleichgesetzt:

K1 = 1,5x + 13500 E1 = 4x 1,5x+13500 = 4x = 5400 Stück

das heißt bei der ersten Maschine wird ab 5.400 produzierten Stücken ein Gewinn erzielt. B

K2 = 1,33x + 15000 E2 = 3,5 x 1,33x + 15.00 = 3,5 × = 6912 Stück

Der Unternehmer kann sich nun hinsichtlich der Gewinnvergleiche für Maschine B entscheiden, da hier ein marginal höherer Gewinn von 0,01 pro Stück erzielt wird, absolut 17500 statt 11500 bei jeweiliger Vollauslastung.
Hinsichtlich der Gewinnschwelle würde er sich gegebenenfalls für Maschine A entscheiden, da hier die Gewinnschwelle früher erreicht wird.

Abb. 70: Beispiel Gewinnvergleichsrechnung

net. Die ermittelte Absatzmenge selbst wird als Break-Even-Punkt (auch kritische Menge oder Gewinnschwelle) bezeichnet.

Die Darstellung in Abbildung 71 verdeutlicht dies:

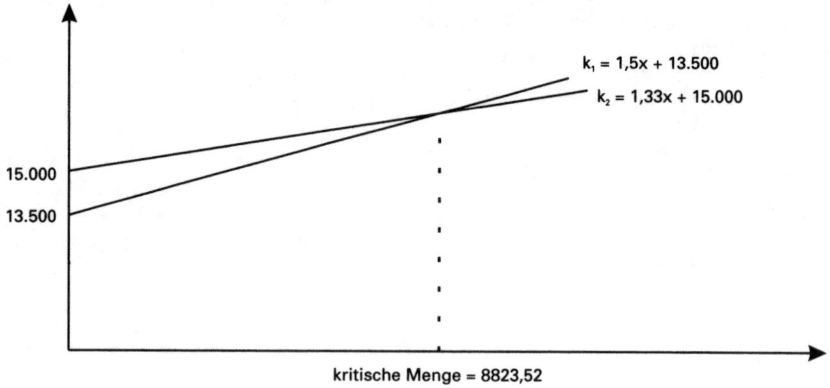

Abb. 71: Break-Even-Punkt

Eine Verbesserung der statischen Gewinn- oder Kostenvergleichsrechnung stellt die *Rentabilitätsvergleichsrechnung* dar, da sie die Gewinne, beziehungsweise erwirtschafteten Zinsen, für die Gläubiger in Relation zum Kapitaleinsatz setzt. Die Rentabilitätsgröße gibt die Verzinsung des eingesetzten Kapitals in der Abrechnungsperiode wieder und ist mit dem Marktzins zu vergleichen. Die Rentabilitätsrechnung eignet sich insbesondere dann, wenn die Leistungen bei den unterschiedlichen Investitionsobjekten nicht vergleichbar sind, da hier die Perioden- und nicht die Stückrechnung angewandt wird. Gut geeignet ist diese Methode auch bei unterschiedlichen Nutzungsdauern oder Anschaffungs- und Herstellkosten, da lediglich die Relation von Gewinn und Kapitaleinsatz entscheidet. Wie aus dem Beispiel in Abbildung 72 ersichtlich ist, unterscheiden sich die Eigen- und Gesamtkapitalrendite durch die Einbeziehung der erwirtschafteten Fremdkapitalzinsen.

Aus dem Beispiel wird deutlich, dass die Eigenkapitalrendite trotz des Einsatzes von Fremdkapital höher als die Gesamtkapitalrendite der Investition ist. Das Phänomen, dass mit einer zunehmenden Fremdfinanzierung die Eigenkapitalrendite ansteigt, wird als *Leverage-Effekt* bezeichnet. Dieser Effekt tritt mit zunehmender Verschuldung ein, sofern die Gesamtkapitalrendite über dem Fremdkapitalzins liegt. Aus der Beispielrechnung in Abbildung 73 gehen sowohl die Leverage-Chance als auch das Leverage-Risiko hervor.

Rentabilitätsvergleichsrechnung

Relativierung der Gewinne durch den Kapitaleinsatz

Beispiel: Angaben s. Kostenvergleichsrechnung und Gewinnvergleichsrechnung

	Maschine A	Maschine B
Eigenkapitaleinsatz:	45 000	50 000
Fremdkapitaleinsatz:	45 000	50 000
Gesamtkapitaleinsatz:	90 000	100 000
Gewinn	11 500	17 500
FK-Zins	4 500	5 000
Eigenkapitalrendite:	25,55 %	35 %
Gesamtkapitalrendite:	17,77 %	22,50 %

Der Unternehmer würde sich sowohl nach der Eigen- wie nach der Gesamtkapitalrendite für Maschine B entscheiden.

Abb. 72: Rentabilitätsvergleichsrechnung

EK	FK	VG	i=6%	r_{EK} bei r_{GK}=10%	r_{EK} bei r_{GK}=8%	r_{EK} bei r_{GK}=6%	r_{EK} bei r_{GK}=4%
1000	0	0	0	10	8	6	4
800	200	0,25	12	11	8,5	6	3,5
500	500	1	30	14	10	6	2
200	800	4	48	26	16	6	–4
100	900	9	54	46	20	6	–14

$r_{EK} = r_{GK} + VG\,(r_{GK} - i)$
r_{EK} = Eigenkapitalrendite
r_{GK} = Gesamtkapitalrendite
VG = Verschuldungsgrad (FK / GK)
i = Fremdkapitalzins

Abb. 73: Beispielrechnung mit dem Leverage-Effekt

Das Beispiel zeigt, dass bei einer Gesamtkapitalrendite über dem Fremdkapitalzins von 6 Prozent jede Zunahme der Verschuldung, das heißt jede Substitution von Eigen- durch Fremdkapital, durch eine höhere Eigenkapitalrendite »belohnt« wird. Zusätzliche Verschuldung lohnt sich also für Eigentümer. Sobald aber die Gesamtrendite unter den Fremdkapitalzins (hier zum Beispiel auf 4 Prozent) sinkt, wendet sich die Hebelwirkung ins Gegenteil, und die Eigenkapitalrendite sinkt mit zunehmender Verschuldung.

Bei der *Amortisationsrechnung* werden die Rückflüsse der nächsten Jahre aufgrund der Investition prognostiziert. Sofern die Rückflüsse aus dem Gewinn der nächsten, relativ sicheren Periode fortgeschrieben werden (Durchschnittsmethode), werden zur Berechnung der Amortisationszeit die Anschaffungs- oder Herstellkosten durch den Durchschnittsgewinn dividiert (vergleiche Abbildung 74). Bei einer kumulierenden Methode werden die prognostizierten Zahlungsüberschüsse solange addiert, bis die Anschaffungs- oder Herstellkosten erreicht sind. Die Amortisationsrechnung wird in der Literatur auch als Kapitalrückflussmethode (Pay-off- oder Pay-back-Methode) bezeichnet. Es wird die Investitionsalternative mit der geringsten Amortisationsdauer ausgewählt. Strittig ist, ob bei einer kurzen Amortisationsdauer und damit einem schnellen Rückfluss die prognostizierten Gewinne nach diesem Zeitraum analog hoch sind. Die Amortisationsrechnung ist insofern weniger auf Rentabilitäts- als auf Liquiditätsgesichtspunkte ausgerichtet.

Statische Amortisationrechnung

- Berücksichtigung des Risikos eines Kapitalverlustes und der Liquiditätspräferenz
- Wahl zwischen Kumulations- oder Durchschnittsmethode
- Suche nach der Investition mit dem schnellsten Kapitalrückfluss

Beispiel: Angaben siehe Kostenvergleichsrechnung und Gewinnvergleichsrechnung

	Maschine A	Maschine B
Progn. Gewinn je Periode	11500	17500
Amortisationszeit in Jahren	7,82 (90000 : 11500)	5,71 (100000 : 17500)

Abb. 74: Statische Amortisationsrechnung

Dynamische Investitionsrechenverfahren

Bei den dynamischen Investitionsrechenverfahren unterschieden wir die Kapitalwertmethode, Vermögensendwertmethode, interne Zinsfußmethode und die Annuitätenmethode.

Bevor auf die dynamischen Verfahren eingegangen wird, sollen einige finanzmathematische Formeln vorgestellt werden, die bei der Berechnung von Investitionskalkülen hilfreich sind. Bei den statischen Methoden werden Durchschnittsbetrachtungen angestellt, und bei den Zahlungsströmen werden keine Zeitpräferenzen berücksichtigt. Es leuchtet jedoch sofort ein, dass ein Gewinn von 100 Euro in der aktuellen Periode für ein Unternehmen mehr wert ist als ein Gewinn von 100 Euro verteilt auf zehn Jahre. Diese Zeitpräferenz kann durch so genannte Aufzinsungs- oder Abzinsungsfaktoren berücksichtigt werden. Ein einfaches Beispiel, bei dem 100 Euro Kapital zu 10 Prozent angelegt werden, soll dies beleuchten. Die Prämissen der Auf- und Abzinsung sind in dem Beispiel in Abbildung 74 genannt, sodass mit den genannten Auf- und Abzinsungsfaktoren der Wert jeder Zahlungsreihe für einen beliebigen Zeitraum berechnet werden kann.

Grundlagen der dynamischen Investitionsrechenverfahren

Beispiel: Aufzinsung

- 100 Euro sollen für 2 Jahre bei einem Zinssatz von 10 Prozent angelegt werden. Den Anleger interessiert der Endwert.
- Kapital am Ende des 1. Jahres: $100 + (0{,}1 \times 100) = 110$
- Kapital am Ende des 2. Jahres: $100 + (0{,}1 \times 100) + 0{,}1\,(100 + 0{,}1 \times 100)$

$$= 100\,(1 + 0{,}1) + 0{,}1\,(100(1+0{,}1))$$
$$= 100\,(1 + 0{,}1) \times (1 + 0{,}1)$$
$$= 100\,(1 + 0{,}1)^2$$
$$= 121 \text{ Euro}$$

Aufzinsungsfaktor: $(1+i)^n$
i = Zinsatz
n = Anlagezeitraum

Beispiel: Abzinsung

- 121 Euro werden in 2 Jahren benötigt. Der Zinssatz betrage 10 Prozent. Den Sparer interessiert seine notwendige Spareinlage heute, um zusammen mit den Zinsen in zwei Jahren 121 Euro zur Verfügung zu haben.
- Kapitaleinsatz heute: $K + (0{,}1\ K) + 0{,}1\ (K + 0{,}1\ K) = 121$

$$K\ (1 + 0{,}1)^2 = 121$$
$$K = 121/(1+0{,}1)^2$$
$$K = 100$$

Abzinsungsfaktor: $\frac{1}{(1+i)^n}$

Beispiel: Rentenberechnung,

- Eine Rente von 100 Euro soll drei Jahre lang jeweils am Ende eines jeden Jahres ausbezahlt werden. Den Sparer interessiert der heutige Wert seiner dreijährigen Rentenzahlung, das heißt der abgezinste Wert seiner gleichbleibenden Zahlungsreihe. Er rechnet mit einem Wertverlust des Geldes von 10 Prozent pro Jahr (Abzinsung mit i = 0,1)
- Abzinsung: $100\ (1/(1+i)^1) + 100(1/(1+i)^2) + 100(1/(1+i)^3)$

  90,90 + 82,64 + 75,13 = 248,67 Euro
- Daraus ist der Rentenbarwertfaktor ableitbar:

$$\frac{(1{,}1)^3 \times (1{,}1 - 1)}{(1{,}1)^3 - 1} \times 100 = 248{,}67 \text{ Euro}$$

Rentenbarwertfaktor: $\frac{(1+i)^n-1}{(1+i)^n \times (1+i-1)} = = \frac{q^n-1}{q^n(q-1)}$

Beispiel: Annuitätenberechnung

- Ein Kapital von 248,67 Euro, das heute zur Verfügung steht, soll zu einem Zinssatz von 10 Prozent angelegt und in den nächsten drei Jahren als Rente in gleichhohen Beträgen, jeweils am Ende eines Jahres, ausbezahlt werden.
- Gleichsetzung des Kapitals mit den abgezinsten gleich hohen Rentenbeträgen der drei Jahre

- 248,67 Euro = $R\ (1/(1+i)^1) + R\ (1/(1+i)^2) + R\ (1/(1+i)^3)$ R = 100
- Daraus ist ein Wiedergewinnungsfaktor ableitbar:

$$\frac{(1{,}1)^3 \times (1{,}1 - 1)}{(1{,}1)^3 - 1} \times 248{,}67 = 100 \text{ Euro jährliche Rente}$$

Wiedergewinnungsfaktor: $= \frac{q^n(q-1)}{q^n-1}$

Beispiel: Unterjährige Verzinsung bei Wiederanlage von Zinsen zum aktuellen Zinssatz
- 100 Euro waren zwei Jahre lang angelegt, wobei Zinsen quartalsweise, also viermal jährlich gezahlt wurden
- Barwert = $100\ 1(1+0{,}1/4)^{4x1} + 100\ 1(1+0{,}1/4)^{4x2} = 235{,}88$
- Endwert = $100\ (1+0{,}1/4)^{4x1} + 100\ (1+0{,}1/4)^{4x2} = 251{,}76$

Abzinsungsfaktor bei unterjähriger Verzinsung:	$1/(1+i/m)^{mn}$
Aufzinsungsfaktor bei unterjähriger Verzinsung:	$(1+i/m)^{mn}$
m = Anzahl der Zinstermine pro Jahr	

Abb. 75: Beispiele für finanzmathematische Kalküle

Bei der *Kapitalwertberechnung* werden die künftigen Zahlungsreihen auf den Zeitpunkt t = 0 abgezinst, das heißt mit dem oben genannten Abzinsungsfaktor bewertet. Eine Investition ist gemäß der Kapitalwertmethode dann vorteilhaft, wenn der Kapitalwert größer Null ist beziehungsweise wenn der Barwert der künftigen Einzahlungen die Anschaffungsauszahlungen überschreitet. Sofern mehrere Investitionsalternativen verglichen werden, soll das Investitionsobjekt gewählt werden, welches den höchsten Kapitalwert aufweist. Der Kapitalwert lässt sich wie folgt berechnen:

$$C_O = -A_O + \sum_{t=0}^{T} (E_t - A_t)(1 + i)^{-t} + L_T (1 + i)^{-T}$$

C_O = Kapitalwert

A_O = Anschaffungsauszahlung zu Beginn des Planungszeitraums

E_t = Einzahlungen der Periode t

A_t = Auszahlungen der Periode t

L_T = Liquidationserlös zum Ende der letzten Planungsperiode

i = Kalkulationszinsfuß

$(1 + i)^{-t}$ = Abzinsungsfaktor

Kapitalwertberechnung

- Abzinsung künftiger Zahlungsüberschüsse
- Problem der Wahl eines Kalkulationszinssatzes (hier 10 Prozent)
- Suche nach der Investition mit dem größten Kapitalwert beziehungsweise Kapitalwert größer Null

Jahre	0	1	2	3
AHK	– 4000			
Einzahlungen		+ 2000	+ 10000	+ 20000
Auszahlungen		– 5000	– 5000	– 5000
Abgezinste Zahlungen	– 4000	– 2727	+ 4132	+ 11270
C_0 =				+ 8675

Die Zahlungen der drei Jahre auf den heutigen Zeitpunkt t_0 bezogen, ergeben einen Kapitalwert C_0 von 9175 Euro. Die Investition ist damit vorteilhaft.

Abb. 76: Beispiel zur Kapitalwertberechnung

Bei der *Vermögensendwertberechnung* wird statt der Abzinsung der Zahlungen die Zahlungsreihe auf einen späteren Zeitpunkt T, zu dem beispielsweise eine Rechenschaftslegung über einen Vermögensaufbau stattfinden soll, aufgezinst. Der Vermögensendwert berechnet sich wie folgt:

$$V_T = \sum_{t=T-Z}^{T} (E_t - A_t)\,(1 + i)^Z$$

V_T = Vermögensendwert nach Abschluss von Periode T

Z = 0, 1, 2, ... T-1

Vermögensendwertberechnung

- Aufzinsung künftiger Zahlungsüberschüsse auf einen künftigen Zeitpunkt
- Problem der Wahl eines Kalkulationszinssatzes (hier 10 Prozent, hier Soll = Habenzins)
- Suche nach der Investition mit dem höchsten Vermögen nach einer gewissen Zeit

Jahre	0	1	2	3
AHK	– 4000			
Einzahlungen		+ 2000	+ 10000	+ 20000
Auszahlungen		– 5000	– 5000	– 5000
Aufgezinste Zahlungen	– 5327	– 3630	+ 5500	+ 15070
Vermögensendwert				11546

Abb. 77: Vermögensendwertberechnung

Bei der *internen Zinsfußmethode* soll wie bei der statischen Rentabilitätsrechnung die Verzinsung des eingesetzten Kapitals ermittelt werden. Hier wird jedoch die Verzinsung über die gesamte Laufzeit des Investitionsprojekts berechnet.

Bei der internen Zinsfußmethode wird die Kapitalwertformel gleich Null gesetzt, um den Zinssatz zu ermitteln, bei dem der Kapitalwert gerade noch positiv ist. Werden zwei fiktive Kalkulationszinssätze eingesetzt und die beiden Extremwerten miteinander verbunden, so kann der interne Zinssatz näherungsweise grafisch ermittelt werden (Schnittpunkt der Kapitalwert-

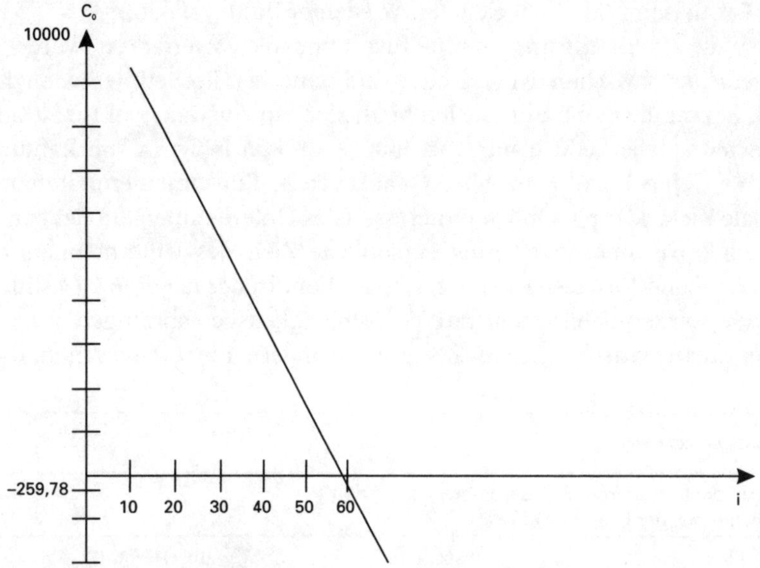

C_0 bei i = 10 % = 9 175
C_0 bei i = 30 % = 3 478
C_0 bei i = 60 % = –259,78

Als Näherungslösung:

$$i = i_i - C_1 \frac{i_2 - i_1}{C_2 - C_1}$$

$$i = 0{,}1 - 9.175 = \frac{(0{,}6 - 0{,}1)}{(-259{,}78 - 9.175)}$$

$$i = 0{,}58 = 58\ \%$$

Abb. 78: Interne Zinsfußmethode

funktion mit der x-Achse). Mathematisch ist dies nur durch Interpolationsintervalle möglich.

Bei der *Annuitätenmethode* soll eine ungleiche Zahlungsreihe in eine äquivalente, uniforme Zahlungsreihe umgeformt werden. Dieser gleichbleibende Betrag, auch als Rente bezeichnet, interessiert häufig Investoren, die eine uniforme Zahlungsreihe aufgrund von Sicherheitsüberlegungen den schwankenden Zahlungsreihen vorziehen. So ist es insbesondere bei Darlehen üblich, schwankende Zins- und Tilgungsbeträge durch gleichförmige Annuitäten zu ersetzen. Dies erfolgt mathematisch durch die Multiplikation des Kapitalwerts einer Zahlenreihe mit dem in der oben genannten Formelsammlung abgeleiteten Wiedergewinnungsfaktor.

Bei dieser Einführung in die Investitionsrechenverfahren wurde der Unterschied zwischen dynamischen und statischen Rechenmethoden deutlich. Bei sämtlichen traditionellen Methoden zur Auswahl von Investitionsobjekten spielen jedoch nur quantitative Größen in Form von Zahlungsströmen eine Rolle, nicht aber Qualitätsziele, Konsumentenpräferenzen, soziale Ziele oder persönliche Interessen des Unternehmers. In der betrieblichen Praxis sind aber häufig persönliche Ziele des Unternehmers ausschlaggebend für oder gegen eine Investition. In der neueren Investitionstheorie werden daher nicht nur Vorteilhaftigkeitsberechnungen aufgrund einer finanzwirtschaftlichen Zielgröße, sondern die Interessen und die

Annuitätenrechnung

– äquivalente, uniforme Zahlungsreihe
– Suche nach der größten Annuität

T	Investition I	Investition II
0	– 20 000	– 30 000
1	– 5 000	– 1 000
2	+ 2 000	+ 5 000
3	+ 3 000	+ 10 000
4	+ 50 000	+ 50 000
Kapitalwert C_0 =	13 513	
× Wiedergewinnungsfaktor bei i = 10%	x 0,3154708	14 883 x 0,3154708
= Annuität =	4 262	4 692

Abb. 79: Annuitätenrechnung

Risikobereitschaft der Unternehmer beziehungsweise Manager einbezogen. Dies gelingt zum einen durch einen spieltheoretischen Ausbau der Investitionskalküle zum anderen durch Einbezug von Risikozu- beziehungsweise -abschlägen oder die Anwendung von Simulationsmodellen. Die Ergebnisse von Investitionskalkülen werden so unter verschiedenen Prämissen durchgespielt, um so die Sensitivität bezüglich einzelner Variablen zu testen.

Finanzierung

Anlässe, Planung und Ziele der Finanzierung

Finanzierungsvorgänge erfolgen spiegelbildlich zu Änderungen der betrieblichen Kapitalausstattung.

Anlässe von *Finanzierungsentscheidungen* können die Gründung eines Unternehmens, das Unternehmenswachstum, zum Beispiel durch eine Kapitalerhöhung, die Sanierung eines Unternehmens, zum Beispiel durch Kapitalherabsetzung, sowie die Umwandlung, Fusion oder endgültige Liquidation von Unternehmen sein. Um derartige Finanzierungsentscheidungen treffen zu können, sind in der Regel Finanzpläne erforderlich. In einem *Finanzplan* werden sämtliche Einnahmen und Ausgaben periodisch gegenübergestellt, wobei die Grundsätze der Vollständigkeit, Zeitpunktgenauigkeit, Betragsgenauigkeit und des Bruttoausweises einzuhalten sind. Vollständigkeit bedeutet, dass alle Zahlungsströme innerhalb eines Planungshorizonts dargestellt werden. Zeitpunktgenauigkeit bedeutet, dass der Eintrittstermin von Ein- und Auszahlungen genau prognostiziert werden muss, da dies die Liquiditätsdisposition entscheidend beeinflusst. Betragsgenauigkeit bedeutet, dass vorsichtigerweise nur realistische Zahlungen angesetzt werden, und Bruttoausweis bedeutet, dass der Finanzplaner Saldierungen von Ein- und Auszahlungen unterlässt, um eine maximale Transparenz durch den Ausweis jeder Einzelposition zu wahren.

Der Finanzplan wird bestimmt durch die Ausgaben für Material und Personal sowie durch die Einnahmen, die aufgrund des Absatzes von Gütern zu erwarten sind. Weitere Einflussfaktoren sind innerhalb des Unternehmens die Prozessgeschwindigkeit und die tatsächliche Beschäftigung, das heißt die Auslastung der Kapazitäten, und die Anordnung der Auftragsabwicklung, das heißt die Ablauforganisation. Um aussagekräftige Finanzprognosen zu erhalten, sind fortschreitende Extrapolationen aus Finanzzahlen der Vergangenheit weniger sinnvoll als pragmatische Vorhersagen aufgrund von Marktforschungsdaten oder Beschaffungsvorhersagen über künftige Einstandspreise. Finanzpläne sowie Finanzprognosen sollten daher flexibel formuliert sein, eventuell Liquiditäts- beziehungsweise Sicherungsreserven einbauen oder gar in verschiedenen Versionen aufgrund mehrerer Einflussgrößen alternativ durchgerechnet werden. So können potenzielle Liquiditätsengpässe bereits antizipiert und Ausgaben bewusst verzögert beziehungsweise Einnahmen bewusst beschleunigt werden.

Oberstes *Finanzierungsziel* ist die Liquidität, das heißt die Wahrung der Fähigkeit des Unternehmens, jederzeit seinen Zahlungsverpflichtungen nachzukommen. Dies kann bedeuten, dass das Unternehmen einen hohen Zahlungsmittelbestand unterhält oder sich durch die Möglichkeit, jederzeit Vermögensgegenstände zu verkaufen (Liquidierbarkeit), finanziert.

Neben der Liquidität ist die Unabhängigkeit des Unternehmens von Gläubigern als Finanzierungsziel zu nennen. Ein Unternehmen, das sich sehr stark von Gläubigern abhängig macht, ist eingeschränkt in seiner Entscheidungsfreiheit bei der Mittelverwendung. Häufig sprechen auch Macht- und Prestigeinteressen von Managern, die in ihrer Dispositionsfreiheit ungestört sein wollen, gegen eine zu hohe Fremdfinanzierung. Sie lassen sich daher gern in der Hauptversammlung Kapitalerhöhungen genehmigen, um den Eigenkapitalanteil des Unternehmens zu steigern. Es ist daher zu bedenken, dass die Mitsprache eines Gläubigers zu einer sorgfältigeren Kapitalverwendung führen kann.

Die Sicherheit des Unternehmens kann durch die Finanzierungsstruktur gewährleistet werden, die potenzielle Risiken durch entsprechende Finanzpolster antizipiert. Aber auch hier ist zu bedenken, dass Liquiditätsreserven oder jederzeit veräußerbare Vermögenspositionen die Rentabilität des eingesetzten Kapitals vermindern.

Die Rentabilität kann sich auf drei verschiedene Zielvorstellungen erstrecken. Ein Unternehmen kann zum Ziel haben, mit dem eingesetzten Kapital sein Vermögen zu einem späteren Zeitpunkt zu maximieren, regelmäßige Entnahmen zu tätigen oder auch eine Mischung aus beiden Varianten in Form einer Wohlstandsmaximierung zu erreichen. Die Konflikte zwischen Vermögensansammlung und Ausschüttung, das heißt zwischen Kapitalbildung beziehungsweise Investition und Konsum, sind augenfällig.

Bei der Auswahl der Finanzierungsalternativen, das heißt zunächst der Wahl zwischen der Eigen- und Fremdfinanzierung (Unterscheidung nach den Eigentumsrechten am eingesetzten Kapital), beziehungsweise der Innen- oder Außenfinanzierung (Unterscheidung nach der Herkunft des eingesetzten Kapitals) können die Finanzierungsziele hilfreich sein.

Eigen- und Fremdfinanzierungsalternativen

Die Möglichkeiten der *Eigenfinanzierung* hängen in der Regel sehr stark von der gewählten Rechtsform ab. Eigenkapital erfüllt für Betriebe verschiedene Funktionen. Zunächst dient es als Haftungsmasse, ohne die ein Unternehmen nicht gegründet werden kann. Weiterhin begründet es den Anspruch auf Gewinnverteilung beziehungsweise die Pflicht zur Verlustübernahme.

Die Beschaffung von Eigenkapital kann bei den Rechtsformen des öffentlichen Rechts lediglich durch einen Nachschuss der Träger (Anstalt des öffentlichen Rechts), des Stifters (Stiftung des öffentlichen Rechts) oder der Mitglieder (Körperschaft) erfolgen. Bei Einzelunternehmen kann ein Stiller Gesellschafter beziehungsweise eine zusätzliche Privateinlage des Eigentümers Eigenkapital bilden. Genossenschaft, VVaG, GmbH, OHG und die KG können durch die Aufnahme neuer Genossen, Mitglieder, Gesellschafter beziehungsweise Kommanditisten oder durch die Erhöhung der bestehenden Einlagen zu neuem Eigenkapital gelangen. Bei der AG erfolgt die Eigenfinanzierung durch eine Kapitalerhöhung, das heißt die Ausgabe neuer Aktien.

Bei der *Fremdfinanzierung* ist zu beachten, dass die Gläubiger, im Gegensatz zu den Eigentümern, in der Regel keine Mitspracherechte haben. Die Kapitalüberlassung ist befristet, selbst wenn das Kapital langfristig überlassen wird. Der Gläubiger hat im Gegensatz zu einem Eigenkapitalgeber einen Rechtsanspruch auf Tilgung und Verzinsung.

Aus Sicht des Gläubigers ist bei der Vergabe von Darlehen oder Krediten stets die Frage nach der Kreditwürdigkeit, das heißt der Bonität des Schuldners zu stellen. Abgesehen von der Kreditfähigkeit, das heißt der Rechts- und Geschäftsfähigkeit des Kreditnehmers, ist dessen persönliche und wirtschaftliche Kreditwürdigkeit zu prüfen. Auch bei einer guten persönlichen Bonität legen Gläubiger meist Wert auf zusätzliche Kreditsicherheiten. Hier unterscheidet man Personal- und Realsicherheiten. Bei Personalsicherheiten haften neben dem Kreditnehmer dritte Personen zum Beispiel als Bürgen oder Garanten. Realsicherheiten sind zum Beispiel ein Pfand an beweglichen Sachen oder eine Hypothek beziehungsweise Grundschuld.

Neben Darlehen und Krediten finanzieren sich Unternehmen zunehmend durch die Ausgabe von Anleihen. Zu den Anleihen zählen Schuldverschreibungen und Obligationen. Im Gegensatz zur Ausgabe von Aktien, welche zu einer Erhöhung von Eigenkapital führen, wird bei Anleihen Fremdkapital am Geld- und Kapitalmarkt aufgenommen. Sofern die Anleihen zusätzliche Rechte, wie zum Beispiel die spätere Umwandlung in eine Aktie oder eine zusätzliche Ausübung von Rechten (Optionen) beinhalten, spricht man von Wandelschuldverschreibungen, Optionsschuldverschreibungen oder Gewinnschuldverschreibungen.

Neben diesen Fremdfinanzierungsmöglichkeiten sind Kredithilfen der öffentlichen Hand, zum Beispiel in Form von Zinsbeihilfen, Bürgschaften oder Förderkreditprogramme spezialisierter Banken (Industriekreditbanken, Kreditanstalt für Wiederaufbau, Lastenausgleichsbank sowie spezielle Tranchen der Hausbanken in das Finanzierungskalkül zu nennen. Insbesondere im Außenhandel sind Kreditgarantiegemeinschaften oder Kreditbürgschaften (Hermes) üblich.

Finanzierung aus Abschreibungsgegenwerten und Rückstellungen

Die einfachste Art der Finanzierung ist die Thesaurierung, das heißt die Einbehaltung von Gewinnen und deren Einstellung in die Gewinnrücklagen (früher: freie Rücklagen). Die Bildung von Rücklagen ist gesetzlich stark reglementiert. Insbesondere bei der Aktiengesellschaft wird im Einzelnen geregelt, welche Anteile in die Kapitalrücklagen, Gewinnrücklagen, satzungsmäßigen Rücklagen und andere Rücklagen einzustellen sind. Neben dieser offenen Selbstfinanzierung, kann mit Einschränkungen auch durch eine Unterbewertung von Aktiva beziehungsweise Überbewertung von Passiva das betriebliche Kapital »vermehrt« und somit ein Finanzierungseffekt vorgetäuscht werden. Da hier jedoch keine liquiden Mittel in das Unternehmen eingebracht werden, kann nicht von einer Finanzierung im eigentlichen Sinn gesprochen werden.

Werden im Umsatzprozess Gegenwerte für die ausgewiesenen und damit im Preis kalkulierten Abschreibungen erzielt und diese Abschreibungsgegenwerte nicht ausgeschüttet, so spricht man von einer *Finanzierung aus Abschreibungen*. Bis zu dem Zeitpunkt, an dem eine Ersatzbeschaffung der abzuschreibenden Gegenstände erfolgt, können die den Gewinn mindernden Abschreibungsgegenwerte anderweitig verwandt werden. Entsprechend ist die Abschreibung zu planen. Neben der einfachen linearen Abschreibung können eine degressive oder kombiniert degressiv-lineare sowie progressive oder leistungsbedingte Abschreibung unterschieden werden. Mit Ausnahme der progressiven Abschreibung (jährlich steigende Abschreibungsbeträge) und der arithmetisch-degressiven Methode (sich jährlich um den gleichen Betrag verringernde Abschreibungsquote) sind alle übrigen Verfahren steuerrechtlich zulässig. Ein Unternehmen, das in einer kommenden Periode zur Finanzierung einer Investition Mittel benötigt, kann demnach durch bewusst hohe Abschreibungen (Aufwendungen) die Gewinne senken und die Abschreibungsgegenwerte im Unternehmen zur Finanzierung einsetzen. Sofern ein revolvierender und planmäßiger Einsatz dieser Abschreibungsgegenwerte im Unternehmen erfolgt und die Kapazitäten regelmäßig aufgebaut werden, ergibt sich ein zusätzlicher Selbstfinanzierungseffekt. Dieser wird in der Literatur auch als *Lohmann-Ruchti-Effekt* bezeichnet. Durch die Kumulierung der einbehaltenen Abschreibungsgegenwerte lassen sich zusätzliche Investitionen tätigen und somit eine Kapazitätserweiterung finanzieren (vergleiche Beispielrechnung in der Abbildung 80).

Bei der *Finanzierung aus Rückstellungen* handelt es sich um einbehaltenes Fremdkapital, das erst zu einem späteren Zeitpunkt zur Auszahlung kommt. Bei der Bildung von Pensionsrückstellungen ist der Stichtag, aber noch nicht die Höhe und die genaue Fälligkeit der Auszahlungen bekannt, sodass während der Rückstellungsbildung das einbehaltene Kapital zur Finanzierung von Investitionsobjekten genutzt werden kann. Neben den Pflichtrückstellungen gemäß HGB, zum Beispiel für ungewisse Verbindlichkeiten, drohende Verluste, unterlassene Instandhaltungsaufwendungen oder Abraumbeseitigung, beziehungsweise den wichtigen Rückstellungen für Gewährleistungen bestehen auch Wahlmöglichkeiten der Bewertung, die bewusst genutzt werden können.

t	Auszahlung	Abschreibung	Abschreibung kumuliert
1	4	1	1
2	4	1+1	3 (aus 1 t1 und 2 t2)
3	4	1+1+1	6 (aus 1 t1 und 2 t2 und 3 t3)
4	4	1+1+1+1	10 (1 t1 und 2 t2 und 3 t3 und 4 t4)
5	4	Reinvestition	Rest 6 frei für Kapazitätserweiterung oder Kapitalfreisetzung

Beispiel:
- Jedes Jahr Kauf einer Maschine im Wert von 4000 Euro(hier abgekürzt mit 4)
- Abschreibung dieser Maschine in 4 Jahren mit je 1000 Euro (linear über 4 Jahre)
- Einbehalt und Kumulierung der Abschreibungen von 1000 Euro je Jahr
- Ersatz der ersten Maschine nach 4 Jahren (Re-Investition)
- Kapazitätserweiterungseffekt durch 6000 Euro freie Mittel im 5. Jahr möglich

Abb. 80: Beispielrechnung mit dem Lohmann-Ruchti-Effekt

Leasing, Factoring und Finanzinnovationen

Unter *Leasing* versteht man die Vermietung von Vermögensgegenständen durch spezielle Leasinggesellschaften, die rechtlich als Vermieter gelten. Im Gegensatz zum normalen Mietverhältnis ist jedoch das Leasing dadurch charakterisiert, dass zwischen dem Hersteller eines Gutes und dessen Verwender die Leasinggesellschaft als Käufer und Vermieter des Gegenstands eingeschaltet ist (indirekte Miete). Zu den vornehmlich geleasten Gegenständen gehören vor allem Fahrzeuge, Büromaschinen und EDV-Ausrüstungen. Nutzer der Leasinggeschäfte sind zum überwiegenden Teil die Industrie und das Gewerbe. Privatpersonen machen lediglich einen kleinen Teil am Leasinggeschäft aus. Leasing kann dann eine Alternative zum Kauf mittels eines Kredites sein, wenn die rechtliche Zuordnung des Leasinggegenstands bei der Leasinggesellschaft bleibt und damit die eigene Bilanz nicht verlängert wird. Zur steuerlichen Zurechnung des Leasinggegenstands existiert eine umfangreiche Rechtssprechung. Der wirtschaftliche Unterschied ist relativ groß: Während beim Kauf eine feste Zins- und Tilgungszahlung aufgrund eines Kreditvertrags vereinbart werden muss und das Anlageobjekt in das Eigentum und damit in das Vermögen der Unternehmung übergeht, wird beim Leasing lediglich ein Mietvertrag mit einer festen Grundmietzeit und einer späteren Kaufoption abgeschlossen. Ein Unternehmen kann dadurch liquide bleiben und sich bei technischen Innovationen, zum Beispiel in der EDV-Ausrüstung, jeweils die neuesten Anlagen mieten.

Unter *Factoring* versteht man den vertraglich bestimmten Ankauf von Forderungen aus Lieferungen und Leistungen vor Fälligkeit durch eine Factoringgesellschaft. Dies sind in der Regel spezielle Finanzierungs- oder Kreditinstitute im Sinne des Kreditwesengesetzes (KWG). Es handelt sich beim Factoring rechtlich um eine Zession, das heißt um eine offene oder stille Abtretung von Forderungen und die Übernahme bestimmter Servicefunktionen, wie zum Beispiel der Debitorenbuchhaltung oder dem Inkasso- oder Mahnwesen. Neben der Finanzierungsfunktion kann das Factoring auch eine Dienstleistungsfunktion übernehmen. Beim Ankauf von Forderungen zu einem bestimmten Zeitpunkt spricht man von Standardfactoring. Sofern Forderungen regelmäßig zu einem durchschnittlichen Fälligkeitszeitpunkt angekauft werden, spricht man von Maturity-Factoring. Bei einer offenen Abtretung der Forderung spricht man von notifiziertem Factoring, das heißt, der Lieferant teilt seinem Kunden mit, dass mit befreiender Wirkung nur noch an den Factor gezahlt werden kann. Bei nicht notifiziertem Factoring, also einer stillen Zession, liegt diese Information nicht zugrunde, sodass der Schuldner mit befreiender Wirkung auch an den Altgläubiger zahlen kann.

Neben den bisher dargestellten Finanzierungsformen spricht man von *Finanzinnovationen*, wenn klassische Eigen- oder Fremdfinanzierungsalternativen durch bestimmte Zusatzleistungen beziehungsweise Optionsmöglichkeiten und Variationen bei Zins- und Tilgungsleistungen abgeändert werden. So handelt es sich zum Beispiel bei Zero-Bonds um unverzinsliche Anleihen, bei denen statt der vereinbarten Zinsen hohe Abschläge auf den Ausgabekurs vereinbart werden. Hier handelt es sich um ein Disagio, das einer Nachverzinsung als Differenz zwischen Ausgabekurs und Rückzahlungssumme entspricht. Der Anleger kann dadurch die Besteuerung von Zinsen auf einen späteren Zeitpunkt verlegen. Bei Floating-Rate-Notes (FRN) werden ausgegebene Anleihen im Gegensatz zu den Zero-Bonds variabel verzinst, wobei die Verzinsung nicht nur an Marktzinsen, sondern an Referenzzinssätze gekoppelt ist. Bekannte Referenzzinssätze sind zum Beispiel LIBOR (London Interbank Offered Rate) oder FIBOR (Frankfurt Interbank Offered Rate).

Bei Depositenzertifikaten (Certificate of Deposit, CD) handelt es sich um Bankzertifikate im Sinne von Anteilen an Einlagen bei einer Bank. Diese können auch als marktfähige Quittungen definiert werden, welche als Anteilsrechte handelbar sind. Die Zertifikate werden hauptsächlich im europäischen kurzfristigen Geldmarkt gehandelt.

Zu Finanzinnovationen lassen sich auch die vielfältigen Formen so genannter Termingeschäfte zählen. Vertragspartner verpflichten sich hier zum Kauf oder Verkauf beziehungsweise zur Lieferung oder Abnahme bestimmter Mengen von Gütern zu einem vorher definierten Vertragszeitpunkt. Preis und Zeitpunkt werden frei gewählt, wobei das Besondere am Termingeschäft ist, dass das Verpflichtungs- und Erfüllungsgeschäft auseinander fallen. Gegenstand von Termingeschäften können Güter aller Art sein, so zum Beispiel Waren genauso wie Geldmarktpapiere oder Währungen. Eine spezielle Form des Termingeschäfts ist das Optionsgeschäft. Hier erwirbt der Käufer einer Option gegen Zahlung einer Prämie das Recht, jederzeit während der Laufzeit der Option oder zu einem festgesetzten Zeitpunkt eine bestimmte Anzahl eines Gutes zu einem festgesetzten Basispreis von einem Stillhalter zu kaufen (Kaufoption) oder an einen Stillhalter zu verkaufen (Verkaufsoption). Eine Kaufoption wird auch als Call, eine Verkaufsoption als Put bezeichnet.

Bei Swap-Geschäften handelt es sich um Transaktionen, bei denen Kauf und Verkauf von Waren, Kapital oder Devisen in unterschiedlichen Konditionen (zum Beispiel Währungen) erfolgen. Neben dem Währungstausch lassen sich auch unterschiedliche Erfüllungszeitpunkte oder Zins- und Tilgungsmodalitäten tauschen.

Neben den Finanzinnovationen werden auch so genannte mezzanine Finanzierungsformen genutzt. Hier handelt es sich um alternative Finanzierungsformen, bei denen der Eigen- oder Fremdkapitalcharakter nicht immer eindeutig ist. Meist wird versucht, die Finanzierung beziehungsweise Investition von außen steuerrechtlich als Fremdkapital zu gestalten, damit die Kosten für das Kapital, also die Zinsen als Betriebsausgaben absetzbar sind. Und andererseits soll das Kapital für das Rating und die Bankbewertung als Eigenkapital dienen, das heißt nachrangig haften. Hier können unter anderem Genussscheine oder Gesellschafterdarlehen, partiarische Darlehen oder Mitarbeiterbeteiligungsmodelle genannt werden. Ein zunehmend verbreitetes Finanzierungsinstrument stellen auch die Asset Backed Securities (ABS) dar. Hier werden Forderungen aus Lieferungen und Leistungen in Form eines Treuhandvermögens gepoolt. Die Ansprüche aus diesem Finanzierungspool werden dann anteilsmäßig in Wertpapieren verbrieft und gehandelt. Auch diese Form der Finanzierung kann zu einer schnellen Erhöhung der Liquidität führen, da eigene Forderungen nicht abgetreten werden müssen, sondern lediglich Rechte daran verbrieft und verkauft werden. Details zu diesen vielen Finanzierungsformen finden sich in speziellen Fachbüchern, die im Literaturverzeichnis genannt sind.

Zusammenfassung

Die nominalwirtschaftlichen Bereiche eines Unternehmens bieten einfach die realwirtschaftlichen Geschäftsprozesse in Geld beziehungsweise Zahlen ab. So wird eine Investition in eine Maschine eventuell als Abnahme von Zahlungsmitteln und Zunahme von Sachanlagen in der Bilanz erfasst, gleichzeitig als Aufwand in der GuV, wenn diese Maschine auf ihre Nutzungsdauer verteilt abgeschrieben wird und weiterhin in der Liquiditätsplanung mit den Raten der Bezahlung eingeplant. Vorab ist eventuell eine Kostenrechnung erfolgt, was die Anlage kostet und sie sich via Rentabilitätsvergleichsrechnung gegenüber einer anderen eventuell günstigeren Maschine dennoch langfristig lohnt.

Rechenschaft mit Rechnungswesen abzulegen heißt einmal extern über den Jahresabschluss und ein andermal intern über Statistiken und Planungsrechnungen zu berichten. Abhängig von der Rechtsform eines Unternehmens sind beim externen Rechnungswesen verschiedene Detaillierungsgrade erforderlich. Eine vertiefende Darstellung aller Rechenmodelle, Investitionsrechenverfahren und Finanzierungsarten kann und soll im Rahmen dieses Überblicksbandes nicht erfolgen.

Selbstkontrollaufgaben zu Kapitel 11

1. Sie haben sich im letzten Kapitel mit dem Vertrieb von Partygetränken selbstständig gemacht. Welche Rechnungen wollen Sie aufstellen, um die Wirtschaftlichkeit, Rentabilität, Liquidität und Vorteilhaftigkeit ihrer Lagerinvestitionen zu überprüfen?

2. Ihr Unternehmen Partygetränke GmbH wächst und wächst. Sie wollen nun am Jahresende wissen, wie viel Gewinn Sie erwirtschaftet haben und ziehen Bilanz beziehungsweise erstellen eine Gewinn- und Verlustrechnung. Ihr Umsatz beträgt 80000 Euro. Ihre freien Mitarbeiter kosten Sie 20000 Euro, an Einkaufskosten fielen 40000 Euro an. Ihre Mischmaschine, die Sie inzwischen für 100000 Euro angeschafft haben, wird wohl zehn Jahre halten, und für den dafür aufgenommenen Bankkredit zahlen Sie derzeit 5 Prozent Zinsen. Da Sie eine GmbH, also eine Kapitalgesellschaft sind, fallen 25 Prozent Körperschaftssteuer an. Wie hoch ist in diesem Jahr der Gewinn nach Steuern, den Sie an sich ausschütten wollen?

3. Bei Ihrem inzwischen weiter zum Party-Fullservice-Unternehmen ausgewachsenen Unternehmen fallen immer mehr Kosten an. Kosten für freie Mitarbeiter, festangestellte Sekretärinnen, Anschaffungen für Geschirr, Gläser und andere Kosten für eingekauftes Material (Getränke, Essen) sowie Lagerkosten für die angemieteten Garagen. Vertriebskosten der immer wieder aufgelegten Werbeanzeigen, Zinsen für die noch nicht getilgten Kredite sowie Beratungskosten für den Steuerberater und Wirtschaftsprüfer müssen kalkuliert werden.

Ordnen Sie diese Kostenarten entsprechend der genannten Begriffe (fix, variabel, einzel, gemein) zu.

4. Kalkulieren Sie individuell und für sich die Kosten Ihrer nächsten Geburtstagsfeier mit Hilfe einer Zuschlagskalkulation.

Wie viel würde ein Partyplatz für einen Ihrer Gäste kosten, wenn Sie Ihre Gesamtkosten des vergangenen Lebensjahres mit Hilfe einer Divisionskalkulation verteilen würden?

5. Sie überlegen, ob Sie eine zusätzliche Party organisieren sollen, obgleich die Zeit knapp ist und der Umsatz mit 500 Euro relativ bescheiden ausfällt. Die direkt dieser Party zurechenbaren (variablen) Kosten würden aber nur 50 Euro betragen. Wie würden Sie sich entscheiden?

6. Sie überlegen bei Ihrer Partykalkulation auf die Prozess- oder die Zielkostenrechnung überzugehen. Welche Kostentreiber wären bei der Prozesskostenrechnung und welches Budgetierungsverfahren bei der Zielkostenrechnung vorstellbar?

7. Versuchen Sie, die in den jeweiligen Rechenverfahren genannten Beispiele nochmals selbstständig durchzurechnen. Bei jedem Beispiel sind die Grunddaten zu Beginn gegeben. Alle weiteren Rechnungen sollten Sie eigenständig lösen.

Um den Lernerfolg zu steigern, können Sie die Grunddaten leicht verändern, um so die Auswirkungen auf die Ergebnisse bei veränderten Variablen zu simulieren.

8. Definieren Sie aus dem Wissen der ersten Kapitel nochmals präzise die Finanzziele Liquidität und grenzen diese Größe zu der dort bereits definierten Größe Cashflow ab.

9. Erkundigen Sie sich bei Ihrer örtlichen Bank oder Sparkasse nach den Konditionen eines Kredites in Höhe von 50 000 Euro. Notieren Sie einige Kreditsicherheiten und versuchen Sie diese durch Nachschlagen in einem Lexikon der BWL präziser zu definieren.

10. Versuchen Sie rekapitulierend nochmals die Abkürzungen FRN, CD, Call, Put, Swap, ABS zu erklären.

12. Der Personalbereich eines Betriebes

Neben den realwirtschaftlichen und finanzwirtschaftlichen Fragestellungen in einem Betrieb ist in einer Zeit, in der die Begriffe Selbstbestimmung, Selbstverwirklichung, Mitsprache und Autonomie stark an Bedeutung gewinnen, der Bereich der Personalführung eine zunehmend wichtige Einzeldisziplin der BWL.

Dabei ist grundsätzlich zu fragen, ob dies ein Gebiet der BWL und nicht eher der Psychologie oder Soziologie ist und wenn ja, ob Menschen überhaupt geführt werden sollen, das heißt wie eine betriebswirtschaftliche Untersuchung dieses Themas überhaupt aussehen kann. Da Personalfragen meist mit Rechtsform-, Kosten- und Steuerfragen eng verknüpft sind, hat sich die BWL in den letzten Jahrzehnten auch in diesem Feld ausgeweitet. Ob man dies nun für richtig oder falsch hält, die betriebswirtschaftlichen Ausführungen zum Personalbereich müssen inzwischen als Einzeldisziplin betrachtet werden. Ein kurzer Überblick analog den Übersichten zur Beschaffung, Produktion, Marketing, Finanzierung und Investition ist daher angezeigt.

Nach Durcharbeiten dieses Kapitels können Sie die Motivationsmodelle und Führungsstile unterscheiden. Weiterhin sollen Sie die Aspekte einer betrieblichen Personalwirtschaft aufzählen können.

Notwendigkeit der Personalführung

Die erste Begründung für die Notwendigkeit einer Personalführung entstammt der patriarchalischen Sichtweise aus der Zeit etwa um die Jahrhundertwende. Führung sei notwendig, weil Menschen geführt werden wollen. Das entsprechende Menschenbild geht von unmündigen, sich unterordnenden, hilflosen und schutzsuchenden Personen beziehungsweise Mitarbeitern aus, die einer starken Hand bedürfen. In den zwanziger und dreißiger Jahren ging man von dieser patriarchalischen Führungsbegründung ab. Führung wurde nun mit der nicht weniger ideologisch betrachteten Überzeugung begründet, dass die Menschen geführt werden müssten. Ohne eine »starke Hand« würden Egoismus, Orientierungslosigkeit und chao-

Betriebswirtschaft konkret. Ottmar Schneck

ISBN 3-527-50193-2

tische Selbstbestimmung um sich greifen. Diese Tendenz sollte durch Führung unter allen Umständen unterbunden werden. Die nationalsozialistische »Gleichschaltung« und verordnete Uniformiertheit überspitzte diese Sichtweise. Die Führungsbegründung gipfelte in einer heftigen Diskussion um die Existenzberechtigung von Eliten, die eine Gesellschaft führen sollten. So ist die Literatur der dreißiger Jahre zur betrieblichen Personalführung nicht zufällig voller Definitionen von Eigenschaftsmerkmalen, die einen Führer von einem Geführten unterscheiden.

Neuere Führungsbegründungen gehen von diesem elitären Menschenbild einer Über- beziehungsweise Unterordnung wieder ab und betonen die Notwendigkeit des Miteinander von Vorgesetzten und Mitarbeitern. Personalführung wird nunmehr angesichts der zunehmend aufgeklärten, informierten und freiheitlichen Gesellschaft zu einem Motivationsinstrument. Führung legitimiert sich danach weniger durch Macht als vielmehr durch die Fähigkeit, andere zu motivieren. Dennoch nimmt die Beschäftigung mit den Möglichkeiten der Macht zur Personalführung einen breiten Platz in der betrieblichen Personalwirtschaft ein.

Nach Max Weber, einem der großen deutschen Soziologen, ist Macht »die Chance, innerhalb einer sozialen Beziehung den eigenen Willen auch gegen den Widerstand anderer durchsetzen zu können«. Es handelt sich also um eine gewollte soziale Einflussnahme auf das Verhalten von Menschen. Dabei ist aus der Psychologie bekannt, dass diese Macht oft gar nicht genutzt werden muss, um zu wirken. Häufig genügt das Wissen um die latent vorhandene Macht eines Menschen, um das eigene Verhalten zu beeinflussen. Die Machtausübung setzt allerdings voraus, dass der Geführte eine der im Folgenden genannten Machtarten (vergleiche Abbildung 81) akzeptiert.

Motivationsmodelle und -möglichkeiten

Der Begriff *Motivation* lässt sich etymologisch aus dem lateinischen »movere« (bewegen) ableiten. Motive sind demnach Beweggründe beziehungsweise Antriebe für menschliches Verhalten. Sie können bewusst oder unbewusst durch Affekte, Gefühle oder intellektuelle Rationalität begründet sein und basieren auf subjektiv empfundenen Mangelerscheinungen, die in der Betriebswirtschaftslehre als Bedürfnisse bezeichnet werden. Häufig werden diese Motive in der Kindheit geprägt. Einmal entwickelte Motive sind sehr stabil, das heißt durch Negativerfahrungen oder entgegengesetzte Realität schwer veränderbar. Motive sind nun kognitiv latent vor-

- **Belohnungs-/Bestrafungsmacht:**
  - Führung aufgrund von Autorität. Voraussetzung ist, dass der Führende Sanktions- und Belohnungsinstrumente besitzt und der Geführte diese akzeptiert.
  - Überhöhte Strafandrohung führt zu Widerstand, andernfalls Autoritätsverlust.
- **Legitimationsmacht:**
  - Führung aufgrund von hierarchischer Position.
  - Weisungsbefugnis, zum Beispiel in Dienstanweisung, Stellenbeschreibung, personenunabhängig.
- **Identifikationsmacht:**
  - Führung aufgrund einer Vorbildfunktion.
  - Fraglich, ob dauerhaft vorbildhaftes Vorleben möglich ist.
- **Experten- und Informationsmacht:**
  - Informationsvorsprung einholbar.
  - Steuerung des Informationsflusses kann Nichtinformierte demotivieren.
  - Führung aufgrund eines Informationsvorsprunges beziehungsweise Informationsregulierung.

Abb. 81: Machtarten

handen, werden durch Anreize (Stimuli) in einer bestimmten Situation geweckt und führen dadurch erst zu einer Handlung. Dabei ist die Wahrnehmung von Stimuli in hohem Maße selektiv und subjektiv. Die zahlreichen Erkenntnisfilter der Wahrnehmung, wie sie in der Wissenschaftstheorie diskutiert werden, sind hier zu beachten. Nun erbringen motivierte, das heißt zufriedene Mitarbeiter, wie vielfach nachgewiesen wurde, höhere Arbeitsleistungen als nicht motivierte Personen. Die Problematik, insbesondere der quantitativen Bewertung von Arbeitsleistungen, muss dabei allerdings kritisch berücksichtigt werden. Nur durch eine motivationsbedingte emotionale Bindung eines Mitarbeiters an das Unternehmen, an dessen Produkte, Vorgehensweisen und Prozesse, kann eine leistungssteigernde oder -erhaltende Verhaltensänderung bei Mitarbeitern bewirkt werden.

Allgemein lassen sich bei den Motivationstheorien die Inhaltstheorien von den Prozesstheorien unterscheiden. Die *Inhaltstheorien* beschäftigen sich mit den Motivationsinhalten und den Variablen, die bei Menschen ein bestimmtes Verhalten auslösen. Die bekanntesten Theorien sind die Bedürfnishierarchie von Abraham Maslow, die ERG-Theorie von Clayton Alderfer, die Zwei-Faktoren-Theorie von Frederick Herzberg und die Kontingenztheorie von John Atkinson. Die Thesen von Maslow und Herzberg sind bereits dargestellt worden. Nach den Thesen von Alderfer verstärken sich Bedürfnisse, wenn sie nicht genügend befriedigt werden (Progressionsthese). So kann zum Beispiel der Hunger Menschen bis zum Wahnsinn treiben, wenn dieses Grundbedürfnis nicht wenigstens zu einem gewissen

Teil befriedigt wird. Auch eine Rückkehr in untergeordnete Klassen ist denkbar (Regressionsthese). Wird bei einem Mitarbeiter die zweite Bedürfnisklasse »Anerkennung« nicht befriedigt, scheint die erste Klasse »Grundbedürfnisse« wieder aktiviert zu werden (zum Beispiel Kummerspeck).

Prozesstheorien versuchen zu erklären, wie eine Arbeitsmotivation initiiert, erhalten und abgestellt wird. Es lassen sich zahlreiche quantitative Modelle unterscheiden, welche die Reaktion von Mitarbeitern auf bestimmte Situations- und Persönlichkeitsmerkmale zu erfassen suchen. Dabei werden Wahrscheinlichkeiten, Varianzen und Produkte aus verschiedenen quantitativ erfassten Motiven in eine Funktion gebracht. Aus der Vielzahl von Modellen sei die *Equity Theory* John Adams hervorgehoben, die besagt, dass Arbeitnehmer ihre Leistungen und die dafür vom Arbeitgeber erhaltenen Gegenleistungen mit den »Bilanzen« ihrer Kollegen vergleichen. Stellen sie eine Ungleichheit beziehungsweise Ungerechtigkeit fest, so führt dies zu Demotivation (zum Beispiel Frustration, Stress, Unzufriedenheit). Wenn ein Vorgesetzter ein solches Verhalten bei seinen Mitarbeitern beobachtet, sollte er nach Adams versuchen, eine möglichst gerechte Situation herzustellen. Ist dies nicht möglich, so kann der Vergleich unter den Mitarbeitern dadurch vereitelt werden, dass jeder Mitarbeiter mit anderen Gegenleistungen befriedigt wird. Dies kann beispielsweise in Form eines »Cafeteria-Systems« erfolgen, bei dem jedem Mitarbeiter freigestellt wird, aus einem Menü von Gegenleistungen (zum Beispiel Gehalt, Firmenwagen, Freizeit) seine individuelle Entlohnung zusammenzustellen. Vergleiche unter den Mitarbeitern werden so erschwert.

In der Abbildung 82 wird eine Zusammenstellung in der Literatur beschriebener Motivationsinstrumente der betrieblichen Praxis vorgestellt.

Führungsstile und -grundsätze

Der Begriff des *Führungsstils* nimmt in der betriebswirtschaftlichen Literatur eine zentrale Stellung ein. Er beschreibt eine spezifische Form der Verhaltensbeeinflussung und sollte je nach Führungssituation ausgewählt werden. Um eine einheitliche, methodisch fundierte Grundeinstellung für Führungssituationen auswählen zu können, müssen die vielfältigen Stile und deren Vorzüge beziehungsweise Grenzen bekannt sein. Sie können hier nur in der Übersicht vorgestellt werden. Neben der klassischen Einteilung in einen autokratischen, demokratischen und Laisser-faire-Führungsstil gibt es eine differenziertere Typologie von Robert Tannenbaum (vergleiche Abbildung 83).

Materielle Anreize:
- Finanzielle Beteiligung am Unternehmen (zum Beispiel Gore)
- Anteilsbesitz an Beteiligungsgesellschaft (zum Beispiel Risse)
- Beteiligung am periodischen Gewinn (zum Beispiel Obi)
- Prämie für Verbesserungsvorschläge (zum Beispiel Audi)
- Leistungsprämien (zum Beispiel Eismann)
- Lohn nach Wunsch (zum Beispiel Landhotel Schidlerhof)

Arbeitszeitflexibilisierung:
- Gleitzeit (zum Beispiel Allianz)
- Job Sharing (zum Beispiel Webasto)
- Lebensarbeitszeitkonto (zum Beispiel Hewlett Packard)
- Autonome Arbeitszeitplanung (zum Beispiel Modehaus Beck)

Mitbestimmung:
- Vertrauensmann (zum Beispiel HypoBank)
- Vorgesetztenbeurteilung (zum Beispiel Webasto)
- Mitarbeiterbeurteilung durch Kollegen (zum Beispiel Knürr)

Informationspolitik:
- Begründung von Produktionszielen (zum Beispiel Audi)
- Regelmäßige Informationstage (zum Beispiel Wolfscraft)
- Gegenseitige Arbeitsplatzbesichtigung (zum Beispiel HP)
- Waldmeeting (zum Beispiel Digital Equipment)

Karriereplanung:
- Interne Stellenausschreibungen (zum Beispiel Mars)
- Autonome Projektarbeit (zum Beispiel Gore)
- Management by objectives (zum Beispiel Lux)

Abb. 82: Auswahl praxiserprobter Motivationsinstrumente

Aus der Übersicht wird deutlich, dass sich die Stile in Abhängigkeit vom Entscheidungsspielraum des Vorgesetzten beziehungsweise des Geführten differenzieren lassen. Es leuchtet ein, dass in einer Situation mit qualifizierten und hoch spezialisierten Mitarbeitern, die in komplexen und dynamischen Branchen beschäftigt sind, der Wunsch nach Autonomie stärker ausgeprägt ist als bei Mitarbeitern mit homogenen Verrichtungen in einem statischen Umfeld. Entsprechend sind unterschiedliche Führungsstile zu wählen.

Bei der Diskussion um Führungsstile darf nicht verkannt werden, dass der Einsatz bestimmter Verhaltensformen vom Menschenbild des Vorgesetzten abhängig ist. Die Forderung eines partizipativen Führungsstils per Führungsgrundsatz oder Leitbild kann bei Vorgesetzten mit eher machiavellistischem Menschenbild zu keinem produktiven Verhalten führen. Neben der richtigen Personalauswahl ist es daher heute mindestens genauso wichtig, geeignete Vorgesetzte für die jeweilige Führungssituation zu finden. Nicht jeder Vorgesetzte ist für jede Situation geeignet. Insbesondere bei der Führung von Gruppen muss dies bedacht werden; die zusätzliche Kenntnis von Methoden des Konfliktmanagements und der Vorausset-

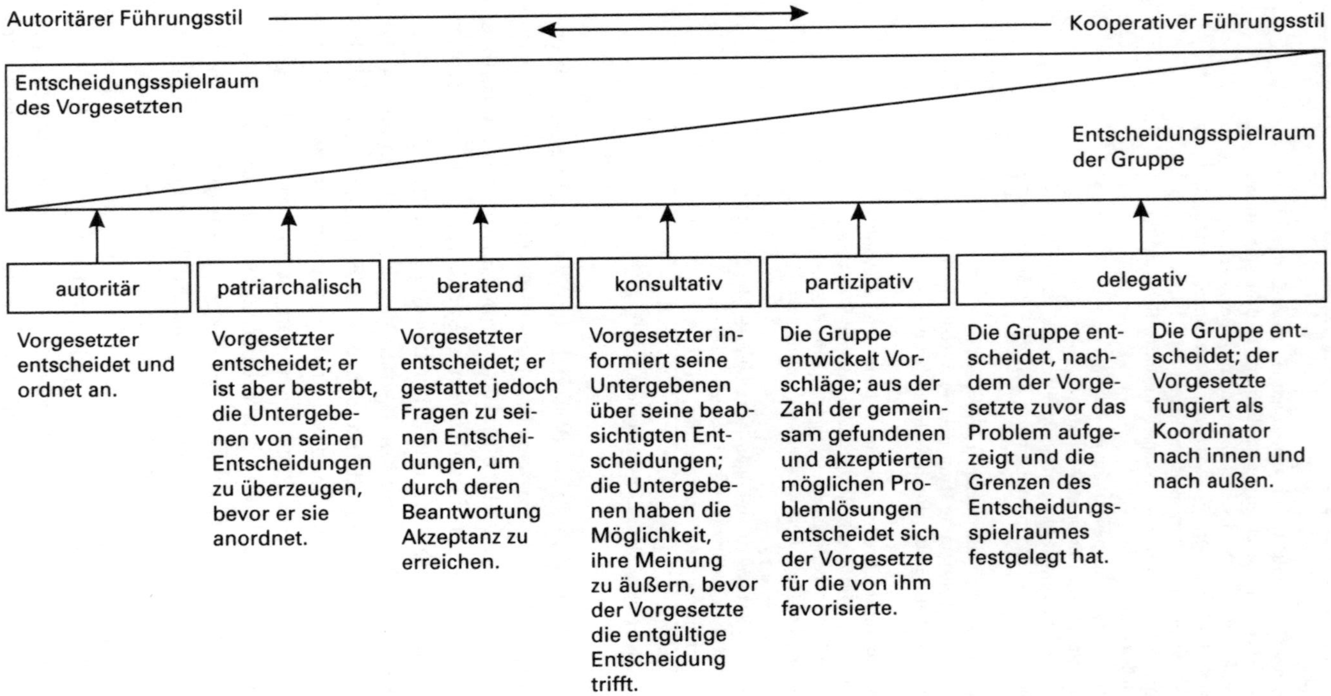

Abb. 83: Führungsstiltypologie nach Tannenbaum
Quelle: Tannenbaum, 1985, S.97.

zungen von Gruppeneffektivität und -kohäsion sind in diesem Fall unerlässlich. Hilfreich kann auch die ständige Konfrontation der Führungskräfte mit den an sie gestellten Erwartungen in Form von Führungsgrundsätzen sein.

Führungsgrundsätze sind schriftlich fixierte Regelungen zur einheitlichen Handhabung von Personalführungskonzepten, -modellen oder -stilen. Zweck der Dokumentation ist die transparente Information von Führern und Geführten in einer einheitlichen Sprachregelung. Als Inhalte können die Leistungen gegenüber Kunden, Umwelt und Mitarbeitern niedergelegt werden. Die Entwicklung der Grundsätze sollte partizipativ erfolgen, wobei es ein formales Mitspracherecht des Betriebsrats oder anderer Mitarbeitervertreter nach einem Urteil des Bundesarbeitsgerichts von 1984 nicht gibt. Dennoch sollte die Mitarbeitervertretung im Blick auf die Implementation und spätere Akzeptanz der Grundsätze in deren Entwicklung einbezogen werden. Die Grundsätze sollten außerdem zur gesamten Firmenphilosophie passen und auch äußerlich (Broschüren, Firmenlogos) unverwechselbar dargestellt sein. Gleichzeitig sollten sie aber so flexibel sein, dass sie von neuen Führungskräften und neuem Personal verändert werden können. Als Beispiel einer solchen Dokumentation sind hier die Führungsgrundsätze von BMW aufgelistet:

Grundsätze der Führungskultur bei BMW

1. Jede Führungsebene hat eine Vorbildfunktion für die nachgeordneten, hinsichtlich der Realisierung der Unternehmensziele und -strategien durch Effizienz des Arbeitseinsatzes, Sparsamkeit im Mitteleinsatz, konstruktive Zusammenarbeit.
2. Das Unternehmensinteresse geht vor Ressortinteressen: Bei jeder Einzelentscheidung sind die Gesamtkonsequenzen zu berücksichtigen.
3. »Exzellent führen« erfordert die volle Identifikation mit dem Unternehmen.
4. Entscheidungen oder Beschlüsse sind intelligent auszuführen, sie sind aber auszuführen.
5. Konstruktive Kritik zu üben und zu ertragen ist Pflicht jedes Mitarbeiters.
6. Probleme lösen, nicht Schuldige suchen.
7. Jeder darf Fehler machen, nur nicht zu viele und vor allem nicht den Fehler, ihn zum Schaden des Unternehmens zu verheimlichen.
8. Die Kompetenz der anderen, der Fachstellen anzuerkennen, heißt auch, konstruktives Hinterfragen von Seiten anderer Fachstellen akzeptieren und kompetent beantworten.
9. Beherrschbare Risiken eingehen.
10. Leistung verlangt Gegenleistung.
11. Nur der Kunde entscheidet über die Güte unserer Leistungen.
12. BMW muss für externe Beziehungen als kompetenter, fairer, verlässlicher Partner gelten.
13. Gültige Gesetze und Vorschriften werden von BMW erfüllt; eine Beeinflussung erfolgt nur im Rahmen der geltenden Spielregeln.

Abb. 84: Die Firmengrundsätze von BMW

Aspekte der Personalwirtschaft

Im Gegensatz zur Personalführung handelt es sich beim Thema *Personalwirtschaft* um Fragestellungen des Personalbedarfs, der Personalauswahl, der Kapazitätsanpassung und der Arbeitsplatzgestaltung. Sie betreffen demnach operative Tätigkeiten, die weniger zum dispositiven Bereich zu zählen sind, als vielmehr einen eigenständigen Funktionsbereich ausmachen.

Die Ermittlung des *Personalbedarfs* ist als Teilbereich der Personalplanung eine schwierige, zukunftsorientierte Entscheidung. Der Nettopersonalbedarf hängt dabei nicht nur von einem Bruttopersonalbedarf aufgrund eines Absatzplans ab, sondern auch vom aktuellen Personalbestand, der Fluktuation, künftigen Personalfreistellungen und prognostizierten Fehlzeiten. Weiterhin bestimmen operative Einflüsse, wie zum Beispiel Aus- und Fortbildungsnotwendigkeiten, oder politische Entscheidungen zur Arbeitszeit den Personalbedarf.

Hinsichtlich der *Personalbeschaffung* können quantitative, qualitative und zeitliche Aspekte unterschieden werden. In quantitativer Hinsicht ist festzustellen, wie viele Mitarbeiter gesucht werden sollen; qualitative Aspekte berücksichtigen deren Ausbildungsniveau und Eignung, zeitliche Aspekte legen den Einstellungstermin fest. Innerbetrieblich können Mitarbeiter gewonnen werden durch Stellenausschreibungen oder Versetzungen und interne Personalentwicklung. Externe Beschaffungswege laufen über Stellenanzeigen, Personalberatung, Personal-Leasing oder die staatliche Arbeitsvermittlung.

Bei der *Personalauswahl* sind aufgrund psychologischer Studien verschiedene Instrumente anwendbar. So ist neben dem traditionellen Vorstellungsgespräch, in dem die Persönlichkeit eines Bewerbers sowie dessen Wünsche und Interessen erkundet werden sollen, der Einsatz von Assessment Centern und Eignungstests weit verbreitet. Während schriftliche Eignungstests über die Leistungsfähigkeit und Intelligenz sowie die Begabung heftig umstritten sind, sind längere beziehungsweise mehrtägige Assessment Center, in denen das Gruppenverhalten beziehungsweise allgemein die Sozialkompetenz von Bewerbern getestet werden soll, heute stark verbreitet. Bei Neueinstellungen sind Anwerbungskosten (zum Beispiel für Zeitungsannoncen), Auswahl- und Einstellungskosten (zum Beispiel für Interviews) bis hin zu den Anlern- und Einarbeitungskosten beziehungsweise Ausfallkosten, sofern der Mitarbeiter nicht den Leistungsanforderungen gerecht wird, zu berücksichtigen.

Sind alle erdenklichen Personaleinstellungsmöglichkeiten erschöpft oder wird eine feste Anstellung von Mitarbeitern nicht gewünscht, so ist auch das Instrument des Personal-Leasing denkbar. Diese Arbeitnehmerüberlassung, auch Leih- oder Zeitarbeit genannt, wirft inzwischen keine rechtlichen Probleme mehr auf. So ist Personalleasing ein zunehmend beliebteres Instrument bei Urlaubsvertretung, in Fällen von Krankheit oder Kuren, während der Zeit des Mutterschutzes, bei saisonalen Beschäftigungsspitzen oder bei unvorhergesehenem Arbeitsanfall. Nach § 99 BetrVG hat ein Leiharbeitnehmer ein Mitbestimmungsrecht im Sinne des Mitbestimmungsgesetzes.

Die *Gestaltung des Arbeitsplatzes* betrifft die anthropometrische, physiologische und psychologische Anpassung des Arbeitsplatzes selbst und der Arbeitsmittel an den Menschen. Dazu zählen konkret die Lage eines Arbeitsplatzes, das Gesichtsfeld zum Arbeitsobjekt, Beleuchtung, Klima, Luft, Farben, Belastung durch Lärm und Staub und anderes. Insbesondere in den siebziger Jahren wurden zahlreiche Modelle zur abwechslungsreichen Gestaltung der Aufgabenstellung entwickelt (zum Beispiel Job-Enlargement, Job-Enrichment, Job-Rotation oder Job-Sharing).

Zusammenfassung

In diesem Kapitel 12 haben Sie die Notwendigkeit der Personalführung, Motivationsmodelle und -möglichkeiten, Führungsstil und -grundsätze sowie Aspekte der täglichen Personalwirtschaft kennen gelernt. Gerade die Personalführung ist in der Betriebswirtschaftslehre ein weites Feld, zumal hier interdisziplinär viele Erkenntnisse aus der Soziologie und Psychologie eine Rolle spielen. Eine deutliche Abgrenzung betrieblicher Aspekte ist oft schwierig, und der verhaltensorientierte Ansatz der BWL versucht hier zumindest die ökonomisch relevanten Themen zu beleuchten. Dennoch muss dieses Kapitel eklektizistisch bleiben und soll vor allem die basalen Theorien und Ansätze wie der von Maslow oder Tannenbaum vorstellen. Entscheidend scheint die Erkenntnis, dass bei aller rationalen Betrachtung von Rentabilität, Liquidität oder Wirtschaftlichkeit häufig der motivationale Ansatz in der Ökonomie zu kurz kommt. Nicht alles ist eben berechenbar, vor allem wenn es mit und um Menschen geht.

Selbstkontrollaufgaben zu Kapitel 12

1. Überlegen Sie, welche Machtart Sie aus der oben genannten Abbildung verwenden, wenn Sie bei Ihrem Partner etwas durchsetzen wollen.

2. Welche der aus der oben genannten Tabelle zu ersehenden Motivationsmöglichkeiten würden Sie für eine Hochschule und deren Professoren vorschlagen?

3. Wenn Sie Ihr inzwischen weiter gewachsenes Party-Fullservice-Allinclusive-Unternehmen mit 20 festen und 100 freien Mitarbeitern nehmen und hierfür Führungsgrundsätze formulieren sollten, worauf käme es Ihnen hier am meisten an? Formulieren Sie zehn Grundsätze schriftlich. Eventuell ist es Ihnen vergönnt, in einigen Jahren diese Grundsätze Realität werden zu lassen. Dann wird sich auch zeigen, wie weit Ihre Ideale tragen.

4. Bei der Personalwirtschaft geht es um die Planung des Personalbedarfs, die Möglichkeiten der Personalbeschaffung, -auswahl und die Gestaltung von Arbeitsplätzen.

Wenn Sie für Ihr Partyunternehmen weitere feste Mitarbeiter suchen, auf welche Faktoren würden Sie bei der Personaleinstellung Wert legen?

13. Betriebswirtschaftslehre im System der Wissenschaft

Betriebswirtschaft ist die Forschung und Lehre über betriebliche Einheiten, die Güter erstellen, damit Bedürfnisse befriedigen und damit ihre Ziele erreichen. In all den bisherigen Kapiteln wurden klassische Inhalte aus der Lehre vorgestellt. Ob nun die BWL eine reine Verhaltenslehre ist, oder auch wissenschaftlich forscht, ist immer noch strittig. Dass aber ohne Erkenntnisfortschritt aus verschiedenen Forschungsansätzen keine innovativen Lösungen für aktuelle Probleme entstehen können, ist auch jedermann klar. In diesem Kapital wird daher die BWL zunächst in den Kanon der Wissenschaften eingeordnet, bevor wir in Kapitel 14 verschiedene Forschungsansätze und -methoden zur Gewinnung neuer Erkenntnisse vorstellen.

Wissenschaftsbegriff und -ziele

Wissenschaft hat in erster Linie das Ziel, Wissen durch Forschung zu vermehren und Ergebnisse nach bestimmten Gesichtspunkten zu ordnen sowie dieses zu verbreiten. Die Mehrung und Systematisierung von Wissen durch Forschung und die Verbreitung von Wissen durch die Lehre werden daher häufig synonym mit Wissenschaft verwendet. Diese Einteilung fasst die Abbildung 85 zusammen. Dabei wird zwischen der Wissensermittlung (Forschung) und der Wissensvermittlung (Lehre) unterschieden, die verschiedenen Zielen dient. Bei der Forschung wiederum werden qualitative und quantitative Wissensmehrungen unterschieden.

Wenn also beurteilt werden soll, ob eine Arbeit, zum Beispiel eine Diplomarbeit, wissenschaftlich ist, so muss zunächst geprüft werden, ob das vorgestellte Wissen systematisch gewonnen und verarbeitet wurde. Die Art und Weise der Darstellung, zum Beispiel die stilistische Formulierung oder die formale Aufarbeitung mit Fußnoten, korrekten Zitierweisen oder Seitenrändern ist niemals ein Ausdruck von Wissenschaftlichkeit oder Unwissenschaftlichkeit per se. Wer also den Begriff Wissenschaftlichkeit missbraucht, um eine stilistisch nicht seinen Vorstellungen entsprechende

Betriebswirtschaft konkret. Ottmar Schneck

ISBN 3-527-50193-2

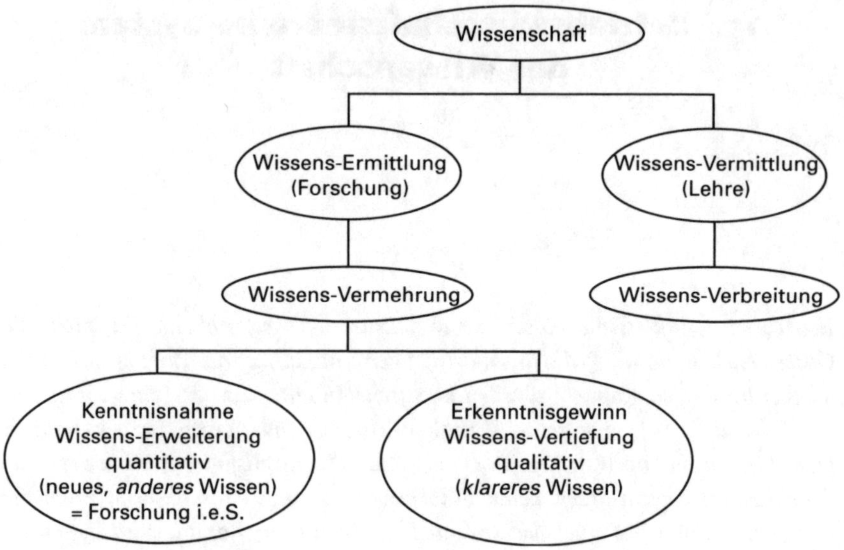

Abb. 85: Aspekte der Wissenschaft

Arbeit zu kritisieren, sollte sich bewusst sein, dass er eigentlich lediglich den Wissensinhalt und seine Aufbereitung auf seine Wissenschaftlichkeit hin überprüfen kann.

Die Ordnung des Wissens muss systematisch erfolgen, um sich vom bloßen Sammeln und Archivieren von Informationen abzuheben. Die Systematik zur Sammlung und Verbreitung kann dabei vielfältig sein. Häufig ordnen Forscher und Lehrende betriebswirtschaftliches Wissen nach so genannten Funktionsbereichen, das heißt Bereichen wie Beschaffung, Produktion, Absatz, Finanzierung, Personal und anderen. Andere Einteilungen sind zum Beispiel chronologisch im Sinne von historischen Ereignissen (Wirtschaftsgeschichte) oder entsprechend verwandten Wissensgebieten (zum Beispiel Wirtschaftsgeografie). Andere Wissenschaftler betrachten nur spezielle Aspekte (zum Beispiel Wirtschaftsmathematik) und ordnen alles Wissen um deren spezielle Anwendungsmöglichkeiten. Jede dieser Systematiken und Ordnungsraster ist grundsätzlich zulässig und betont wie bei einem Scheinwerfer jeweils eine bestimmte Betrachtungsweise. Diese Scheinwerferfunktion der Wissenschaft hat Karl Popper, einer der bedeutendsten zeitgenössischen Philosophen, als das Wesentliche einer Wissenschaft herausgestellt. Nur wer den zu betrachtenden Gegenstand von vielen Blickwinkeln betrachtet, kann letztlich verstehen und dann gestalten.

Weiterhin wichtig ist, dass Wissenschaft mit Bewusstsein zu tun hat, das heißt, dass Menschen über ihre Wirklichkeit, in unserem Fall über die betriebliche Wirklichkeit, Erfahrungen und damit Wissen sammeln und über dieses systematisch gewonnene Wissen auch zu reflektieren vermögen. Die Reflektion, das heißt das Nachdenken über den Sinn und die Ordnung des erlangten Wissen macht weiterhin Wissenschaft aus. Die unreflektierte Anwendung von Wissen führt häufig zur Wiederholung von Fehlern und zu Fehlentscheidungen. Erst wenn zum Beispiel ein Manager darüber nachdenkt beziehungsweise reflektiert, warum sein systematisch aufgestellter Organisations- und Aufgabenverteilungsplan nicht zu einer zufriedenstellenden Aufgabenerledigung führt, kann er neue, verbesserte Pläne erstellen und wissensbasiert, das heißt eben nicht ad hoc oder zufällig, Entscheidungen treffen.

Dennoch beobachten wir fast täglich Ad-hoc-Entscheidungen und Zufallshandlungen. Dies mag daran liegen, dass wir Menschen mit der Ordnung und Reflektion von Wissen Mühe haben, beziehungsweise dies mit Aufwand verbunden ist, den wir für bestimmte Probleme oder Entscheidungen nicht für geboten halten. Häufig stellen wir aber nachträglich fest, dass eine wissensbasierte Entscheidung besser gewesen wäre.

Die dritte Dimension von Wissenschaft ist neben der Systematik und Reflektion die Zielsetzung, mit der das Ordnen der Wissensinhalte erfolgt.

Zur Suche nach der Wahrheit und damit zur Sammlung von Wissen genügt oft die bloße Neugier. Darüber hinaus lassen sich drei *Wissenschaftsziele* unterscheiden. Dies sind das *kognitive*, das *deskriptive* und das *pragmatische* Ziel.

Der Wunsch nach Erklärungen von Sachverhalten und die Suche nach Fortschritt bei den Fragen nach dem optimalen Wirtschaften wird meist von intellektueller Neugier getragen. Dabei werden die Ursachen von Ereignissen und die Phänomene bestimmter Ergebnisse des Wirtschaftens untersucht. Wenn Forschung nach den Ursachen dieser Ereignisse und Ergebnisse lediglich um der Forschung willen erfolgt, um letztlich nur die Ursachen zu ergründen so kann von Grundlagenforschung gesprochen werden. Diese Zielsetzung der Wissensermittlung wird als *kognitiv* bezeichnet. Kognition (lat.) bedeutet Erkenntnis und steht hier für die Tatsache, dass derartige Wissensermittlung keinem unmittelbaren Zweck oder einem Auftrag folgt, und keine unmittelbare Anwendung der Erkenntnisse geplant ist.

Demgegenüber ist die Beschreibung der Realität von Betrieben als Deskription beziehungsweise das Wissenschaftsziel als *deskriptives Ziel* zu

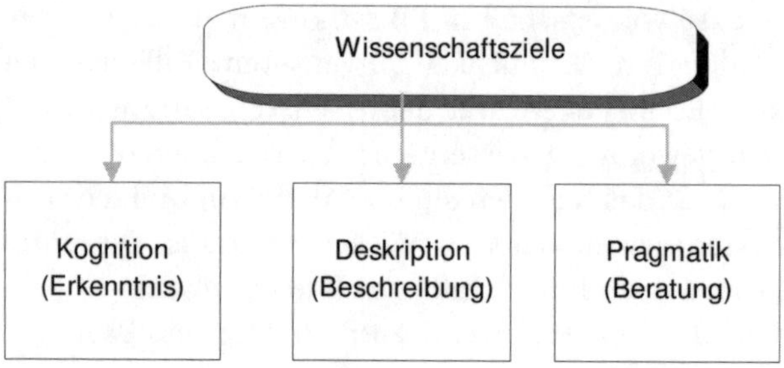

Abb. 85: Die drei Wissenschaftsziele

bezeichnen. Diese Deskription dient letztlich dem Verstehen von Sachverhalten. Nur wer etwas so Komplexes wie Wirtschaft ausführlich und umfangreich beschreibt und abbildet, kann es letztlich auch verstehen. Der deskriptive Forscher und Lehrende will eine Situation und weniger deren Ursachen erfassen.

Diejenigen Wissenschaftler, die in ihren Forschungen einen Anwendungsbezug anstreben, welche die Realität und vor allem künftige Entscheidungen von Unternehmen gestalten wollen, verfolgen das *pragmatische Wissenschaftsziel*. Pragmatik (lat.) als Praxisbezug spielt besonders in der anhaltend aktuellen Diskussion um eine anwendungsbezogene, beratende Ausbildung von Betriebswirten eine Rolle. Diese Art der BWL, die aufgrund ihrer anwendungsbezogenen Forschung und Lehre Handlungsempfehlungen für Betriebe gibt, wird auch als normative Betriebswirtschaftslehre bezeichnet. Normen zu setzen aufgrund von erlangtem und geordnetem Wissen ist allerdings in allen Wissenschaften ein strittiges Thema. Zahlreiche Wissenschaftler lehnen einen solchen konkreten Bezug zur Praxis ab und fordern eine wertfreie, rein theoretische Wissenschaft. Letztlich ist aber häufig dieser Disput wenig ergiebig, weil doch jede Erkenntnis einer Nützlichkeit für Mensch oder Umwelt dienen sollte. Eine destruktive Wissenschaft hätte kaum Sinn, wenngleich hier in naturwissenschaftlichen Wissensgebieten häufig ethische Fragen tangiert sind.

Betriebswirtschaftslehre als Sozialwissenschaft

Wenn die Betriebswirtschaftslehre als Wissenschaft bezeichnet werden soll, so hat sie Wissen über Betriebe beziehungsweise über wirtschaftliches Handeln systematisch und zielorientiert zu erfassen und zu reflektieren.

Traditionelle Wissenschaften wie die Naturwissenschaften, zum Beispiel Physik, Chemie oder Medizin, bezweifeln zum Teil die Wissenschaftlichkeit der BWL, da sie von einer Sammlung von Verhaltensregeln für Manager oder Unternehmer ausgehen. Diese Kaufmannsregeln seien zudem nicht im Sinne der Naturwissenschaften messbar und würden lediglich wie ein Kodex von Generation zu Generation weitergegeben und weiterentwickelt. Eine Systematik von Wissen sei nicht erkennbar, zumal häufig Erkenntnisse von Nachbardisziplinen wie der Psychologie oder Soziologie verwendet würden. In diesem Zusammenhang fällt in der Literatur immer wieder der Begriff »Kunstlehre« für die BWL.

Diesen Kritikern der BWL sei zugestanden, dass in der Tat wirtschaftliches Handeln nicht mit einem physikalischen Gesetz wie der Schwerkraft verglichen werden kann, und dass Ratgeberliteratur à la »Wie werde ich in einer Minute zum Unternehmer« weder als wissenschaftlich, noch betriebswirtschaftlich zu bezeichnen sind. Wenn aber in einem Betrieb die Realität wissenschaftlich, das heißt systematisch und reflektierend nach den drei Wissenschaftszielen, abgebildet wird und daraus Erkenntnisse gewonnen werden, so ist dies sehr wohl Wissenschaft.

Es ist weiterhin unstrittig, dass die Betriebswirtschaftslehre zum Beispiel Erkenntnisse der Psychologie und Soziologie verwendet, um das menschliche Verhalten besser zu verstehen und daraus Schlüsse für die Unternehmensführung zu ziehen. Ebenso sind juristische Grundlagen als rechtliche Fundamente bei der Rechtsformwahl und als Rahmendatum jeglichen Wirtschaftens relevant. Ohne die Erkenntnisse der Ingenieurwissenschaften wären sinnvolle Abläufe in der Fertigung kaum erklärbar. All dies verwendet und verarbeitet die Betriebswirtschaftslehre heute zu neuen Erkenntnissen im Hinblick auf optimales Wirtschaften. Ihr deshalb den Status der Wissenschaft abzusprechen, verkennt, dass Wissenschaft heute ohne interdisziplinäre Ausrichtung kaum noch vorstellbar ist. Auch die Medizin kommt ohne Mathematik, die Geologie ohne Informatik nicht aus. Es ist sogar zu beobachten, dass diese Bezugsdisziplinen der BWL selbst Betriebe als Erkenntnisobjekt wählen und so als Betriebspsychologie und -soziologie, Wirtschaftsrecht, Wirtschaftsgeschichte oder gar spezielle Arbeitsmedizin Wissen sammeln.

Wenn von der Betrachtung des Objektes Betrieb gesprochen wird, so lassen sich im Sinne der Wissenschaft der Begriff Erfahrungs- und Erkenntnisgegenstand unterscheiden.

Der Betrieb als Teil unserer realen Welt stellt dabei den Gegenstand dar, über den wir etwas erfahren wollen (Erfahrungsobjekt). Welcher Aspekt dieses Objektes in der Forschung interessiert, wird als Erkenntnisgegenstand bezeichnet. Während Betriebswirte das wirtschaftliche Verhalten untersuchen, kann also am gleichen Objekt ein Ingenieur einen technischen Zusammenhang oder ein Ökologe das ökologische Verhalten im Betrieb studieren. Stets wird dabei das kognitive, deskriptive und/oder pragmatische Wissenschaftsziel verfolgt werden.

Wenn sich Forschung und Lehre heutzutage auf immer begrenztere Gegenstände beziehen, so muss darauf hingewiesen werden, dass es in der Vergangenheit kaum solch eine Spezialisierung gab. Die Universalgelehrten der vergangenen Jahrhunderte untersuchten meist alle Phänomene und Gegenstände, die sie antrafen, sozusagen »Gott und die Welt«. So lässt sich bei Platon oder Aristoteles von der Natur, der Logik, dem Staat und vom Menschen nachlesen. Alles, was ein Welt- oder Menschenbild ausmacht wurde als Wissenschaft und als untersuchungswürdig betrachtet. Diese Sichtweise ist auch heutigen Philosophen noch eigen, während sich alle übrigen Wissenschaften mit individuell abgrenzbaren Objekten beschäftigen. Eine Einteilung der Wissenschaften beziehungsweise Trennung in die Universal- und die Individualwissenschaft wird in der Abbildung 87 zusammengefasst.

Hier wird auch dargestellt, dass die Betriebswirtschaftslehre Teil der Realwissenschaften ist. Sie untersucht reale Zusammenhänge im Gegensatz zu den Formalwissenschaften wie der Mathematik oder Logik. Formale Zusammenhänge basieren auf Konventionen, wie zum Beispiel der Aussage, dass eins plus eins zwei ergeben soll. Einen realen Beweis hierfür gibt es nicht, das heißt wir könnten hierfür auch blau statt zwei sagen. Formalwissenschaften arbeiten mit Axiomen, der nicht weiter ableitbaren Grundannahmen, auf denen ihre Erkenntnisse basieren. So entstanden unterschiedliche Temperatur- oder Geschwindigkeitsskalen.

Die Betriebswirtschaftslehre beschäftigt sich hingegen mit realem Denken und Tun von Menschen in Betrieben. Es gibt keine Naturphänomene, die unabhängig von menschlichen Entscheidungen in Betrieben auftreten. Wirtschaften ist stets das Ergebnis von menschlichem Handeln und nicht natürlicher Abläufe. Die Untersuchung der Natur im Gegensatz zur Kultur, also von allem was Menschen schaffen, bleibt der Naturwissenschaft überlassen. Diese beschäftigt sich unter den Begriffen Physik, Chemie, Biologie oder Medizin mit derartigen natürlichen Phänomenen.

Wir begreifen also Kultur als dasjenige, das von Menschen im Gegensatz zur Natur erdacht und erschaffen wurde und wird. Wenn Menschen sprechen (Sprachwissenschaft), gestalten (Kunstwissenschaft, Architektur) oder über ihre Geschichte nachdenken, handelt es sich also ebenso um Kulturwissenschaften wie die Betriebswirtschaftslehre. Häufig wird hier auch der Begriff empirische Kulturwissenschaft benutzt, da die Erkenntnisse über das menschlich Erdachte, Gesprochene oder Geschaffene durch empirische Forschung, das heißt Beobachtung und nicht durch bloßes Nachdenken (theoretische Forschung) erkannt wird.

Nun wurde mehrfach betont, dass die BWL sich mit dem Prozess und den Ergebnissen menschlichen, insbesondere wirtschaftlichen Verhaltens beschäftige. Wir können daher auch von einer Sozial- oder Verhaltenswissenschaft sprechen. Während sich Psychologen mit dem individuellen Verhalten der Menschen befassen, Soziologen sich mit dem gesellschaftlichen, kollektiven Verhalten von Menschen auseinandersetzen und Rechtswissenschaftler auf der Suche nach gerechtem Verhalten sind, versucht die Betriebswirtschaftslehre, das wirtschaftliche Verhalten zu erläutern.

Neben dieser formalen Begründung der Einordnung der Betriebswirtschaft in die Sozialwissenschaften ist die Tatsache zu nennen, dass am Ende jedes Unternehmensprozesses ein Mensch als Abnehmer oder Verbraucher der erstellten Leistungen steht. Des Weiteren sind die nachgefragten Güter nur zu einem geringeren Teil Naturvorkommen mineralischer, tierischer oder pflanzlicher Art, meist vielmehr das Ergebnis von Umwandlungs- und Verarbeitungsprozessen, bei denen maschinelle und menschliche Arbeit eingesetzt wird. Diese Beteiligung des Menschen am Leistungserstellungsprozess einerseits und als Endkonsument andererseits rechtfertigt die Einordnung der Betriebswirtschaftslehre in die Sozialwissenschaften.

Die Abgrenzung der BWL von der Volkswirtschaftslehre (VWL) ist eine Trennung innerhalb der Wissenschaft, die sich mit dem wirtschaftlichen Verhalten von Menschen beschäftigt. Letztlich ist lediglich die Art der Betrachtung zu unterscheiden, die bei der VWL im Sinne einer Vogelperspektive beziehungsweise makroökonomisch eine ganze Volkswirtschaft betrachtet, während die BWL im Sinne der Froschperspektive, also mikroökonomisch einzelne Betriebe untersucht.

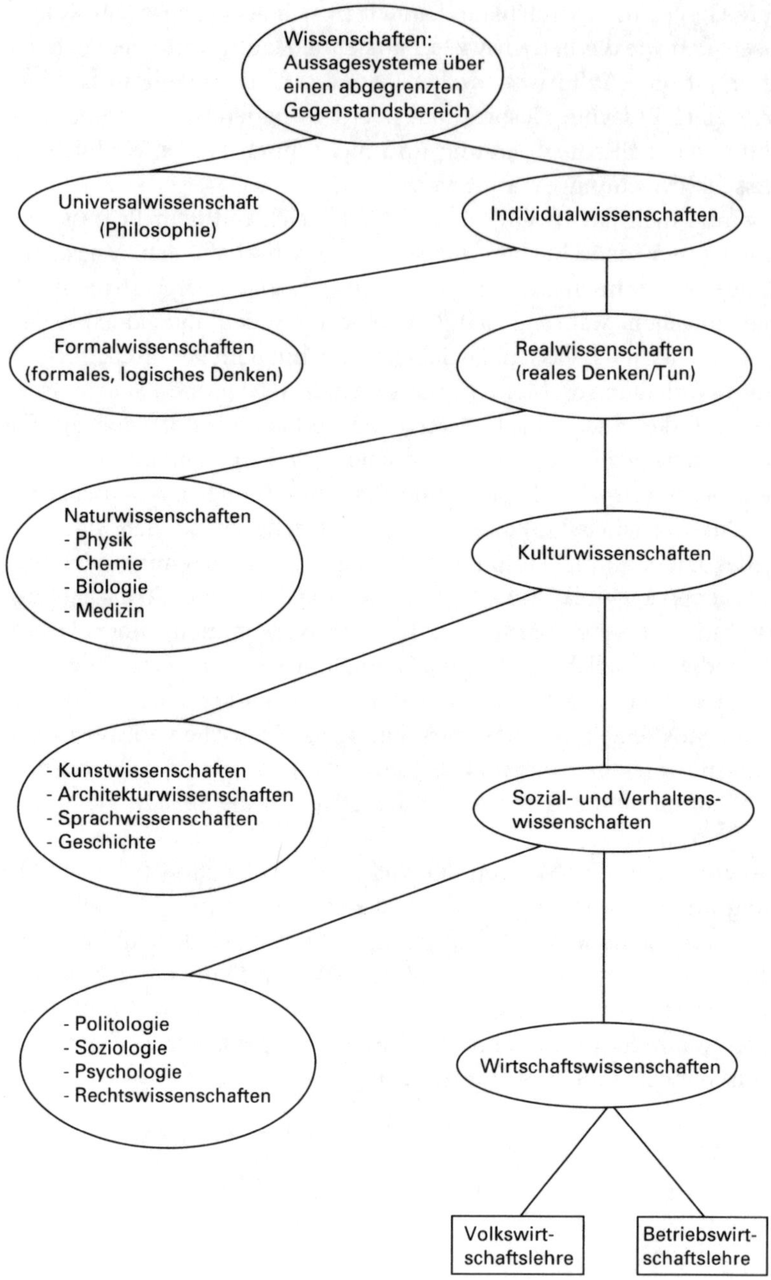

Abb. 87: Die Betriebswirtschaftslehre im Wissenschaftssystem

Betriebswirtschaftslehre als Teil der Wirtschaftswissenschaft

Um einen umfassenden Überblick über die Betriebswirtschaftslehre zu erhalten, ist eine Übersicht über die gesamte Wirtschaftswissenschaft sinnvoll. Nur so können Gesamtzusammenhänge deutlich werden. Diese Einteilung wird in der Abbildung 88 vorgenommen.

In einer Allgemeinen Betriebswirtschaftslehre, die dieses Modul und seine vier Lehrhefte darstellt, werden in der modernen BWL die Grundlagen wirtschaftlichen Denkens und Handelns zusammengefasst. Insbesondere in diesem Teil der BWL wird bis heute darüber gestritten, was letztlich wirtschaftliches Handeln ausmacht.

Die Funktionslehren der BWL teilen das Wissen aufgabenorientiert in reale und nominale Zusammenhänge, das heißt in Prozesse, bei denen reale Güter und in Prozesse, bei denen Geld eine Rolle spielen. Von der Beschaffung bis zum Absatz von Gütern, deren Finanzierung und Bilanzierung ist hier die Rede.

Die Volkswirtschaft wird heutzutage in wirtschaftspolitische und -theoretische Aspekte und in einen finanzwissenschaftlichen Teil getrennt. Während die theoretische VWL sehr analytisch mathematische Relationen zwischen verschiedenen Variablen (zum Beispiel Nachfrage und Preis) herzustellen versucht, erarbeitet die Wirtschaftspolitik im Sinne des pragmatischen Wissenschaftszieles Handlungsempfehlungen für Verantwortliche in Politik und Wirtschaft. Die Finanzwissenschaft beschäftigt sich vor allem mit der Steuerpolitik und damit der Frage nach Mittelherkunft und Mittelverwendung einer Volkswirtschaft.

Interdisziplinäre Fächer verbinden die Wirtschaftswissenschaften mit verwandten Gebieten der Geografie, Geschichte, Statistik, Mathematik oder Pädagogik.

Selbstkontrollaufgaben zu Kapitel 13

1. Die drei strukturierenden Elemente von Wissenschaft sind Systematik, Reflektion und Zielorientierung. Nun erhalten Sie einen Forschungsauftrag, über den Sie später einen Vortrag (Lehre) halten sollen. Eine EU-Behörde fragt Sie, warum in Europa die meisten Kanaldeckel rund seien, da es doch auch andere geometrische Formen und Möglichkeiten gäbe, zumal offenbar quadratische Formen günstiger in der Herstellung seien.

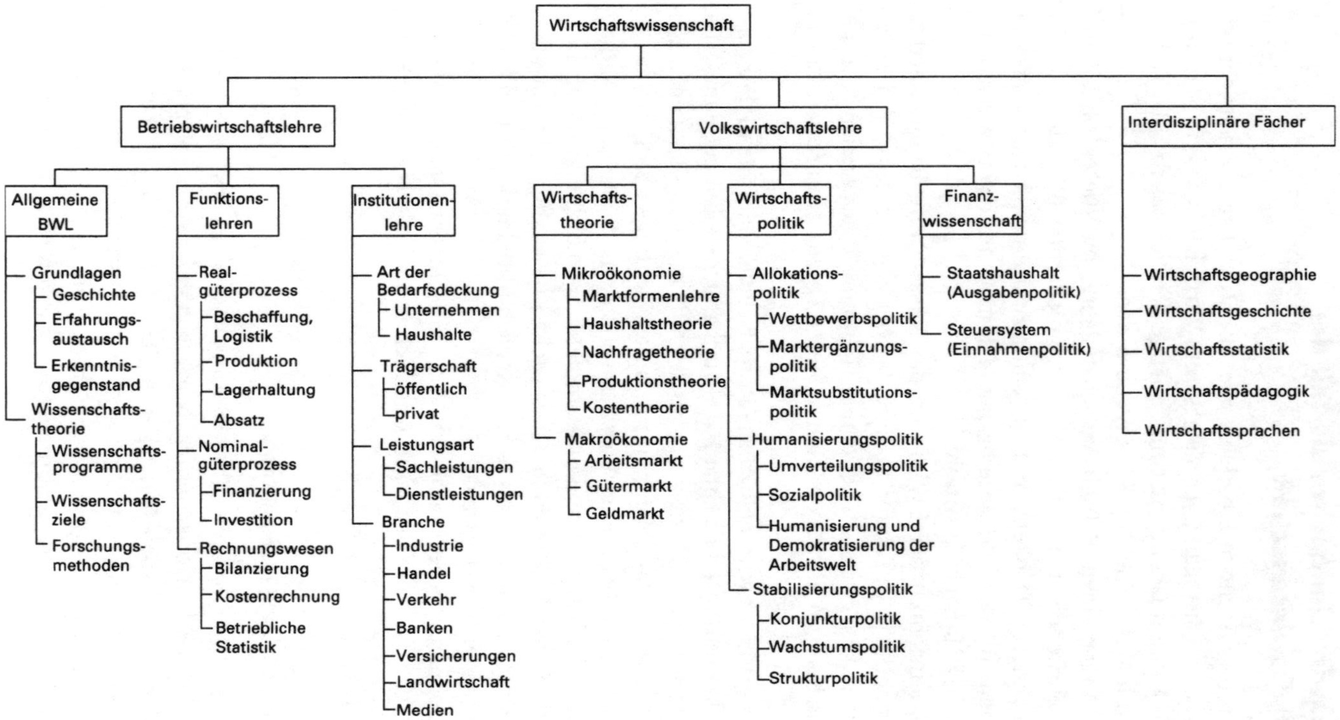

Abb. 88: Die Einzeldisziplinen der Wirtschaftswissenschaft

14. Forschungsmethoden und Forschungsansätze

Wenn die BWL also eine Wissenschaft ist, so muss es auch wissenschaftliche Methoden geben, um zu neuen Erkenntnissen zu gelangen. Diese Forschungsmethoden und -ansätze werden im Folgenden dargestellt. Dabei muss klar sein, dass dies keine exklusiven Methoden für die BWL sind, sondern für alle Wissenschaften denkbare Herangehensweisen zur Erkenntnisgewinnung sind.

Theoretische oder angewandte Betriebswirtschaft

Wissenschaft hat in erster Linie das Ziel, Wissen durch Forschung zu vermehren und Ergebnisse nach bestimmten Gesichtspunkten zu ordnen sowie diese zu verbreiten. Die Wissenschaft soll grundsätzlich frei sein von Empfehlungen und Werturteilen. Werturteile sind Aussagen ohne objektiven Wahrheitswert, da sie lediglich auf persönlichen Willensbekundungen beruhen. Wahr sind die Urteile nicht dadurch, dass sie mit persönlichen Wertsystemen anderer Menschen übereinstimmen; dies ist dann lediglich eine Mehrheitsmeinung. Wahrheit kann es nach Ansicht der Anhänger der theoretischen Betriebswirtschaftslehre in der Wissenschaft nur als logische Wahrheit im Sinne eines methodisch einwandfreien Beweises geben.

Der Streit um Werturteile in der Wirtschaftswissenschaft hält seit langem an. Bereits 1909 führte auf einer Tagung des renommierten »Vereins für Socialpolitik« in Wien eine Anmerkung von Werner Sombart zu einem Eklat. Er eröffnete sein Referat mit der provozierenden Feststellung, dass die Nationalökonomie nur dann als Wissenschaft zu bezeichnen sei, wenn sie sich wirtschaftspolitische Empfehlungen versage. Diese Provokation gegenüber den damals renommierten Fachvertretern wie Gustav Schmoller, Adolf Wagner oder Georg-Friedrich Knapp richtete sich gegen deren intensive wirtschaftswissenschaftliche Beratungstätigkeit in der politischen Praxis. Geistiger Vater dieser Provokation war der damalige Hauptgegenspieler dieser Fachvertreter, Max Weber. Er kann als entschiedener Verfechter einer wertfreien wirtschaftswissenschaftlichen Forschung und Lehre

Betriebswirtschaft konkret. Ottmar Schneck

ISBN 3-527-50193-2

bezeichnet werden. Hauptgrund für die Absage an jegliches Werturteil war für Weber die Problematik der intellektuellen Verfänglichkeit praktischer Werturteile für wissenschaftliches Fortkommen. Wissenschaftliche Thesen, so Weber, würden angesichts praktischer Argumentation verfälscht und die kausalen Rollen von realen Sachverhalten für die Wissenschaft überschätzt. Besinnung und Beschränkung auf theoretische Erkenntnisse würden genügen, um einen Erkenntnisfortschritt zu erzielen. So wie jeder Wissenschaftler seine eigene Person hinter ein Forschungsthema zurückzustellen habe, solle er auch reale Tatsachen logischen und theoretischen Kenntnissen unterordnen. Selbst wenn einem Wissenschaftler zugemutet werden kann, eine empirische Wirklichkeit lediglich denkend zu ordnen und unbefangen, sachlich und nüchtern darüber nachzudenken, so ist doch die praktische Realisierung dieses Wissenschaftsanspruches problematisch.

Da die betriebliche Realität zu komplex und dynamisch sei, um sie vollständig, das heißt homomorph, abzubilden, wird hier vorgeschlagen, einen Ausschnitt aus dieser Realität, welcher ein repräsentatives Abbild der Gesamtwirklichkeit darstellen soll, zu betrachten. Dieses Abbild wird dann als *Modell* bezeichnet und die Vorgehensweise als *Modellanalyse*.

Der kritische Rationalismus von Karl Popper bezweifelt die Möglichkeiten dieser wissenschaftlichen, weil verkürzten Ehrlichkeit. Popper behauptet, dass der Verzicht auf Parteilichkeit in der Wissenschaft bei der Betrachtung aller Zusammenhänge gleichzeitig wohl ein Verzicht auf die Menschlichkeit eines Wissenschaftlers sei. So formulierte Popper, dass der objektive und wertfreie Wissenschaftler nicht der ideale Wissenschaftler sei. Vor dem Hintergrund dieser Grundsatzdiskussion wird bis heute noch zwischen einer theoretischen und einer angewandten Wissenschaft unterschieden.

Erkenntnisziel einer *theoretischen Betriebswirtschaftslehre* soll die reine Erkenntnis des »Seienden« sein. Die theoretische Betriebswirtschaft soll damit keinem Zweck dienen. Auswahl- und Identifikationsprinzip ist lediglich die logische Zusammengehörigkeit von Problemen. Die Brauchbarkeit von rein theoretischen Urteilen zur Erklärung der realen Betriebswirtschaft liegt in der logisch richtigen Schlussfolgerung und dem richtigen Anwenden insbesondere mathematischer Regeln. Wenn also beispielsweise festgestellt wird, dass zwei Stücke Achsen in der Autoproduktion relativ günstiger im Einkauf sind als eine Achse, so müsste modelltheoretisch geschlossen werden, dass ein Automobilwerk viele tausend Achsen auf Lager legt, um diesen Kostendegressionseffekt zu nutzen. Derartige Urteile der exakten Theorie bei einer richtigen Ableitung und Schlussfolgerung sind zwar richtig, aber nicht immer realistisch beziehungsweise aktuell. Das Problem ist daher, zu streng logischen, aber nicht weltfremden Spekulationen oder letztlich nur in einem Aspekt richtigen Aussagen zu gelangen.

Gefragt werden muss an dieser Stelle, ob in einer Wissenschaft, in deren Mittelpunkt das Verhalten von Menschen steht, Urteile über ein subjektiv richtiges Verhalten unterbleiben darf und nur objektiv, modelltheoretisch abgeleitete Aussagen zulässig sind. Wenn beispielsweise ein Unternehmer der Textilindustrie all seine Erfahrung in einem Vortrag zum Besten gibt, und dabei alle modelltheoretischen Erkenntnisse der theoretischen BWL ignoriert, weil er beispielsweise im lohnkostenintensiven Deutschland seine T-Shirts produziert und Überproduktionen lagert, statt zu Schleuderpreisen abverkauft, so widerspricht dies allen modelltheoretischen Erkenntnissen der BWL, die kostenoptimale, lagersparende Produktion vorschlagen würde. Ist damit die Erfahrung und Erkenntnis des Unternehmers außerhalb der Betriebswirtschaft anzusiedeln und wiederum von einer unwissenschaftlichen Verhaltenslehre zu sprechen?

Sicherlich müssen Werturteile von ideologischen Auseinandersetzungen getrennt werden, aber zur Bildung von Meinungen und zur kritischen Auseinandersetzung über Sachverhalte sind Werturteile notwendig. Wissenschaft muss auch polarisieren und politisieren können, um nicht auf theoretisch-axiomatische und damit allgemeingültige Sachverhalte beschränkt zu bleiben. Auch die persönliche Wertung eines Forschers über bestimmte Sachverhalte sollte innerhalb der Wissenschaft möglich sein, wenngleich dem Nutzer dieses Wissens die Freiheit der Auseinandersetzung mit den Thesen und Bekenntnissen bleiben muss. Dies gilt nicht zuletzt bei den aktuellen Auseinandersetzungen über eine ökologische und soziale Erneuerung der Betriebswirtschaftslehre, sondern auch bei diesen letzten Sätzen selbst.

Die Kritik an der theoretischen Betriebswirtschaftslehre greift die *pragmatische* beziehungsweise *angewandte Betriebswirtschaftslehre* auf. Prominente Vertreter einer explizit normativen Wirtschaftswissenschaft waren zu Beginn der fünfziger Jahre, also am Beginn der modernen Betriebswirtschaftslehre Hans Albert, Horst Raffée und Werner Giersch.

Giersch fordert, dass bei einer bekennend-normativen Betriebswirtschaftslehre dem Adressaten die wertenden Aussagen so deutlich vor Augen zu führen seien, dass nicht der Eindruck entstehen kann, es handle sich um objektiv gültige Thesen. Er sieht also durchaus die Gefahr versteckter Werturteile.

Im Gegensatz zur theoretischen Richtung der Betriebswirtschaftslehre bekennt sich die praktisch-normative Richtung zu klaren Vorschlägen für betriebliche Problemlösungen. Dass diese Problemlösungsvorschläge die Entscheidungsfreiheit des Adressaten nicht einschränken, sollte für eine angewandte Wissenschaft selbstverständlich sein. Eine angewandte Wissenschaft muss Handlungsanleitungen, Verfahrensnormen und Verhaltensregeln formulieren, um für die betriebliche Praxis eine Hilfestellung zu bieten. Ob derartige Empfehlungen dann als echte Werturteile bezeichnet werden sollen, bleibt dem Betrachter überlassen. Einen Anspruch auf Allgemeingültigkeit kann jedenfalls keine normative Aussage erheben. Solange zumindest die Empfehlungen auf erklärenden Hypothesen und fundierten Entscheidungsregeln basieren, darf dieser häufig als theorielos bezeichneten Richtung der Betriebswirtschaftslehre nicht der Vorwurf der Unwissenschaftlichkeit gemacht werden. Wissenschaft darf – wie bereits gezeigt – nicht auf Theoriebildung eingeengt werden.

Sprachanalyse, Empirie, Phänomenologie, Hermeneutik und Dialektik

Einer Wissenschaft, ob nun wertend oder wertfrei, liegt stets eine Methodik zugrunde. Unter einer Methode versteht man die Art und Weise, wie bei einer Problemlösung vorgegangen wird. Eine wissenschaftliche Methode ist allerdings nur dann gegeben, wenn die Art und Weise des Vorgehens systematisch, das heißt nach definierten Vorgehensregeln erfolgt. Weiterhin muss die Methode intersubjektiv nachvollziehbar sein, das heißt von Dritten mit gleichen Rahmendaten ebenfalls vorgenommen werden können, und die Methodenanwendung muss überprüfbar sein. In diesem Zusammenhang spricht man in der Wissenschaftstheorie von den drei wesentlichen Anforderungen an Methoden, nämlich Validität, Reliabilität und Objektivität.

Valide ist eine Forschung dann, wenn wirklich der Gegenstand untersucht wird, welcher untersucht werden soll. *Validität* ist damit gleichzusetzen mit Gültigkeit. Zu prüfen ist also, ob die Perspektive, die Erhebungsmethode und die Auswertungsmethode richtig gewählt wurden oder ob am Thema vorbeigeforscht wurde.

Reliabel ist eine Forschung, wenn bei wiederholter Anwendung der Forschungsmethode an einem gleichen Forschungsobjekt mit denselben Prämissen dieselben Forschungsergebnisse erzielt werden. Die *Reliabilität* bezeichnet somit die Zuverlässigkeit beziehungsweise Verlässlichkeit einer Forschung. Dies ist in einer Zeit, in der auch in der Forschung immer häufiger aus Meinungen, Vermutungen und Behauptungen Theorien abgeleitet werden, ein wichtiges Wissenschaftskriterium.

Das Kriterium der *Objektivität* kann auch als Unabhängigkeit von einem Forschungssubjekt bezeichnet werden. Forschungsergebnisse sollten intersubjektiv überprüfbar sein, das heißt nicht an den Ideen eines einzelnen Forschers, sondern an der Realität ausgerichtet werden. Sofern ein anderer Forscher auf demselben Forschungswege induktiv oder deduktiv zu derselben Schlussfolgerung gelangt, kann man von einer objektiven Studie sprechen. Die Studie ist damit nachvollziehbar und überprüfbar.

Grundsätzlich lassen sich physische Methoden, das heißt Methoden, die beispielsweise durch eine Befragung direkt auf einen Betrachtungsgegenstand zugreifen, von rein geistigen Methoden, so genannten Denkmodellen, unterscheiden.

Die *Sprachanalyse* beschäftigt sich als Forschungsmethode mit der Abbildung der objektiven Wirklichkeit mittels Aussagen und Begriffen. Begriffe sind Zeichenfolgen beziehungsweise Wörter, welche möglichst zweckmäßig die objektive Wirklichkeit abbilden sollen. So wird in der Arbeitsgerichtsbarkeit seit 1975 das Phänomen Krankheit definiert als ein »regelwidriger Körper- oder Geisteszustand, der ärztlicher Behandlung bedarf oder Arbeitsunfähigkeit zur Folge hat.« Dass diese Definition nicht zweckmäßig ist, stellt sich heraus, wenn wiederum unklar ist, was die Begriffe »regelwidrig«, »behandlungsbedürftig« oder »Arbeitsunfähigkeit« bedeuten. So versucht die Weltgesundheitsorganisation WHO, den Begriff Gesundheit positiv zu definieren, als Zustand eines vollkommenen körperlichen, psychischen und sozialen Wohlbefindens und im Umkehrschluss Krankheit als Gegenteil dieser Definition zu fassen. Aber auch diese Definition ist angesichts der Fragestellung, wann jemals Menschen ein vollkommenes körperliches oder soziales Wohlbefinden erleben, strittig. Allein an diesem Beispiel wird deutlich, wie wichtig sinnvolle Definitionen im Rahmen einer Wissenschaftsdisziplin sind.

Da auch die Betriebswirtschaftslehre mit Begriffen operiert, ist die Frage der Begriffsbildung und der Einteilung von Aussageklassen wichtig.

Es lassen sich dreierlei Aussageklassen unterscheiden. Zum einen werden rein formale Wirtschaftszusammenhänge mit einer logischen Sprache dargestellt. Wenn zum Beispiel der Marktanteil von Unternehmen A größer ist als von Unternehmen B und dessen Marktanteil wiederum größer als der Marktanteil von Unternehmen C, so kann als *logische Schlussfolgerung* formuliert werden, dass der Marktanteil von A auch größer sein muss als der von C. Logische beziehungsweise formalanalytische Aussagen lassen sich in der Wissenschaft verknüpfen. Man unterscheidet hier die Negation (Verneinung), die Konjunktion (UND-Verknüpfung), die Disjunktion (ODER-Verknüpfung) sowie die Subjunktion (WENN-DANN-Verknüpfung) und die Bisubjunktion (WENN-DANN-UND-UMGEKEHRT-Verknüpfung). Mit diesen Verknüpfungen wird versucht, die Wahrheitsgehalte komplexer Aussagen wissenschaftlich zu prüfen. Dies soll in einem Beispiel dargestellt werden, wobei zwei Aussagen willkürlich formuliert werden: Die erste Aussage (p) ist die These, dass dünne Mitarbeiter generell faul sind. Die zweite Aussage (q) ist die These, dass Betriebe Verluste erwirtschaften. Wenn mit diesen beiden fiktiven Thesen logische Schlüsse gezogen werden, so kann mit Hilfe einer Wahrheitstabelle (vergleiche Abbildung 89) die Gültigkeit zusammengefasster Thesen geprüft werden. Beispiel für eine Konjunktion (erste Zeile in der zweiten Spalte in der Abbildung): Wenn dünne Mitarbeiter generell faul sind (Aussage sei wahr) UND Betriebe Verluste erwirtschaften (Aussage sei wahr), dann ist die gesamte Aussage wahr, da beide Teilaussagen wahr sind. Interessanterweise kann in dem Beispiel gezeigt werden, dass auch aus zwei Thesen, die sich als falsch herausstellen, durch eine entsprechende logische Verknüpfung (zum Beispiel Subjunktion beziehungsweise Bisubjunktion) im Ergebnis eine wahre Aussage formuliert werden kann. Beispiel: Wenn dünne Mitarbeiter generell faul sind (falsch), dann erwirtschaften Betriebe mit solchen Mitarbeitern Verluste (falsch). Diese Aussage ist rein logisch in der Summe wahr.

Um die Sprachanalyse noch besser zu verstehen, sind neben den logischen Verknüpfungen von Aussagen weitere Aussagetypen zu nennen. Dies sind faktische und normative Aussagetypen.

Faktische Aussagen besitzen empirischen Gehalt, das heißt sie beschreiben beziehungsweise erklären reale Sachverhalte. Während logische Aussageverknüpfungen auch mit Ideal- beziehungsweise Falschaussagen operieren können, müssen die Fakten bei den deskriptiven beziehungsweise explikativen Aussagen an der Realität überprüfbar sein.

Bei *normativen Aussagen* handelt es sich um Vorschriften, Regeln, Werturteile oder Gebote als Aussagen darüber, wie eine künftige Realität sein soll. Im Gegensatz zu den faktischen Aussagen (Ist-Beschreibungen) werden hier Empfehlungen, welche durchaus moralische Feststellungen sein können, getroffen. »In einem Betrieb wird acht Stunden täglich gearbeitet«, ist zum Beispiel eine faktische Aussage. »In einem Betrieb soll acht Stunden täglich gearbeitet werden«, ist hingegen eine normative Aussage. Wenn zum normativen Charakter einer Aussage noch ein Mittel zur Erreichung

p	q	Negation $\neg p$	Konjunktion $p \wedge q$	Disjunktion $p \vee q$	Subjunktion $p \rightarrow q$	Bisubjuntion $p \leftrightarrow q$
w	w	f	w	w	w	w
w	f	f	f	w	f	f
f	w	w	f	w	w	f
f	f	w	f	f	w	w

p = Dünne Mitarbeiter sind generell faul
q = Betriebe erwirtschaften Verluste

Abb. 89: Logische Prüfung von Aussagen

eines Soll-Zustandes genannt wird, wird der Aussagetyp als technologisch bezeichnet. So lassen sich also innerhalb der normativen Aussagen präskriptive und technologische Typen unterscheiden.

Diese drei Aussagetypen sowie der Versuch, die objektive Wirklichkeit mit Hilfe von Begriffen gleichsam abzubilden, sind in der folgenden Abbildung dargestellt.

Eine zentrale Forschungsmethode für die BWL ist die *Empirie*. Der Empirismus als eine der philosophischen Grundrichtungen geht von der Grund-

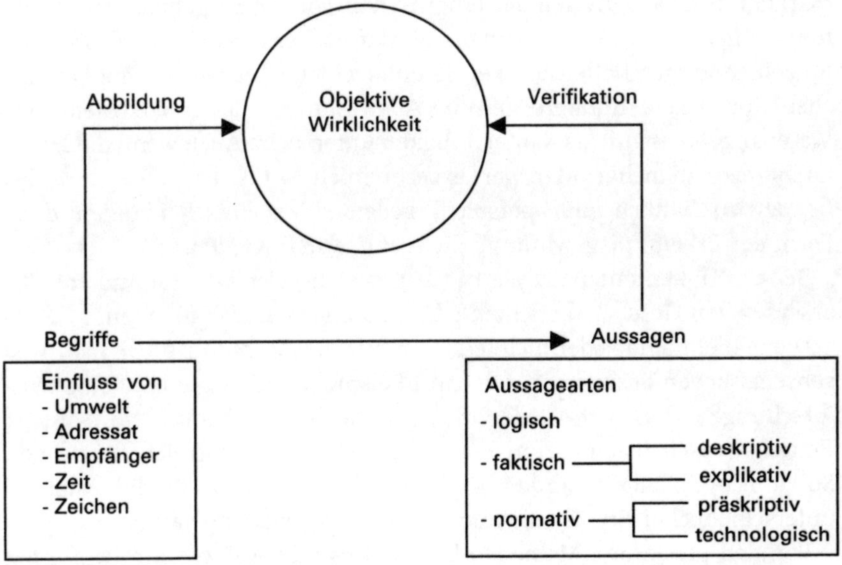

Abb. 90: Abbildung der Realität mit Aussagen

annahme aus, dass nur die Erfahrung der Ursprung und die Rechtfertigung aller Erkenntnis sei. Diese von F. Bacon und J. Lock in der englischen Philosophie des 17. Jahrhunderts begründete Form der Erkenntnisgewinnung geht davon aus, dass im Inneren von allem eine angeborene Wahrheit stecke, die es durch ausreichend lange und tiefe Beobachtung zu erfahren gilt.

Im Rahmen der empirischen Forschung wird zwischen dem Entdeckungs- und dem Begründungszusammenhang unterschieden. Der Entdeckungszusammenhang soll Anlass und Begründung der Forschung beschreiben. Anlässe können zum Beispiel konkrete wirtschaftliche Probleme sein, zu denen noch keine Thesen oder Theorien vorliegen. Ein weiterer Anlass können kontroverse Thesen beziehungsweise Theorien sein, die zur aktuellen Realität nicht passen. Der Begründungszusammenhang beschreibt die Methode beziehungsweise die Durchführung der empirischen Untersuchung. Als Methoden lassen sich die Befragung, Diskussion, Beobachtung, das Experiment oder die Dokumentenanalyse unterscheiden.

Während das Experiment im Sinne der wiederholten Durchführung einer Versuchsanordnung unter kontrollierten Bedingungen im Rahmen der Betriebswirtschaftslehre selten beziehungsweise kaum durchführbar ist, sind die übrigen Feldforschungsmethoden weit verbreitet. Experimente sind im Rahmen der Marktforschung aber nicht gänzlich auszuschließen. So kann das experimentelle Testen von neuen Produkten in speziellen Testmärkten durchaus als Teil der empirischen Forschung gelten. Ein Experiment liegt etwa dann vor, wenn ein Marktforscher in zwei an sich gleichen Einzelhandelsgeschäften die Regale unterschiedlich bestückt und bei gleichen Konsumentenpräferenzen die Auswirkungen des unterschiedlichen Warenangebotes auf das Käuferverhalten untersucht. Auch wenn die Handlungsweise mancher Manager experimentell wirkt, so sollte doch bei finanzwirtschaftlich und personell bedeutenden Entscheidungen diese Form der Erkenntnisgewinnung nicht angewandt werden.

Bei der Dokumentenanalyse handelt es sich beispielsweise um Inhaltsanalysen von Geschäftsberichten oder betrieblichen Dokumenten.

Die teilnehmende oder nichtteilnehmende Beobachtung, die in naturwissenschaftlichen Disziplinen, wie zum Beispiel der Biologie bei Verhaltensforschungen von Tieren, oder in der Pädagogik vorkommt, wird in der Betriebswirtschaftslehre zum Beispiel im Produktionsbereich angewandt. So kann protokolliert werden, wie sich die menschliche Produktivität bei unterschiedlicher Ergonomie und Arbeitsplatzgestaltung verhält.

Von den genannten Methoden ist allerdings die weltweit am häufigsten angewandte Forschungsmethode im Rahmen der empirischen Betriebswirtschaftslehre die mündliche oder schriftliche Befragung. Sowohl bei mündlichen Interviews als auch mit Hilfe von schriftlichen Fragebogen sollen auf der Grundlage einer strukturierten und standardisierten Frageanordnung Kenntnisse über einen definierten Inhaltsbereich gewonnen werden. Sowohl bei der schriftlichen als auch bei der mündlichen Befragung ist auf eine sachliche Frageformulierung, welche Ergebnisse nicht suggeriert, zu achten. Die Bereitschaft des Befragten ist durch Einstiegsfragen, Fragebegründungen und möglichst geschlossene Antwortmöglichkeiten zu erhöhen, um eine hohe Rücklaufquote und eine gute Antwortqualität zu gewährleisten. Schriftliche Befragungen haben den Vorteil, mit weniger Zeitaufwand und Kosten einen größeren Querschnitt von Subjekten zu erfassen und persönliche Suggestionen eines mündlichen Interviewers auszuschließen.

Vor der Durchführung einer empirischen Studie sind folgende Punkte zu klären:

- Kennzeichnung und Abgrenzung des Untersuchungsgegenstandes (Problemstellung, Begriffsbildung),
- Theorieprüfung und Suche (Verifikation beziehungsweise Falsifikation),
- Entscheidung für eine Quer- oder Längsschnittanalyse beziehungsweise eine Primär- oder Sekundärerhebung (Querschnitt zu einem Zeitpunkt, Längsschnitt zu mehreren Zeitpunkten),
- Repräsentativ- oder Exklusivbefragung (repräsentative Stichprobe oder fachkundige Experten),
- Pre-Test (Erstbefragung an einem Teil der Stichprobe),
- Durchführung der Feldforschung.

Neben der Empirie wurde die *Phänomenologie* als Forschungsmethode genannt. Der Begriff Phänomen leitet sich aus dem Griechischen ab und bedeutet Erscheinung. Die Lehre von der Entstehung und Form der Erscheinungen im Bewusstsein wurde um 1900 von E. Husserl begrünet. Bei der Phänomenologie handelt es sich um ein Forschen durch ganzheitliches Verstehen vor dem Hintergrund erfahrener Lebenssituationen. Soll also zum Beispiel die Kostensteigerung in einem Betrieb erklärt werden, so beschreibt ein Phänomenologe diese Entwicklung vor dem Hintergrund der bereits beobachteten Kostenentwicklungen beziehungsweise seiner eigenen Erfahrungen. Die vielen angeblichen Erfolgsrezepte in den Biografien bekannter Firmenlenker, wie zum Beispiel von Lee Jacocca, Tom Peters und Ralph H. Watermann oder Alfred Herrhausen sind Beispiele für derartige phänomenologische Betriebsdarstellungen. Die Phänomenologie wird damit begründet, dass die vorhin dargestellte Empirie durch Beobachtung oder Befragung im Zeitpunkt der Beobachtung oder Befragung zufällige Ergebnisse erbringen kann. Besser sei, so die Anhänger der Phänomenologie, das im Bewusstsein Vorhandene unter Ausklammerung alles Zufälligen »im Wesen in allen wesentlichen Zusammenhängen zu betrachten«.

Die *Hermeneutik* lässt sich als die Lehre vom nachfühlenden Verstehen charakterisieren. Auch dieser Begriff ist aus dem Griechischen abgeleitet und bedeutet Auslegung. Diese Methode diente ursprünglich der Auslegung philosophischer und theoretischer Texte und wurde später auch als Erkenntnismethode in den Geisteswissenschaften verwandt. Strittig ist, ob diese Methode der Erfassung von Sinnzusammenhängen im Gegensatz zur Erklärung von Wirkungszusammenhängen für die Betriebswirtschaftslehre geeignet ist. Sie wird jedenfalls selten in der Wirtschaftswissenschaft angewandt. Von einigen Fachvertretern wird sie im Sinne einer historischen Methode als für die betriebliche Forschung für sinnvoll erachtet. Sie soll durch verstehendes Erfassen von geschichtlichen Hintergründen Erklärungen für aktuelle Ereignisse liefern. Diese Art der Hermeneutikinterpretation wird als Zyklentheorie bezeichnet und ist zum Beispiel für viele Aktien- und Börsenspekulanten von Bedeutung. Nach M. Heidegger besteht ein hermeneutischer Zirkel darin, dass der Verstehende immer schon durch eigene innere Erfahrungen ein Wissen von dem haben muss, was Gegenstand des Verstehens ist. Dies bedeutet letztlich, dass die Betriebswirtschaftslehre von denjenigen lernen sollte, die Jahrzehnte Betriebe geleitet haben, um so deren Verstehen hermeneutisch in die betriebswirtschaftliche Erfahrungswelt zu integrieren. Diese Vorstellung ist auch teils bei der Berufung ehemaliger Vorstände großer Unternehmen nach deren Ausscheiden in den jeweiligen Aufsichtsrat zu beobachten.

Die letzte der hier vorgestellten Forschungsmethoden ist die *Dialektik*. Der Begriff Dialektik kommt ebenfalls aus dem Griechischen und bedeutet die Kunst der Unterredung und kann auch als Kunst, einen Dialog zu führen, bezeichnet werden. Diese Art der Erkenntnisgewinnung wurde bereits in der Antike von Sokrates und Platon als Möglichkeit der Wahrheitsfindung durch Überwindung widersprüchlicher Meinungen im Gespräch definiert. Die Dialektik wurde in unserer Zeit maßgeblich durch die Philosophen J.G. Fichte und Georg Hegel bekannt gemacht. These und Antithese sollen zu einer Aussagensynthese führen. Wenn also ein Unternehmer behauptet, dass die Kosten aus einem bestimmten Grund steigen, so sollte die Beratungs- oder Forschungsgruppe eine gegenteilige These aufstellen, um so im Diskurs eine Synthese aus diesen beiden Aussagen zu erzeugen. Nach Ansicht der Dialektiker ist dies die beste, da aus der Kontroverse geborene, Erkenntnis.

Zusammenfassend lässt sich festhalten, dass unabhängig von der Forschungsmethode eines Wirtschaftswissenschaftlers, ob er also die Sprachanalyse, Empirie, Phänomenologie, Hermeneutik oder Dialektik anwendet, stets die Suche nach Erkenntnis stehen wird. Nur aus dieser Erkenntnis, warum zum Beispiel die Rentabilität in diesem Geschäftsjahr einbricht, kann auch die Gestaltung und Verbesserung der Zukunft erwachsen.

Induktives versus deduktives Schließen

Während bisher lediglich dargestellt wurde, mit welchen Methoden die betriebswirtschaftliche Forschung zu neuen beziehungsweise vertiefenden Erkenntnissen kommt, soll nun die Frage beantwortet werden, wie mit den gewonnenen Erfahrungen umgegangen werden kann. Bei den Schlussfolgerungen aufgrund von Erkenntnissen werden zwei Arten, die Induktion und die Deduktion, unterschieden.

Induktion bedeutet die Schlussfolgerung vom Einzelnen zum Allgemeinen. Beobachtet also ein Manager, dass in seinem Sekretariat ständig die dünnen Personen krank sind, so ist möglich, dass er induktiv schließt, dass dickere Menschen weniger krankheitsanfällig sind als dünnere Mitarbeiter. Nach Karl Popper ist es allerdings unmöglich, allgemeine Gesetzmäßigkeiten durch Induktion zu begründen. Das Beispiel, dass damit dünne Mitarbeiter zu betrieblichen Verlusten führen, mag dies verdeutlichen: Auch wenn einzelne Betriebe mit dicken Mitarbeitern Verluste erwirtschaften, so ist doch fraglich, ob aus dieser Einzelbeobachtung induktiv auf alle Betriebe geschlossen werden kann. Sicher ist bei der Vielzahl von Betriebstypen in der Realität auch ein Betrieb mit dünnen Mitarbeitern zu finden, der erfolgreich wirtschaftet. Eine Vielzahl von Beobachtungen auch verlustreicher Betriebe mit dünnen Mitarbeitern bedeutet lediglich eine Verifikation der Hypothese, ohne dass gleich die induktiv entwickelte Theorie aufgestellt werden kann, dass alle Betriebe mit dünnen Mitarbeitern Verluste erwirtschaften. Es bedarf daher einer Falsifikation, das heißt der Beobachtung zum Beispiel eines erfolgreichen Betriebes mit dünnen Mitarbeitern, um eine bisher verifizierte Hypothese zu widerlegen. Der induktive Schluss erscheint also einfach, aber sehr problematisch zu sein.

Bei der *Deduktion* wird aus allgemeinen gesicherten Grundannahmen auf einzelne Tatbestände geschlossen. So kann zum Beispiel aus dem vielfach bestätigten, das heißt durch Empirie verifizierten so genannten »Gesetz der Massenproduktion«, also der allgemeinen Aussage, dass bei zunehmend produzierter Stückzahl die Durchschnittskosten sinken, geschlossen werden, dass dies auch für den Betrieb Müller gelten muss. Aus dieser Deduktion könnte dann eine Entscheidung für Betrieb Müller erwachsen, seine Produktionszahlen zu erhöhen, um so dem selbstgesteckten Ziel Kostensenkung näher zu kommen. Ob dies dann letztlich für den individuellen Fall Müller auch eintrifft, muss ex post, also nachträglich, geprüft werden.

Sofern der deduktive Schluss sich auf ein Axiom bezieht, wird von der axiomatisch-deduktiven Methode gesprochen. Ein Axiom ist ein empirisch nicht überprüfbares Aussagesystem, welches lediglich durch logische Denkschritte und Schlussfolgerungen gebildet wurde (zum Beispiel Mathematik). Empirisch eventuell noch nicht nachgewiesen ist der Zusammenhang zwischen dem Schokoladenkonsum von Mitarbeitern und deren Fehlzeiten. Durch logische Schlüsse könnte man aber eventuell vermuten, dass der Schokoladengenuss zu Zahn- und Gewichtsproblemen führt, und so Arztbesuche und Krankheit die Fehlzeiten steigern. Durch axiomatisch-deduktiven Schluss müsste dann der Betrieb Müller seine Mitarbeiter anhalten, keine Schokolade mehr zu essen.

Häufig wird dieser Methode *Modellplatonismus* vorgeworfen, da sie wenig Wirklichkeits- und Wahrheitsgehalt besitze und lediglich ein in sich geschlossenes logisches Modell darstelle. Der Begriff Modellplatonismus wird abgeleitet von dem griechischen Philosophen Platon, welcher das Prinzip der Logik als Maxime seiner Philosophie erkoren hatte. Im Zusammenhang mit der Deduktion ist auch die nomologische Erklärungsmethode zu erwähnen. Bei dieser soll aus einer erklärenden Aussage, dem Explanans, eine erklärungsbedürftige Annahme, das Explanandum, logisch abgeleitet und erklärt werden. Das Explanans enthält zwei verschiedene Aussagen, eine Hypothese (Schwäne sind weiß) und eine Wenn-Dann-Aussage, das heißt also eine Anfangsbedingung, die feststellt, ob die in der Hypothese aufgestellten Bedingungen auch in dem konkreten Fallbeispiel vorliegen (Wenn Schwäne weiß sind, sind auch Tübinger Schwäne weiß).

Unter diesen Methoden muss der betriebswirtschaftliche Forscher die für den jeweiligen Forschungszweck am besten geeignetste auswählen. Während in den sechziger und siebziger Jahren heftig darum gestritten wurde, welche der Methoden die richtige sei, werden heute alle Möglichkeiten als zulässig erachtet.

Zusammenfassung

Betriebswirtschaft ist nicht nur eine Wissenschaft, sondern bedient sich wie andere Wissenschaften auch verschiedener Forschungsmethoden. Bevor eine Methode ausgewählt wird, muss sich jeder Forschende überlegen, welches grundlegende Ziel er mit seinem Streben nach Erkenntnissen verfolgt. Will er lediglich theoretische Zusammenhänge erklären und verstehen, um so grundlegende und zumindest formal wahre Aussagen zu formulieren, oder will er pragmatisch eine anwendungsorientierte Forschung, die versucht, Probleme so zu erklären, dass Lösungsmöglichkeiten für die Zukunft ableitbar sind beziehungsweise wertende Aussagen für eine solche Zukunftsgestaltung Ergebnis der Forschung sind.

Von den vielfältigen Möglichkeiten der Erkenntnisgewinnung, die vom Zufallsprinzip bis zum dialektischen Diskurs reichen, wurden die Sprachanalyse, Empirie, Phänomenologie, Hermeneutik und Dialektik besprochen. Die Sprachanalyse versucht mit logischen Verknüpfungen Aussagen nach ihrem Wahrheitsgehalt zu überprüfen. Die Empirie beschreibt aufgrund von Beobachtung und Befragung die Realität zu einem bestimmten Zeitpunkt. Die Phönomenologie will betriebliche Zusammenhänge ganzheitlich verstehen und die Hermeneutik das Wesen von Betrieben durch verstärkte Bewusstseinsbildung ergründen. Bei der Dialektik werden Thesen und Antithesen zu möglichst inhaltsschweren Synthesen zusammengefasst. Von all diesen Möglichkeiten ist heute die Empirie die weitverbreiteste Methode der Erkenntnisgewinnung der BWL.

Liegen Erkenntnisse vor, so sind die Schlussfolgerungen daraus induktiv oder deduktiv zu ziehen. Der induktive Schluss vom Einzelnen zum Allgemeinen oder der deduktive Schluss vom Allgemeinen auf das Besondere sind hier zu unterscheiden.

Selbstkontrollaufgaben zu Kapitel 14

1. Nachdem Sie den Widerstreit zwischen theoretischer Modellierung und pragmatischem Lösungswillen innerhalb der Betriebswirtschaftslehre erfahren haben, sollen Sie zu ein und demselben Thema einmal eine modelltheoretische These aufstellen und andererseits in einigen Stichpunkten pragmatische betriebswirtschaftliche Erklärungen finden beziehungsweise Lösungen vorschlagen. Die Thematik lautet: »Da ich eine spätere große Anschaffung plane, frage ich mich, warum ich es nicht schaffe, die Verweildauer der Euromünzen in meinem Geldbeutel zu erhöhen.«

2. Nehmen Sie zwei Aussagen (p = ich arbeite heute noch diesen Studienbrief durch und q = Studierende erhalten nach Durcharbeit dieses Studienbriefes in der Einsendeaufgabe eine Bestnote), definieren zunächst den Wahrheitsgehalt der Einzelaussage und formulieren dann eine Negation, Konjunktion, Disjunktion, Subjunktion und Bisubjunktion.

3. Formulieren Sie logisch, faktisch und normativ Aussagen für ein Unternehmen, das gerade den Gewinn gesteigert und Kosten reduziert hat.

4. Sie stehen vor der Frage, warum die Fehlzeiten ihrer Mitarbeiter aktuell dramatisch ansteigen. Beschreiben Sie auf einer halben Seite ihre methodische Herangehensweise an das Problem, wenn Sie empirisch, phänomenologisch, hermeneutisch oder dialektisch vorgehen.

15. Fünf Thesen zur künftigen Entwicklung in der Betriebswirtschaftslehre

Wie alle Wissenschaften, so ist auch die BWL stets Veränderungen ausgesetzt. Einige, sehr subjektiv empfundene Veränderungen aus der Sicht des Autors sollen hier vorgestellt werden. Sie sollen nach Lektüre des Kapitels in der Lage sein, den aktuellen Diskussionsstand in der Wirtschaftspresse bezüglich dem Wesen und den Zielsetzungen von Betrieben kritisch zu hinterfragen.

Praxisorientierung, Technisierung und Innovationsdruck

Die Betriebswirtschaftslehre sieht sich heute einer Vielzahl von Kritikpunkten ausgesetzt. Große Teile der Wirtschaft beklagen eine zu geringe Praxisorientierung der Hochschulen, zu lange Studienzeiten und zum Teil zu spezialisierte Ausbildungsgänge. Mit diesen eher formalen Kritikpunkten sind auch inhaltliche Argumente verbunden, die eine Bestimmung des Faches und einen Ausblick auf die Zukunft der Betriebswirtschaftslehre der nächsten Jahrzehnte erfordern.

Im ersten Kapitel wurde auf den Werturteilsstreit und die Diskussion um eine anwendungsbezogene Betriebswirtschaftslehre hingewiesen. Inzwischen ist eine Ausrichtung der Betriebswirtschaftslehre auf praktische Probleme und damit eine Anwendungsorientierung mehrheitlich unstrittig. Spezielle Einrichtungen für praxisorientierte Ausbildung, wie zum Beispiel die Fachhochschulen, tragen dieser Anforderung Rechnung. Eine starke Verzahnung zwischen Theorie und Praxis ist in vielerlei Hinsicht möglich, zum Beispiel bei Haus- und Diplomarbeiten, Praxisphasen, Projekten, Betriebsbesichtigungen und vieles andere.

Der Betriebswirtschaftslehre kann heute nicht der Vorwurf der Reformunwilligkeit gemacht werden. Studienpläne werden kontinuierlich verändert und verbessert. Forschung und Lehre richten ihr Augenmerk auf neue, spezielle Gebiete wie das Innovationsmanagement, die Umweltökonomie, die internationale Wirtschaft oder ein multikulturelles Management.

Betriebswirtschaft konkret. Ottmar Schneck

ISBN 3-527-50193-2

Praxisorientierung darf keinen Widerspruch zur Wissenschaftlichkeit eines Faches darstellen. Aussagen sind allerdings nach wie vor empirisch wie theoretisch fundiert vorzustellen, um nicht dem Vorwurf der Praxologie ausgesetzt zu sein. Eine fundierte Grundlagenforschung, die durchaus wertfrei sein kann, muss im Rahmen einer Betriebswirtschaftslehre Platz finden. Ein Pluralismus an Akademien, Fachhochschulen und Universitäten und internationale Studienprogramme tragen der Innovationsnotwendigkeit Rechnung. Deutsche Fachvertreter engagieren sich zunehmend in internationalen Fachdiskussionen mittels Publikationen in Fachzeitschriften, Kongressen und Seminaren. Eine vergleichende Analyse von Veröffentlichungen deutschsprachiger und amerikanischer Zeitschriften bestätigt den Spitzenplatz deutscher Forschung in der Betriebswirtschaftslehre.

Eine große Herausforderung der heutigen Zeit stellt die *technologische Dynamik* in Gestalt der automatisierten Datenverarbeitung und der Automation der Produktion dar. Neue Fragen zu einer prozessorientierten Ablauforganisation werden gestellt. Die zunehmenden Größenunterschiede von Betrieben, welche sich auch in einer Polarisierung geschäftlichen Erfolgs niederschlagen, werden künftig von der Betriebswirtschaftslehre zu beachten sein. Der typisch mittelständische Betrieb scheint in Deutschland auf dem Rückzug, während einerseits Großkonzerne durch vermehrte Unternehmenszusammenschlüsse und andererseits vor allem junge, innovative Unternehmen zunehmend das Bild der Wirtschaft prägen. Ob eine spezifische Kleinbetriebswirtschaftslehre einerseits und Großbetriebswirtschaftslehre andererseits zu entwickeln ist, bleibt fraglich.

Für beide Betriebstypen wird als Reaktion auf die Technisierung und den Innovationsdruck ein spezielles *Innovationsmanagement* gefordert.

Einer der Hauptvertreter dieser Innovationslehre ist Jürgen Hauschild. Er behauptet, dass nur durch bahnbrechende Innovationen den Umweltveränderungen begegnet werden könne und nur durch Produkt- oder Prozessinnovationen Zeit und Kosten zu sparen und Qualität zu verbessern seien. Hierzu teilt er Innovationen in Phasen ein, versucht die Voraussetzungen für Innovationen zu erkunden und untersucht die sinnvolle Institutionalisierung des Innovationsmanagements. Innovationen werden geplant, organisiert und langfristig gesteuert. Forschungsabteilungen werden eingerichtet und Frühwarnsysteme zur Erkennung von Veränderungen fest installiert.

Doch Probleme des bisherigen Innovationsmanagements sind offenbar. Das Streben nach technischer Einmaligkeit verdrängt ein sinnvolles Kostenbewusstsein. Durch Forschungsförderung geht Risikobewusstsein verloren. Der organisatorische Wandel wird um seiner selbst willen betrieben. Die Sprunghaftigkeit der Forschungsförderung führt zu Halbheiten und zu einem Nebeneinander vieler Ideen und Systeme. Bei all dem Streben nach Innovationen blieb bisher ein Bereich völlig unangetastet: die Verwaltung von Betrieben und der administrative Bereich.

Ein weiteres Problem bestand in der Tatsache, dass die Suche nach Innovationen nicht kreativ betrieben, sondern institutionalisiert wurde. Es wurden Zuständigkeiten geschaffen und Vorschläge von »Fachfremden« als Einmischung abgelehnt. Innovationen benötigen hingegen geistige Freiräume und eine internationale und globale Denkweise. Die Betriebswirtschaft kann hier Hilfestellung leisten, durch die Vermittlung nicht nur von Fach-, sondern auch von Methoden- und Sozialkompetenz. Interdisziplinäre Studiengänge, die betriebswirtschaftliche Sachverhalten mit anderen komplexen Systemen, zum Beispiel Technologien, globalen Finanzsystemen, ökologischer Nachhaltigkeit, verbinden, sind gefordert.

Internationalisierung, Globalisierung, Ökologisierung und Ethik

Der technische Fortschritt im Informations- und Verkehrssektor ermöglicht eine stärkere Globalisierung der Wirtschaft und die Entstehung global angelegter Strategien. *Global Player* sind zum Beispiel Großunternehmen wie General Motors oder Mitsubishi, die mehrere Unternehmen unter einem Dach (Holding) zusammenfassen und als so genannte strategische Familie mit strategischen Verbundvorteilen (Synergieeffekten) operieren. Da der globale Wettbewerb offenbar zur verstärkten Kooperation von Unternehmen führt, ist eine weitere Tendenz der künftigen Betriebswirtschaftslehre, sich mit neuen Kooperationsformen zu beschäftigen.

Die Intensivierung des internationalen Wettbewerbs, der ebenfalls zur Globalisierung der Wirtschaft führt, hat ein neues Schlagwort, das *Global Sourcing* hervorgebracht. Global Sourcing bedeutet eine zunehmende internationale Arbeitsteilung insofern, als deutsche Unternehmen von ausländischen Zulieferern Produktkomponenten zur Endmontage einkaufen, welche bisher in der heimischen Industrie erstellt wurden. Solche Importe werden durch einen weiteren Abbau von Handelsschranken im Rahmen der World Trade Organisation (WTO) begünstigt. Der volkswirtschaftliche Aspekt einer wohlstandschaffenden internationalen Arbeitsteilung in bisher armen Regionen darf nicht vernachlässigt werden. Doch ganze Branchen, wie beispielsweise die Bekleidungs- und Textilindustrie, bauen national ihre Standorte und Arbeitsplätze ab, um sie in Billiglohnländer zu verlegen. In diesem Zusammenhang wird von der »verlängerten Werkbank« gesprochen. Eine weitere Variante des Global Sourcing ist die Trennung von Betriebsbereichen: Forschung und Entwicklung im Inland und die anschließende Serienfertigung und arbeitsintensive Produktion im Ausland. Die Lohnkostenentwicklung und Globalisierung durch Liberalisierungen haben ihren Teil dazu beigetragen, dass Produktionen ins Ausland verlagert wurden. Weltweit sinkende Transportkosten und leistungsfähigere Telekommunikationsnetze führen weiterhin zu einer verstärkten Mobilität der Unternehmen. Schwellenländer wie Indien oder Lateinamerika haben in den letzten Jahren bezüglich ihrer Infrastruktur und der Qualifikation ihrer Arbeitskräfte stark aufgeholt. Die neue Standortkonkurrenz in Mittel- und Osteuropa wie auch China ist hier zu nennen.

Auch darauf muss die Betriebswirtschaft reagieren und Studieninhalte anbieten, die andere Kulturen, ausländische Konsumgewohnheiten, regionale Besonderheiten sowie geografische und geschichtliche Hintergründe unterschiedlicher Wirtschaftsregionen vermitteln. Führungskräfte in Unternehmen, die sich Global Player nennen, müssen auch als globale Denker ausgebildet sein.

Die Ökologisierung der Betriebswirtschaftslehre nimmt an den Hochschulen in Lehre und Forschung Gestalt an. Zahlreiche Forschungsprojekte, welche die vermeintlichen Gegensätze von Ökologie und Ökonomie beleuchten, sowie die zunehmende Zahl von ökologieorientierten Lehrstühlen und Professuren zeugen von der Bedeutung dieses Themas. Jeglicher Funktionsbereich von der Beschaffung über die Produktion bis hin zum Marketing kann unter ökologischen Gesichtspunkten betrachtet werden. Eine ökologische Beschaffung darf demnach nicht nur kostenorientiert sein, sondern muss auch Ziele wie der Ressourcenschonung oder des Recycling beachten. Eine ökologisch ausgerichtete Produktion sollte nur Produkte entstehen lassen, welche vom Kunden nachhaltig genutzt werden können, weiter verwertbar sind und möglichst wenig Ressourceneinsatz erfordern. Umweltorientiertes Marketing bedeutet die Schaffung eines ökologischen Images. All diese Überlegungen bedürfen aber keiner eigenständigen ökologischen Betriebswirtschaftslehre.

Bei all dem Bestreben, Umweltfragestellungen in die Betriebswirtschaftslehre zu integrieren, darf nicht vergessen werden, dass ökologische Funktionslehren die weltweiten Umweltprobleme nicht induktiv lösen können, solange ein globales ökologisches Denken und Handeln auf volkswirtschaftlicher Ebene nicht erkennbar ist. Wenn internationale Treffen wie die UNO-Konferenz für Umwelt in Rio de Janeiro oder der Weltklimagipfel trotz alarmierender Gutachten des Club of Rome nicht in der Lage sind, global geltende Rahmenbedingungen zu erstellen, kann dem einzelnen Betrieb nicht abverlangt werden, gegen eine weltweite Konkurrenz ökologische Ziele in den Vordergrund seines Tun zu stellen.

Die Betriebswirtschaftslehre ist keine Wissenschaft, die als l'Art pour l'Art, also nur um ihrer selbst willen betrieben wird. Sie legitimiert sich durch neue Erfahrungs- und Erkenntnisgegenstände, die auch ökologisches Wirtschaften einschließen können.

In der fast hundertjährigen Geschichte der deutschsprachigen Betriebswirtschaftslehre wird immer wieder das Thema »ethisches Wirtschaften« aufgegriffen. Dies wurde schon bei der Darstellung des Profils von Heinrich Nicklisch als eines Wegbereiters der deutschen Betriebswirtschaftslehre deutlich. Auch auf seinem Gedankengut aufbauend, finden heute wieder Gedankenspiele einer Wirtschaftsethik versus einer Profitlehre statt.

Wie die Ethik als die Lehre vom richtigen Handeln von der Logik als der Lehre vom richtigen Denken und von der Metaphysik abgegrenzt werden kann, so beschreibt eine Unternehmensethik Werte, Normen und Folgen eines menschenbezogenen und gesellschaftsverträglichen Wirtschaftens. Über das Ausmaß einer Unternehmensethik können die Aussagen in einem Unternehmensleitbild Aufschluss geben. Die in einem Leitbild oder in Führungsgrundsätzen dokumentierten Verhaltensregeln drücken Art und Ausmaß einer Unternehmensethik aus. Eine gelebte Unternehmensethik wird dann als Unternehmenskultur bezeichnet.

Die aktuelle Diskussion um eine Wirtschaftsethik wird unter anderem geprägt von Peter Ulrich und Oswald Neubauer. Ulrich lehnt sich an den sozialphilosophischen Ansatz der Frankfurter Schule an. Grundgedankengut dieser Schule ist eine Technologie- und Kulturkritik an der modernen industrialisierten und kapitalistisch ausgerichteten Gesellschaft. Ihre prominenten Vertreter sind Jürgen Habermas und Karl-Otto Apel. Sie fordern einen vernünftigen Diskurs zwischen allen Akteuren der Gesellschaft beziehungsweise im übertragenen Sinn also allen Beteiligten und Betroffenen eines Betriebs. Mit einer herrschaftsfreien Verständigung soll eine Diskursethik erreicht werden. Diese kommunikativ-ethische Vernunft wird auch real in einigen Unternehmen, die ohne Hierarchien auskommen wollen, wirksam. Die autoritäre Verfügungsordnung wird durch eine demokratische Kommunikation und den Teamgedanken ersetzt. Sofern Wirtschafts- beziehungsweise Unternehmensethik auf diese Demokratisierung in

Betrieben reduziert und damit von romantischen Idealvorstellungen befreit wird, findet sie sich heute schon vielfach im Betriebsalltag.

Die Diskussion um ethisches Verhalten ist immer sinnvoll, aber die Ausweitung wirtschaftlicher Themen auf sämtliche menschliche Lebensbereiche erscheint überzogen. Diese würde einen Rückschritt zur Universalwissenschaft mit einem starken Führungsanspruch der Wirtschaftswissenschaft bedeuten. Ein neues Paradigma einer ethischen Wirtschaftswissenschaft zeichnet sich demnach nicht ab.

Ganzheitliche Forschung und Lehre

Häufig wird bezweifelt, ob es überhaupt eine speziell deutsche Betriebswirtschaftslehre gibt. Angesichts der Vielfalt amerikanischer und insbesondere japanischer Literaturübersetzungen mag die Frage durchaus berechtigt sein. Einige Vergleichsstudien haben in den letzten Jahren die deutsche Betriebswirtschaftslehre im internationalen Vergleich dargestellt. Die Forschungsergebnisse können durchaus als positiv erachtet werden. Ein eigenständiges Profil wird unter anderem durch international bekannte Lehrer wie Horst Allbach, Klaus Brockhoff, Rolf Bühner, Helmut Koch, Dieter Schneider, Heribert Meffert oder Hans-Ulrich Küpper begründet.

Kritisiert wird die hochgradige Spezialisierung von Lehre und Ausbildung an deutschen Hochschulen. Ein globales Managementverständnis, wie es beispielsweise Igor Ansoff oder Michael Porter vertreten, scheint hier nicht vorhanden zu sein. Es wird eine global orientierte Betriebswirtschaftslehre für einen internationalen Wettbewerb gefordert.

In der amerikanischen Literatur ist die Trennung in Betriebswirtschaft und Managementlehre nicht existent. Betriebliche Probleme werden als Managementprobleme angesehen. Ansoff, Porter und Mintzberg sind hier nur einige Vertreter dieses Global Management. Eine ganzheitliche Sicht von Strategien, Organisationsformen und Personalthemen wie auch der einzelnen Funktionsbereiche beziehungsweise Teilsysteme wird in dem 7-S-Modell von McKinsey dargestellt. Dieses Modell macht augenfällig, dass all die genannten Bereiche zusammen und voneinander abhängen.

Zunächst als reine Visualisierung von Systembeziehungen für die Beratung gedacht, wurden zunehmend inhaltliche Aspekte in die Darstellung eingebracht, sodass letztlich ein komplexes Geflecht wechselseitiger Beziehungen gefunden wurde. Ein Unternehmensentwicklungsprozess kann ausgelöst werden durch übergeordnete Ziele *(Superordinate Goals)*, das heißt durch Verordnung von oben, wie dies in einer typischen Bürokratie

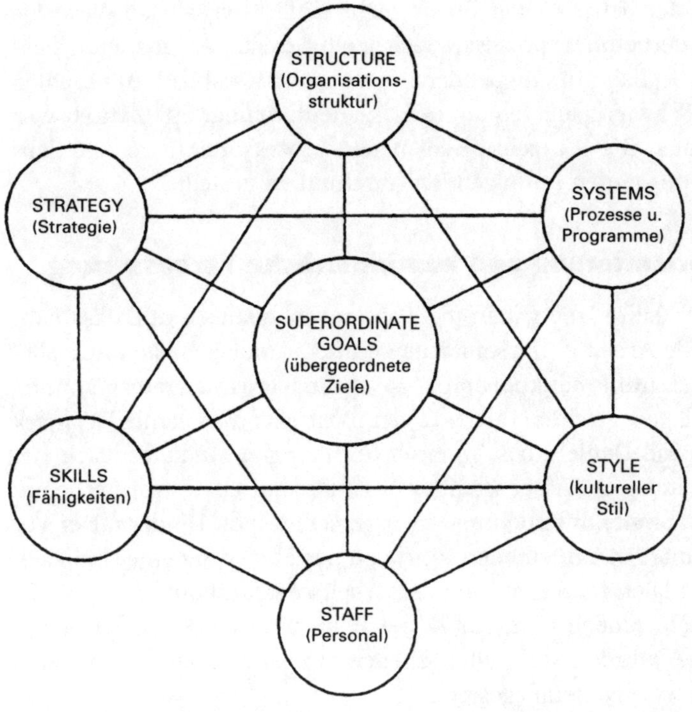

Abb. 91: Das 7-S-Modell von McKinsey

geschieht. Er kann weiterhin personalbedingt *(Staff)* in Gang gesetzt werden, das heißt, durch Fluktuation, Neueinstellungen oder andere soziale Veränderungen erforderlich werden. Veränderte Fähigkeiten *(Skills)* durch Aus- und Fortbildung, Talententdeckung, Verbesserungsvorschläge oder umgekehrt durch innere Kündigung der Mitarbeiter können Auslöser einer Reorganisation sein. Auch ein neuer Führungs- und Umgangsstil *(Style)* des (neuen) Vorgesetzten und der Mitarbeiter untereinander, der auf das Betriebsklima beziehungsweise die gesamte Abteilungs- oder Unternehmenskultur Einfluss nimmt, kann Auslöser organisatorischer Prozesse sein. Schließlich können Veränderungen in den übrigen Systemen *(Systems)*, hier zu übersetzen mit den einzelnen Funktionsbereichen Beschaffung (zum Beispiel Ressourcenverknappung, Zuliefererstreik), Produktion (zum Beispiel Produktionsinnovationen, veränderte Werkstoffe), Investition und Finanzierung (zum Beispiel neue Eigentumsverhältnisse), Gründe für eine Organisationsmaßnahme sein. Nicht zuletzt ist noch auf den Einfluss der Strategie *(Strategy)* für den Unternehmensprozess hinzuweisen.

Dass es in der betrieblichen Praxis nicht einfach ist, auf all diese Elemente des Unternehmensprozesses gleichzeitig, das heißt ganzheitlich einzugehen und jegliche Interdependenz in dem Prozessablauf zu beachten, macht die Schwierigkeit einer managementorientierten Betriebswirtschaftslehre aus. Die Wurzeln dieser neuen prozessorientierten Betriebswirtschaftslehre werden im folgenden Abschnitt vorgestellt.

Prozessorientierung und kontinuierliche Verbesserung

Zweihundert Jahre lang galten die Thesen von Adam Smith, dass nämlich industrielle Arbeit in ihre einfachsten und grundlegendsten Aufgaben zu zerlegen sei, um Produktionsprozesse optimal organisieren zu können. Diese Grundlagen erschütterte 1992 der Bestseller von James Womack, Daniel Jones und Daniel Roos. In einer fünfjährigen Studie beobachteten unter ihrer Leitung 54 Wissenschaftler 90 amerikanische, europäische und japanische Automobilunternehmen in 15 verschiedenen Ländern. Der Vergleich der Managementmethoden führte zu der Forderung einer radikalen und fundamentalen Neubesinnung der Arbeitsorganisation.

Das japanische Modell wurde als *Kaizen* überschrieben: *Kai,* der Weg und *Zen,* das Gute, wurden verbunden zu dem Kunstwort *Kaizen.* Folgende Unterschiede wurden herausgestellt:

Der erste Unterschied bezieht sich auf die großen Bürokratien und Verwaltungen in Europa, ohne die die japanische Wirtschaft offensichtlich auskommt. Japanische Unternehmen betreiben konsequent *Lean Management,* das heißt sie operieren mit flachen Strukturen und würden jede unnötige Aufgabe auslagern (*Outsourcing*).

Weiterhin wurde eine zu starke Fertigungstiefe und ein zu hoher Eigenfertigungsanteil im Vergleich zu japanischen Produzenten bemängelt. Als Lösung wurde Zeitmanagement gefordert, die Konzentration auf wichtige Wertschöpfungsketten und die Absage an die laterale Diversifikation, welche für die eigentlichen Unternehmensstärken und Produkte keine Synergieeffekte bringen. Laterale Diversifikation bedeutet hierbei den Zusammenschluss von Betrieben beziehungsweise Einheiten, ohne direkte Beziehungen oder Synergieeffekte zu erkennen (zum Beispiel Bäcker kauft Bauunternehmen).

Simultaneous Engineering soll eine gleichzeitige Entwicklung von Produkt und Produktionsmitteln ermöglichen. Lange Wartezeiten der Techniker und Entwickler auf Vorgaben von Marketingfachleuten sollen durch kooperatives Vorgehen ersetzt und die Entwicklungszeiten von Produkten dadurch drastisch reduziert werden. Durch den Einbezug der Zulieferer als Partner in einem *Just-in-Time-Konzept* sollen darüber hinaus kürzere Durchlaufzeiten realisiert werden.

Europäische Produkte sind noch immer sehr stark an Machbarkeit und Design statt am Kunden orientiert. Dessen Wünsche und vor allem Preis- und Qualitätsvorstellungen haben sich bisher den Vorstellungen der Produktentwickler zu unterwerfen. Kostenrechnung muss kundenorientierter werden. *Target Costing* (Zielkostenrechnung) statt Vollkostenrechnung muss bei der Preiskalkulation eingeführt werden. Der Preis muss vom Markt und nicht vom Controller bestimmt werden können. Durch *Total Quality Management* (TQM) soll gleichzeitig dem verstärkten Qualitätsbewusstsein von Kunden begegnet werden. Mitarbeiter müssen daher eine Null-Fehler-Philosophie verinnerlichen. Qualitätszirkel und Lernstätten sollen den laufenden Dialog zwischen Ausführendem und Planer vorschreiben. Funktionale Qualität tritt dabei an die Stelle von Schönheit im Design. Der Vergleich mit dem größten Konkurrenten (*Benchmarking*) findet immer noch zu wenig statt.

Doch problematisch an der Übertragbarkeit all dieser Vorschläge aufgrund japanischer Vorbilder ist deren kultureller Hintergrund. *Kaizen* bedeutet kontinuierliche, langsame und stete Verbesserungen im Unternehmen. Deutsche beziehungsweise europäische Kulturen mit ihrem Leitbild eines dynamischen Unternehmens kommen mit der »Kunst der Langsamkeit« oft nicht zurecht.

Michael Hammer und James Champy reagierten 1994 auf die Studie von Womack und andere und die Anfang der neunziger Jahre heftig geführte Diskussion um die Übertragbarkeit japanischer Erfolgsmodelle auf amerikanische und europäische Kulturen mit der vielbeachteten und inzwischen vielzitierten Forderung nach einem konsequenten *Business Reengineering*. Ihre Thesen sind inzwischen Gegenstand einer managementorientierten Betriebswirtschaftslehre.

Nur durch eine konsequentere Kundenorientierung sind Unternehmen überlebensfähig. Problemlösungen statt Produkte sind anzubieten. Der Kunde soll rundum versorgt werden. Problemlösungen sind vom Markt her zu planen und durch eine Budgetierung auf die einzelnen Funktionsbereiche des Unternehmens herunterzubrechen. Strukturen sind radikal zu verflachen. Zum Lean Management kommt hinzu, dass statt bisher vertikaler Hierarchien nun horizontale Organisationen entstehen sollen. Im Sinne von Michael Porter sollen Wertschöpfungsketten bisherige Aufgabenabläufe ersetzen. Ein Oben und Unten wie in einer Hierarchie existiert nicht mehr. Um die neuen Mitarbeiter in diesen Strukturen zu motivieren, ist eine konsequente Delegation von Kompetenzen nötig. Aufgaben sind dort zu erledigen, wo sie anfallen beziehungsweise wo gerade noch darüber entschieden werden kann. Ein Weitergeben an Vorgesetzte ist nicht mehr möglich. Entstehen Probleme, so sind diese im Team zu lösen. Dieser Prozess ist in der Tat konsequent und radikal.

Drei Kernaussagen sind einer managementorientierten Betriebswirtschaft zusammenfassend zuzuschreiben. Prozessorientierung, Kundenorientierung und Kostenorientierung.

Eine konsequente *Prozessorientierung*, das heißt ein Denken nicht in Strukturen und Aufgaben, welches zu Reibungsverlusten führt, Doppelarbeiten und Ressortegoismus bedeutet, sondern ein verändertes Denken in Prozessen ist nötig. Richtlinienkompetenzen, Sparten- und Ressortdenken sind abzubauen. Ablauforganisationen sind zu vereinfachen und möglichst schnittstellenarm zu gestalten. Die Arbeitsteilung nach Adam Smith ist quasi rückgängig zu machen.

Kundennähe bedeutet, dass der Kunde Preis, Qualität und gewünschte Menge bestimmt. Bei den Mitarbeitern muss ein Bewusstsein entstehen, dass Kunden letztlich die Löhne zahlen. Die Preiskalkulation muss mit *Target Costing* erfolgen, das heißt der Kunde bestimmt den Zielpreis, und die Unternehmensbereiche haben hieraus ihre Budgets abzuleiten. *Total Quality Management* (TQM) bringt gleichzeitig die nötige Voraussetzung für anspruchsvolle Produkte. *Simultaneous Engineering* führt zu günstigen Entwicklungskosten und *Just-in-Time* spart Lagerkosten.

Kostenorientierung ist aber neben der Entwicklung und der Lagerhaltung auch in allen anderen Bereichen des Unternehmens wichtig. Ein entscheidungsorientiertes Rechnungswesen (Standardkostenrechnung, relative Einzelkostenrechnung) und ein konsequentes Outsourcing von nichtwertschöpfenden Aktivitäten muss zu wieder bezahlbaren Preisen einheimischer Produkte führen.

Dieses Reengineering kann nur ganzheitlich, das heißt unter Einbezug der Menschen, der Organisation und der Technik (Kommunikation) erfolgen. Menschen sind zu motivieren, mit Technik ist Information und Kommunikation erst möglich, und Organisation bildet den Rahmen für diese Aufgaben. Die künftige Betriebswirtschaftslehre muss sich auf diese Herausforderungen einstellen.

Neue Institutionenökonomie

Bereits im vorigen Abschnitt wurde bei der Beschreibung des verhaltensorientierten Ansatzes von G. Schanz auf die »Neue Institutionenökonomie« verwiesen. Diese Weiterentwicklung aus dem Verhaltensansatz heraus wurde bereits 1977 in einem Aufsatz von Hans Albert angerissen und kann heute als das meistdiskutierte Paradigma in der aktuellen Betriebswirtschaftslehre bezeichnet werden. Der neue Ansatz folgt der Frage, warum Institutionen, zum Beispiel Unternehmen, entstehen und wie und warum sie das Verhalten der ökonomischen Akteure beeinflussen. Es lassen sich hier drei zentrale Theorien nennen, die derzeit die Diskussion beleben. Dies ist zum einen der von dem Nobelpreisträger Coase angeregte *Transaktionskostenansatz,* die *Theorie der Verfügungsrechte (Property-Rights-Theorem)* sowie die *Principal-Agent-Theorie.* Zahlreiche Vertreter dieser Theorien haben in den achtziger und neunziger Jahren die Nobelpreise für Wirtschaftswissenschaften erhalten.

Die Theorie der Verfügungsrechte geht davon aus, dass nur rechtliche und institutionelle Regelungen oder Bedingungen das Verhalten von Wirtschaftssubjekten nachhaltig beeinflussen. So wird tatsächlich durch das Handelsrecht und dessen Vorschriften über Rechtsformen oder durch das Steuerrecht Verhalten in Unternehmen bestimmt. Die Handlungen, um Steuern zu sparen oder Zugänge zum Finanzmarkt zu erhalten, sind also weitgehend durch Steuer- und Handelsrecht bestimmt. Im angelsächsischen Sprachgebrauch werden die Verfügungsrechte als Property Rights bezeichnet und sollten von Wirtschaftspolitikern im Interesse der Gemeinschaft klar geregelt werden. Hier werden klare Durchsetzungsrechte und Eigentumsrechte verlangt, sodass zum Beispiel ein Erfinder sich auf Patentrechte oder ein Grundbesitzer auf sein Eigentum verlassen kann. Nur wenn diese Verlässlichkeit vorhanden ist, so wird auch wirtschaftliche Aktivität aus Eigennutz gefördert. Bei jeglicher Unsicherheit, wie dies früher in sozialistischen Staaten zu beobachten war, wird ökonomisches Verhalten unterbunden oder als nicht attraktiv angesehen. Die aktuell im Rahmen der Klimakonferenzen immer wieder angedachten handelbaren CO_2-Ausstoßrechte sind nichts anderes als die im Sinne der Institutionenökonomie erdachten wirtschaftlichen Lösungen von Problemen durch die klare Regelung von Property Right.

Der zweite Theoriestrang innerhalb der Institionenenökonomie ist die Transaktionskostentheorie. Da die Anbahnung und der Abschluss von Verträgen, die als Basis jeden Wirtschaftens zugrunde liegen, nicht kostenlos erfolgt, sondern häufig mit Beratungskosten zusammenhängt, ist das wirtschaftliche Tun auch davon abhängig, ob diese Transaktionskosten (zum Beispiel Gebühren, Honorare, Provisionen) im Verhältnis zum Ertrag des Handels in Relation hoch oder niedrig erscheinen. Ein Sparer wird seine Ersparnisse also nicht zur Bank tragen, wenn er hierfür mehr Kontoführungsgebühren entrichten muss als er Zinsen erwarten kann. Ein Unternehmen wird keine Finanzmittel auf dem Aktienmarkt aufnehmen, wenn es dafür mehr Vermittlungsprovisionen an die emittierende Bank zahlen muss als es Darlehenszinsen bei der Aufnahme eines traditionellen Kredites kalkulieren müsste. Dieses Konzept des so genannten *relationalen Vertrages* bestimmt viele wirtschaftliche Unternehmungen beziehungsweise besser Unterlassungen. Dabei sind nicht nur die *Ex-Ante-Transaktionskosten*, sondern auch die Folgekosten, so genannte *Ex-Post-Kosten* zu beachten, die dann entstehen, wenn Verträge nachträglich verändert werden. Diese Transaktionskosten zu minimieren, führt häufig zu Unternehmenszusammenschlüssen, um Verträge zu institutionalisieren.

Der dritte Theoriestrang innerhalb der »Neuen Institutionenökonomie« ist die Principal-Agent-Theorie. Auftraggeber, also Prinzipale und Auftragnehmer also Agenten sind Akteure bei wirtschaftlichen Handlungen. Eigentümer und Geschäftsführer, Vorgesetzter und Untergebener, Aufsichtsrat und Vorstand und viele andere Beispiele ließen sich hier nennen. Stets werden diese Auftragsbeziehungen unter dem Aspekt von Informationsverteilungen besprochen. Da häufig dem Agenten als Ausführendem (zum Beispiel Geschäftsführer) mehr Informationen zur Vefügung stehen als dem Auftraggeber (zum Beispiel Eigtentümer) spricht man hier von asymetrischer Informationsverteilung, die zu Lasten des Prinzipals vom Agenten genutzt wird. Diese Informationsvorsprünge können durch so genannte *Hidden Characteristics*, zum Beispiel dem Prinzipal nicht bekannten Eigenschaften oder Qualifikationen des Agenten, oder durch *Hidden Actions*, also dem Prinzipal nicht bekannten Handlungen durch den Agenten oder durch *Hidden Intentions*, also vom Prinzipal nicht abschätzbaren Absichten des Agenten erzeugt werden. So wird davon ausgegangen, dass der Agent sich zu seinen Gunsten opportunistisch verhält und somit für den Prinzipal wieder Informations-, Kontroll- und Überwachungskosten entstehen (Transaktionskosten), die ein bestimmtes Geschäft als unternehmens- oder unterlassenswürdig erscheinen lassen. Es werden weiterhin Anreizsysteme überlegt, die den Agenten motivieren sollen, sich zu Gunsten des Prinzipals zu verhalten (zum Beispiel Stock-Option-Pläne, das heißt Optionen auf Aktien des Eigentümers, wenn der Geschäftsführer es schafft, den Wert der Aktien im Sinne des Eigentümers zu mehren). Neben Kontrollen und Anreizen werden detaillierte Verträge abgeschlossen, wie dies bereits in angelsächsischen Ländern üblich ist, wo jede Handlungsweise bereits in so genannten *Letter of Intends* festgehalten wird, um sicher zu gehen, dass der Vertragspartner auch sich entsprechend den Vereinbarungen verhält.

Wirtschaftlich ist damit derjenige, der sich transaktionskostenreduzierend mit Informationsvorsprüngen zu seinen Gunsten verhält. Diese Sichtweise, von dem Nobelpreisträger von 1995, F. Gecker, auf alles menschlich Tun angewandt, führte zu seinen Aussagen, dass auch die Beziehung zwischen Mann und Frau, die Entscheidung für oder gegen Kinder, die Notengebung an Schulen, bis hin zum Verbrechen Ausdruck wirtschaftlichen, das heißt instituionell relationalen Verhaltens sei. Ob sich diese Sichtweise von BWL weiterhin durchsetzt oder sich, wie die oben genannte AOWL als Episode der BWL zu Beginn des neuen Jahrtausends herausstellt, wird die Geschichte zeigen.

Zusammenfassung

Die Betriebswirtschaftslehre wird sich kontinuierlich weiter entwickeln. Die beschriebenen Möglichkeiten können als Orientierungen gelten, wobei inzwischen mit der Vielzahl von Fachdisziplinen und der begrüßenswerten interdisziplinären Forschung (zum Beispiel Wirtschaftsingenieur, Wirtschaftsinformatiker) ein umfassender Überblick über alle Entwicklungen nicht mehr möglich ist. Wichtig dabei ist stets, dass Lösungen für Probleme von Menschen gefunden werden und keine Forschung um ihrer selbst willen betrieben wird.

Selbstkontrollaufgaben können bei einem derartig subjektiven Meinungsbild nicht gestellt werden. Anregungen zur Entwicklung der BWL nehmen wir an dieser Stelle ganz besonders gerne an.

Schlussbetrachtung

Sie haben nun in 15 Kapiteln die BWL-Grundlagen studiert. Im ersten Teil wurden die Grundlagen der BWL in Form von Betriebszielen gelegt. Hier war wichtig zu erfahren, wie ein Betrieb definiert und abgegrenzt werden kann und was unter dem Wirtschaftlichkeitsprinzip zu verstehen ist.

Ein weiterer Schwerpunkt war die betriebliche Entscheidungstheorie, bei der anwendungsorientiert, das heißt konkret die Standortwahl, Rechtsformwahl und die Wahl einer Zusammenschlussform aufgezeigt wurde.

Die letzten Kapitel waren Übersichten über die Einzeldisziplinen der BWL, wobei ebenfalls auf die wesentlichen Grundlagen Wert gelegt wurde und eine Vertiefung in Studium und Praxis hierauf erfolgen kann.

Wir, der Verlag und Autor hoffen, Ihnen konkrete Anhaltspunkte zu dieser Disziplin gegeben zu haben und bitten bei Fragen und Anregungen um eine E-Mail an: ottmar.schneck@fh-reutlingen.de.

Viel Erfolg in Studium und Beruf

16. Lösungen zu den Selbstkontrollaufgaben

Anmerkungen: Die Lösungen sind hier in Stichworten beziehungsweise als Verweise auf die Texte und Abbildungen im Buch verfasst. Eine ausführliche Darstellung würde zum Teil die oben genannten Lehrinhalte wiederholen und sollte nicht als Muster missverstanden werden. Denn Musterlösungen gibt es bei der ABWL eigentlich nicht. Jeder Teilnehmer einer Prüfung sollte sein Wissen mit Kreativität in der Fallbearbeitung kombinieren und damit keine Muster auswendig lernen. Außerdem muss darauf hingewiesen werden, dass auch die Fragen nur einen Ausschnitt aus der Vielfalt an Fragemöglichkeiten darstellen.

Kapitel 1: Betriebe als Teil der Wirtschaft

1. Führen Sie einige situative Faktoren auf, die den betrieblichen Erfolg eines Unternehmens beeinflussen können, ohne dass sie vom Betrieb selbst beeinflussbar wären.

Hier kann Bezug auf Abbildung 1 genommen werden, wo die situativen Faktoren Markt, Technologie, Mode, Trends, politisches System, Steuersystem, Eigentumsverfassung, Bilanzierungspflichten, konjunkturelle Lage, und vieles andere aufgeführt sind. Ob und inwieweit ein Einfluss von Seiten des Unternehmens auf die Faktoren möglich ist, muss individuell beantwortet werden.

2. Nehmen Sie an, Sie seien Geschäftsführer einer Hotelkette namens »Best Eastern« und überlegen, Ihre bisher nur national aufgestellte Hotelkette zu internationalisieren. Welche Gründe könnten für einen solchen strategischen Schritt sprechen?

Hier kann auf Abbildung 3 Bezug genommen werden. Gründe können unter anderem sein: Kostenvorteile durch größere Einkaufsvolumina, Nutzung des Images in Marktnähe, eventuell Sättigung des inländischen Marktes, Risikodiversifikation durch Einnahmen in verschiedenen Währungen und vieles andere.

3. Bei der Gesellschafterversammlung Ihrer Hotelkette, bei der Sie als Eigentümer zu 49 Prozent beteiligt sind, wollen die übrigen Stakeholder (Anteilseigner)

Betriebswirtschaft konkret. Ottmar Schneck

ISBN 3-527-50193-2

eine Ausschüttung des letztjährigen Gewinnes erreichen. Sie und die Bank haben andere Interessen, nämlich die Substanz durch Bildung von Rücklagen zu stärken. Welche Interessengegensätze kommen hier zum Tragen, und gibt es weitere Stakeholder, die für den einen wie den anderen Standpunkt votieren könnten, auch wenn sie nicht an der Gesellschafterversammlung teilnehmen können.

Vergleiche Abbildung 2 (unter anderem der Interessenkonflikt zwischen Eigentümer und Bank beziehungsweise Management). Während die übrigen Eigentümer Ausschüttung von Gewinnen wünschen, denkt eventuell die Bank oder der Hauptanteilseigner eher an Substanzerhaltung und damit Rücklagenbildung. Die Ausschüttungspolitik hängt dabei sicher auch von dem Vertrauen in die weitere Verwendung des rückgelegten Geldes ab. Wenn auch die übrigen Shareholder von der Rentabilität der Kapitalüberlassung überzeugt sind, so werden Sie bereits aus steuerlichen Erwägungen die Gewinne thesaurieren, das heißt nicht ausschütten. Ausgeschüttete Gewinne hat nämlich der Eigentümer nochmals mit seiner privaten Einkommensteuer zum Teil zu versteuern. Thesaurierte Gewinne werden nur einmalig an der Quelle besteuert.

4. Ordnen Sie Ihren Hotelbetrieb in die Betriebsklassifikationen der BWL ein.

Vergleiche Abbildung 6 (unter anderem Dienstleistungsunternehmen, persönliche Dienste, Einzelfertigung, mehrstufige Produktion).

Kapitel 2: Wirtschaften im Betrieb

1. Sie als Hotelbesitzer überlegen, welche Güterarten Sie eigentlich anbieten. Ordnen Sie ihr Angebot »Übernachtung« in die Kategorien der Abbildung 7 ein.

Abbildung 7: Begrenzte Verfügbarkeit (knappes Gut); immobil, Gebrauch, Konsum, Grundgut, originär, real, Komplementarität möglich, materiell, Repetiergut, zunehmend individuell.

2. Ordnen Sie weiterhin die Bedürfnisse Ihrer anspruchsvollen Businesskunden in die Maslow-Pyramide der Bedürfnisse ein und überlegen, wie sie diese mit welchen Gütern befriedigen können.

Abbildung 8: Übernachten kann sicher zunächst als Grundbedürfnis nach Maslow betrachtet werden, wobei die zweite Ebene der Sicherheitsbedürfnisse ebenfalls angesprochen werden kann sowie die dritte Klasse der Bedürfnisse nach mitmenschlicher Zuwendung. Nach Maslow ist allerdings ein gleichzeitiges Aufkommen mehrerer Bedürfnisklassen in einer Situation nicht möglich, sondern sind die Bedürfnisse nacheinander zu befriedigen und treten in der gedanklichen Pyramide hervor, wenn das untergeordnete Bedürfnis befriedigt ist. Somit ist das Bedürfnis Schlaf erst zu befriedigen, bevor die anderen Stufen relevant werden.

3. Sie sollen ein Portfolio für Ihre Hotelkette erstellen, in dem es nicht nur die Hotels in bester Lage mit ausgezeichneten Auslastungen und steigender Nachfrage gibt, sondern auch die Billighotels an den Raststätten der Autobahnen, bei denen Sie aktuell Auslastungsprobleme haben. Bauen Sie diesen fiktiven Fall aus für Ihre Portfoliodarstellung und Strategieentwicklung auf Basis Ihres Portfolios (zwei Geschäftsfelder sind zu positionieren).

Zunächst sind die beiden Geschäftsfelder Edelhotel und Billighotel zu definieren. Diese sind dann in einem Portfolio mit den Determinanten Marktanteil (Auslastung) und Marktwachstum (Nachfrage) zu positionieren. Danach kann eine Strategie abgeleitet werden, die entweder in Richtung Investition oder Desinvestition zu begründen ist. Wichtig zu wissen ist, dass eine Portfoliobewegung (Strategie) immer nur horizontal möglich ist, das heißt die Marktbewegung vertikal vom Unternehmen nicht beeinflussbar sein kann. Dass dabei der Unternehmer nicht alle Geschäftsfelder gleichzeitig »nach rechts« bewegen kann (vergleiche Investitionen) ist ebenfalls einleuchtend. Häufig wird daher der Vorschlag des »Schlachtens eines armen Hundes« zugunsten der Investition in einen »Star« vorgeschlagen.

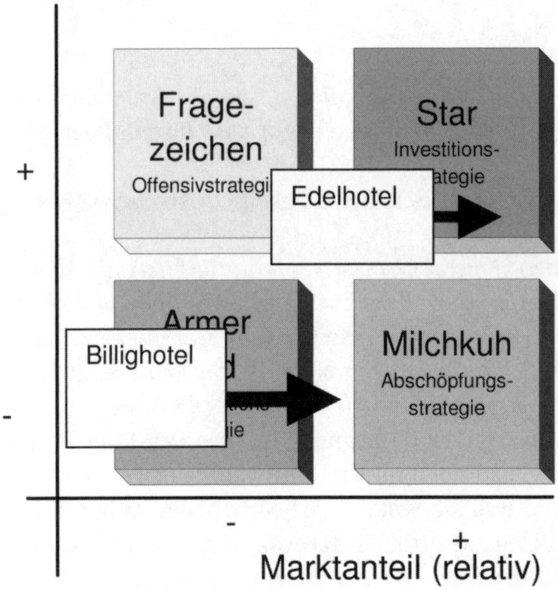

4. Nachdem Sie vor einem Jahr ihr Portfolio entwickelt, eine Strategie gebildet und sich Ziele für die letzten Monate gesucht haben, wollen Sie nun unbedingt den Erfolg ihres Wirtschaftens messen. Beschreiben Sie, wie sie die Produktivität in Ihrer Hotelkette, die Wirtschaftlichkeit, Rentabilität und Liquidität messen wollen. Zur Veranschaulichung können Sie jederzeit auch fiktive oder reale Zahlenbeispiele aus der Praxis einbinden.

Produktivität	=	Belegung / Jahr und Zimmer
Wirtschaftlichkeit	=	Umsatz / Kosten
Rentabilität	=	Erfolg / Kapitaleinsatz, zum Beispiel Gewinn / Eigenkapital
Liquidität	=	Kasse / kurzfristige Verbindlichkeiten

Hier können fiktive Werte eingetragen werden, um eine Bewertung vorzunehmen. So wird eine Zimmerbelegung von 50 Prozent (180 Tage) sicher sehr gut sein, ein Umsatz, der die Kosten um das 1,2fache übersteigt ebenfalls, und eine Eigenkapitalrendite von 15 Prozent kann man als ausgezeichnet bezeichnen. Die Liquidität ist natürlich nur dann als gut zu bezeichnen, wenn die Kassenbestände, zumindest mit Einrechnung der kurzfristig liquidierbaren Vermögensgegenstände mindestens die kurzfristigen Verbindlichkeiten decken.

Kapitel 3: Phasen

1. Sie raten als »gestandener« Hotelmanager Ihrem Sohn die Gründung eines eigenen Hotelunternehmens. Welche Voraussetzungen sind hierzu Ihrer Meinung nach notwendig?

Fachliche Eignung, Wille zur Selbstständigkeit, Risikobewusstsein, Gesundheit und anderes.

2. Nachdem das neue Unternehmen »Best Northern« gegründet wurde, kommt es nach anfänglichen Erfolgen zu einer Krise zwischen Ihrem Sohn und dessen Angestellten hinsichtlich der Delegation von Verantwortung beziehungsweise dem mangelnden Vertrauen Ihres Sohnes in die Mitarbeiter. Welche Phase beziehungsweise Krise nach Greiner ist hier gemeint und wie kann diese gelöst werden?

Abbildung 15: Modell von Greiner (Führungskrise, das heißt der Vorgesetzte fragt sich, ob er die Zügel noch in der Hand hält, oder ob die Mitarbeiter zu selbstständig tun, was sie wollen. Die Mitarbeiter wollen mehr Autonomie, die durch Delegation von Verantwortung erreicht werden kann. Zuviel Delegation führt nach Greiner zu einer weiteren Krise, der Autonomiekrise.

3. Schlagen Sie im Internet oder anderen Quellen nach den aktuellen Insolvenzzahlen nach und versuchen Sie, die aktuellen Gründe für diese Zahlen zu finden (Verwendung von Abbildung 9 möglich).

Zum Beispiel Statistisches Bundesamt oder www.bundesbank.de

Gründe laut diversen Studien: Managementfehler wie mangelnde Strategie, fehlendes Leitbild, kein klarer Führungsstil, keine klaren Ziele wie sie in Abbildung 9 definiert wurden.

Kapitel 4: Wurzeln

Anmerkung: Die Fragen zu diesem Kapitel (Wurzeln) und dem folgenden Kapitel (Ansätze) beziehen sich auf das Wissen über die historischen Wurzeln der eigenen Wissenschaft. Dies Wissen ist sehr wichtig, nur aus der Geschichte können Lehren gezogen und Wiederholungsfehler vermieden werden.

Leider ist diese Erkenntnis bei vielen Menschen eher weniger ausgeprägt.

1. Nehmen Sie sich zwei Gelehrte aus der Geschichte der BWL heraus und beschreiben Sie deren zentrale Thesen!

Vergleiche Schmalenbach, Rieger, Nicklisch als entscheidende Größen.

2. Worin ist der Unterschied zwischen Riegers, Nicklischs und Schmalenbachs Vorstellungen eines Betriebes zu sehen?

Schmalenbach:	produktionstheoretische Ansätze mit dem Wirtschaftlichkeitsaspekt
Rieger:	Forderung nach mehr Rentabilität statt bloßer Wirtschaftlichkeit
Nicklisch:	ethische Ermahnungen in dem Fach

Kapitel 5: Ansätze

1. Wie hat Gutenberg als einer der Begründer der modernen BWL die Produktionsfaktoren eingeteilt, nachdem vorher in Arbeit, Kapital und Boden unterteilt wurde?

Gutenberg teilt in Elementar- und dispositive Faktoren ein.

2. Wie kann der verhaltenstheoretische Ansatz von Schanz und anderen beschrieben werden?

Schanz und andere beschreiben das Verhalten von Wirtschaftssubjekten. Jegliches Ergebnis (Wirtschaftlichkeit, Rentabilität, Liquidität) ist das Resultat von Entscheidungen beziehungsweise Verhaltensweisen von Menschen. Es geht also vornehmlich um Macht, Motivation, Kommunikation, also alles, was das Verhalten steuert.

3. Was hat der Ansatz von Kieser und Kubicec mit dem ersten Kapitel dieses Buches zu tun?

Im ersten Kapitel wurden ebenfalls im Sinne des Kontingenzansatzes die Umfeldfaktoren eines Betriebes betrachtet. Vergleiche die Abbildung dort. Betriebe sind also als Spielball der vielen Interessen und Umfeldeinflüsse und nicht wie bei Schanz als Resultat von Verhaltensweisen im Betrieb zu verstehen.

Kapitel 6: Entscheidung

1. Worin besteht der Unterschied zwischen der normativen und der deskriptiven Entscheidungstheorie?

Deskription = Beschreibung, wie entschieden wird, ohne Wertungen abzugeben und Normation = Empfehlung, wie zu entscheiden ist.

2. Wann spricht man von einem vollständigen Entscheidungsmodell, beziehungsweise welche Elemente sind für eine Entscheidung notwendig?

Vergleiche Abbildung 19: Ziele, Zielgewichte, Alternativen, Umfeldfaktoren und gegebenenfalls deren Eintrittswahrscheinlichkeiten, Ergebniswerte.

3. Sie stehen vor der Entscheidung, entweder Hotel 1 oder Hotel 2 zu buchen. Bei Hotel 1 kostet die Übernachtung 50 Euro, bei Hotel 2150 Euro. Der Komfort bei Hotel 1 ist allerdings nur halb so hoch und die Möglichkeit, über das Internet an die E-Mails zu kommen nur in Hotel 1 möglich, da Hotel 2 gerade auf Wireless Lan umstellt. Ihnen ist der Internetzugang sehr wichtig. Erstellen Sie ein Entscheidungsmodell mit Ihren individuellen Gewichten, den drei genannten Zielen (Kosten, Komfort, Internetzugang). Da sie den Komfort im Hotel erst vor Ort testen können, ist das Ergebnis dieser Zielausprägung unsicher. Sie sollen hierfür eine entsprechende Entscheidungsregel anwenden.

Vergleiche hier analoge Anwendung der Entscheidungstheorie wie in Abbildung 26, bei der ebenfalls verschiedene Entscheidungssituationen (Sicherheit, Risiko, Ungewissheit) in einer Matrix dargestellt und letztlich über die Nutzwertmatrix (Abbildung 28) eine Entscheidung (Abbildung 29) herbeigeführt wurde.

4. Beschreiben Sie die unterschiedlichen Risikoeinstellungen zu den unterschiedlichen Entscheidungsregeln.

Vergleiche Ungewissheitsregeln und Risikoregeln.

Kapitel 7: Standort

1. *Nennen und beschreiben Sie fünf Standortfaktoren beziehungsweise Ziele für Ihre Entscheidungsmatrix, wenn Sie als Hotelmanager einen neuen Hotelstandort suchen.*

Vergleiche Abbildung 25 (unter anderem Grundstückspreis, Arbeitskräfteangebot, Steuerbelastung, Absatzpotenzial, Umweltschutzauflagen, Verkehrsanbindung…).

2. *Erstellen Sie mit drei dieser Ziele und zwei selbstgewählten fiktiven Standorten eine Entscheidungsmatrix und führen diese zu einem Ergebnis.*

Vergleiche Abbildung 26 ff. (analog des oben genannten Falles mit dem Hotel).

Kapitel 8: Rechtsform

1. *Beschreiben Sie zwei Ziele für Ihre Rechtsformwahl, die für Sie wichtig wären, wenn Sie in Ihrem eigengeführten Hotelbetrieb über einen Wechsel von der bisherigen Rechtsform der OHG zu einer anderen Rechtsform nachdenken.*

Vergleiche Abbildung 29 (zum Beispiel Haftungsbegrenzung, klare Leitungsbefugnis, minimale Steuerbelastung).

2. *Entwickeln Sie eine Entscheidungsmatrix mit drei Zielen und zwei Rechtsformalternativen für Ihren Hotelbetrieb. Bisher sind Sie als OHG mit Ihrem Bruder zusammen Hauptgesellschafter, Sie mit 49 Prozent und Ihr Bruder mit den restlichen Prozenten. Eine Finanzierung eines Erweiterungsbaues steht an und die Steuerbehörde »nervt« Sie mit ihren Steuerbescheiden.*

Hier sollten Sie analog zu der im Buch vorgestellten Fallstudie von (ehemals) Daimler-Benz vorgehen, das heißt zunächst eine Ergebnismatrix erstellen, bei der Sie drei Ziele und zwei Alternativen beleuchten. Da eine Alternative, die OHG, schon gegeben ist, bietet sich eine Kapitalgesellschaft als weitere Alternative an. Als Ziele könnten Steuersparen, Zugang zu günstigen Finanzierungsquellen und Minderung der Haftung gewählt werden. Hier sind Sie aber völlig frei in der Auswahl aus den in Kapital 8 vorgestellten Zielsetzungen. Nach der Ergebnismatrix erstellen Sie eine Nutzenmatrix und wählen mit einer von Ihnen ausgesuchten Entscheidungsregel eine der Rechtsformalternativen aus. Die Methodik ist stets die gleiche, ob Sie nun Rechtsformen, Standorte oder Zusammenschlussformen auswählen müssen.

Kapitel 9: Unternehmenszusammenschluss

Der Unternehmer Alisso, der gehobenen Hoteleriebedarf herstellt und vertreibt (Badezimmereinrichtungen, Tresen, Küchen), will sein Unternehmen auf die nachfolgende Generation in der Familie vorbereiten. Ein Gespräch mit der Tochter zur Strategie und Organisation kommt zum Ergebnis, dass man sich am besten mit dem Konkurrenten in Belgien unterhält, der ein ähnliches Produktsortiment hat, um eine Zusammenarbeit auszuloten. Sie sollen das Unternehmen beraten. Erstellen Sie ein Gutachten mit relevanten Faktoren und Maßnahmen.

Das Gutachten sollte zunächst die Zielsetzung (vergleiche Abbildung 32) vorstellen, die die Tochter des Hotelbesitzers anstrebt. Dies könnten persönliche Ziele, Absatzziele, Finanzierungsziele oder steuerliche beziehungsweise personelle Ziele sein. Danach sind die Alternativen (vergleiche Abbildung 53 und folgender Text) daraufhin zu prüfen (gegebenenfalls auch in einer Entscheidungsmatrix). Entscheidend auch hier ist der Transfer des Fallbeispieles (Hotelkooperation in international schwierigem Wettbewerbsumfeld) zu Ihrem Wissen über Kooperationsformen (zum Beispiel Einkaufskooperation bei Lebensmitteln, Vertrieb).

Kapitel 10: Der realwirtschaftliche Bereiche

1. Sie sind Einkäufer des Büroartikelhändlers Office und haben Angebote von drei verschiedenen Lieferanten zu prüfen. Alle wollen Ihnen stabile, preisgünstige und gute Hefter und Locher verkaufen. Welche weiteren Kriterien wären für Sie bei der Lieferantenauswahl entscheidend?

Bei der Lieferantenauswahl können folgende Kriterien eine Rolle spielen

- Liefertreue;
- Lieferantenflexibilität, zum Beispiel bei Nachbestellungen oder Retouren;
- Lieferzeit und Pünktlichkeit der Lieferung;
- Einhaltung von Qualitätsstandards, Nacharbeitsbedarf;
- Rückgabemöglichkeit, Remission;
- Preis und Nebenkosten (Lieferung, Logistik);
- Abhängigkeit;
- Aktualität des Sortimentes;
- Servicebereitschaft;
- Mindestabsatzmengen und Rabatte, Konditionen (Boni, Skonti);
- Ruf, Beratung, Image;
- Verpackung, Sicherheit bei der Lieferung.

Diese Kriterien können in einem Entscheidungsmodell als Ziele eingetragen und gewichtet werden. Die Lieferanten sind im Modell die Alternativen.

2. In den Ausführungen zur Lagerhaltung wurde der Begriff »Just-in-Time« verwandt. Versuchen Sie, durch eigene Überlegungen die Vor- und Nachteile einer Just-in-Time-Belieferung herauszufinden und damit den Versuch, Lagerhaltung zu minimieren, zu bewerten.

Die Vor- und Nachteile der Just-in-Time-Produktion und damit der Versuch, Lagerhaltung zu minimieren, hängen natürlich stark von der Stiuation und dem Produktionsprogramm des Unternehmens ab. Für ein Unternehmen im Dienstleistungsbereich ist Just-in-Time-Produktion kein Thema, da es vor allem mit menschlicher Planungsleistung Honorare erwirtschaftet. Wir sprechen daher von den Möglichkeiten und Grenzen für Produktionsunternehmen, die sehr materialintensiv sind und für die eine Belieferung im Moment der Produktion überlegt wird.

Vorzüge:

- Einzelbeschaffung im Bedarfsfall,
- keine Lagerkosten,
- keine Verderblichkeit durch Lagerung,
- eventuelle Reduktion von Durchlaufzeiten.

Nachteile:

- Abhängigkeit von der Pünktlichkeit des Lieferanten,
- Stillstandszeiten bei Engpassprodukten sofern keine rechtzeitige Belieferung,
- hoher datentechnischer Aufwand, planerischer Aufwand.

3. Sie überlegen, ob Sie zwei Einsendeaufgaben selber bearbeiten oder Ihren Nachbarn, der promovierter Betriebswirt ist, bitten, diese für Sie zu lösen. Abgesehen von dem rechtlich unzulässigen Unterfangen, das zudem keinerlei Lerneffekte bringt, wollen Sie dieses Problem mit der engpassbezogenen Kostentheorie bewältigen, da Sie noch in der verbliebenen Tageszeit von fünf Stunden auch noch drei Stunden Wäsche bügeln wollten. Es geht bei den Einsendeaufgaben um zwei Aufgaben, deren Bearbeitungszeit für Sie selbst etwa vier Stunden Ihrer heutigen Tageskapazität in Anspruch nimmt. Die Kosten bei Fremdbezug betragen angesichts der hohen Qualifikation und Hochnäßigkeit Ihres Nachbarn 150 Euro je Aufgabe. Ihre eigene Arbeitsstunde kalkulieren Sie mit 25 Euro.

Das Bügeln Ihrer Wäsche würde Sie bei Fremdvergabe ebenfalls 80 Euro kosten, da sich inzwischen die gesamte Wäsche angesammelt hat, wobei Sie sich dann die drei Stunden Eigenarbeit ersparen würden.

Sie sollen eine Tabelle analog des oben genannten Beispieles aufstellen, und sich entscheiden, was Sie mit den verbliebenen fünf Stunden dieses Tages noch anfangen wollen.

Die Lösung der komplizierten Abendentscheidung könnte tabellarisch wie folgt aussehen:

Kosten bei Make	Preis bei Buy	Kostenvorteil Make	Arbeitszeit	Eigenfertigungsvorteil je Stunde	Rang	Kapazitätsverbrauch
25 × 4 = 100	150	50	4 Stunden	50:4 =12,5 Euro	1	4 Stunden
25 × 3 = 75	80	15	3 Stunden	15:3 = 5	2	eventuell 1 Stunde

Sie sollten nach diesem Modell eindeutig in vier der fünf verbliebenen Stunden ihre Einsendeaufgabe lösen, da der Eigenfertigungsvorteil je Zeiteinheit gegenüber der Bügelarbeit deutlich höher ist. Fraglich ist, ob Sie die verbliebene Stunde tatsächlich noch bügeln wollen oder die Bügelarbeit nicht gänzlich auslagern, um die letzte Stunde auch noch im Glossar nachzuschlagen.

4. Überlegen Sie Produkte, die Ihrer Meinung nach am besten geeignet sind, in Fließfertigung, Gruppenfertigung, Werkstattfertigung, Einzelfertigung, Partie-, Chargen-, Sorten-Massenfertigung hergestellt zu werden.

Produktbeispiele, die eventuell mit folgenden Verfahren produziert werden:

Fließfertigung: Chips für Computer
Gruppenfertigung: Wohnwagen oder Wohnmobile
Werkstattfertigung: Spezialfahrzeuge wie zum Beispiel Straßenkehrmaschinen
Einzelfertigung: Dachabdeckungen für Gewerbegebäude
Partiefertigung: Porzellanteller
Chargenfertigung: Ledergerberei
Sortenfertigung: Bierproduktion Sommer/Winter
Massenfertigung: Kaugummi

5. Zeichnen Sie eine Produktionsfunktion, in der Sie Ihre Einsatzmenge in Zeiteinheiten je Tag auf der x-Achse und den Lernerfolg im Sinne eines Ertrages auf der y-Achse abtragen. Überlegen Sie insbesondere bei dem voraussichtlich ertragsgesetzlichen Verlauf die Wendepunkte und den Sattelpunkt Ihrer individuellen Kurse.

Auch bei der Darstellung des Lernerfolges in Abhängigkeit von dem Zeiteinsatz kann eine ertragsgesetzliche Funktion, wie in der Studieneinheit grafisch dargestellt, vermutet werden. Eine Steigerung der Zeiteinheiten wird zunächst zu einem überproportionalen Anstieg des Lernerfolges führen, wobei mit zunehmendem Zeiteinsatz aufgrund Ihrer Biorhythmus- und Konzentrationskurve auch der Lernerfolg relativ abnehmen wird. Irgendwann wird ein Sattelpunkt erreicht, bei dem feststellbar ist, dass trotz weiterem Zeiteinsatz der Lernerfolg eher abnimmt, da Sie dann anfangen die Dinge durcheinander zu bringen.

6. Sie sollen ein Audit (Qualitätsbericht) als Auditor für eine staatlich zertifizierte ISO-Stelle bei einem mittelständischen Unternehmen in Frankreich durchführen, das als Zulieferer für Ihre pharmazeutischen Produkte beurteilt werden soll. Welche Qualitätsanforderungen würden Sie stellen, beziehungsweise worüber würden Sie einen Bericht erstellen wollen?

Gerade in der pharmazeutischen Industrie ist die Qualitätssicherung ein bedeutendes Thema, da Medikamente stetigen Qualitätsansprüchen genügen müssen. Bei einer Auditierung könnten die Produktionsprozesse des französischen Zulieferers untersucht, die Güte des Zulieferproduktes selbst, sowie das Personal hinsichtlich ihres Know-hows bewertet werden. Der Auditbericht könnte wie folgt gegliedert sein:

1. Beschreibung des Unternehmens (Firma, Sitz, Historie, Eigentumsverhältnisse);
2. Produkt, Produktionsprozess, eingesetzte Produktionsfaktoren, Einsatzgüter;
3. Einhaltung von Gesetzen, Verordnungen, Normen, Richtlinien, Branchenstandards, Umweltauflagen, Sicherheitsvorschriften und vieles andere;
4. Spezifikation der Zulieferprodukte nach Qualitätsstandards, Güteklassen oder eingehaltenen Toleranzgrenzen.

7. Sie sind Marketingleiter eines großen Kosmetikkonzernes namens LáOre, der Produkte vom Shampoo bis zum Parfüm herstellt. Werbeslogan ist »Ich fühl mich schön mit LáOre«. Ein neues Produkt gegen Haarausfall bei Frauen soll mit dem Instrumentarium des Marketing-Mixes geplant werden. Ein spezielles Produktdesign, die Preiskalkulation, die Werbestrategie und der Absatzweg sind von Ihnen vorzuschlagen.

Als Marketingleiter des großen Kosmetikkonzernes LáOre werden Sie das neue Produkt »Haarausfallshampoo für Frauen« hinsichtlich der Marketing-Mix-Instrumente planen. Wenn wir davon ausgehen, dass das Produktdesign schon feststeht und die Optik, der Geruch und die Verpackung feststehen, so ist noch die Werbe- beziehungsweise Kommunikationspolitik sowie die Preis- und Distributionspolitik zu planen. Hinsichtlich des Preises wird neben der Zuschlagskalkulation, in der sämtliche Herstellungs- und Vertriebskosten addiert und pro Stück gerechnet werden, auch eine Marktstudie unter zielgruppenrepräsentativen Frauen durchgeführt. Auf die Frage, was diese Frauen bereit wären, für ein Shampoo zu zahlen, das ihre Haarausfallprobleme löst, würden Sie einen Preis genannt bekommen und kombiniert mit der Kostenkalkulation letztlich ihren Verkaufspreis festlegen. In Sachen Werbebotschaften werden Sie sich ebenfalls die Zielgruppe näher betrachten und selektiv Werbemedien und -botschaften auswählen, die diese Zielgruppe besonders anspricht. Beim Vertrieb dieses Produktes werden Sie sich überlegen, ob Sie über den Verbrauchermarkt, Friseurläden, Spezialgeschäfte, Drogerien oder Reformhäuser gehen wollen. Eine Abwägung der einzelnen Alternativen kann jeweils mit Entscheidungsmodellen erfolgen.

Wenn Sie dann das 30 Euro teure 50g-Konzentrat-Fläschchen über die Apotheke mit dem Werbeslogan »Neues Haar ist dir gegeben« vertreiben und diesen Slogan mit Lautsprecherwagen durch die Straßen rufen, so dürfen wir gespannt sein, wie das Produkt am Markt ankommt.

Kapitel 11: Der nominalwirtschaftliche Bereiche

1. Sie haben sich im letzten Kapitel mit dem Vertrieb von Partygetränken selbstständig gemacht. Welche Rechnungen wollen Sie aufstellen, um die Wirtschaftlichkeit, Rentabilität, Liquidität und Vorteilhaftigkeit ihrer Lagerinvestitionen zu überprüfen?

Um als Partygetränkevertriebsgesellschaft die genannten betriebswirtschaftlichen Kennziffern zu berechnen, benötigen Sie folgende Teilbereiche des Rechnungswesens:

Wirtschaftlichkeit:	Gewinn- und Verlustrechnung (Umsatz), Kostenrechnung (Kosten);
Rentabilität:	Bilanz (Eigenkapital, Gesamtkapital), • Gewinn- und Verlustrechnung (Gewinn), • Gewinn- und Verlustrechnung (Umsatz);

Liquidität: Bilanz (Zahlungsmittelbestand, kurzfristige Verbindlichkeiten);

Vorteilhaftigkeit Investition: Investitionsrechnung,

- eventuell Kostenrechnung, Statistik.

2. Ihr Unternehmen Partygetränke GmbH wächst und wächst. Sie wollen nun am Jahresende wissen, wie viel Gewinn Sie erwirtschaftet haben und ziehen Bilanz beziehungsweise erstellen eine Gewinn- und Verlustrechnung. Ihr Umsatz beträgt 80 000 Euro. Ihre freien Mitarbeiter kosten sie 20 000 Euro, an Einkaufskosten fielen 40 000 Euro an. Ihre Mischmaschine, die Sie inzwischen für 100 000 Euro angeschafft haben, wird wohl zehn Jahre halten, und für den dafür aufgenommenen Bankkredit zahlen Sie derzeit 5 Prozent Zinsen. Da Sie eine GmbH, also eine Kapitalgesellschaft sind, fallen 25 Prozent Körperschaftssteuer an. Wie hoch ist in diesem Jahr der Gewinn nach Steuern, den Sie an sich ausschütten wollen?

Wenn wir unterstellen, dass Sie ihre Maschine linear abschreiben, das heißt die 100 000 Euro Anschaffungskosten auf zehn Jahre verteilen, so können Sie gegenüber dem Finanzamt also 10 000 Euro in diesem Jahr absetzen.

Wenn wir weiterhin davon ausgehen, dass Sie für den Kredit noch keine Tilgung vorgenommen haben, fallen Zinsen in Höhe von 5 Prozent auf den vollen Kreditbetrag an.

1. Gewinn- und Verlustrechnung	
2. Umsatz	80 000
3. Kosten Personal	– 20 000
4. Kosten Material	– 40 000
5. Abschreibungen	– 10 000
6. Zinsaufwendungen	– 5 000
7. Jahresüberschuss vor Steuer	5 000
8. Steuern auf JÜ vor Steuern	– 1250
9. JÜ nach Steuern	3750

Bezogen auf das eingesetzte Eigenkapital von 20 000 Euro würde dies einer Eigenkapitalrendite von 18,75 Prozent entsprechen, was verglichen mit alternativen Anlageformen als sehr lukrativ erscheint. Die 20 000 Euro als Festgeld bei der örtlichen Sparkasse angelegt, hätte sicher nicht diese Rendite erbracht.

Andererseits ist hier das Risiko des selbstständigen Unternehmers zu beachten und darauf hinzuweisen, dass die Tilgung des Kredites noch ansteht und aus den künftigen Erträgen finanziert werden sollte. Damit wird wieder der Unterschied zwischen Rentabilität und Liquidität deutlich.

3. Bei Ihrem inzwischen weiter zum Party-Fullservice-Unternehmen ausgewachsenen Unternehmen fallen immer mehr Kosten an. Kosten für freie Mitarbeiter, festangestellte Sekretärinnen, Anschaffungen für Geschirr, Gläser und anderes, Kosten für eingekauftes Material (Getränke, Essen) sowie Lagerkosten für die angemieteten Garagen. Vertriebskosten der immer wieder aufgelegten Werbeanzeigen, Zinsen für die noch nicht getilgten Kredite sowie Beratungskosten für den Steuerberater und Wirtschaftsprüfer müssen kalkuliert werden.

Ordnen Sie diese Kostenarten entsprechend der in der Abbildung genannten Begriffe (fix, variabel, einzel, gemein) zu.

Die Kostenzurechnung kann in Form einer Tabelle erfolgen:

	Einzelkosten	**Gemeinkosten**	**Fixe Kosten**	**Variable Kosten**
Freie Mitarbeiter	bei konkretem Partyeinsatz direkt zurechenbar			als freie Mitarbeiter auf Honorarbasis
Sekretärin		nur indirekt den Partys zurechenbar	als fest Angestellte mit Gehalt	
Materialeinkauf	jeder Party zurechenbar			laufend veränderlich
Geschirreinkauf		nicht nur für eine Party	einmalig sicher	
Vertrieb		für das Gesamtunternehmen		je nach Kampagne
Zinsen		für das Gesamt-Unternehmen	sofern fixe Zahlungen vereinbart sind	
Beratung		für das Gesamt-Unternehmen		Honorar in Abhängigkeit von Aufwand

4. Kalkulieren Sie individuell und für sich die Kosten Ihrer nächsten Geburtstagsfeier mit Hilfe einer Zuschlagskalkulation.

Wieviel würde ein Partyplatz für einen Ihrer Gäste kosten, wenn Sie Ihre Gesamtkosten des vergangenen Lebensjahres mit Hilfe einer Divisionskalkulation verteilen würden?

Bei der Zuschlagskalkulation werden Sie die Materialkosten (Getränke, Essen, Feuerwerk, Spaßartikel), die Materialgemeinkosten (Geschirrabschreibung, kaputtgehende Gläser, abhandengekommenes Besteck) zu Materialkosten addieren. Weiterhin werden Sie die Honorare der Firmen für Feuerwerk und Animationsspiele, sowie deren Gemeinkosten (Fahrtkosten, Versicherungen) zusammenzählen und so zu Herstellkosten kommen. Sollten Sie noch ihre Sekretärin mit dem Verfassen und Drucken von Einladungen betrauen und diese hierfür seperate Verwaltungs- und Vertriebskosten in Rechnung stellen, sind diese natürlich auch anzusetzen. In der Summe entstehen Selbstkosten, die dividiert durch Ihre Gästezahl zu Kosten je Partygast führen.

Bei einer Divisionskalkulation all Ihrer Kosten des vergangenen Lebensjahres durch die 20 eingeladenen Gäste werden Sie eventuell erstaunt sein, wie teuer die Party für jeden Gast würde.

5. Sie überlegen, ob Sie eine zusätzliche Party organisieren sollen, obgleich die Zeit knapp ist und der Umsatz mit 500 Euro relativ bescheiden ausfällt. Die direkt dieser Party zurechenbaren (variablen) Kosten würden aber nur 50 Euro betragen. Wie würden Sie sich entscheiden?

Die zusätzliche zu organisierende Party bringt einen Deckungsbeitrag von 450 Euro zur Deckung Ihrer fixen Kosten im Sekretariat und den anfallenden Zinsen für die Kredite. Sofern Ihre Zeit Ihnen nicht wichtiger ist, scheint sich dieses Geschäft zu lohnen.

6. Sie überlegen bei Ihrer Partykalkulation, auf die Prozess- oder die Zielkostenrechnung überzugehen. Welche Kostentreiber wären bei der Prozesskostenrechnung und welches Budgetierungsverfahren bei der Zielkostenrechnung vorstellbar?

Bei der Prozesskostenrechnung werden Ihre Abläufe bei der Organisation und Durchführung von Partys in Prozessschritte zerlegt. Dabei wird eventuell deutlich, dass für jede Party Ihre Sekretärin Lieferanten anrufen muss, um sicherzustellen, dass die Ware geliefert wird. Dieser Prozessschritt der Lieferantenmahnung wird nun als Kostentreiber identifiziert und mit 20 Euro Kosten kalkuliert. Bei Ihrer nächsten Party kalkulieren Sie nun unter anderem zwei Lieferantenmahnungen, also bei Ihrer Preisberechnung 40 Euro für diesen Prozessschritt ein.

Bei der Zielkostenrechnung fragen Sie den Kunden der Party, was er bereit wäre, für die Feier zu bezahlen. Wenn er Ihnen mitteilt, dass nicht mehr als 1000 Euro drin sind, so werden Sie dieses Budget auf Material, Löhne, Zinsen und vieles andere verteilen und versuchen, diese Einzelbudgets einzuhalten.

7. Versuchen Sie die in den jeweiligen Rechenverfahren genannten Beispiele nochmals selbstständig durchzurechnen. Bei jedem Beispiel sind die Grunddaten zu Beginn gegeben.

Um den Lernerfolg zu steigern, können Sie die Grunddaten leicht verändern, um so die Auswirkungen auf die Ergebnisse bei veränderten Variablen zu simulieren.

Hier sei auf die Beispiele im Text verwiesen. Versuchen Sie, insbesondere die grafischen Kalküle selbstständig nachzuvollziehen.

8. Definieren Sie aus dem Wissen der ersten Kapitel nochmals präzise die Finanzziele Liquidität und grenzen diese Größe zu der dort bereits definierten Größe Cashflow ab.

Liquididät ist die jederzeitige Zahlungsfähigkeit eines Subjektes oder Betriebes. Liquidierbarkeit ist die Fähigkeit, jederzeit liquide Mittel zu erlangen, zum Beispiel durch Liquidation von Vermögensgegenständen (wie Wertpapieren, Sachanlagen). Zukünftige Liquidität ist die Fähigkeit, in der Zukunft seinen Zahlungsverpflichtungen voraussichtlich nachzukommen. Sowohl Illiquidität als auch »zukünftig zu erwartende Illiquidität« sind Insolvenzgründe und können durch den Gang des Gläubigers zum Amtsgericht und die Anmeldung eines Insolvenzfalles (ehemals Konkurs) ein Insolvenzverfahren auslösen.

Der Cashflow ist der Selbstfinanzierungsgrad eines Unternehmens, der durch die Ein- und Auszahlungsrechnung im Rechnungswesen ermittelt werden kann. Er sagt aus, wie der Zahlungsmittelbestand zu- oder abgenommen hat. Häufig wird der Cashflow indirekt durch Korrekturen des in der GuV ermittelten Jahresüberschusses ermittelt. Wird zu diesem Jahresüberschuss alles addiert, was in der GuV zwar als Aufwand verbucht wurde, aber zu keiner Auszahlung führte (zum Beispiel Bildung von Rückstellungen oder Abschreibungen), und wird alles abgezogen, das in der GuV als Ertrag verbucht wurde aber noch nicht als Einzahlung vorliegt, so erhält man ebenfalls den Cashflow.

9. Erkundigen Sie sich bei Ihrer örtlichen Bank oder Sparkasse nach den Konditionen eines Kredites in Höhe von 50 000 Euro. Notieren Sie einige Kreditsicherheiten und versuchen Sie, diese durch Nachschlagen in einem Lexikon der BWL präziser zu definieren.

Kredite bei einer Bank als Alternative zur Eigenfinanzierung zu erlangen, bedarf zunächst eines Antrages, in dem meist die Begründung beziehungsweise Verwendung des Geldes dargelegt wird. Die Verwendung für einen Hauskauf wird von einer Bank sicher anders behandelt als ein reiner Konsumentenkredit, um sich mit Verbrauchsgütern zu versorgen.

Als Kreditsicherheiten kommen personenbezogen eine Bürgschaft, Garantie oder Patronatserkärung in Frage. Als Realsicherheiten sind das Pfand, die Grundschuld, Hypothek, Rentenschuld, der Eigentumsvorbehalt und die Sicherungsübereignung zu nennen.

Natürlich muss auch hier nochmals darauf hingewiesen werden, dass Sicherheiten alleine keinen Kredit bedingen, sondern ein Rating, das heißt die Bewertung der künftigen Zahlungsfähigkeit aufgrund zahlreicher trennscharfer Kriterien hier relevant ist.

10. Versuchen Sie rekapitulierend nochmals die Abkürzungen FRN, CD, Call, Put, Swap, ABS zu erklären.

Die Vielzahl an Finanzinnovationen kann weder in einem Studienbrief noch einem Lexikon abgebildet werden, da im Finanzmarkt fast täglich neue Varianten von Produkten kreiert werden. Letztlich ist aber immer zu entscheiden, ob das Finanzinstrument zu den Eigen- oder Fremdfinanzierungsinstrumenten gehört. Weiterhin geht es um die Möglichkeit der Verbriefung. So ist ein CD (Depositenzertifikat) einfach eine verbriefte Form einer Einlage bei einer Bank, ein ABS-Papier (Asset Backed Securities) eine verbriefte Form einer Forderung beziehungsweise von Teilen des Umlaufvermögens. Swapen heißt tauschen, und Option steht für eine vertragliche Möglichkeit, etwas zu tun oder zu unterlassen. FRN sind Floating Rate Agreements, das heißt variabel verzinste Anleihen (Floater).

Kapitel 12: Personalbereich

1. Überlegen Sie, welche Machtart Sie verwenden, wenn Sie bei Ihrem Partner etwas durchsetzen wollen.

Von den nach Max Weber eingeteilten Machtarten der Belohnungs-, Bestrafungs-, Legitimations-, Identifikations- und Experten- beziehungsweise Informationsmacht werden Sie voraussichtlich eher zu den letzteren Arten greifen, die eher eine Überzeugungsarbeit leisten als auf ein Beharren auf Positionen und Androhungen basieren.

2. Welche Motivationsmöglichkeiten würden Sie für eine Hochschule und deren Professoren vorschlagen?

Materielle Anreize wie Leistungsprämien und freie Lohnvereinbarungen werden sicher fruchten.

Arbeitszeitflexibilisierung ist an einer FernFH bereits Realität und Mitbestimmung notwendig.

Ohne fließende Informationen ist ebenfalls ein Fernstudium undenkbar, und eine Karriereplanung ist bei einem Professor nur vorstellbar, wenn er die einzige Führungsposition, nämlich die des Rektors angeboten bekommt.

Wie man sieht, sind die Anreizsysteme relativ bescheiden und neben den materiellen Anreizen eher in ideellen Werten (zum Beispiel Prestige, Ansehen, Nennungen) zu sehen.

3. Wenn Sie Ihr inzwischen weiter gewachsenes Party-Fullservice-Allinclusive-Unternehmen mit 20 festen und 100 freien Mitarbeitern nehmen und hierfür Führungsgrundsätze formulieren sollten, worauf käme es Ihnen hier am meisten an? Formulieren Sie zehn Grundsätze schriftlich. Eventuell ist es Ihnen vergönnt, in einigen Jahren diese Grundsätze Realität werden zu lassen. Dann wird sich auch zeigen, wie weit Ihre Ideale tragen.

In Ihren Führungsgrundsätzen sollten Sie Ihre Sicht der Beziehungen zu den festen und freien Mitarbeitern regeln. Wie liberal oder autoritär sie dabei vorgehen wird individuell verschieden sein. Die Rechte und Pflichten sollten aber zumindest aus Sicht des Adressaten der Grundsätze, nämlich ihrer Mitarbeiter, klar und deutlich formuliert werden. Ein schöngeistiger Ausflug in die Welt der Ideale und immerwährenden Toleranz wird hier genauso gefragt sein, wie der autoritäre Grundsatz, dass alle Macht von Ihnen ausgeht.

4. Bei der Personalwirtschaft geht es um die Planung des Personalbedarfs, die Möglichkeiten der Personalbeschaffung, -auswahl und die Gestaltung von Arbeitsplätzen.

Wenn Sie für Ihr Partyunternehmen weitere feste Mitarbeiter suchen, auf welche Faktoren würden Sie bei der Personaleinstellung Wert legen?

Bei Personaleinstellungen wird häufig unterschieden in Kriterien der Sozial-, der Methoden- und der Fachkompetenz. Bei der Fachkompetenz werden Sie für die ausgeschriebene Stelle einen Anforderungskatalog beziehungsweise eine Stellenbeschreibung vorbereitet haben, in dem die zu bewältigenden Aufgaben niedergelegt sind. Wenn dort ein Koch gesucht wird, sollte die Fachkompetenz nicht auf dem Gebiet der Elektrotechnik liegen.

Bei der Sozialkompetenz werden Flexibiliät, Mobilität, Vertrauenswürdigkeit, Teamfähigkeit und andere Aspekte geprüft. Bei der Methodenkompetenz geht es um die Effizienz und Effektivität der Anwendung von Fachwissen in Ihrem Unternehmen. Der Koch mit der besten Ausbildung wird Ihnen wenig nutzen, wenn er sich nicht auf die Eigenheiten eines Partyservice einstellt und nicht schnell, sondern nur schön kochen will.

Kapitel 13: Wissenschaft

1. Die drei strukturierenden Elemente von Wissenschaft sind Systematik, Reflektion und Zielorientierung. Nun erhalten Sie einen Forschungsauftrag, über den Sie später einen Vortrag (Lehre) halten sollen. Eine EU-Behörde fragt Sie, warum in Europa die meisten Kanaldeckel rund seien, da es doch auch andere geometrische Formen und Möglichkeiten gäbe, zumal offenbar quadratische Formen günstiger in der Herstellung seien.

Bei der Frage nach dem Unterschied zwischen einer Biene und einem Betrieb kann zunächst die Einteilung der Wissenschaften herangezogen werden. Beide Male wird Realität untersucht, und es handelt sich nicht um ideale oder formale Einheiten. Da Bienen nicht von Menschen geschaffen sind, kann von Natur gesprochen werden, wohingegen Betriebe nicht natürlich entstehen, sondern Teil der von Menschen erschaffenen Kultur darstellen. Bienen sind also von der Naturwissenschaft (zum Beispiel Biologie) zu untersuchen, wohingegen ein Betrieb von der Kultur-, insbesondere Sozial- und Verhaltenswissenschaft zu betrachten ist.

Bezüglich des Erfahrungsgegenstandes ist eine Biene wie ein Betrieb als Einheit zu verstehen. Während der Erkenntnisgegenstand beim Betrieb das wirtschaftliche Handeln ist, muss bei der Biene zunächst über die Frage nachgedacht werden, was ihr Handeln ausmacht und warum sie handelt. Sollte auch sie rational nach dem ökonomischen Prinzip vorgehen, zum Beispiel eine rentable Honigausbeute anstreben, so wäre eventuell der Erkenntnisgegenstand der Gleiche. Da aber vielleicht das Bewusstsein über dieses Tun der Biene fehlt, wird ein Betriebswirt sich kaum mit der Einheit Biene beschäftigen wollen.

Kapitel 14: Forschungsmethoden

1. Nachdem Sie den Widerstreit zwischen theoretischer Modellierung und pragmatischem Lösungswillen innerhalb der Betriebswirtschaftslehre erfahren haben, sollen Sie zu ein und demselben Thema einmal eine modelltheoretische These aufstellen und andererseits in einigen Stichpunkten pragmatische betriebswirtschaftliche Erklärungen finden beziehungsweise Lösungen vorschlagen. Die Thematik lautet: »Da ich eine spätere große Anschaffung plane, frage ich mich, warum ich es nicht schaffe, die Verweildauer der Euromünzen in meinem Geldbeutel zu erhöhen.«

Fragestellung:

Wenn ich in einem Jahr eine größere Anschaffung plane, frage ich mich, warum eine Euromünze durchschnittlich nur zwei Tage in meinen Geldbeutel verbleibt:

Modelltheoretische These: Würde ich meinen Geldbeutel vergrößern und mehr Euromünzen einlegen, so würde sich die durchschnittliche Verweildauer unter der Annahme gleichen Ausgabeverhaltens verlängern. Eine längere Verweildauer kann auf höhere Sparsamkeit hindeuten. Höhere Sparsamkeit führt zu größeren Anschaffungsmöglichkeiten. Will ich also später über höhere Anschaffungsmöglichkeiten verfügen, so muss ich meinen Geldbeutel heute räumlich vergrößern.

Pragmatische Überlegung: Die Einnahmen sollen vergrößert werden, unabhängig von der Verweildauer der Münzen im Geldbeutel, um später eine höhere Anschaffung zu ermöglichen.

2. *Nehmen Sie zwei Aussagen (p = Ich arbeite heute noch diesen Studienbrief durch und q = Studierende erhalten nach Durcharbeit dieses Studienbriefes in der Einsendeaufgabe eine Bestnote), definieren Sie zunächst den Wahrheitsgehalt der Einzelaussage und formulieren dann eine Negation, Konjunktion, Disjunktion, Subjunktion und Bisubjunktion.*

Wenn die Aussage p (= Ich arbeite heute noch diesen Studienbrief durch) wahr sei, und q (= Studierende erhalten nach Durcharbeit dieses Studienbriefes in der Einsendeaufgabe eine Bestnote) sich aus der Erfahrung als falsch herausstellt, so ist zum Beispiel bei der Subjunktion (Wenn ich diesen Studienbrief noch heute durcharbeite, schreibe ich bei der Einsendeaufgabe eine Bestnote) falsch, da Aussage q falsch ist. P ist im Sinne der Wissenschaftstheorie also eine notwendige aber keine hinreichende, das heißt ausreichende Bedingung. Es kann ja hier auch noch auf die Schwere der Einsendeaufgabe, die Tagesverfassung des Studenten oder die Sonneneinstrahlung auf den Schreibtisch bei der Aufgabenbearbeitung ankommen. Mit der Sprachanalyse allein ist also dem Studierenden hier nicht gedient.

3. *Formulieren Sie logisch, faktisch und normativ Aussagen für ein Unternehmen, das gerade den Gewinn gesteigert und Kosten reduziert hat.*

Logisch: Weil Unternehmen A seine Kosten reduziert hat (Aussage p sei wahr), konnte es den Gewinn im aktuellen Geschäftsjahr steigern (Aussage q sei auch wahr, also ist Gesamtaussage wahr).

Deskriptiv: Unternehmen A hat seinen Gewinn gesteigert.

Explikatv: Unternehmen A hat seinen Gewinn gesteigert, da die Kosten reduziert wurden.

Präskriptiv: Unternehmen A will den Gewinn weiter steigern.
Technologisch: Unternehmen A will den Gewinn durch weitere Kosteneinsparungen weiter steigern.
4. Sie stehen vor der Frage, warum die Fehlzeiten Ihrer Mitarbeiter aktuell dramatisch ansteigen. Beschreiben Sie auf einer halben Seite Ihre methodische Herangehensweise an das Problem, wenn Sie empirisch, phänomenologisch, hermeneutisch oder dialektisch vorgehen.
Empirie: Darstellung der Fehlzeiten der vergangenen Monate und Notieren weiterer Variablen wie Auftragsbestand, Jahreszeit, Wetter und vieles andere. Als Erkenntnis könnte eventuell durch statistische Auswertung herauskommen, dass die Fehlzeiten deshalb steigen, weil derzeit die Temperatur in den Büros ansteigt.
Phänomenologie: Nachdenken über das Phänomen Fehlzeit und Bewusstmachung denkbarer Zusammenhänge.
Hermeneutik: Nachfühlen vor geschichtlichem und persönlichem Erfahrungshintergrund: Eventuell kommt hier der Gedanke, dass dieses Phänomen bereits vor einigen Jahren einmal auftrat und damals der Betriebsrat gewechselt hatte.

Literaturverzeichnis

Zitierte Literatur

Dichtl, E.: »Marketing«, in: Bea, F. X., Dichtl, E., Schweitzer, M. (Hrsg.): *Allgemeine Betriebswirtschaftslehre, Leistungsprozess,* Bd. 2, Stuttgart 1994.

Gutenberg, E.: *Grundlagen der Betriebswirtschaftslehre,* Bd. 1: *Die Produktion,* Bd. 2: *Der Absatz,* Bd. 3: *Die Finanzen,* Springer, Berlin 1983.

Harsanyi, J.: *Game Theory,* Wien 1998.

Heinen, E.: *Grundfragen der entscheidungsorientierten Betriebswirtschaftslehre,* München 1976.

Kirsch, W.: *Der Entscheidungsprozess,* 3 Bde., Wiesbaden 1970.

Neumann, J.: *Zur Theorie der Gesellschaftsspiele,* Frankfurt 1928.

Nicklisch, H.: »Die Betriebswirtschaftslehre im nationalsozialistischen Staat«, in: *Die Betriebswirtschaft,* Heft 2.

Popper, K.: *Logik der Forschung,* Tübingen 1971.

Schanz, G.: *Grundlagen der verhaltenstheoretischen Betriebswirtschaftslehre,* Tübingen 1977.

Schmalenbach, E.: »Die Privatwirtschaftslehre als Kunstlehre«, in: *Zeitschrift für handelswissenschaftliche Forschung,* Heft 6, S. 304-316 (Wiederabdruck in: *ZfbF* [1970], S. 490-498).

Selten, R.: *Understanding Strategic Interaction,* Berlin 1987.

Tannenbaum, R., Schmidt, W. H.: »How to Choose a Leadership Pattern«, in: *Harvard Business Review,* Vol. 36,
No. 2.

Ulrich, H.: *Die Unternehmung als produktives soziales System,* Berlin 2001.

Weber, M.: *Gesammelte Aufsätze zur Wissenschaftslehre.* Herausgegeben von J. Winckelmann. Tübingen 1968.

Zangenmeister, C.: *Betriebliche Nutzwertanalyse,* München 1971.

Weiterführende Literatur

Adam, D.: *Produktionsmanagement,* 9. Aufl., Wiesbaden 1998.

Albach, H.: *Die Zukunft der Betriebswirtschaftslehre in Deutschland,* Wiesbaden 1993.

Ansoff, H. I.: *Strategic Management,* London 1979.

Ansoff, H. I.: *The New Corporate Strategy,* New York 1988.

Backhaus, K.: *Investitionsgütermarketing,* 3. Aufl., München 1992.

Bamberg, G., Coenenberg, A.: *Betriebswirtschaftliche Entscheidungstheorie,* 12. Aufl., Vahlen, München 2004.

Bea, F. X., Dichtl, E., Schweitzer, M. (Hrsg.): *Allgemeine Betriebswirtschaft,* 3 Bände, 9. Aufl., Stuttgart 2004.

Bea, F. X., Haas, J.: *Strategisches Management,* 4. Aufl., Stuttgart 2005.

Berndt, R.: *Marketing,* 3 Bände, 3. Aufl., Berlin 1995.

Betriebswirtschaft konkret. Ottmar Schneck

ISBN 3-527-50193-2

Bleicher, K., Diethard L., Herbert, P.: *Unternehmensverfassung und Spitzenorganisation,* Wiesbaden 1989.
Bleicher, K.: *Organisation, Strategien – Strukturen – Kulturen,* 2. Aufl., Wiesbaden 1991.
Blohm, H., Lüder, K.: *Investition – Schwachstellen im Investitionsbereich des Industriebetriebes und Wege zu ihrer Beseitigung,* 8. Aufl., München 1995.
Buchner, R.: *Buchführung und Jahresabschluss,* 7. Aufl., München 2005.
Bunte, H.-J.: *Deutsches Wettbewerbs- und Kartellrecht,* München/Wien 1994.
Coenenberg, A. G.: *Jahresabschluss und Jahresabschlussanalyse,* 20. Aufl., Stuttgart 2005.
Dixit, A. K., Nalebuff, B. J.: *Spieltheorie für Einsteiger, Strategisches Know-how für Gewinner,* Stuttgart 1997.
Doppler, K., Lauterburg, Ch.: *Change Management. Den Unternehmenswandel gestalten,* 11. Aufl., Frankfurt 2005.
Drukarczyk, J.: *Finanzierung,* 9. Aufl., Stuttgart 2003.
Drumm, H. J.: *Personalwirtschaftslehre,* 5. Aufl., Wiesbaden 2004.
Endres, A.: *Umwelt- und Ressourcenökonomie,* Darmstadt 1985.
Ewert, R., Wagenhofer, A.: *Unternehmensrechnung,* 3. Aufl., Berlin 1997.
Frese, E.: *Grundlagen der Organisation. Konzept, Prinzipien, Strukturen,* 9. Aufl., Wiesbaden 2005.
Friedrich, W.: *Vereine und Gesellschaften,* München 1994.
Führich, E.: *Wirtschaftsprivatrecht,* 7. Aufl., München 2004.
Gutenberg, E.: *Einführung in die Betriebswirtschaftslehre,* Wiesbaden 1990.
Gutenberg, E.: *Grundlagen der Betriebswirtschaftslehre,* 3 Bände, 17. Aufl., Berlin 1984.
Günther, H.-O.: *Produktionsmanagement,* 2. Aufl., Berlin 1995.
Hammann, P., Erichson, B.: *Marktforschung,* 5. Aufl., Stuttgart 2005.
Hammer, M., Champy, J.: *Business Reengineering. Die Radikalkur für das Unternehmen,* 6. Aufl., Frankfurt 2003.
Hauschildt, J.: *Innovationsmanagement,* 3. Aufl., München 2004.
Heinen, E. (Hrsg.): *Unternehmenskultur,* 2. Aufl., München 1997.
Herdzina, K.: *Wettbewerbspolitik,* 5. Aufl., Stuttgart 1999.
Hinterhuber, H.: *Strategische Unternehmensführung,* 2 Bände, 7. neubearb. Aufl., Berlin 2004.
Hopfenbeck, W.: *Allgemeine Betriebswirtschafts- und Managementlehre,* 14. Aufl., Landsberg am Lech 2002.
Hopfenbeck, W.: *Umweltorientiertes Management,* 3. Aufl., Landsberg 1994.
Horváth, P.: *Controlling,* 9. Aufl., München 2005.
Kamiske, G. F., Brauer, J.-P.: *Qualitätsmanagement von A-Z,* 4. Aufl., München 2005.
Kieser, A., Kubicek, H.: *Organisation,* 3. Aufl., Berlin 1992.
Klunzinger, E.: *Grundzüge des Gesellschaftsrechts,* 13. Aufl., München 2004.
Kotler, P., Bliemel, F.: *Marketing-Management,* 10. Aufl., Stuttgart 2001.
Kreikebaum, H.: *Strategische Unternehmensplanung,* 6. Aufl., Stuttgart 1997.
Kroeber-Riel, W.: *Konsumentenverhalten,* 8. Aufl., München 2003.
Kruschwitz, L.: *Investitionsrechnung,* 10. Aufl., Berlin 2005.
Lackes, R.: *Just-in-Time-Produktion,* Wiesbaden 1995.
Maslow, A. H.: »A Theory of Human Motivation«, in: *Psychological Review,* Heft 50 (1943), S. 370-396.
Mintzberg, H.: *The Structuring of Organizations,* New York 1979.
Morgenstern, O.: *Spieltheorie und Wirtschaftswissenschaft,* Wien 1963.
Nieschlag, R., Dichtl, E., Hörschgen, H.: *Marketing,* 19. Aufl., Berlin 2002.
Nieß, P. S.: *Operatives Produktionsmanagement,* Wiesbaden 1996.
Peters, T. J., Waterman, R. H.: *Auf der Suche nach Spitzenleistungen,* 10. Aufl., Landsberg am Lech 2004.
Perridon, L., Steiner, M.: *Die Finanzierung der Unternehmung,* München 2000.

Pfohl, H.-C.: *Planung und Kontrolle,* München 1997.
Porter, M. E.: *Wettbewerbsstrategie,* 10. Aufl., Frankfurt/New York 1999.
Pümpin, C.: *Unternehmenskultur, Unternehmensstrategie und Unternehmenserfolge,* Zürich 1984.
Rieger, W.: *Einführung in die Privatwirtschaftslehre,* 3. Aufl., Erlangen 1984.
Rose, G., Glorius, C.: *Unternehmungsformen und -verbindungen,* Wiesbaden/Köln 1992.
Schneck, O.: *Management-Techniken. Einführung in die Instrumente der Planung, Strategiebildung und Organisation,* 2. Aufl., Frankfurt 1996.
Scholz, Ch.: *Personalmanagement,* 5. Aufl., München 2000.
Schulte-Zurhausen, M.: *Organisation,* München 2005.
Schweitzer, M., Küpper, H.-U.: *Systeme der Kostenrechnung,* 8. Aufl., Landsberg am Lech 2003.
Seidenschwarz, W.: *Target Costing. Marktorientiertes Zielkostenmanagement,* 2. Aufl., München 1997.
Sieben, G., Schildbach, T.: *Betriebswirtschaftliche Entscheidungstheorie,* 4. Aufl., Düsseldorf 1994.
Steinmann, H., Löhr, A.: *Grundlagen der Unternehmensethik,* Stuttgart 1992.
Stuber, M.: *Die Rahmengesellschaft,* München 1995.
Süchting, J.: *Finanzmanagement,* 6. Aufl., Wiesbaden 1995.
Swoboda, P.: *Investition und Finanzierung,* 5. Aufl., Göttingen 1996.
Ulrich, H.: *Die Unternehmung als produktives, soziales System,* Bern/Stuttgart 1970.
Ulrich, P. (Hrsg.): *Auf der Suche nach einer modernen Wirtschaftsethik,* Bern 1990.
Wicke, L.: *Umweltökonomie,* 4. Aufl., München 1993.
Womack, J. P., Jones, D. T., Roos, D.: *Die zweite Revolution in der Automobilindustrie,* 6. Aufl., Frankfurt 1992.

Abbildungsverzeichnis

Betriebswirtschaft konkret. Ottmar Schneck

ISBN 3-527-50193-2

Glossar

Ansätze der Betriebswirtschaftslehre: Schulen und Denkrichtungen, wie zum Beispiel der Ansatz von Erich Gutenberg, der einen Betrieb als einen Kombinationsprozess von Produktionsfaktoren bezeichnet. Ansätze beleuchten ein und denselben Gegenstand, hier also den Betrieb (Erfahrungsgegenstand) aus verschiedenen Blickwinkeln. Im Sinne von Karl Popper handelt es sich also quasi um Scheinwerfer, die das Objekt unterschiedlich ausleuchten.

Cashflow: Größe beziehungsweise Kennzahl zur Beurteilung der Finanzlage, aber auch der Ertragslage einer Unternehmung. Wörtlich übersetzt stellt der Cashflow den Zahlungsstrom einer Periode dar, der sich aus der Differenz der Einzahlungen (Cash Inflow) und Auszahlungen (Cash Outflow) ergibt. Methodisch kann die Ermittlung des Cashflow nach der so genannten direkten oder der so genannten indirekten Methode erfolgen. Die direkte Methode knüpft unmittelbar an die Ein- und Auszahlungen, also den Liquiditätsplan des Unternehmens an. Alle Zahlungen werden hier addiert beziehungsweise subtrahiert. Bei der indirekten Methode wird der Jahresüberschuss beziehungsweise der Gewinn einer Periode um alle nichtzahlungswirksamen Geschäftsvorfälle korrigiert. So führen beispielsweise Abschreibungen zwar zu Gewinnminderungen (Absetzung für Abnutzung), nicht aber zu Auszahlungen, sodass der geminderte Gewinn wieder um diesen Betrag korrigiert werden muss.

Corporate Identity: Wenn ein Unternehmen gegenüber seinen Konkurrenten eine einmalige Eigenschaft, eine Art unverwechselbarer Persönlichkeit aufweist, die von dessen Umfeld auch wahrgenommen und als solche herausgestellt wird, so sprechen wir von CI (Corporate Identity). Dies kann sich im Design, speziellen Verhaltensweisen und Regeln oder einer besonderen Unternehmenskommunikation ausdrücken.

Diversifikation: Ausdruck der Bindungsrichtung im Rahmen der Entscheidung für eine Form des Unternehmenszusammenschlusses. Es werden grundlegend drei Diversifikationsmöglichkeiten unterschieden. Dies sind die horizontalen Zusammenschlussformen, bei der wertschöpfungsgleiche oder -ähnliche Unternehmen zusammengehen (zum Beispiel Bäcker mit Bäcker). Bei einer vertikalen Diversifikation versuchen Betriebe in vor- oder nachgelagerten Wertschöpfungsebenen sich zu verbinden, wodurch ein

Betriebswirtschaft konkret. Ottmar Schneck

ISBN 3-527-50193-2

Wertschöpfungsprozess zusammengefasst werden soll (zum Beispiel Bäcker mit Müller). Bei einer lateralen Diversifikation sucht sich ein Unternehmen einen Zusammenschlusspartner ohne direkte Synergieeffekte zu verfolgen (zum Beispiel Bäcker mit Maurer).

Economic Value Added: Absoluter Wert, der die Wertsteigerung eines Unternehmens gegenüber dem Anteilseigner anzeigen soll (Shareholder Value). Neben der Discounted-Cashflow-Methode und dem Maß des Market Value Added ist der EVA in den letzten Jahren zu einem der maßgeblichen Indizes für die Qualität eines Managements und damit die Attraktivität eines Unternehmens aus Sicht eines Investors geworden. Mit dem Investment kann das betriebsnotwendige Kapital oder das für ein Projekt investierte Kapital gemeint sein. So lässt sich EVA auch für einen Unternehmensteil berechnen. Bei der Berechnung des Spread ist für die erreichte Rendite, der ROI oder ROE zu verwenden. Als Maß für die geforderte Rendite kann eine eigene Erwartung oder ein berechneter Kapitalkostensatz, zum Beispiel Weighted Average Cost of Capital verwendet werden. Ist EVA positiv, so wurde für die Anteilseigner ein Mehrwert geschaffen, im umgekehrten Fall kann von einer Wertvernichtung in Relation zu den Erwartungen gesprochen werden. Damit eignet sich EVA als wirkungsvolles Instrument für eine leistungsbezogene Entlohnung von Managern.

Entscheidungsmodell: Formalisierte Darstellung aller Informationen für eine Entscheidung. Notwendig sind hierzu alle Ziele, alle Alternativen und deren erwartete beziehungsweise prognostizierten Ergebnisse sowie die notwendigen Daten der Ergebnisse bei mehrwertigen Erwartungen beziehungsweise ungewissen Zuständen in der Zukunft. Das Modell ist Voraussetzung, um Entscheidungsregeln anzuwenden.

Entscheidungsregel: Je nach Situation in einem Entscheidungsmodell (Sicherheit, Risiko oder Ungewissheit über die Ergebnisse der Alternativen) lassen sich zahlreiche Rechenregeln beziehungsweise Algorhithmen unterscheiden, die entsprechend der Risikoneigung des Entscheiders die Entscheidungsfindung formalisieren.

Kennzahl: Quantitative oder qualitative Größe zur Beurteilung eines Sachverhaltes, insbesondere im Finanz- und Rechnungswesen. So ist die Produktivität beispielsweise durch die Kennzahl Mengenoutput in Relation zum Mengeninput mess- und beurteilbar. Es lassen sich absolute und relative Kennzahlen unterscheiden. Ein Kassenbestand von 100 Euro ist absolut positiv, relativ zu den anstehenden Zahlungen in Höhe von 200 Euro allerdings unbefriedigend.

Liquidität: Zahlungsmittelbestand beziehungsweise Geldvermögensbestand, der zum einen schuldrechtlich als die Fähigkeit, alle Zahlungsverpflichtungen rechtzeitig zu erfüllen, zu bezeichnen ist und andererseits bilanziell den Bestand an liquiden Mitteln, der in der Bilanz ausgewiesen wird, darstellt. Dabei werden je nach

Geldnähe der liquiden Mittel unterschiedliche Begriffsumfänge definiert und entsprechend so genannte Liquiditätsgrade berechnet. Liquiditätsgrade sind Bilanzkennzahlen zur Analyse des kurzfristigen strukturellen finanziellen Gleichgewichts durch Gegenüberstellung der kurzfristigen Verbindlichkeiten und bestimmter relativ leicht liquidierbarer Vermögensgegenstände. Dabei wird je nach Umfang der einbezogenen Vermögenswerte unterschieden in Liquidität 1., 2. und 3. Grades. Zu den flüssigen Mitteln zählen dabei der Kassenbestand, Guthaben bei Banken und Schecks. Zum monetären Umlaufvermögen gehören neben den flüssigen Mitteln die Forderungen aus Lieferungen und Leistungen, die Wertpapiere des Umlaufvermögens und die eigenen Aktien. Wegen der Stichtagbezogenheit der Bilanz, auf der diese Kennzahlen basieren, und der damit verbundenen unvollständigen Erfassung der Ein- und Auszahlungen sowie der möglichen bilanzpolitischen Gestaltung sind mithilfe dieser Kennzahlen keine abschließenden Aussagen zur tagesaktuellen Liquiditätssituation möglich.

Nutzwertanalyse: Methode beziehungsweise Management-Technik zur formalen Darstellung und Dokumentation eines Entscheidungsmodells, welches die Entscheidungsfindung in fünf Phasen einteilt. Dies sind die Aufstellung der Ziele, die Ermittlung der Zielergebnis- beziehungsweise Zielertragsmatrix, die Aufstellung der Zielgewichte, die Ermittlung der Nutzenmatrix und letztlich der Entscheidungsmatrix.

Paradigma: Nach Thomas S. Kuhn eine wissenschaftliche Leistung beziehungsweise Leitidee, die beispiellos genug ist, um eine beständige Gruppe von Anhängern anzuziehen, gleichzeitig aber noch offen genug ist, um der neubestimmten Gruppe von Fachleuten alle möglichen Probleme zur Lösung zu überlassen. Ein Paradigma wird auch als Vorstufe eines Ansatzes bezeichnet. Aktuell kann als Paradigma die Prozessorientierung im Unternehmen bezeichnet werden. Die »Neue Institutionenökonomie« ist bereits über das Stadium des Paradigmas hinaus zu einem Ansatz geworden.

Portfolioanalyse: Planungstechnik, die insbesondere bei der strategischen Planung Anwendung findet, um die strategischen Geschäftseinheiten (SGE) in einer Matrix (Portfolio) zu positionieren und daraus die Stärken oder Schwächen der SGE festzustellen. Jede Portfoliomatrix ist nach dem Schema aufgebaut, dass auf einer Achse Umweltdimensionen (Chancen/Risiken) und auf der anderen die Unternehmensdimensionen dargestellt sind. So kann ein Soll-Portfolio einem Ist-Portfolio gegenübergestellt werden, um die strategische Lücke zu ermitteln beziehungsweise zu erkennen, welche Strategiearten notwendig sind, um zum Soll-Portfolio zu gelangen. Eines der bekanntesten Portfolios ist das Marktanteils-Marktwachstums-Portfolio, das den relativen Marktanteil (Marktanteil in Relation zum stärksten Konkurrenten) in Bezug zum Marktwachstum setzt. Andere Portfolio-Arten sind das Marktattraktivitäts-Wettbewerbsvorteils-Portfolio, das Wettbewerbspositions-Produktlebenszyklus-Portfolio, das Geschäftsfeld-Ressourcen-Portfolio, das Anfälligkeitsportfolio und das Innovationsportfolio.

Produktionsfaktor: Im volkswirtschaftlichen Sinn werden Arbeit, Kapital und Boden als Produktionsfaktoren bezeichnet. Diese Unterscheidung geht auf Karl Marx zurück und soll im Sinne der Basiselemente in der Chemie die Basisfaktoren für die Produktion eines Gutes oder einer Dienstleistung beschreiben. Betriebswirtschaftlich werden nach Erich Gutenberg elementare und dispositive Faktoren unterschieden. Zu den elementaren Faktoren gehören die ausführende Arbeit, die Betriebsmittel (zum Beispiel Maschinen), Werkstoffe (zum Beispiel Holz, Metall). Zu den dispositiven Faktoren zählen die Managementtätigkeiten wie Planung, Leitung, Überwachung und Organisation. Darüber hinaus existieren zahlreiche weitere Einteilungsmöglichkeiten von Basisbestandteilen eines Produktions- beziehungsweise Dienstleistungsprozesses.

Rechtsform: Die Rechtsform stellt gleichsam das rechtliche Kleid eines Unternehmens, ausgedrückt in dessen Firma dar. Die Firma ist der Name, unter dem ein Unternehmen handelt, klagt und verklagt werden kann. In der Rechtsform drücken sich die Rechte und Pflichten des Kaufmann aus, das heißt, wie und ob er für Schäden und Schulden zu haften hat, wie er zu leiten, das Unternehmen zu vertreten und welches Mindestkapital er aufbringen muss. Die Besteuerung hängt ebenfalls von der Rechtsform ab. Je nach Land können zahlreiche Formen unterschieden werden. In Deutschland existieren derzeit circa 20 Grundformen (zum Beispiel AG) und zahlreiche Mischformen (zum Beispiel Stiftung & Co KG).

Rentabilität: Eine der bedeutendsten Kennzahlen zur Beurteilung des wirtschaftlichen Erfolgs eines Unternehmens, in dem der Gewinn in Relation zum eingesetzten Kapital (Investment) gesetzt wird. Abhängig von der Art des eingesetzten Kapitals (Eigenkapital, Fremdkapital) lassen sich verschieden Rentabilitätskennziffern unterscheiden. Bei der Eigenkapitalrendite wird der für die Eigentümer letztlich zur Verfügung stehende Gewinn in Relation zum Eigenkapital gesetzt. Zur Ermittlung der Gesamtkapitalrendite müssen zum Gewinn zunächst die Fremdkapitalzinsen im Sinne erwirtschafteter Erfolge für die Gläubiger addiert werden, bevor diese Summe in Relation zum Gesamtkapital gesetzt wird. Zur Berechnung der Umsatzrendite wird der Gewinn in Relation zum Umsatz gesetzt. Die Kennziffer des Return on Investment (ROI) kann ebenfalls als Rentabilitätsmaßstab dienen.

Shareholder Value: Wert (Value) eines Anteils (Share) für den Anteilseigner, der mit dem Bilanz- oder Börsenkurs nicht übereinstimmen muss. Zur Berechnung dieses Wertes werden verschiedene Methoden vorgeschlagen. Dies kann zunächst im Sinne eines abgezinsten Cashflow erfolgen, was in den USA sehr gebräuchlich ist (Discounted Cashflow). Da nach den US-GAAP (United State General Accepted Accounting Principles: amerikanische Rechnungslegungsprinzipien) amerikanische Bilanzen mit einer Kapitalflussrechnung, und damit mit der Aussage zum Cashflow des Unternehmens, auszustatten sind, kann dieser in die Zukunft projiziert werden und mit einem entsprechend der Risikoneigung des Shareholders festgelegten kalkulatorischen Zinsfuß abgezinst werden. Weitere Möglichkeiten stellen der so genannte Cashflow-ROI, das heißt die Relation zwischen Cashflow als Erfolgsgröße und dem investierten Kapital, dar. Der Shareholder Value ist hier weniger als absoluter Wert im Vergleich zum Börsenkurs, als vielmehr unter Rentabilitätsgesichtspunkten zu sehen. Die dritte bekannte Form der Berechnung stellt der so genannte Economic Value Added als Überschuss der vom Unternehmen getätigten Investitionen (ermittelbar aus dem Anlagespiegel des Jahresabschlusses) über die Eigenkapitalkosten dar. Neben diesen Möglichkeiten der Unternehmensbewertung wird unter Shareholder Value auch eine grundsätzlich wertorientierte Unternehmenspolitik verstanden. Während klassischerweise Unternehmensziele als Konsens verschiedener Anspruchsgruppen (Stakeholder) anzusehen sind, bedeutet ein Bekenntnis zum Shareholder-Value-Ansatz, Konflikte zwischen Kunden, Fiskus, Öffentlichkeit und Eigentümern ausschließlich zugunsten der Anteilseigner zu lösen. Allein die Verbesserung deren Einkommens- und Vermögensposition ist Ziel des Shareholder-Value-Ansatzes. Während anfangs der neunziger Jahre diese Sichtweise zeitgemäß war und in Geschäftsberichten offen propagiert wurde, ist inzwischen eine Rückbesinnung auf die vielfältigen Stakeholder-Interessen feststellbar.

Standortfaktor: Ziele, die bei der Wahl eines optimalen Standortes angelegt werden. Es lassen sich beschaffungsorientierte (zum Beispiel Energiekosten), fertigungsorientierte (zum Beispiel Facharbeiteranteil), absatzorientierte (zum Beispiel Kundennähe) oder formalisierte (zum Beispiel Steuerhöhe) Ziele unterscheiden.

Theorie: Ein verifiziertes und zumindest bisher nicht falsifiziertes Aussagensystem. Es handelt sich also um bestätigte Hypothesen beziehungsweise Thesen, die in der Realität überprüft wurden. Die Aufgabe der Wissenschaft ist unter anderem die Bildung solcher Theorien, sofern das theoretische beziehungsweise kognitive und nicht das deskriptive oder pragmatische Wissenschaftsziel verfolgt wird. Theorien, die Allgemeingültigkeit erlangen, werden auch als Theoreme bezeichnet.

Wirtschaftlichkeit: Wertmäßiger Ausdruck des ökonomischen Prinzips. Im Gegensatz zur Produktivität, welche Mengen oder Zeiteinheiten betrachtet, werden hier die Relationen aus wertmäßigen Einsatz- und Ausbringungsgrößen (zum Beispiel Ertrag/Aufwand) betrachtet. Produktionskennziffern (zum Beispiel 1 Auto in 10 Stunden) können durch Bewertung der Mengen in eine Wirtschaftlichkeitskennziffer (Verkaufspreis des Autos/Personalkosten) transferiert werden.

Wissenschaft: Systematisch gewonnenes und geordnetes Wissen. Auch Inbegriff von Forschung und Lehre eines Wissens aufgrund der

Erkenntnisse dieser Zeit. Wissenschaft setzt Systematik des Wissens und Bewusstsein beziehungsweise Reflektion über die Erkenntnisse voraus. Die Wissenschaften lassen sich vielfältig einteilen in Universal- und Einzelwissenschaften, Formal- und Realwissenschaften, Natur- und Kulturwissenschaften und vieles andere. Wissenschaft kann dem Ziel der Kognition (Erkenntnis), Deskription (Beschreibung) oder Präskription (Beratung) dienen. Die Theorie der Wissenschaft beschäftigt sich mit den verschiedenen Methoden der Erkenntnisgewinnung.

Working Capital: Absolute Bilanzkennzahl, die sich aus der Differenz des Umlaufvermögens abzüglich der kurzfristigen Verbindlichkeiten ergibt. Wird anstelle der Differenz der Quotient dieser beiden Größen gebildet, ergibt sich die Working Capital Ratio, eine Liquiditätskennzahl. Das Working Capital und insbesondere seine Veränderung im Zeitablauf zeigt, welche Mittel im operativen Bereich kurzfristig gebunden und freigesetzt wurden. Die Veränderung des Working Capital ist daher in der Regel auch separater Bestandteil des Operativen Cashflow im Rahmen der Kapitalflussrechnung.

Register

Betriebswirtschaft konkret. Ottmar Schneck

ISBN 3-527-50193-2

Bernd Nolte

Basel II konkret

Auswege aus der Kreditklemme im Mittelstand
2. Auflage

2003. 209 Seiten, 29 Abbildungen, 32 Tabellen. Gebunden.
ISBN 3-527-50084-7

In den meisten mittelständischen Unternehmen entspricht die Finanz- und Unternehmenssteuerung nicht den Anforderungen, die Banken und Sparkassen in Zukunft von ihren Firmenkunden für die Kreditvergabe und ein erfolgreiches Rating fordern. Durch die Vorschriften des Basler Ausschusses für Bankenaufsicht (Basel II) wird von den Banken verlangt, sich noch intensiver über die Zukunftschancen eines Unternehmens zu informieren, bevor sie einen Kredit vergeben oder verlängern.

Doch nach welchen Kriterien beurteilen Banken die Bonität ihrer Kunden? Wie können Sie Ihr Unternehmen im Vorfeld fit machen? Welche Einblicke müssen Sie zulassen und welche Unterlagen müssen Sie bei den Banken vorlegen?

Bernd Nolte zeigt, welche konkreten Fragen im Rating zukünftig gestellt werden und wie Sie sich gezielt darauf vorbereiten können. Ein »gutes« Rating wird in Zukunft der Schlüssel für attraktive Kreditkonditionen und eine gesicherte Finanzierung sein. Das Buch bietet zahlreiche Checklisten, anhand derer Unternehmen ihre Finanz-, Ertrags- und Vermögenslage, ihre Liquidität, ihre Investitions- und Finanzierungspläne, ihre Wettbewerbs- und Personalstrategien, ihre Innovationsfähigkeit und vieles mehr prüfen und optimieren können.

Dabei geht es dem Autor um Leser, die noch wenige Vorkenntnisse zum Thema Rating haben und sich nun schnell und praxisbezogen damit auseinander setzen müssen. Ein aktuelles und für viele Unternehmen ein überlebenswichtiges Thema.

Bernd Nolte

Volkswirtschaft konkret

Was Fach- und Führungskräfte wissen müssen

2003. 309 Seiten, 82 Abbildungen, 10 Tabellen. Broschur.
ISBN 3-527-50079-0

Manager und Technologieexperten sind meist keine Volkswirte. Sie müssen auch keine werden. Ausgestattet mit dem Grundhandwerkszeug werden sie ihre ökonomischen Herausforderungen besser verstehen und im Wettbewerb erfolgreicher bestehen.

Bernd Nolte zeigt die grundlegenden Überlegungen und Erklärungsansätze zu den bedeutendsten Themen, mit denen sich die Volkswirtschaftslehre beschäftigt, wie beispielsweise das Konsumentenverhalten, die Preisbildung auf Märkten und ökonomische Anreize, Konjunktur, Wachstum und Strukturwandel. Diese theoretischen Basics verknüpft er mit aktuellen Themen wie Arbeitslosigkeit, Innovation, Kreditklemme, Globalisierung, Ökosteuer oder alternde Gesellschaft.

Das Buch kombiniert die Grundmodelle der Mikroökonomik und der Makroökonomik, möchte Volkswirtschaft nicht banalisieren, bringt aber genau so viel Theorie, wie sie für das Verständnis der Zusammenhänge notwendig ist. Damit und mit den Lern- und Wiederholungsfragen am Schluss eines jeden Kapitels wird auch der Erwerb volkswirtschaftlichen Know-hows für den Leser ökonomisiert.

Bernd Nolte

Marketing konkret

Überprüfen Sie Ihr Marketing wie es ist und entdecken Sie wie es besser sein könnte

2004. 286 Seiten, 22 Abbildungen. Gebunden.

ISBN 3-527-50100-2

Das Verbraucherverhalten hat sich in den letzten Jahren verändert. Zwar geben die Verbraucher mittlerweile wieder Geld aus, sind dabei aber zurückhaltender als früher. Die Anbieter haben mit dieser Entwicklung nicht Schritt gehalten: Viele Sortimente sind zu groß, die Produktpalette ist oft undifferenziert und das Verkaufspersonal nicht selten völlig überfordert. Es sieht sich preisbewussten, aufgeklärten und anspruchsvollen Kunden gegenüber, die genau wissen, was sie wollen: Beim Discounter kaufen sie die günstigsten Handels- und No-Name-Produkte. In Fachgeschäften richtet sich ihr Augenmerk dagegen vor allem auf Qualität und Service, weniger auf den Preis.

Solange die Anbieter sich diesem neuen Kunden nicht anpassen, wird es immer größere Unternehmen geben, die mit immer mehr Waren um die Gunst von immer weniger Kunden buhlen. Unter diesen Bedingungen ist es gerade nicht die richtige Strategie, seinen Vertrieb unter Druck zu setzen, damit er immer mehr verkauft. Vielmehr werden sich die Wettbewerber durchsetzen, die die Bedürfnisse ihrer Kunden am besten kennen und am schnellsten auf sie reagieren.

In fünf Schritten und mit Hilfe bewährter Marketing-Tools zeigt Bernd Nolte, wie Unternehmen sowohl die Wünsche ihrer Kunden erfüllen als auch neue Kundenkreise erschließen können. Er erklärt, wie das Potenzial eines Unternehmens zu bewerten und erfolgreich zu nutzen ist. Innovation, Mitarbeitermotivation und Kundenbindung sind wesentliche Aspekte seines Konzepts. Der Autor bietet statt abstrakter Normen und Standardlösungen konkrete Anleitungen für die unternehmerische Praxis.